Aprendiendo Juntos

El Libro-fuente de trabajo Participativo para los Agricultores

Por Susan Stewart

Capítulos escritos por B.J. Lunquist, Jenifer Shumaker y Karen L. Stoufer
Ilustraciones por Trond Scheen Korssjoen

Cómo usar el presente Libro-fuente

El presente libro se ha diseñado para cualquier trabajador en agricultura o ganadería que esté dando o vaya a dar capacitación a los agricultores. Es para la gente que diseña programas de capacitación, y para los agricultores y profesionales que son capacitadores. Está escrito por gente agricultora, para gente agricultora. Capacitadores agrícolas de más de 25 países de cinco continentes, han compartido aquí sus ideas, acerca de aquello que si funciona con ellos en la capacitación de adultos.

Este libro es diferente de la mayoría de los manuales y textos. La mayor parte de los libros, describen todo lo que ellos quieren que usted sepa, y luego le dan ejercicios para que usted los practique. En el presente libro-fuente, muchos ejercicios se hallan en el texto, para estimularlo a usted a pensar acerca de cómo respondería ante un ejercicio a medida que lee el propio texto. Los ejercicios, también pueden usarse más tarde para los talleres de capacitación.

Hay tres formas en las cuales puede usarse este libro:

1. LEERLO DE PRINCIPIO A FIN
2. HOJEARLO PARA OBTENER LOS PUNTOS PRINCIPALES: Para hacer esto, busque aquello que es de mayor importancia para usted, en general:
   - Los aspectos señalados en los cuadros
   - Los dibujos
   - Y las cosas señaladas en letra negrita

   A medida que hojee el libro, obtendrá usted una idea de las áreas que le son más útiles a usted. Puede entonces leer aquellos temas con mayor detalle.
3. ÚSELO COMO UN LIBRO DE REFERENCIA. Está diseñado en primer lugar, para este propósito. Vaya a la sección o área relacionada con la actividad que está usted planificando, y estúdiela. Úselo para encontrar ideas que pongan en marcha sus propios pensamientos creativos.

Las siguientes figuras le ayudarán a encontrar

HERRAMIENTAS
Dondequiera que hay un ejercicio que usted puede usar en una reunión o taller de trabajo

RECOMENDACIONES
Dondequiera que haya una pauta o un consejo para hacer que la capitación se efectué fácilmente

PREGUNTAS
Dondequiera que se hace una pregunta común.

PASOS
Dondequiera que se describen varios pasos para complementar una tarea

Como puede usted ver, este libro tiene pestañas en el borde, para ayudarle a encontrar los capítulos rápidamente.

El libro tiene cuatro secciones y las pestañas de todos los capítulos de una sección son del mismo color.

Este libro-fuente tiene referencias cruzadas en numerosos lugares. Le ayudarán a lograr un mejor entendimiento sobre un tema, si es que usted lee la referencia cruzada.

Este manual está organizado en términos de los asuntos relacionados a la capacitación, más que a los términos de temas técnicos específicos de agricultura. Está organizado en cuatro secciones.

La **primera sección,** formada por los capítulos uno a tres, trata sobre cómo aprenden los adultos y sobre cuáles son los más efectivos métodos de capacitación de adultos. Incluye la decisión de quién debería recibir capacitación y quien debería facilitar la capacitación.

En la **segunda sección,** con los capítulos cuatro hasta ocho, se discute el ciclo de capacitación paso a paso. Comienza con la definición de la necesidad de capacitación y su contenido y avanza a través de la planificación, implementación y evaluación de un programa de capacitación.

La **tercera sección,** con los capítulos nueve hasta el once, enfoca algunos aspectos importantes en la capacitación de ganadería y agricultura.

Estos temas – género, conocimientos tradicionales, buena comunicación y trabajo de grupo – influenciarán positivamente la capacitación agrícola si es que se los incluye en un programa.

La **cuarta sección,** comprende los capítulos doce hasta catorce, es una sección de referencia. Acá se encuentran las herramientas de la participación, con ejemplos de cómo usarlas. Se presentan también sugerencias para que usted fabrique su propio material de capacitación y otros materiales de referencia pertinentes.

Las secciones uno y dos presentan muchos de los conceptos básicos en que está fundamentada la educación participativa de adultos. **Si el aprendizaje participativo de adultos es un tema nuevo para usted,** la sección uno le dará los fundamentos o base para poder usarla.

Si usted ha estado usando el aprendizaje participativo será un facilitador de capacitación, la sección uno le sugerirá algunas ideas. Para ayudar a capacitar a otros, cada concepto de capacitación participativa está ilustrado con un ejemplo, ya sea este un dibujo, juego o ejercicios de entretenimiento que pueden ser de utilidad para trasmitirle el concepto a alguna otra persona. Durante el curso de preparación de sus sesiones de capacitación de capacitadores, por favor considere incluir los conceptos importantes de la sección uno y la sección tres.

Si usted está comenzando a planificar un nuevo programa de capacitación, o rediseñar un programa existente, la sección dos le llevará paso a paso a través de un programa.

Las secciones uno a tres describen varias herramientas, tales como los pequeños grupos, lluvias de ideas, etc. La sección cuatro explica el uso de cada una de estas herramientas. Se da para cada herramienta una definición, una descripción de su uso, una discusión de los pros y los contras y otros usos, y un ejemplo de una situación real. A medida que vaya leyendo las secciones uno a tres, consulte la sección de referencia para descubrir como usar cada herramienta. Luego, adapte cada herramienta a sus propias situaciones a medida que planifique su taller de capacitación.

Existe un gran interés en el adiestramiento de trabajadores agrícolas y ganaderos comunitarios, quienes más tarde ayudarán a sus comunidades. Numerosos ejemplos del presente libro, se han tomado de programas de capacitación de Trabajadores Comunitarios de Ganadería. El mismo concepto se aplica a otros trabajadores, agricultores o forestales, o a miembros individuales de la comunidad; solamente cambiará el tema. Los ejemplos que se dan, son para ilustrar el uso de las herramientas y las técnicas. No tienen el propósito de limitar la aplicación del enfoque de capacitación participativa a solamente algún contenido en particular.

Publicado juntamente por:

Heifer Project International

PO Box 808

1015 Louisana Street

Little Rock, AR 72202-2815

Telephone: 501-907-2600

Página web: http://www.heifer.org/

y

Christian Veterinary Mision

info@cvm.org

Página web: http://www.cvm.org/

Edición en Español

Impreso en Santa Cruz, Bolivia

ISBN 978-1-886532-55-7

EN MEMORIA DE:

Philip Mark Bounds DVM

22 de enero 1955 – 7 de septiembre, 1995

Un peregrino que encontró su mas allá en el servicio.
El servicio que le transformó a él y a otros juntamente con él,
A ser algo mejor y mas allá.

Fue nuestro mentor y anmchara*
Pronto a animar una idea nueva y diferente,
Buscando, y utilizando todo lo que él tenía para llenar la necesidad de otro,
Rebalsando de creatividad.

Nos dio risas
Nos desafió a estirarnos y a crecer,
Modelo de una fe sencilla y a la vez compleja,
Sin miedo de cuestionar profundamente y amar profundamente.

Una parte de él se queda con nuestro equipo y una parte se extiende por intermedio de este libro.

*anmchara una palabra irlandés que quiere decir amigo del alma. Alguien en que se puede confiar toda una vida.

AGRADECIMIENTOS

Sin el esfuerzo de muchas personas, este libro no hubiera nacido. El equipo del Proyecto PROPECO en Bolivia aprendió y creó juntos y a la vez fueron enseñados e influenciados por muchas personas. Es la esencia de esta acción creativa y formativa que está imbuido aquí. En este Libro - Fuente, se nombran a los individuos y programas que compartieron inicialmente la idea para un ejercicio. Como excepción son los ejercicios utilizados comúnmente por muchos programas y los que fueron desarrollados por el equipo de PROPECO.

Gracias a todos los agricultores, facilitadores y administradores de varios programas quienes compartieron su tiempo, ideas, y apoyo durante el desarrollo del mismo.

Personas claves quienes colaboraron en el desarrollo de las ideas y herramientas son:

- En Bolivia: Florentino Llavera, Alejandra Espinoza, Lucui Hualpa,Monica Mendez, José Sanabria, Lourdes Alaracón, Teofilo Belmonte, Teñofilo Choque, Bernadina Rojas, Dori Coca, Gregorio Carmona, Zaida Alvarez, Roger Hinojosa, Tomás Duran, Hacinto Menchaca, Margaret Hicks, Victor Alvarez, Lina Maria Nivea Obando, Tom and Dee Yaccno, El equipo del C-CIMCA especialmente Evelyn Barros.
- En Nepal: Narayan Ojha, Goma Shrestha, Bal Krishna Maharjan, Padam Kumasi Gurung, Bhola Kumar Shrestaha, Yam Kumasi Shrestha, Hans Olor Gren, Ron Stoufer, Meter and Mary Quesenberry, Helena Vesterinen, Walton McCaslin, Yamuna Ghale, Dr. Mahendra Bhattarai, Paul Daughtery, John Collum, Dr. Prakash Raj Schrestha, Shyam Paudel, Irene Christensen, Meter Lowe.
- En Las Filipinas: Ding Navarro, Evelyn Mathias-Mundy, Paul Mundy, Eseng Quintos, Ed Sabio, Lito Pastores, Jim Orprecio, Daisy Catchero, Dr. Mila Gracia Ejercito, Bing Flores, Father Elías Salomón, Nestor Maghanoy, Elmer Sayre.
- En Tailandia: Pramote Eva-Amnuay, Niwatchai Suknaphasawat, la gente de Pang Kham Noi.
- En Uganda: A. Beinempaka, Mugamba Women's Cooperative Group, Margaret Nakuru, Stan Burkey, Val Sheen, Brad Frye.
- En Kenya: Suzanne Kiamba, Gilbert Namuonja, Josephine Wangechi, Susan VanLinden, Jacob Wangnama, Wendall Cantrell.

Gracias por la creatividad y tiempo de B.J., Jennifer y Karen por haber compartido su vasta experiencia en una forma que nos permite a todos aprender y utilizarla en los capítulos de "Conocimiento Local", "Evaluación", y "Seguimiento."

Gracias a todas las personas quienes revisaron este trabajo y compartieron sus sugerencias, especialmente: Jennifer Shumaker, Kit Flowers, Margaret Stewart, Helen Giardella, Jim Hoey, James DeVries, Alison Meares, Anna Lawrence, Beth Millar, Brad Frye, Nikki Bonilla, Cyndie McLachlan and Karen Staufer. Gracias también al "partero" principal de esta obra, Jerry Aaker por su apoyo, corrección y guía.

Y finalmente, un agradecimiento especial al Director de Programas Internacionales de Proyecto Heifer, el Dr. Jim DeVries y al director de la Misión Cristiana Veterinaria, el Dr. Kit Flowers quienes creyeron que este trabajo fuera posible realizar desde el comienzo hasta el fin del proceso.

Esto es nuestro libro. Un lugar de inicio para compartir ideas y para unirnos a todos los que trabajamos en la agricultura participativa. Continuemos Aprendiendo y Creciendo Juntos!

¿Qué se encuentra en este libro?

Proceda con precaución

El libro – fuente es un conjunto de ideas, métodos y técnicas que se ha usado exitosamente en muchos programas de capacitación agropecuaria alrededor del mundo. **Este libro no es un recetario para el éxito en un programa de capacitación agropecuario.** Se incluye ejemplos de métodos y herramientas para estimular su creatividad. El propósito es compartir nuevas ideas y herramientas con las personas que están trabajando con sus comunidades para motivar el cambio.

"Ningún individuo sabe exactamente cómo hacerlo. Nadie tiene todas las respuestas, y nadie es totalmente ignorante. Cada persona tiene diferentes percepciones basado en su propias experiencias." - Freire, 1973

Entonces este libro no contiene todas las respuestas! Cada taller es único. La realidad de cada comunidad y cada región es única. Se debe diseñar el taller con los participantes según sus necesidades. La clave es trabajar con creatividad, iniciativa y perseverancia. El proceso de planificación de un taller es por si un proceso de aprendizaje para todos los involucrados. Proporciona a los planificadores del taller herramientas para aplicar en otras áreas de sus comunidades.

Muchas personas creen que un "enfoque participativo" de capacitación es simplemente un conjunto de métodos, herramientas, o "juegos" como ser socio dramas, títeres y canciones. ES MUCHO MAS! Métodos, herramientas, y técnicas no pueden utilizarse en un vacío filosófico o teórico. Los primeros capítulos del libro presentan la filosofía que fundamenta el enfoque participativo. También se encontrará en la sección de referencias, otros libros y manuales que proveen más información con más profundidad sobre la teoría de esta práctica. La filosofía con la cual usted encara la participación en procesos de capacitación influirá su actitud hacia los participantes. **Si alguien trata de utilizar estos métodos sin abrazar la filosofía participativa, resultará en manipulación en vez de participación.** Entonces llega a ser otra manera de frenar el cambio, disfrazada con la palabra "participativa".

Por lo tanto, por favor, utilice los materiales aquí presentados: desafíelos, darles forma para moldearlos a su propia realidad, y por favor comparta sus resultados con nosotros.

La agropecuaria también es social

La perspectiva de la agricultura del profesional muchas veces es física y técnica.

Cuando yo (Susan Stewart) comencé a trabajar con mujeres y hombres productores para mejorar la producción pecuaria en la zona tropical de Bolivia, no miré más allá de las causas inmediatas de la baja producción. Pensé que los animales flacos e improductivos resultaron de la falta de un buen manejo, razas degeneradas y pastos pobres. La situación fue empeorada por estar produciendo en zonas de la jungla tropical con sus suelos frágiles, las inundaciones y la erosión eólica e hídrica. Para mí, la pobreza de la gente era el resultado de la pobre producción agropecuaria. Pensé que con la capacitación en el manejo del suelo y de los animales, crédito, y razas y especies mejoradas de animales y pastos se revolucionaría la producción de las familias. Si las familias tan sólo podrían mejorar su manejo de animales y pasturas, ellos aumentarían sus ingresos que se traducirían en familias felices.

Mi perspectiva de la situación, de las necesidades de la gente fue principalmente basada en el contexto físico. Consideré que cada familia podría mejorar su situación con insumos físicos. Este entendimiento mío fue explicable. Evidentemente fui una veterinaria, una experta, capacitada para proveer soluciones físicas a problemas físicos. Tuve muy poca conciencia de la importancia de la realidad social y política.

La agropecuaria tiene un elemento social fuerte

Pero entonces comencé a acercarme y conocer a los hombres y mujeres con quienes trabajaba. Por haber trabajado con productores en mi práctica veterinaria, ya tenía un respeto por sus conocimientos, creatividad y paciencia mucha más allá de la mía en el manejo de su tierra y sus animales. Mientras mi amistad con los productores se desarrollaba y se profundizaba, empecé a comprender la fortaleza de ellos en la adversidad y lo profundo de su fe en acción. Ellos me enseñaron el lado humano de sus necesidades. No se sentaron delante de mí para darme una explicación de su mundo. Abrieron sus vidas y sus hogares. Compartí sus problemas y sueños en el convivir de cada día. Luchamos juntos para evitar la muerte de animales y cultivos, que podría resultar en la pérdida de un niño o de una casa o de la misma esperanza. A veces sobrevivieron; a veces no!

Poco a poco aprendí que **aunque muchos de los problemas en la producción agropecuaria y el mercadeo tuvieron algunas causas físicas, también tuvieron raíces sociales.** Muchas veces fueron causados por la manera en que individuos y grupos trataron o actuaron sobre las vidas de otros seres humanos. Muchas veces vi la pérdida de animales, cultivos y sueños debido a las acciones egoístas de algunas o la tremenda avaricia de otras.

Aquí hay algunos ejemplos de problemas en la producción pecuaria que tienen raíces sociales.

• Una familia muy pobre en las Filipinas tiene unos pocos animales flacos e improductivos. Han aprendido sobre árboles forrajeros y sistemas de pasturas en laderas. Pero no siembran por el miedo de perder su tierra. Una vez establecido los sistemas mejorados de pasturas el dueño de la tierra les quitaría su terreno sin ninguna compensación por su trabajo o por los árboles y pastos sembrados.

• Las corporaciones multinacionales están patentando el conocimiento local en la India, en plantas medicinales, insecticidas y tecnologías y les vuelven a vender a la comunidades de donde se originaron, por ganancias lucrativas. Las corporaciones ahora afirman que ellos tienen los derechos de propiedad intelectual de la tecnología tradicional de la comunidad. Las corporaciones lucran de los productos vendidos y de los derechos. Los comunitarios no reciben nada. Los productores que crearon la tecnología ahora tiene que pagar por usarla, muchas veces en situaciones de crisis.

• Un agricultor de influencia en la comunidad coordinó con una organización no-gubernamental la perforación de un pozo de agua en su propiedad. Presentó un plan sobre como el pozo seria utilizado por la comunidad. Al poco tiempo de estar perforado y pagado el pozo comenzaron las disputas. El conflicto termina con la prohibición del uso del pozo por la comunidad. El agua es aprovechado sólo por la familia y los animales del hombre de más poder. Las otras familias tienen una fuente de agua pobre Resultado: continuidad de baja productividad de animales.

• Los productores han decidido eliminar la brucelosis de sus hatos. Negocian con el veterinario de la agencia gubernamental, su ayuda en una campaña de pruebas. Cuando terminan de realizar las pruebas, el oficial del gobierno rehúsa marcar a los animales identificados como "positivos". Se acerca una elección y no quiere provocar sentimientos negativos. Las vacas positivas son vendidas a terceras personas que ignoran la enfermedad, creando un peligro mayor para familias y animales de la zona rural.

Capacitación para el cambio y acción

Los Técnicos Agropecuarios Comunitarios (TACs) y facilitadores quienes son a la vez productores, han experimentado en carne propia los problemas agropecuarios con raíces sociales en Bolivia. Por lo tanto, han decidido ser agentes de cambio en sus comunidades.

Agente de cambio: Persona que trabaja para facilitar cambio en su comunidad. Pueden motivar a la gente a pensar con nuevas ideas o reflexionar sobre su realidad actual. (Ve dibujo en la pagina 48 "Papel de facilitador").

Técnico Agropecuario Comunitario TAC: Persona que trabaja en y para su comunidad en el manejo pecuario y la extensión agrícola.

• Trabajaron junto con las mujeres para organizar la venta de ovejas para obtener precios más justos para luego poder perforar un pozo de agua cerca de sus casas. Los hombres en la comunidad rehusaron hacer el pozo desde hacía varios a años. Ahora la comunidad tiene agua potable para su ganado y familias, y la producción de leche ha aumentado.

• Trabajaron con la organización local de productores para implementar un programa efectivo de crédito pecuario. Ahora los miembros cuentan con un sistema de crédito que no les lleva a la bancarrota. Pagan con la primera cría hembra del animal recibido como pago y la misma es pasada a otra familia bajo la misma norma.

• Se aseguraron que remedios veterinarios caros, no apropiados y con fechas vencidas no serian vendidas en las ventas locales

• Ayudaron a sus comunidades a hacer un plan anual e implementarlo para así lograr resolver muchos problemas comunales y trabajar hacia su visión comunitaria.

Los TAC han desarrollado socio dramas y presentaciones de títeres para motivar a sus vecinos a reflexionar, hablar, y actuar para enfrentar algunas causas que son la raiz del pobre nivel de producción animal y de ventas. Algunos de los métodos, desarrollados por ellos están incluidos en este libro.

En algunas oportunidades, los PPC y los facilitadores han encontrado dificultades y problemas en su trabajo como agentes de cambio. Lidian con todo, desde la apatía hasta la hostilidad declarada por parte de algunas personas afectadas. Los hombres en la comunidad donde las mujeres perforaron el pozo, rehusaron a participar en el proceso. El veterinario del gobierno destruyó sus esfuerzos por organizar una campaña para diagnosticar brucelosis, Un líder corrupto de una organización pecuaria trató de desacreditar a los TAC por el hecho que ellos estaban exigiendo claridad sobre el manejo de los gastos de la organización. Muchas personas han tratado de desanimarlos o argumentar que su trabajo es inefectivo. Pero, los TAC han visto lo positivo de sus esfuerzos y siguen adelante como agentes de cambio a pesar de las presiones a conformarse con la vida como está.

Facilitador: La persona que guía un proceso de cambio o capacitación. Ayudan a as personas a reflexionar sobre una situación, definir su vision, buscar nueva información y planificar cambios, (Vea "Facilitadores de capacitación" pagina 39).

Un poderoso programa de capacitación

Cuando comenzamos un programa de capacitación queremos motivar el crecimiento de la gente. Queremos prepararles para el futuro y para el cambio. Dado que la capacitación participativa puede incentivar el cambio, también puede afectar el poder, autoridad y control actual. **Por lo tanto cualquier capacitación no es neutra. Cada estilo de capacitación puede mantener la situación actual o cambiarla.**

¿Por qué?

- La capacitación participativa propone desde el inicio que **los criterios de los comunitarios son importante,** Sus puntos de vista tienen fundamento y muchas veces son más apropiados que los criterios de los "expertos".

- El enfoque participativo es diseñado para ayudar a las personas a mirar la situación actual, analizarla y actuar sobre ella para lograr un cambio positivo. Es diseñado también para el crecimiento personal y grupal. Crecimiento implica cambio. El crecimiento o el cambio afectará cualquier sistema del poder.

- La capacitación participativa trae el conocimiento de los pocos a las manos de los productores pobres, para su aplicación.

- La capacitación participativa **ayuda a las personas a respetar su propio conocimiento y comprensión.** Esto sólo puede causar un movimiento a equilibrar el balance de poder.

Este libro trata de la capacitación para el cambio y acción. El poder, control y autoridad todos son parte del proceso participativo. El cambio amenaza a muchos, especialmente a los que se benefician ahora de la desigualdad que hay. Tensiones, peleas y conflictos pueden surgir durante el proceso de cambio. Todos los que participan deben estar conscientes de esto.

Como capacitadores, no debemos ignorar las consecuencias de la capacitación. Si por el hecho de compartir conocimientos locales sobre el control biológico de plagas, la gente local pierde sus derechos intelectuales por una corporación grande, debemos tomar pasos apropiados en esta situación o ser aliados de facto de esta situación. ¿Si al producir más, el productor es pagado menos por sus animales, por el hecho de que el control está en manos de intermediarios, en vez de la oferta y la demanda, debemos tocar el tema de mercadeo en la capacitación?

Hace nueve años el equipo de PROPECO propuso desarrollar un programa de capacitación que podría tocar los aspectos técnicos y algunas de las causas sociales de los problemas de producción pecuaria. Habíamos asistido a un taller de dos días sobre la efectividad de capacitación participativa en programas de salud humana y estuvimos equipados con el manual "Helping Health Workers Learn – Facilitando el Aprendizaje de Trabajadores en Salud" (Werner y Bower 1982). Como equipo exploramos algunas de las ideas en el libro y luego desarrollamos un taller participativo para los productores. Basamos el taller sobre lo que los hombres habían identificado como sus problemas más importantes con su ganado. El taller se enfocó en las enfermedades comunes, parásitos, nutrición, pastos y manejo del suelo. Incluimos algunos temas sociales: cómo realizar compras sabias de remedios y cómo calcular pesos exactos de los animales para poder negociar mejor con los intermediarios. Los temas fueron apropiados por el hecho que los productores los habían escogido. Tocaron problemas urgentes que los productores veían diariamente.

Después de dos años de facilitar talleres muy populares en varias comunidades, el equipo hizo una evaluación para determinar cuales temas enseñados estaban siendo implementados. El equipo descubrió que algunas de las técnicas propuestas en los talleres estaban siendo utilizados y habían mejorado la productividad dramáticamente. Solo el hecho de que muchos productores comenzaron a dar sal yodada había reducido notablemente la muerte de terneros y el bocio. Muchos productores ya estaban haciendo tratamientos a sus animales contra los parásitos y notando los resultados pero los tratamientos fueron aun esporádicos. Sólo algunas de las comunidades estaban vacunando sus animales. La gente estaba utilizando una mejor rotación de sus pasturas y control de sus animales. Sin embargo, el establecimiento de pastos mejorados y árboles forrajeros estaba avanzando muy lentamente. A pesar de que los productores salían del taller entusiastas acerca de la importancia de proveer agua limpia a sus animales durante la época seca, todavía no tenían agua disponible. No se había dado un mejoramiento notorio en el manejo de otras especies como ovejas, cabras y cerdos.

Los productores habían salido de los talleres emocionados sobre la necesidad de hacer cambios en el manejo. ¿Por qué no implementaron más cambios?

- Los productores explicaron que para poder realizar tratamientos contra los parásitos y vacunas, los productos en las ventas veterinarias eran demasiados caros para un solo productor. Esto implicaba que tenían que organizarse para vacunar y desparasitar juntos. Desafortunadamente, organizarse resultó difícil y esporádico. Siempre habían problemas, con decidir quién debería ir a comprar la vacuna, quién debería organizar el rodeo de los animales etc.
- Muchos productores explicaron que cuando sembraron nuevos pastos y árboles, los animales de los vecinos o la invasión del fuego del lote vecino habían destruido todo su esfuerzo.
- Un programa gubernamental había ofrecido préstamos a los productores para cavar atajados superficiales. Todos se secaban durante la época seca.
- Las mujeres fueron las que mayormente cuidaban los animales pero en algunas comunidades los hombres no habían permitido que las mujeres asistieron a los talleres. Nosotros complicamos aún más la situación enfocándonos en el manejo de ganado vacuno que tradicionalmente es visto como dominio del hombre. Por lo tanto, las mujeres quienes manejaban las otras especies no aplicaban los conocimientos aprendidos en los talleres en las otras especies.

Aprendimos de esta primera evaluación que nuestro enfoque en el programa estaba equivocado. Habíamos enfocado la capacitación con la premisa que individuos, armados con nuevos conocimientos, podrían realizar cambios simplemente por el hecho de decidir hacerlo. No tomamos en cuenta muchos factores, fuera del control del individuo, que podrían afectar un cambio exitoso. No consideramos el contexto social, político, y religioso de la comunidad. No tocamos el tema de la efectividad de la organización local para planificar vacunaciones o para establecer normas para la quema controlada. No habíamos hablado de las conexiones con otros programas o instituciones y cómo negociar con ellos lo mejor para los productores. Cuando preguntábamos que temas eran de mayor interés, la voz de los hombres fue la mas fuertes y por lo tanto escuchadas. Aun que las mujeres asistieron a los talleres no habían participado en su diseño.

Los programas de desarrollo pecuario han estado de moda y fuera de moda varias veces a través de los años. Los problemas relacionados con proveer animales, mejorar la producción, y desarrollar sistemas de mercadeo en áreas rurales aisladas han vencido a muchos programas. Se han invertido grandes cantidades de dinero en programas sin éxito donde murieron los animales, tenían bajos niveles de producción o se destruyó la tierra.

Sin embargo los animales proveen la base para la mayoría de los pobres rurales alrededor del mundo. Se constituyen en la cuenta bancaria de muchas familias siendo muchas veces el único colchón entre la sobrevivencia y la muerte. Cuando las familias pierden sus animales por la guerra, avaricia, desastres naturales y enfermedades, sus miembros no pueden asistir a la escuela, se quedan sin alimento o servicio médico, o en algunos casos, mueren.

Caracteristicas de programas pecuarios participativos exitosos.

Programas promocionando la producción y mercadeo pecuario han sido exitosos cuando:

1. Los hombres y mujeres definen las prioridades para el programa desde las etapas iniciales.

Las personas locales determinan las necesidades, analizan la situación y buscan los recursos necesarios, implementan el plan, y lo evalúan cuando estos concluyen. Estos son programas participativos donde los beneficiarios dirigen al programa. Los interventores externos participan compartiendo herramientas para apoyar la participación comunitaria, proveyendo recursos incluyendo información nueva y facilitando un diálogo productivo.

La base de este tipo de colaboración entre los comunarios y los agentes externos es el *diálogo*:

> "No es nuestro papel hablar a la gente de nuestro modo de ver el mundo, ni tratar de imponer nuestro punto de vista, sino de dialogar con las personas acerca de su punto de vista".
> - Freire 1973

El diálogo nos lleva a la acción. La acción lleva a una mejor productividad y mercadeo y a maneras de resolver temas sociales en la producción pecuaria. El resultado es un mejor nivel de vida de las personas.

Dialogo: Una exploración abierta de lo que otros piensen y quieren decir, mientras que suspendemos nuestras suposiciones y valoración, por lo menos suficiente tiempo para escuchar de verdad." – Aaher and Schumaker 1996.

2. El programa incluye a la producción pecuaria y a las personas en el contexto amplio de la comunidad y no sólo en la vida del productor como individuo.

La vida comunitaria y personal tiene aspectos sociales, políticos, productivos, culturales, y espirituales. Los programas que se han dado cuenta como los animales y la producción animal se entrelazan con todos los aspectos de la vida rural y han incorporado este hecho en sus acciones son mucho más efectivos. La gente de las aldeas rurales trae este contexto a sus propios programas.

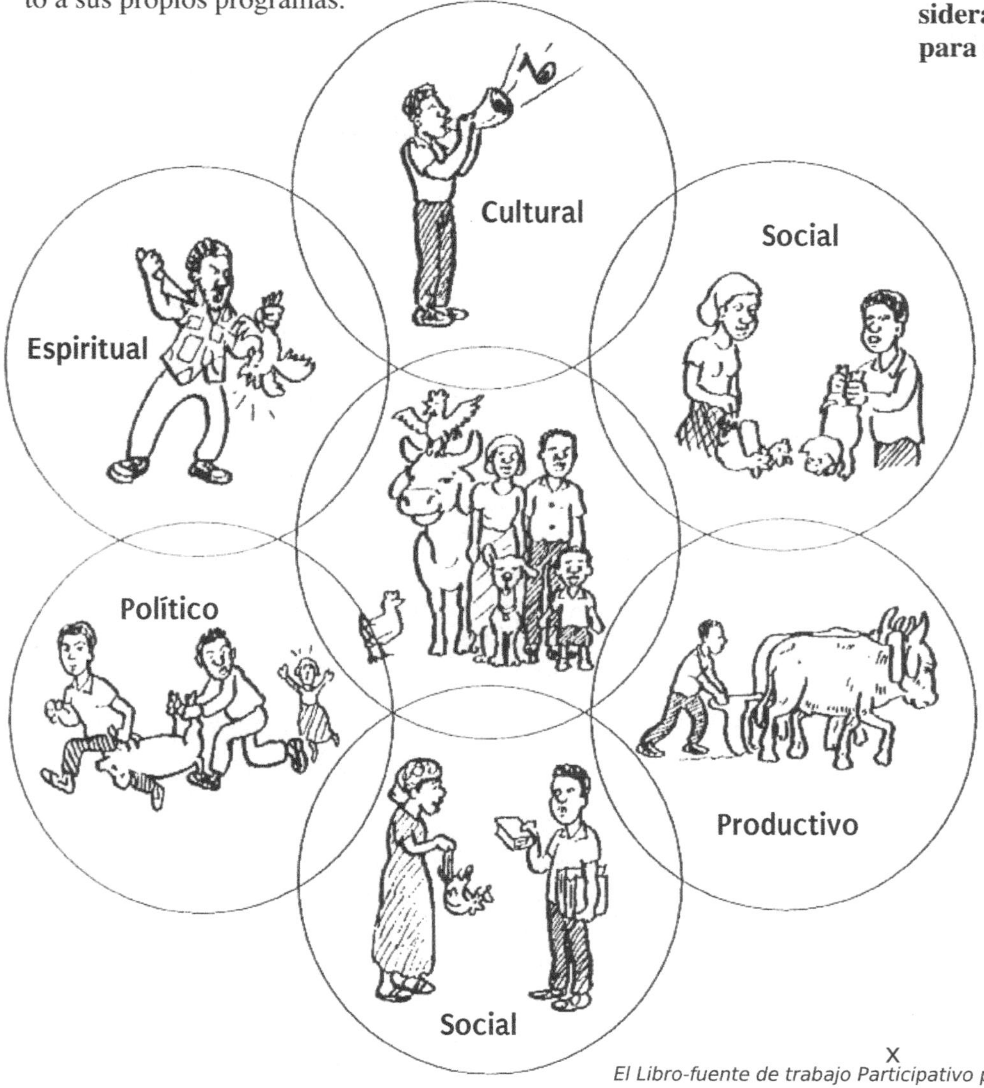

Por ejemplo:

En PROPECO, muchos Técnicos Agropecuarios Comunitarios tienen un compromiso cristiano de fe y servicio. Ven su papel en TAC como parte de este compromiso. Han integrado su fe en su relación con los demás comunarios y con sus organizaciones para fortalecer su trabajo. Generalmente, las personas de comunidades rurales relacionan fácilmente los temas de producción pecuaria y del mercadeo con sus valores espirituales. **Los programas exitosos no se enfocarán solamente en soluciones técnicas, productivas o económicas a los problemas. Considerarán la motivación espiritual, social, y política de la comunidad para cambiar y moverse hacia una visión.**

3. El programa enfatiza el papel de las organizaciones de la comunidad para enfrentar los temas sociales relacionados con la producción pecuaria.

El programa propone trabajar con las organizaciones comunitarias como ser el sindicato agrario, una cooperativa agrícola, una iglesia, una asociación pecuaria u otras. Por medio de las actividades del programa estas organizaciones fortalecen su organización interna, su administración, su comunicación y su responsabilidad hacia los socios mientras que sirven a sus miembros. Estas organizaciones fortalecidas pueden enfrentar los temas duros de tenencia de tierra, agua, mercadeo etc. A la vez ayudan a la continuidad en el trabajo para alcanzar su visión.

4. Programas exitosos toman en cuenta: cómo la situación local se relaciona con los programas de salud animal regional y nacional.

Programas exitosos ayudan a los productores analizar cómo las organizaciones locales y los TAC se enlazarán con los sistemas privados y gubernamentales de producción agropecuaria y de mercadeo. Estos programas reconocen que la comunidad existe dentro de un contexto más amplio. Las familias aprenden a analizar los sistemas gubernamentales y privados. También aprenden a negociar con gente de los programas gubernamentales y privados.

El método participativo no es sólo para los miembros de las familias rurales. Programas exitosos han ayudado a personal gubernamental y privado a abrir diálogo con los productores y mirar a sus sistemas desde la perspectiva de los agricultores. En Kenia, trabajadores del gobierno han puesto en marcha una metodología participativa en su trabajo que ha resultado en investigación más relevante y en sistemas de salud animal más apropiados. Además, los productores tienen acceso a conocimientos de nuevas técnicas, medicinas, vacunas, y pasturas y una manera para poder compartir sus opiniones a las ideas nuevas.

Este libro es una fuente para desarrollar e implementar un programa de capacitación participativa en agricultura. No es el propósito del libro cubrir todos los aspectos del proceso participativo relacionado con la producción agrícola y pecuaria. Existen muchos recursos buenos mencionados en la sección de recursos (página329). Estos recursos estan basados en la experiencia y el entendimiento del proceso de aprendizaje de adultos en programas no agropecuarios. Aunque su enfoque no es agropecuario, la información puede adaptarse fácilmente al trabajo agropecuario. Le desafiamos a aprender de las experiencias que este libro presenta y de los recursos nombrados en la sección de recursos y a agregar sus propias experiencias para moverse hacia un enfoque participativo en todo programa agropecuario y no sólo en el programa de capacitación.

Facilitador: Un productor hombre o mujer que facilita el proceso participativo en su propia comunidad y otras.

Un programa de capacitación será verdaderamente apropiado y aplicable cuando es parte de un programa participativo. Lo contrario también es cierto. Un programa participativo requiere que se utilicé un enfoque participativo de capacitación.

Muchas de las ideas y enfoques presentados en este libro han sido desarrolladas por los animadores (facilitadores), Técnicos Agropecuarios Comunitarios (TACs) y productores de las comunidades trabajando en el programa de PROPECO en Bolivia. Pero otros participantes, capacitadores y asesores de programa de capacitación comunitaria alrededor del mundo han compartido sus ideas. La esperanza es que todos seremos motivados y fortalecidos en nuestro enfoque, centrado en el ser humano y en el fortalecimiento de organizaciones comunitarias, para mejorar la producción y mercadeo agropecuario.

Los valores fundamentales en un programa de capacitación

La capacitación participativa abre un mundo para ser explorado por los entrenadores y los educados. Invita a la gente a ser sujetos de su propio desarrollo en vez de objetos para ser movidos como piezas de ajedrez. Abre un diálogo y motiva acciones para cambiar el mundo para los participantes y sus hijos.

Sujetos: Personas que toman decisiones activas en sus vidas. El opuesto es sentirse como un objeto usado o manipulado por otros.

> El enfoque de la *educación popular* del aprendizaje de adultos invita a la conciencia óptima de lo que uno está haciendo en el mundo en la forma más intencional posible. Imagine un mundo de respeto mutuo, con sistemas de distribución equitativos y viviendas adecuadas para todos, donde es más fácil amar. Precisa de hombres y mujeres que son sujetos de sus propias vidas para diseñar y construir un mundo así.
>
> –Jane Vella 1995

Educación popular: En español popular quiere decir por y de la gente. Por lo tanto, educación popular es educación por y de la gente.

Las personas que son *sujetos* basarán sus decisiones en sus valores fundamentales. Un programa de capacitación ayudará a construir una visión establecida por los participantes. Estará enraizado y basado en un conjunto de principios y valores.

En el programa de PROPECO en Bolivia, hicimos algunas decisiones acerca de los valores que mantendríamos. Estos son los valores que utilizamos en nuestro trabajo de equipo, en las comunidades y con otras organizaciones

Para ayudarnos ver nuestro sistema en forma visual hicimos el siguiente árbol para nuestro programa:

EL ARBOL DE LA VISION Y VALORES DE PROPECO

El fruto del árbol del programa de PROPECO es la visión hacia la cuál trabajamos.
Cómo se verá el árbol de valores y visón en su programa.

En el Concepto Cristiano de Transformación, que aplicamos en PROPECO, la espiritualidad de la gente es el centro de su ser. Toda actividad, sea social, económica o cultural surgen de la espiritualidad de las personas. La capacitación es para el cambio; el cambio de la persona entera o de la comunidad entera.

En el desarrollo tradicional, el cambio tiende a ser entendido como lineal y busca más dinero, más cosas, más alimento. Transformación quiere decir cambio en la situación, valores, y actitudes de una persona o comunidad. Podemos quedarnos donde estamos y experimentar más de lo mismo, o podemos movernos hacia una nueva visión. La transformación es multifacética e involucra a la persona en todos sus aspectos. (DeVries 1992) Moverse hacia la nueva visión requiere poner en práctica valores y principios espirituales. Estos valores llegan a ser los lineamientos para mantenerse apuntando hacia la visión.

Transformación: El concepto de transformación con espiritualidad como su base es el nucleo conceptual de programas de la gente de diferentes fe en diferentes lugares del mundo.

Uno de los principios de la participación es permitir a las personas que hablen. Pero muchos programas de capacitación técnica a menudo no motivan a los participantes a hablar acerca de lo que está muy adentro de ellos y de lo más importante para ellos. El Programa de PROPECO en Bolivia incluye actividades para iniciar el diálogo relacionado con problemas específicos en valores o en la toma de decisiones.

Algunos ejemplos:

• Cuando participantes hablan de soluciones a problemas de la quema accidental de los pastos de sus vecinos, muchas veces hablan de trabajar juntos para resolver el problema. Comparten sobre que les motiva a trabajar juntos en lo bueno y en lo malo.

• Cuando una señora atareada decide aceptar la responsabilidad de liderazgo en una organización comunitaria, ella comparte sobre qué le motiva a servir, y servir bien.

En PROPECO, por intermedio de la discusión sobre temas de esta índole, la gente comparte sus sentimientos internos. Muchas veces reflexionan sobre enseñanzas espirituales y las implicaciones de las mismas en sus vidas. Como resultado de esta reflexión los participantes y los facilitadores emergen:

• Entusiastas de su visión y norte personal

• Motivados a continuar hacia una visón común

• Equipados con fundamentos para guiarles en su toma de decisiones

Este aspecto del programa de capacitación de PROPECO es una gran fuerza motivadora para el crecimiento individual y colectivo. Es positivo para la gente, operando y participando en un programa de capacitación tomar decisiones acerca de sus valores y principios fundamentales. Esto proveerá claridad a la visión y dirección del programa. De igual importancia es la visón de su futuro basado en sus valores. Para más sobre formar visiones ve "Definiendo la Situación" páginas 73-77.

> En la misma medida que relaciones interpersonales humanas tienen que tener una base ética, el desarrollo que toca cada faceta de la vida y de la sociedad debe tener una base ética y humana en la toma de decisiones y en su implementación.
>
> –A.T. Ariyaratne,1990

Sección 1

Sobre el aprendizaje y la enseñanza

Capítulo 3 **Facilitadores de Capacitación**

Esta sección esta diseñada para ayudarle comprender los conceptos básicos que fundamentan la educación participativa en la agricultura. ¿Qué es la capacitación participativa? ¿Cómo se diferencia de la educación formal tradicional? También le ayudará a decidir quién debe recibir la capacitación y quiénes harán el mejor proceso de capacitación.

→ Si no ha usado estos métodos nunca antes comience aquí

→ Si está alistándose para capacitar nuevos capacitadores comience aquí

Capítulo 1
Aprendiendo y enseñando

El presente capítulo cubre los siguientes temas:

Cómo enseña la gente

El rol más importante de un Técnico Comunal de Ganadería (TCG)* -el encargado de la salud animal, msaidizi, técnico comunal o extensionista comunal-es capacitar. Para tener éxito, el TCG necesita alentar la acción de compartir experiencias, conocimientos e ideas entre las personas y organizaciones. El impacto de sus enseñanzas será bastante mayor que el producido al aplicar directamente sus capacidades técnicas.

Sin embargo, **la forma de enseñar del TCG y la forma en que considera su propio rol como educador,** son factores muy importantes. La capacitación y la producción agropecuaria en comercialización pueden presentarse de una manera en la cual se acreciente el conocimiento de la gente, se incremente su auto-estima, y se les ayude a trabajar hacia el logro de su visión. Inversamente, la capacitación agrícola y ganadera, puede contribuir a disminuir la auto- estima de la gente, a incrementar su dependencia y llevarle a la incapacidad de resolver sus propios problemas.

*Existen muchos nombres que pueden darse a una persona que trabaja en su comunidad con el cuidado del ganado y la extensión: promotor, encargado de la salud animal, msaidizi, técnico comunitario. En la presente obra, vamos a llamarlo Técnico Comunal de Ganadería. La sigla TCG hará referencia a la persona que trabaja en su comunidad y por ella, con el cuidado del ganado y la extensión agrícola. Si usted trabaja con cultivos o árboles, considere a esta persona como aquella que es el promotor agrícola capacitado para trabajar en su comunidad.

Piense acerca del Técnico Comunal de Ganadería, que capacita de la forma tradicional siguiente:

¿Cómo afecta a las personas que están escuchando esta clase de enseñanza?

Si usted o el TCG discuten este tema con los co-trabajadores, agricultores o lideres, pudieran escucharse respuestas tales como éstas u otras:

A medida que su grupo explora este tipo de capacitación con mayor detenimiento, pueden llegar a preguntar:

¿Por qué los hombres escuchan esto y no actúan conforme a lo que se dice?

Si ustedes se sientan y discuten este ejemplo como un grupo, aprenderán muchas cosas unos de los otros, y podrán considerar la diferencia entre dos tipos de educación. En este caso: **La forma de CÓMO se enseña la materia, es tan importante como AQUELLO que se enseña.**

Piense ahora sobre la forma en la que esta Técnica Comunal de Ganadería trabaja en su comunidad, en una sesión de capacitación solicitada por la organización local:

Formule a su grupo esta pregunta;

¿Cómo afecta este tipo de enseñanza a la gente que la escucha?

Puede ser que escuche algunas de las siguientes respuestas:

Si ustedes se sientan y discuten este ejemplo como un grupo, aprenderán muchas cosas unos de los otros, y podrán considerar la diferencia entre dos tipos de educación. En este caso: **La forma de COMO se enseña la materia están importante como AQUELLO que se enseña.** (Adaptado de *Aprendiendo a Promover la Salud*).

Una asociación de trabajo entre facilitadotes y participantes

Cuando nosotros enseñamos, ¿estamos respetándonos y valorándonos unos a otros? ¿Mostramos una preocupación compartida para tratar de encontrar una solución y las acciones para llegar aun buen resultado?¿Estamos dispuestos a compartir nuestra parte y alentar a otros para que también lo hagan así?

Como un Facilitador o Trabajador Comunal de Ganadería, somos socios Iguales junto con agricultores hombres y mujeres para tratar de lograr un cambio. Ninguno tiene mayor grado de control. Todos reconocemos que contribuiremos con algo único y que juntos podremos lograr algo que ninguno de nosotros puede lograrlo por sí solo.

Un ejercicio sobre la asociación entre capacitadores y la comunidad:

- Pida dos voluntarios. Ellos se sientan al frente de la habitación con un racimo de bananas (u otro alimento) entre ellos.
- Mas hacia el fondo de la habitación se halla un Voluntario con los ojos vendados, que se queja: "Me estoy muriendo de hambre. "El representa a la comunidad.

- Diga a las dos personas que están al frente: Ayuden a esta persona.
- Usualmente las dos personas del frente hablaran un poco y luego irán Y le darán las bananas a la persona que se quejaba (ellos quizá ni le quiten la venda de los ojos).

Pregunte a los participantes: **¿Qué ha pasado aquí?**

•¿Pasa esto en nuestra comunidad?
Analice el asunto afondo con los participantes
¿Cuál es el caso entre nosotros?

¿Cuál es el rol del educador en la Comunidad?

"El educador debe caminar con la Comunidad en conjunto, no con Unos antes que otros."

Dos tipos de educación

Ejercicio: Pida a los participantes que discutan dos tipos diferentes de educación:

• Dividida a los participantes en cuatro grupos pequeños.

• Déle a cada grupo un juego de seis fichas (algunos ejemplos de figuras aparecen en las siguientes páginas). Cada grupo también tendrá que responder a una pregunta diferente en su diálogo. Las figuras para cada grupo, se relacionan a la pregunta que el grupo deberá contestar. (Nótese que cualquier figura utilizada, deberá estar adecuada al contexto cultural en el que usted se encuentra).

• Haga que cada grupo discuta las figuras y las separe en dos tipos.

• Ellos presentan sus resultados en la sesión plenaria

• Después de que los resultados sean presentados, todo el grupo, debe sacar conclusiones acerca de los dos tipos de educación. Escríbalas en letras de imprenta grandes, sobre un pliego grande de papel al frente del grupo.

Aquí hay algunas preguntas de muestra que se dan a los cuatro Grupos:

Grupo 1: ¿para que sirve la educación?

Grupo 2: ¿cómo se desarrolla la educación?

Grupo 3: ¿Qué es lo que la educación nos dice a nosotros?

Grupo 4: ¿Qué valores trae consigo la educación para nosotros?

Recomendación: Téngase cuidado con este tipo de ejercicio: puede tener un sesgo, es decir pudiera llevar hacia una respuesta dada. Las figuras a menudo sugieren respuestas a las preguntas. Asegúrese que las figuras estimulen un dialogo activo entre los pequeños grupos de participantes.

Aquí se da una muestra de cómo pudiera organizar algunos grupos las conclusiones finales de este ejercicio en una hoja grande de papel:

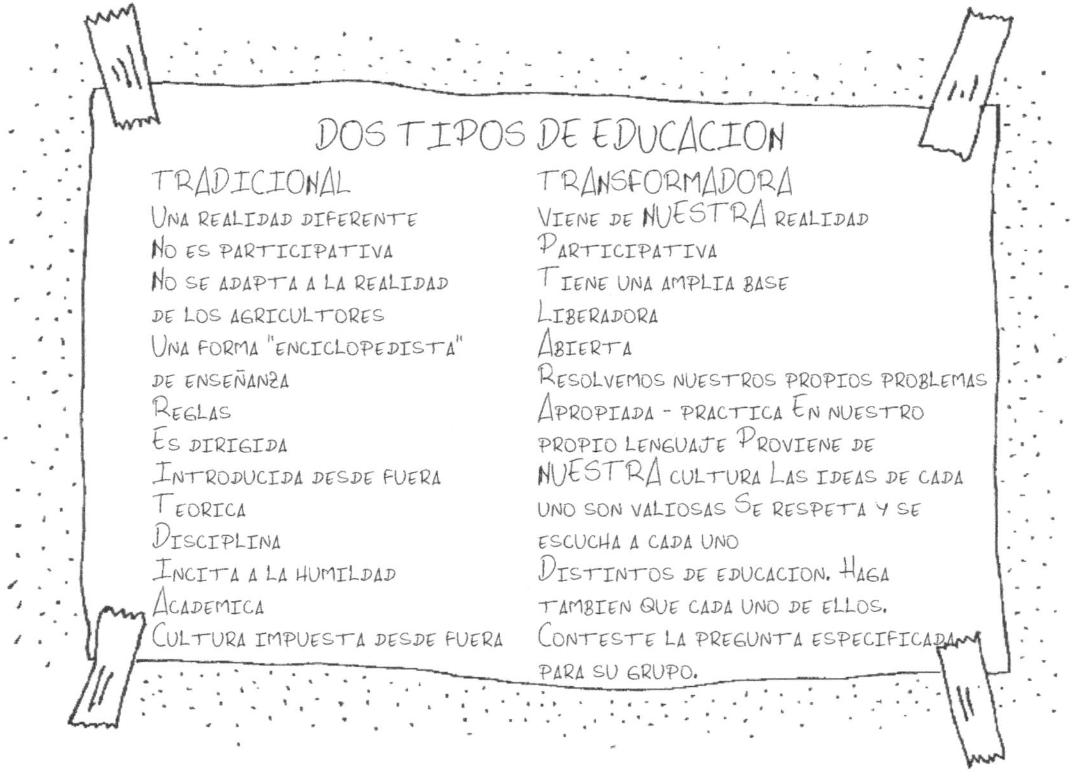

En las páginas siguientes, se dan algunas figuras de ejemplo que se usaron en Bolivia:
Fuente: C-CIMCA, Oruro, Bolivia

Grupo 1: ¿Para qué sirve la educación?

Grupo 2: ¿Cómo se efectúa la educación?

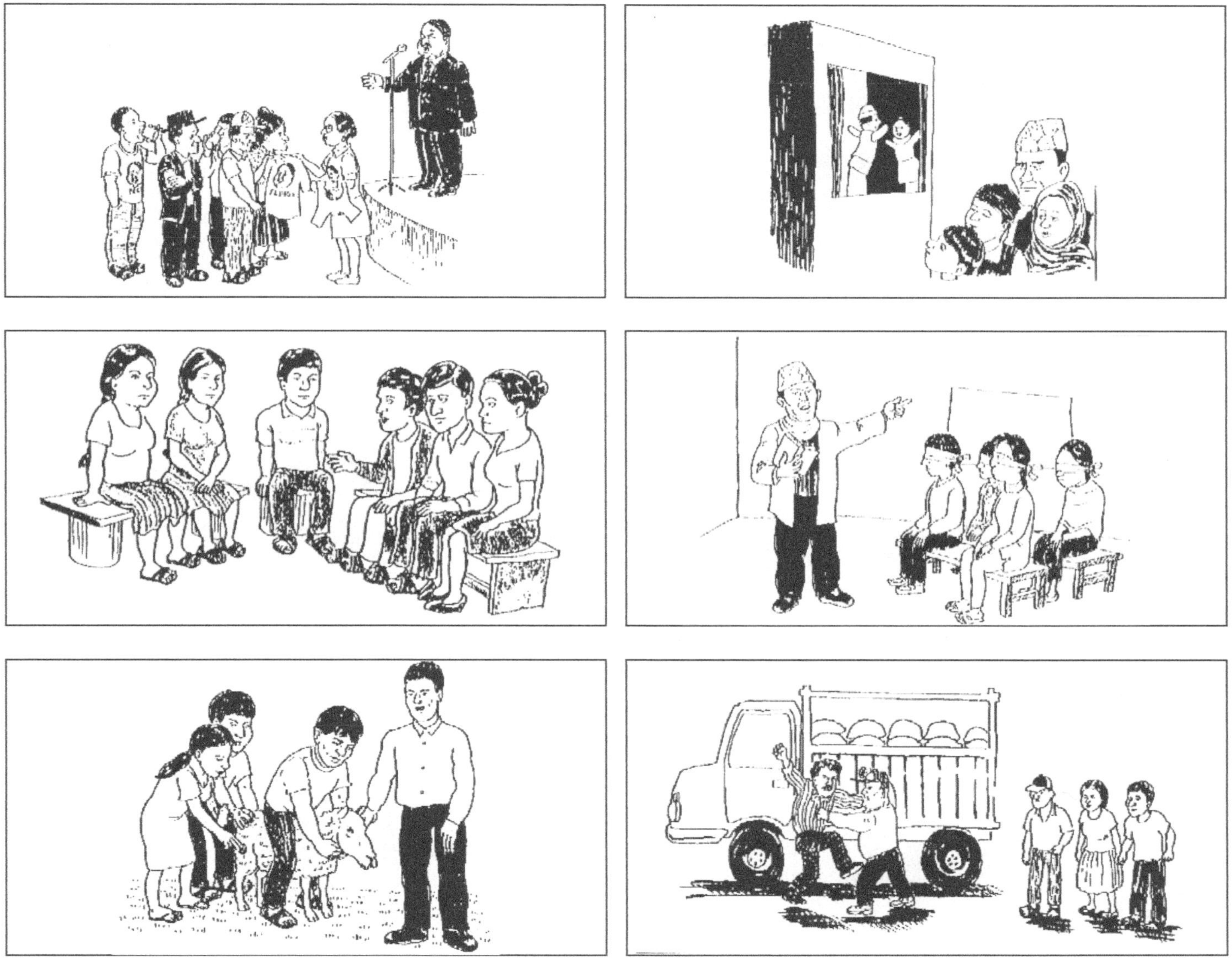

Grupo 3: ¿De qué nos habla la educación?

Grupo 4: ¿Qué valores tiene la educación?

¿Cómo es la educación tradicional típica?

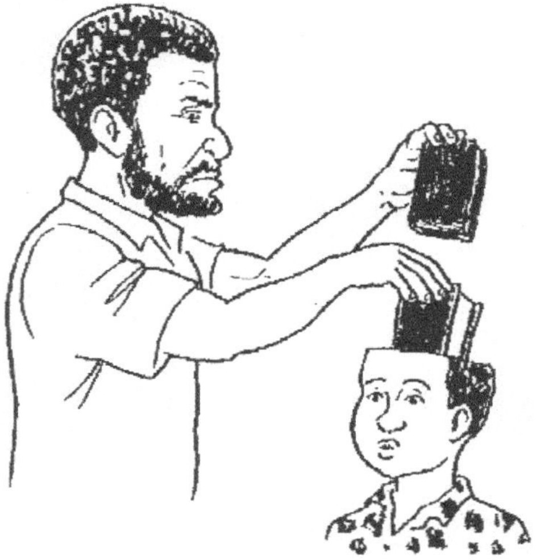

Este tipo de enseñanza se llama bancario,

Conformista; centrada en el instructor, o de educación dominante porque el estudiante es como un depósito vacío que debe llenar el instructor a medida que deposita el conocimiento dentro del estudiante.

¿Cuáles deberían ser las características de una buena educación de adultos?

Adaptado de la Asociación de agentes de cambio de Uganda

Este tipo de educación se conoce educación liberadora o transformadora o educación popular. También es llamada educación para el cambio, enfocado en el aprendedor, orientada a resolver problemas. La meta de este tipo de educación, es la de formar pensadores críticos que tengan la capacidad de responder de manera flexible ante situaciones cambiantes, capaces de resolver problemas nuevos, a medida que estos surjan. El concepto "bancario" tiene la tendencia de adoctrinar a un orden social, produciendo gente que tienen ideas fijas y se hace resistente al cambio.

Enseñamos de la misma forma que hemos aprendido.
De manera que a menos que ocurra algo que nos haga pensar de forma diferente, enseñaremos a otros de la misma manera que aprendimos en la escuela. Esa es la razón por la que resulta tan importante dar a los Técnicos Comunales de Ganadería, extensionistas y agricultores, la oportunidad de analizar a fondo su enfoque sobre la educación. Pudiera ser que utilicen el método inicialmente, pero a menos que hayan tenido la oportunidad de reflexionar a fondo, volverán al sistema bancario cuando vayan a capacitar.

Su propio grupo, pudiera tener sugerencias diferentes acerca de los dos tipos de educación, sin embargo ustedes aprenderán mucho los unos de los otros.

Cómo aprenden los adultos

Dos ejercicios para capacitar a los capacitadores sobre el aprendizaje de adultos:

Ejercicio 1:

Pregunte a su grupo de nuevos capacitadores:

¿Cómo aprende la gente en la comunidad?

Ellos podrán responder de varias maneras, aunque generalmente comienzan por decir que la enseñanza formal de la escuela o el colegio es la única forma de aprender. A medida que analicen el tema más a fondo, pueda que identifique algunos de estos factores:

• trabajando como un aprendiz	• contando cuentos
• jugando juegos	• ayudando a trabajar a otros
• por experiencia	• resolviendo problemas de la vida real
• por prueba	• por discusión en pequeños grupos

Ejercicio 2:

Los adultos aprenden de manera diferente a los niños. Pida a los integrantes de su grupo que **cierren los ojos y piensen acerca de la mejor experiencia de aprendizaje que hayan tenido en sus vidas.**

- Haga que ellos definan los factores que ellos consideren ser los más importantes en el aprendizaje para adultos.
- Cada uno escribe en una tarjeta las causas del aprendizaje para adultos.
- Haga que cada persona comparta sus razones y pegue las tarjetas en un tablero.
- Disponga las tarjetas según posibles categorías, u organice las tarjetas similares por grupos.
- Saque una conclusión acerca de los factores más importantes. (Vella, 1995)

Los adultos aprenden mejor cuando:

- Pueden **compartir sus propias experiencias.**
- El tema **es relevante** a su situación
- Necesitan saberlo ahora; pueden **aplicar el conocimiento inmediatamente.**
- **Descubren** algo nuevo por si mismo -¡el saber es poder hacer!
- **Perciben una necesidad de cambio,** un desequilibrio. Los adultos necesitan poder ver que lo que saben ahora y aplican, no resulta adecuado para su situación. Deben percibir un sentido de desequilibrio o incomodidad con su actitud actual, sus conocimientos o sus habilidades
- Tienen **un buen ambiente para el aprendizaje.**

> **Así como el hierro se aguza con hierro, así el hombre aguza el rostro de su amigo.**
>
> Proverbios, 27:7

Estos factores crean un buen ambiente de aprendizaje para adultos:

- Un sentido de **respeto** y una valoración de sus opiniones.
- Aliento para animarse a hablar y participar, a expresar sus ideas.
- Un ambiente **entretenido** y de relajamiento.
- Un ambiente de **grupo pequeño.** El grupo en si mismo ayuda al adulto a aprender mas rápidamente, le induce a aceptar y experimentar conidias nuevas, y le anima a aplicar esas nuevas ideas en su vida.
- Los temas y herramienta que vincula en nuestra mente, los sentimos y los cuerpos de quienes aprenden (comprenden aquello que **pensamos, sentimos y hacemos),** de manera muy activa.
- Un **ambiente propicio, en que se muestra interés y aceptación.** Esto brinda la oportunidad de experimentar y ser y pensar creativamente sin la amenaza del castigo el ridículo.

Para obtener mas información sobre el ambiente de aprendizaje, véase "Implementación " en págs. 121-132.*

El camino al aprendizaje para adultos

En las próximas diez paginas se describirán con mayor detalle, cada aspecto de esta cadena.

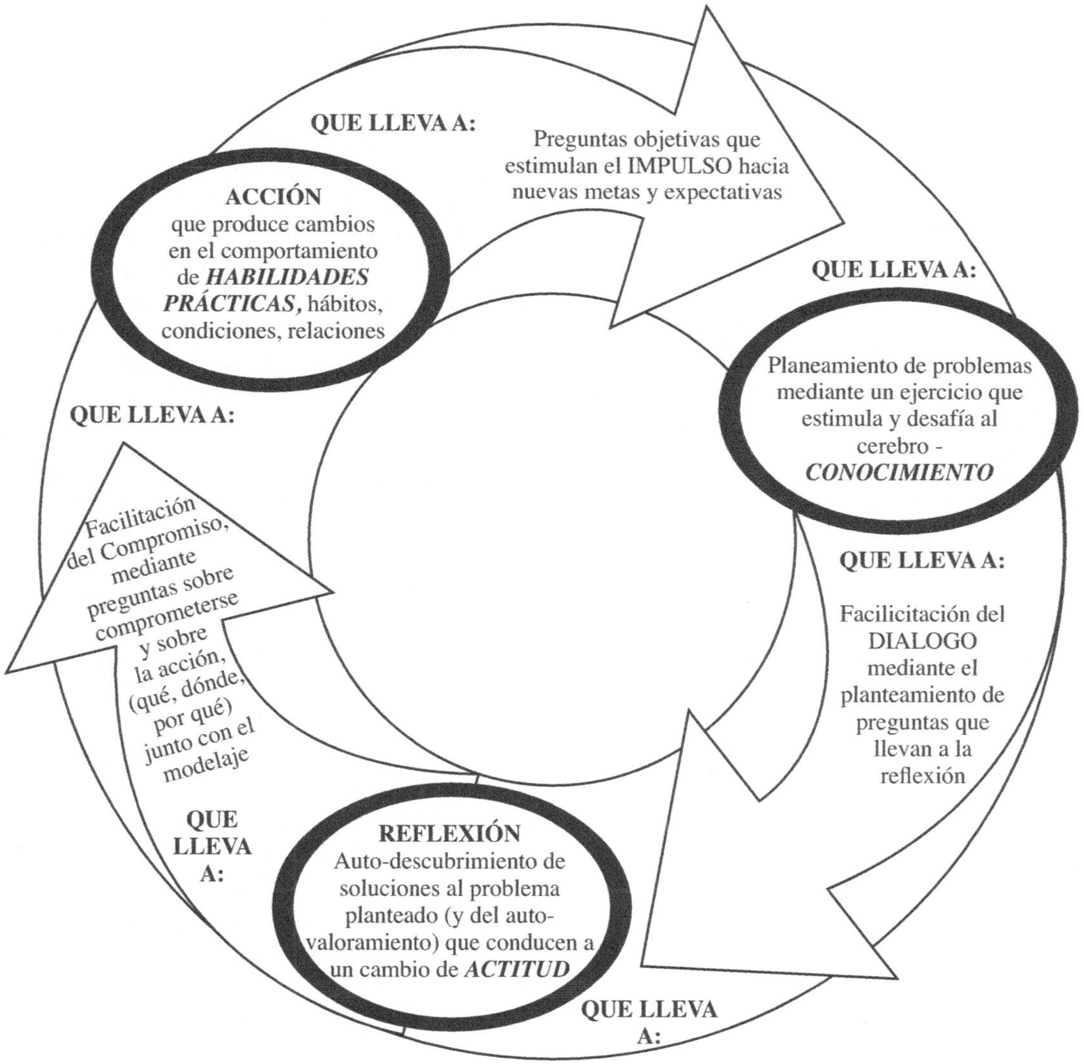

Favor de notar dos cosas en este diagrama:

1. Las palabras escritas en mayúsculas, negrilla y cursiva ***CONOCIMIENTO-ACTITUD-HABILIDADES*** Se necesita que en toda experiencia de aprendizaje se vinculen la mente, el corazón y las manos. La información por si sola no produce el aprendizaje.

2. Las palabras escritas en mayúscula y negrilla ***DIALOGO-REFLEXIÓN-ACCIÓN*** Este es el proceso mediante el cual aprenden los adultos. Las siguientes páginas nos llevarán a través del proceso, paso a paso. El diagrama de esta página podría implicar que estos son los pasos que deben seguirse. De hecho, el proceso de aprendizaje puede comenzar en cualquier punto del proceso descrito. Inclusive puede omitir o combinar áreas.

Inicie el proceso con una dinámica de arranque

Comenzamos el proceso con una *dinámica* de arranque, que hace que los adultos perciban su sentido del desequilibrio al considerar una situación. Esto les ayuda a verse involucrados en lograr definir la situación

En los tres ejemplos anteriores, se utilizó un arrancador para iniciar la discusión sobre educación: Tanto en el dibujo, como en el cuadro con dibujos y en el juego de "Me estoy muriendo de hambre", se utilizaron *dinámicas* de arranque. Sirven para ayudar a que la gente se enfoque sobre aquello en que consiste el problema y hacer que cada uno comience desde el mismo punto en un diálogo. A este tipo de actividad se le llamará *dinámica* en el presente libro, debido a que es una manera dinámica de hacer que la gente se involucre en una situación. Es un ejercicio que plantea una pregunta a la gente, para estimularle a pensar sobre una situación. Las *dinámicas* pueden incluir cosas tales como teatro, dibujos, juegos, mapas y aún simplemente una pregunta abierta bien planteada. Para ver muestras de varias "dinámicas, véase "Herramientas" en la pág. 235."

Véanse las figuras de la página siguiente.

Usamos las *dinámicas* con los adultos porque:

1. Ayudan a la gente a **alcanzar una sensación de desequilibrio.** Los adultos en especial deben percibir que existe una necesidad de examinar más a fondo algún tema para poder desear el cambio. Necesitan percibir que algo no está suficientemente bien, antes de que deseen discutir un posible cambio. La *dinámica*, desafía su conocimiento presente, los hechos y la percepción. Los adultos se dirán a sí mismos, "Quizá yo debiera examinar este asunto más a fondo."
2. Las dinámicas hacen que **todas las personas se pongan a considerar la misma situación al mismo tiempo.** Las diferencias entre las experiencias con un mismo problema, crean la riqueza del diálogo. Aquí es donde todos nosotros comenzamos a aprender, sin embargo necesitamos empezar a hacerlo todos juntos.
3. Las *dinámicas* **plantean un problema a ser discutido** de una manera clara. Esta es la razón por la cual resulta tan importante que una *dinámica* plantee una pregunta y nunca provea una respuesta. He visto muchos teatros en capacitación de ganadería, en las cuales un propietario trae un animal enfermo al Técnico Comunal de Ganadería, quien le da el tratamiento adecuado después de discutir los síntomas con el propietario. La intención es la enseñar los síntomas y el tratamiento de la enfermedad. ¿Es esta una *dinámica*? ¡NO! No hay una pregunta que se haya planteado mediante el teatro. Es simplemente una forma de mostrar mediante la actuación, la información "correcta." Este es un ejemplo de cómo los teatros pueden utilizarse para disfrazar la aplicación del sistema "bancario" de educación.

   ¿Cómo puede cambiarse este teatro (dese un ejemplo) de manera que plantee una pregunta? Aunque este tipo de teatro no es adecuado como una *dinámica*, puede usarse para que los participantes informen sobre las conclusiones de una discusión. También podría usarse para que los TCG practiquen sus habilidades de cómo examinar y dar tratamiento.
4. Las *dinámicas* establecen el escenario para lograr obtener un ambiente de involucramiento y participación activo. Si los participantes desarrollan la dinámica por si mismo, ya están activamente involucrados en la resolución del problema cuando comienza la discusión. ¡Imagine cuan involucrada se halla la gente en la dinámica de los hombres con las bananas rescatando a la comunidad que se muere de hambre!
5. Las dinámicas ayudan a la gente a ver un vínculo directo del problema consigo misma. Ellos ven que la pregunta es directamente aplicable a su finca, a su familia, o a su comunidad. Los adultos necesitan ver esta relación directa, antes de que deseen prender y cambiar. Todas las dinámicas surgen de la realidad de las personas. La gente comienza a intentar resolver el problema inmediatamente efectuando una caminata por el pueblo y los campos de pastura, examinando todos juntos a un animal enfermo, o mediante una representación de roles, o un dibujo.

Algunas personas piensan que solamente jugando algún juego, o con un teatro, o mediante dibujos, están capacitados con un enfoque participativo. Nada podía estar mas alejado de la verdad! La capacitación participativa significa mucho más que juegos, ejercicios y *dinámicas*. **No obstante una dinámica es una parte importante de cómo iniciar el dialogo, una pregunta abierta, planteada con las palabras adecuadas, ¡puede ser igual de efectiva!**

No caiga en la trampa de pensar que simple mente porque usted ha efectuado teatro, su capacidad es participativa. Un teatro o juego, puede también utilizarse en un sistema bancario de educación. El enfoque de la educación mediante el planteamiento de problemas, tiene que ver con:

- El uso de los pasos que se dan en las siguientes páginas: diálogo-reflexión-acción
- La forma en que el diálogo se desarrolla entre los participantes.
- La actitud de los facilitadotes hacia los participantes y de cada participante hacia los demás participantes.

Considere estas *dinámicas* de dibujos-las dos partes superior plantean preguntas, las dos de la parte inferior proveen respuestas:

Todas las *dinámicas*, ya sean teatros, exhibiciones de títeres, juegos, cuentos o figuras, deben plantear una pregunta para que los participantes puedan ponderarla. La dinámica ¡no debe proveer la respuesta!

La *dinámica* siembra una semilla en el proceso de cultivar el cambio. Aun debemos regar y desmalezarla y asegurarse que el clima sea el adecuado para llegar al cambio a través del proceso del diálogo.

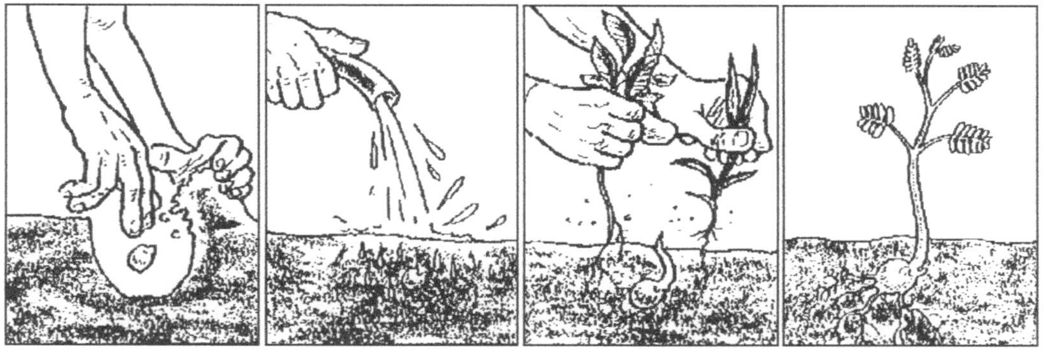

Pasando de una dinámica a la acción

Una vez que la *dinámica* ha sido completa y la gente se halla pensado acerca del problema planteando, ¿Cómo facilitamos el movimiento hacia la acción? Este proceso resulta ser prácticamente el mismo que se usa para la resolución de problemas de grupo en una reunión o para facilitar una sesión de clase. La sesión de clases comienza con la presentación de un problema o situación (definida previamente por la comunidad en la evaluación de necesidades),tal como lo hace el proceso de resolución de problemas en grupo, utilizado en una reunión. A menudo la sesión comenzara con una *dinámica* que hace que todas las perso-nas se pongan a pensar acerca del problema.

Una vez que la *dinámica* ha planteado el desafió al los adultos para que piensen acerca de una situación, avanzan juntos a traves del Diálogo y la Reflexión, hacia la Acción.

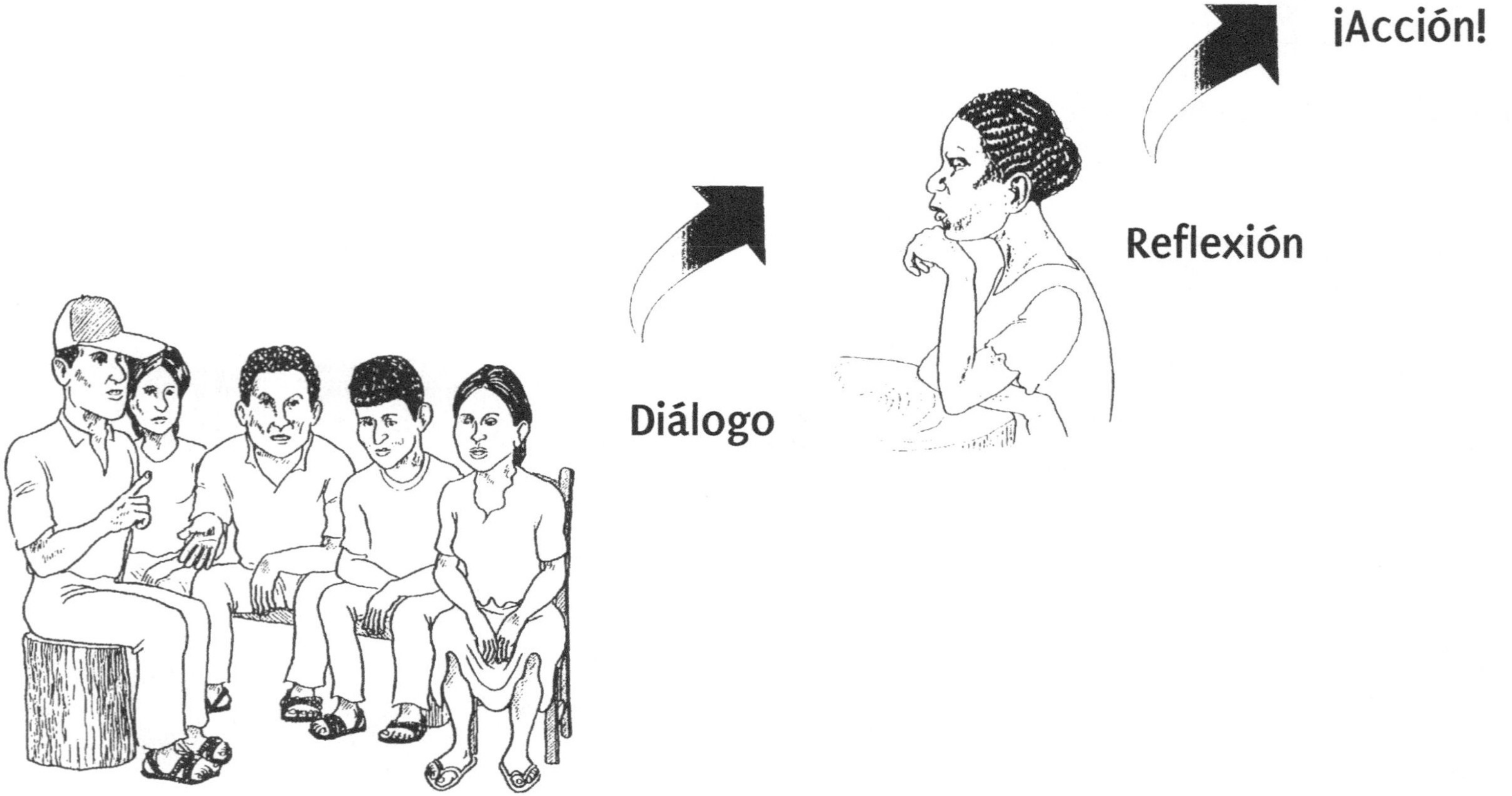

Preguntas que muestran los pasos al analizar una dinámica

Aquí se dá un juego de preguntas abiertas que inicialmente pudieran ayudarle a usted a entender como facilitar el proceso de diálogo. No son Estas las preguntas que se deban usar siempre. Las preguntas apropiadas dependerán del tema, las condiciones y las culturas.

Paso uno: DIÁLOGO

Defina el problema o situación:

1. ¿Qué está sucediendo aquí? Arribe a una descripción clara del problema. Incluye los sentimientos, pero no sugiera que haya que culpar a nadie.

2. ¿Por qué cree usted que sucede esto? Ayude a la gente a comenzar a analizar el problema. Si se trata de un problema delicado que concierne al pueblo (por ejemplo que el presidente de la cooperativa de ganadería haya huido con los ahorros de la cooperativa) la gente puede comenzar a analizar el problema de lejos, sin hacerlo muy personal. La dinámica provee una atmósfera más segura para discutir asuntos difíciles.

3. ¿Ocurre esto aquí (en nuestro pueblo, o nuestra finca o nuestra organización o institución)? Esto nos trae el ejemplo a casa, muestra la conexión obvia a nuestra realidad. En este momento resulta apropiado que la gente exprese sus sentimientos, pero que no se asigne culpabilidad.

4. ¿Qué problemas causa? Todos juntos hacemos una descripción clara del problema en cuanto nos concierne directamente a nosotros.

Es indispensable tener el hábito de la observación y la flexión.
–Abraham Lincoln

Paso dos: REFLEXIÓN

Analice el problema:

5. ¿En sus raíces qué es lo que causa estos problemas? Analice profundamente para llegar a las causas raíces de los problemas. Usted puede preguntar "¿Por qué es esto así?" y "Pero, ¿por qué esto es así?" para profundizar más. Después de cada respuesta, pregunte de nuevo, "¿Por qué?" (Véanse las págs. 22 - 25* "Examinar el problema más a fondo".)

6. ¿Qué podemos hacer acerca de esto? Esto nos ayuda a movernos hacia adelante colectivamente o mediante acción personal en la resolución de problemas. Es aquí donde se proponen las posibles soluciones.

Observe y recoja información:

7. ¿Necesitamos mayor información? Esta pudiera ser una discusión en la que todos compartan su experiencia, incluyendo en algunos casos, la del facilitador. Pudiera ser también que el grupo necesite hacer consultas a un experto o acudir a algún sitio para recopilar la información.

Limite las alternativas:

El grupo habrá preparado una lista de varias soluciones posibles. Ahora deben analizar críticamente las opciones y evaluar las alternativas de solución. Todos y cada uno deben ofrecer sus soluciones, sin ser criticados. Es muy importante que el facilitador presente una vez más la información en esta ocasión. La gente ha compartido la información en el diálogo y ha propuesto muchas soluciones. El facilitador puede ayudar a organizar la información de una manera que sea fácil de entender. Esto lleva a lograr claridad para efectuar la toma de decisiones.

Paso tres:
ACCIÓN

Toma de decisiones:
Podrían existir varias soluciones viables alternativas. En el caso del tratamiento de una enfermedad, pudieran existir tratamientos locales y tratamientos con medicamentos comprados. ¿Cuáles son las ventajas y desventajas de cada uno? ¿Existen algunas razones por las cuales la solución no funcione? Para un proceso de grupo, es importante que exista acuerdo mutuo acerca de la solución o soluciones. Describa la solución de manera que la entiendan claramente todas las personas.

Acuerdo sobre la implementación:
Por ejemplo, en un taller de trabajo donde el grupo ha discutido sobre parásitos internos, podrían diseñarse un plan para que el practicante desparasite a los animales por la tarde. Con una comunidad, pudiera significar un plan para hacer una campaña de desparasitación de todos los animales de la comunidad.

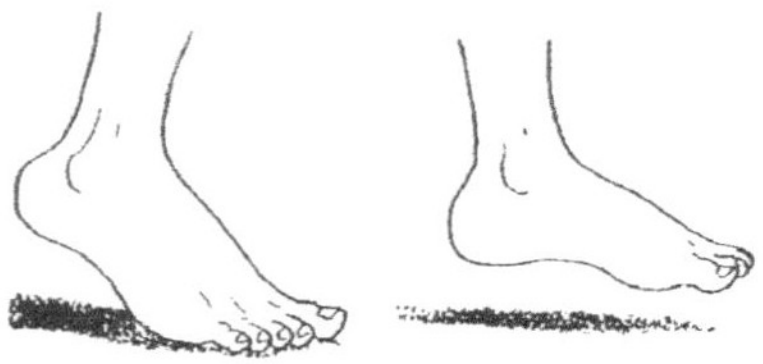

Revise el proceso:
Haga un resumen del proceso- el problema, la solución, el plan. Los procesos de grupo, las actividades planificadas por talleres de trabajo, y el trabajo comunitario, comprenden un paso posterior:

Monitoreo, seguimiento y evaluación:
Controle y haga el seguimiento del proceso, periódicamente. Pudiera ser que la situación haya cambiado o que la solución haya dejado de ser efectiva. ¿Qué tal lo hicimos? Si se tuvo una actividad de taller ¿Cuáles fueron los resultados de nuestro trabajo? ¿Cómo podemos aplicar esto a nuestra comunidad? Aun para una solución de nivel individual, debemos reflexionar sobre nuestras acciones y evaluarlas.

La clave de la reflexión: examinar el problema más a fondo

Se da aquí una serie de *dinámicas* e información que provienen de un taller para capacitadores. Se hallan en el mismo orden en que se utilizaron en el taller, para ayudar a que un grupo piense en el proceso de análisis a fondo para llegar a la acción:

Dinámica #1- Haciendo un examen superficial:
Nota: El final de esta *dinámica* se halla en la pagina 25*, después que los participantes piensen usando el proceso de reflexión con tres otras *dinámicas*.

Los problemas significativos que encaramos, no pueden resolverse en el mismo nivel de pensamiento en que nos hallábamos cuando creamos esos problemas.
-Albert Einstein

- Dividida a todos los participantes, en grupos pequeños de cinco o seis personas Pida a los grupos pequeños que salgan afuera para observar varias cosas en la comunidad.

Algunos ejemplos:
- Grupo 1 - una casa
- Grupo 2 - la clínica de salud
- Grupos 3 y 4 - las fincas de dos familias diferentes
- Grupo 5 - el negocio de una familia con mayores recursos monetarios (indíquese solamente el nombre del negocio).

- Cuando cada grupo haya regresado, informa acerca de lo que ha visto. Generalmente reportaran solamente observaciones superficiales. Pudiera ser que informen sobre una casa en cuyo ingreso se hallaban un pato muerto y dos niños, etc. No discuta a fondo a estos datos. Pase a efectuar la dinámica # 2.
- Nota: puede usted enviar a la gente a salir, dondequiera que tome lugar el taller: en un pueblo, o ciudad o en una finca. La idea es hacer que la gente comience a ver la causa y el efecto. Este examen inicia, da a los participantes una sensación de desequilibrio cuando se dan cuenta que han examinado las cosas que les rodean de una manera bastante superficial.

Ahora establezca un periodo de reflexión con el grupo: Pregunte, ¿examinaron la casa, clínica, finca o negocio superficialmente, con interés propio, o a fondo?

Dinámica # 2 - ¿Cómo examinamos nuestra situación y cómo la analizamos?

Estos seis dibujos se han utilizado para crear un diálogo acerca de la manera en que examinamos un problema:

Examinar - Analizar - Actuar

EXAMINE el problema:
El TCG y la comunidad examinan una vaca que está flaca y enferma.

ANALICE las causas raíces:
Piensan en las variadas causas, tales como la quema sin control, discusiones por cercas, medicamentos caros...

ACTUE para resolver el problema:
Actúan conjuntamente para planificar su visión de la comunidad con quemas controladas, animales en corrales cercados o en establos, tierra que dá buena producción

¿Cómo analizamos la situación?
Podemos examinarla superficialmente:
Como lo hace la mujer que mira su cerdo y vé que tiene una herida infectada. El animal se halla enfermo y podría morir.

Podemos verla desde el punto de vista del propio interés:
La mujer rica vé al cerdo como una oportunidad económica. Comprará el cerdo a un precio bajo, le dará tratamiento y ganará dinero. A ella no le importa que la mujer pobre vaya a perder y siga siendo pobre.

Podemos examinarla a fondo, hasta sus raíces:
Si la mujer examina su cerdo cuidadosamente, descubrirá que tiene una astilla grande de madera clavada en la carne. Esta es la causa de la herida y la infección. Ahora, ella podrá extraer la astilla y atender la herida, ¡y el cerdo se pondrá bien!

Dinámica # 3 - Efectuando una mirada más profunda

Los seis dibujos de la página previa, se han usado para crear un diálogo acerca de la forma en que examinamos un problema.

Use esta *dinámica* simple, junto con los dibujos, para ilustrar el examen superficial y el examen a fondo. Use un ejemplo simple:

- Tome el bolso de alguien y mire el exterior del mismo. Pregunte a todos, "¿Qué es lo que ven ustedes? Es un examen superficial porque no sabe usted que hay en el interior del bolso.
- Saque algún objeto del bolso - quizá un panfleto. No sabemos aún que contiene el panfleto. A menos que veamos qué contiene el panfleto, todavía estamos examinando el bolso de manera superficial.
- Saque una billetera. Dentro de la misma hay un billete de un dólar. Pregunte a todos, "¿Para qué sirve esto?

  Pudiera ser que ellos respondan algo como: "Para comprar pan"
- Entonces usted pregunta, "¿Pero para que quiere ella comprar pan?"
- Ellos podrían responder, "Para vivir"
- Entonces usted pregunta, "Pero, ¿por qué quieren ustedes vivir?

  Debe usted seguir examinando cada vez más a fondo, seguir haciendo preguntas, ¿por qué?, ¿por qué?, ¿por qué?. De esta manera llegará usted a la raíz de la situación. En esta forma, habrá usted analizado una situación a fondo.

La tarea del técnico de ganadería es la de analizar a fondo y alentar a la comunidad y a los productores ganaderos, a que también hagan análisis a fondo. Siempre podemos efectuar un mejor análisis entre varias personas en lugar de hacerlo nosotros solos.

Dinámica # 4 - Un juego para ilustrar una mirada del propio interés:

Utilice esta dinámica, junto con el dibujo de la mujer rica comprando el cerdo de la página anterior, para ilustrar de qué se trata el ver un asunto desde el punto de vista del propio interés.

- Divida mediante un conteo, a todas las personas de la habitación en cuatro equipos. Pida un voluntario de cada grupo para que sea el representante del mismo. Ponga a estas cuatro personas amarradas por una soga, que les rodee a la altura de la cintura, formando un círculo en el centro de la habitación. Fuera de la soga en cada esquina, se dispone un lápiz, una fruta o alguna cosa que ellos quieran alcanzar.
- Identifique a las cuatro personas atadas con la soga. Nómbrelos como: el presidente de la organización del pueblo, el presidente de la organización de ganaderos, el presidente de la cooperativa agrícola y el presidente del comité de salud (o use otros cuatro cargos apropiados de los líderes de la comunidad).
- Dígales a las cuatro personas, "A la cuenta de tres, traten de tomar un lápiz." Haga que los equipos alienten a su presidente. Generalmente las cuatro personas forcejearán con la soga y se darán tirones unos a otros, hasta que una de las personas tome un lápiz. Resulta adecuado incluir tanto hombres como mujeres en el grupo amarrado.

- Pregunte a todos, ¿Cómo es la forma en que actúa la comunidad? La gente pudiera contestar muchas cosas. A menudo, ellos comentarán que muchas veces los líderes de la comunidad ú otras personas actúan solamente por su propio interés. No piensan ellos en las otras personas de su propio grupo que pudieran tener otras necesidades. El diálogo puede tratar sobre ver y actuar llevado por el interés propio. "Esta es la forma en que ellos nos dividen." "Ellos manipulan a la comunidad para lograr sus fines.
- ¿Qué cosa hubieran podido ellos hacer de manera diferente? Haga que las mismas personas repitan el juego una vez más. Esta vez, generalmente, ellos discutirán juntos e irán juntos a tomar los lápices, de manera que cada uno obtenga un lápiz.

De regreso a la Dinámica # 1 - Haciendo un examen superficial:, parte 2

Ahora regrese a la primera dinámica de la presente sección. Comenzaba en la página 22.

- ¿Qué es lo que piensa el grupo acerca de cómo fue que salieron a ver las situaciones de la comunidad (la casa, tierra, negocio, clínica de salud)? ¿Hicieron un examen superficial, o guiados por el propio interés, o a fondo? Los participantes deben darse cuenta ahora, de que hicieron un examen muy superficial. Envíe a la gente de nuevo en sus propios grupos para hacer un examen más a fondo y que regresen e informen sobre sus observaciones.
- Entonces, todos juntos, analicen los resultados.

Ahora se halla usted encaminado para examinar las causas y raíz de los problemas.

La aplicación del conocimiento es donde ocurre el aprendizaje: Decir algo no es enseñar. Escuchar algo no es aprender.

–John Collum

Encontrando juntos una solución

Una vez que se ha efectuado un examen más a fondo del problema y se ha determinado las causas raíz, podemos trabajar juntos hacia una solución. ¿Pero de dónde vienen las soluciones?

Si el Técnico Comunal de Ganadería, extensionista o facilitador viene con una solución al problema, esa es su solución, no la de la comunidad. Algunas veces la comunidad escogerá algo diferente a la idea del Técnico Comunal de Ganadería. ¿Es malo eso?

Considere por ejemplo esta comunidad:

La comunidad aquí, se ha movido para recolectar información, lo cual sigue al proceso de análisis de un problema y la sugerencia de una posible solución. Una vez más, cada persona compartirá sus pensamientos e ideas. El Técnico Comunal de Ganadería necesitará algunas veces organizar el aporte de alguien que venga de afuera, o brindará nueva información a la comunidad.

Ventajas y desventajas de la capacitación participativa

Si el enfoque centrado en la persona quién aprende es tan exitoso para ayudar a la gente a resolver sus propios problemas, ¿por qué no lo han adoptado más programas de ganadería y otros programas de agricultura?

Muchos de los programas de ganadería y programas de agricultura que tienen componentes de capacitación, están diseñados teniendo en mente un enfoque específico:

- Que los agricultores pobres tengan más animales;
- Que el sector de pequeños agricultores produzca más arroz y maíz en sus fincas para el consumo de la ciudad;
- Que los agricultores se queden en sus fincas y no se trasladen a la ciudad;
- Que los agricultores utilicen métodos tales como el cero pastoreo y el cultivo en terrazas para detener la erosión del suelo.

Estos programas no están enfocados en el aprendizaje de los agricultores a resolver sus propios problemas, sino en proveer soluciones a los problemas que las instituciones gubernamentales y no gubernamentales ven como los más importantes. De manera similar, la mayor parte de los técnicos agrícolas y ganaderos profesionales, enseñan de la forma en que les enseñaron a ellos, la cual consiste en un enfoque de control de arriba hacia abajo, que resiste el cambio. La mayor parte de los técnicos agrícolas y ganaderos, no han sido capacitados para enseñar y nunca han examinado las formas en que los adultos aprenden mejor.

Las personas que han utilizado el enfoque centrado en quién aprende, en varios lugares alrededor del mundo, han compartido su experiencia y señalan que hay varias ventajas y desventajas al usar este enfoque.

VENTAJAS

- Es un enfoque que incluye a todos (as), y cada uno (a) puede participar sin que haya discriminación de sexo, edad, el saber leer y escribir, etc.
- La gente elige los temas más importantes. Es relevante.
- La gente puede poner en uso la información de manera inmediata.
- Se utilizan recursos disponibles localmente.
- Genera auto-estima y confianza.
- Alienta a los miembros de una comunidad a resolver sus propios problemas.
- Todos entienden el lenguaje que se usa.
- Se crea un respaldo de amplia base para las iniciativas de la comunidad.
- Se transfiere un mayor número de tecnologías nuevas y apropiadas.
- La información es mejor comprendida.
- Permite a los investigadores aprender de las experiencias de los agricultores.
- Permite que se comparta el conocimiento local.

DESVENTAJAS

- Toma más tiempo.
- Se cubre menos información en cada taller de trabajo.
- Grupos más pequeños de gente reciben nuevas tecnologías.
- Se requieren habilidades nuevas de parte de los capacitadores.
- Hay personas que pueden mostrar resistencia porque se trata de un enfoque nuevo.
- Tiene un costo inicial más elevado.
- Hay pocas personas en los campos (disciplinas) de agricultura, que conocen como hacer la facilitación de esta forma.
- El facilitador tiene menos control del contenido y las direcciones.
- Podría resultar políticamente volátil.

Trate de discutir las ventajas y desventajas con los Técnicos Comunales de Ganadería después de que los mismos hayan experimentado el método de plantear problemas. Haga que ellos elaboren su propia lista, y algunas de las otras ya dadas, pueden añadirse. Según se vaya analizando cada una, a menudo se vé que muchas de las desventajas percibidas, son en realidad ventajas desde el punto de vista de los participantes. Los profesionales en agricultura, ponen en sus listas el tiempo empleado y la cantidad de información dada, como desventajas típicas. No obstante, cuando los Técnicos Comunales de Ganadería examinan su propio verdadero propósito, ven que consiste en asistir a la comunidad a resolver sus problemas y a que avance hacia su propia visión, no importando cuánto tiempo vaya a tomar lograr esto.

A medida que describimos y aprendemos acerca de las diferentes herramientas que se dan en este libro, debemos recordar siempre que son herramientas para el uso de individuos u organizaciones comunitarias. Cuando una organización comunitaria comprende la diferencia entre el enfoque "bancario" y el enfoque de "planteamiento de problemas" con respecto a la educación, puede aplicar las herramientas para alcanzar resultados muy positivos para su organización comunal.

A medida que los TCG comiencen su trabajo en sus comunidades, aliéntelos a compartir su entendimiento de las herramientas de la misma manera en que dichas herramientas fueron compartidas con ellos. O también, puede trabajar con ellos para ayudarles a crear nuevas formas de compartir estas ideas y discutirlas en su comunidad; maneras que sean apropiadas para la situación de su comunidad.

Capítulo 2
¿Para quién es la capacitación?

Este capítulo contiene los siguientes temas:

La capacitación debe estar disponible para todos

Hay opiniones variadas acerca de quien debería recibir la capacitación agropecuaria. ¿Deben ser los que cuidan o los dueños del ganado, gente joven o vieja, hombres o mujeres y niños; o la capacitación debería ser solo para Técnicos Agropecuarios Comunitarios que luego van a compartir sus conocimientos con sus respectivas comunidades?

A pesar de que parte de la información en este libro es para ayudar en la capacitación de Técnicos Agropecuarios Comunitarios, nuestras experiencias nos llevan a creer que **algo de capacitación debe estar disponible a cualquier miembro de la comunidad** que lo quiera y que lo vaya a aplicar en el manejo de sus animales.

En el programa PROPECO de Bolivia empezamos con capacitación para todos los grupos de productores que lo querían y que lo habían pedido. Hombres, mujeres y gente joven participaron de los talleres. Como el numero de personas que podía participar del taller era pequeño (no más de 25 por taller) las familias y comunidades decidieron quienes serian los mejores candidatos para participar. Esto podría pasar en un taller típico:

Aunque vinieron por razones diferentes, todos aprendieron y pudieron aplicar sus conocimientos al manejo de sus animales inmediatamente. Después de que tuvieron el taller, ellos pasaron la idea a otras comunidades de que los talleres eran verdaderamente para todas las personas que lo quiera, aunque no sepan leer o escribir. Por lo tanto, todos los que vinieron eran aquellos que querían aprender a mejorar su producción pecuaria.

Durante una evaluación del programa le preguntamos a varios grupos de mujeres qué pensaban de la capacitación que habían recibido. Estos fueron algunas de sus respuestas:

Ellas pudieron usar la información de los talleres inmediatamente en sus granjas. En Bolivia las mujeres son quienes hacen mayormente el cuidado de los animales por lo que ocurrieron varios cambios en el manejo y la producción pecuaria debido a los talleres.

En varios países los programas únicamente capacitan a Técnicos Agropecuarios Comunitarios o promotores. En varias evaluaciones de estos programas, los resultados de la evaluación sugieren que los productores y los que manejan los animales debieron haber recibido capacitación para lograr mejores resultados. (ITDG 1992)

Hemos encontrado que productores con algún nivel de capacitación en producción pecuaria van a:

- Tener un mejor conocimiento de la necesidad y la utilidad de un Técnico Agropecuario Comunitario.
- Apoyar más el trabajo del Técnico Agropecuario Comunitario
- Tener más ganas de implementar un buen manejo pecuario en sus granjas
- Poder derivar más beneficios de su capacitación como Técnico Agropecuario Comunitario

Donde hay capacitación para los TACs también lo debería haber para los miembros de la comunidad que lo quieran y necesiten.

¿Por qué Capacitar a Técnicos Agropecuarios Agrícolas?
¡Los TACs tienen impacto en sus comunidades!

En un estudio hecho en Kenya para ITDG por Sarah Holden (Orito 1995) se encontró que:

- **Los TACs animan a la gente a curar a sus animales** – 62% de los productores en aldeas con TACs hacen algún manejo en salud animal comparado con 44% en comunidades sin TACs.
- **Los TACs curan a los animales** – Cuando se utiliza a los TACS, la recuperación de los animales es 70% en comparación de solo el 10% cuando no se les utiliza.
- 72% de los productores buscan a un TAC como la primer medida cuando sus animales se enferman.
- Hay **menos mortandad animal** en zonas donde existen TACS que en zonas donde no los hay.
- Hay **rendimientos más altos de leche y carne** en zonas con TACs
- Los animales procedentes de zonas donde están trabajando los TACs normalmente tiene un mejor precio.

Son trabajadores de extensión efectivos

Aunque muchas veces es más fácil que un experto de afuera gana el respeto y atención de los miembros de una comunidad, la experiencia demuestra que a medida que los TACs ganan conocimientos, experiencia y destrezas, trabajan más efectivamente con los productores y logran mejores resultados. Algunas de las razones:

- Hablan **el mismo idioma** que los miembros de la comunidad y de la misma manera
- Inician **de la misma base de experiencia** y a menudo utilizan ejemplos más relevantes para hacer que los productores entienden.
- Tienen **un sistema de apoyo** dentro de la comunidad
- Estarán **en la comunidad a largo plazo** no saldrán cuando termina su empleo como lo hace alguien de afuera
- Aplican lo que están aprendiendo en su propio medio y animales y **de esta manera ayudan a la gente a ver ejemplos en la practica.**
- Ayudan a la comunidad a entender que "sí, pueden hacer las cosas por ellos mismos"!

¿Qué motiva a un TAC?

En Nepal, un grupo de TACs compartió qué les motivaba:

- Quieren aplicar la capacitación a sus propios animales. Quieren trabajar en mejorar su propia producción y mercadeo.
- Quieren aprender más y entender más(desarrollar su propio intelecto).
- Quieren aprender a operar una pequeña empresa con medicamentos veterinarios y/o poder utilizar botiquines veterinarios que algunos programas proveen.
- Quieren poder ayudar a su comunidad con el diagnóstico y tratamiento de enfermedades y proveer una fuente local de medicamentos e información de manejo.
- Quieren servir a su comunidad.
- Quieren mejorar las vidas de las personas curando a sus animales.

¿Quién debe ser un Técnico Agropecuario Comunitario?

Existen varias opiniones acerca de quién debe ser entrenado como trabajadores agropecuarios, Técnicos Comunitarios, y promotores de salud humana (ver referencias página 330). Generalmente, la persona elegida por la comunidad será un técnico agropecuario comunitario más efectivo que alguien de afuera.

Algunos criterios para la selección en diferentes programas:

El programa de capacitación del Centro de Desarrollo Rural de La Misión Unida en Nepal tiene los siguientes criterios.

- Los TACs tienen que servir en un área con por lo menos 500 animales (no incluyendo gallinas) y entre una hora de caminata. Esto les permite trabajar lo suficiente para mantener al día sus destrezas y utilizar los medicamentos antes que expiren.
- Tienen que saber leer y escribir para poder comprar los remedios correctos y entender las dosis y utilizar los manuales de referencia.
- Es preferible que no se hayan graduado de la secundaria, debido a que estas personas normalmente no quedan en la comunidad para trabajar con su gente.
- Tienen que tener animales propios para implementar lo que están aprendiendo.
- Deben vivir en la comunidad y ser respetados por los demás.
- No deben ser ni muy joven ni muy mayor de edad.

El programa hace estas sugerencias a la comunidad y luego la comunidad toma la decisión en cuanto a quién enviar para la capacitación.

Capacitar dos personas de la comunidad:

Otros programas sugieran a las comunidades que seleccionen dos personas para ser entrenadas, un hombre y una mujer. De esta manera los aspectos positivos de ambos pueden ser incorporados al sistema de manejo pecuario de la comunidad. Muchas veces trabajarán juntos como equipo. Donde ha sido posible, esposos han hecho un buen equipo de capacitación. Esto es ventajoso por el hecho de que la persona que recibe capacitación se está desarrollando como persona y por lo tanto una pareja puede distanciarse si uno de ellos está siendo capacitado y el otro no está participando en algún tipo de capacitación.

En varios programas se escogen a mujeres por estas y otras razones:

- Es más probable que estén en la comunidad cuando un animal se enferme.
- Muchas veces son las encargadas de cuidar a los animales y están acostumbradas a ver las enfermedades y curarlas con remedios tradicionales o caseros.
- Comprenden y utilizan el sistema de trueque con sus animales y muchas veces son las que toman las decisiones en cuanto a precio y la venta.
- Técnicas Agropecuarias Comunitarias a menudo pasan sus destrezas a sus hijos y a otras mujeres y niños.
- Las mujeres muchas veces tienen una motivación fuerte para iniciar el cambo social y económico. También son responsable para alimentar, vestir y mandar sus hijos a la escuela, por lo tanto quieren percibir más recursos de la producción de sus animales.
- En muchos casos las mujeres son más responsables que los hombres. Toman menos alcohol y se someten menos a las presiones del favoritismo. A menudo se elige a las mujeres para manejar el dinero.

Capacite a una mujer y está enseñando a toda una generación.

Se escoge a los hombres por estas y otras razones:

- Muchas veces tienen mayor libertad para viajar para curar animales y adquirir medicinas, vacunas y semillas de pasto. Pueden ir solos y de noche en situaciones de emergencia.
- Muchas áreas de mejoramiento pecuario son vistos como del domino del hombre, como ser la preparación del terreno y siembra de pastos, el establecimiento de árboles, la perforación de pozos y el mercadeo de animales mayores.
- Los hombres normalmente prefieren ser guiados por hombres, especialmente donde la opinión de las mujeres no es permitida en la organización local. La voz de un hombre promoviendo cambio social puede ser escuchado con más facilidad.

Como se puede ver, puede haber criterios del programa y otros de la comunidad para tomar en cuenta. Es un balance y por lo tanto es bueno desarrollar los criterios de selección conjuntamente.

La selección comunitaria de un Técnico Agropecuario Comunitario

Las comunidades pueden hacer buenas selecciones de sus Técnicos Agropecuarios si les damos la oportunidad para hacerlo. Sin embargo pueden surgir dificultades en el proceso.

Algunas instituciones que ofrecen capacitación de TAC envían una carta a la comunidad delineando lo que ellos piensen cuales deberían ser las habilidades, destrezas y requerimientos para un técnico agropecuario. Después dejan la decisión a la comunidad. En Bolivia, sin embargo, los facilitadores decidieron ayudar a las comunidades en la selección de su técnico. Compartimos el proceso que utilizaron en cada comunidad.

Un proceso de selección de un Técnico Agropecuario Comunitario

Este proceso se lleva a cabo en una comunidad en dos reuniones nocturnas. Muchas veces puede haber un lapso de hasta dos semanas entre las reuniones. Es importante revisar el resultado de la primera reunión antes de comenzar con la segunda.

Antes de comenzar la primera reunión:

- **Visitar cada casa** en la comunidad para invitar a todos a participar en la reunión.
- **Prepare dos salas** de suficiente tamaño para los asistentes y que tenga luz.
- Corte papel para utilizar en los grupos pequeños
- Prepare hojas de papel sábana grandes para cada sala.
- Asegúrese tener suficientes lapiceros para cada grupo pequeño.

Un Proceso Para Seleccionar Un Técnico Agropecuario Comunitario

OBJETIVO	MÉTODO	MATERIALES
1. Los facilitadores explican la razón de la reunión	Explicar que estamos reunidos para descubrir las necesidades y deseos de tener un TAC. También, explicar el proceso hasta la fecha y a la institución o organización local involucrada	Una copia del folleto explicando el programa. Para dejar en la comunidad.
2. La comunidad hace una lista del trabajo que quisieran que haga el TAC en su comunidad	Ubica a las mujeres en una sala y los hombres en otro. En cada sala, divida al azar los asistentes en grupos de 5 o 6 personas. A cada grupo pequeño haga la pregunta "¿Porqué quieren un TAC? Entregue a cada grupo una hoja de papel para anotar las tareas de un TAC que surgen. En sesiones de plenaria por separado indique a los hombres y a las mujeres que compartan sus listas y que preparen una lista combinada. En una plenaria conjunta, se presenta ambas listas y se prepare una lista concertada bajo las categorías de: preventivo, curativo, y organizativo	Pequeñas hojas de papel, una para cada grupo pequeño. Lápices para cada grupo Hojas de papel sábana grandes para cada sala Marcadores
3. La comunidad decide que necesita el TAC para hacer su trabajo	Los hombres y mujeres en sus grupos hablan de "¿Que precisará el TAC para poder hacer su trabajo?" Utilizando la lista de trabajo definida, el líder puede preguntar "¿Si fuera un TAC, que necesitaría para realizar una campaña de vacunación?" o ¿ "Si fuera el TAC, que necesita para curar animales?" Los grupos deliberan y hacen su lista de necesidades. La lista podría dividirse en: materiales, Apoyo comunitario, y otras necesidades. Una vez que cada grupo ha terminado su lista, la comparten en plenaria con todos los presentes y se prepara una lista en conjunto.	Papel blanco grande para cada cuarto (papelógrafo) Marcadores
4. La comunidad analiza que tipo de persona es la más adecuada para un TAC y define su criterio de selección.	Utilice el ejemplo de construir una casa para empezar. Pregunte, ¿Cómo tiene que ser la viga central de una casa para que la casa sea fuerte?" (Demuestre un dibujo de una casa con una viga débil). Ayude a los participantes a entender que un buen TAC precisará de fortalezas específicas, tal como la viga central. En los grupos por separado pedir a cada grupo que prepare una lista de cualidades de un buen TAC. En la plenaria los grupos comparten sus pensamientos y concuerdan una lista final.	Papeles grande (papelógrafo) Marcadores Dibujo de una casa con problemas
5. La comunidad define y comienza a resolver algunos de los problemas de ser un TAC	Socio-drama: Un TAC en su casa. Varias personas le visitan con diferentes problemas en sus animales y le obligan a curarlos. Una persona quiere una campaña de vacunación, pero no hay saldo de dinero de la primera campaña. Echa la culpa al técnico. Otra persona quiere enviar al técnico a la ciudad para capacitarse pero no quiere que la comunidad pague los costos. Una tercera visita pide que el técnico vaya a la ciudad a comprar remedio para su vaca. El técnico sale de su casa hablando de su frustración e indica que está considerando dejar su trabajo. En plenaria, comparten sobre el drama y haga una lista de los problemas enfrentado por un(a) TAC.	Varias personas para el drama Papel Marcador
6. La comunidad define su compromiso con el Técnico Agropecuario Comunitario	Dependiendo de la dinámica existente en el grupo, divida a los participantes en grupos por sexo o entremezclados al azar. Pida a cada grupo que hagan una lista de sugerencia acerca a cómo ellos estarán de acuerdo para apoyar al TAC local y solucionar algunos de los problemas potenciales. Presente esta lista al presidente de la comunidad para facilitar a la comunidad que tome esta decisión en una de sus reuniones regulares cuando preparen el contrato con el o la TAC.	Papeles grandes (papelógrafo) Marcadores
7. La comunidad decide quien seleccionar para la capacitación.	El presidente y la comunidad deciden si escogen la persona en ese momento o en su próxima reunión regular. Hablan de la importancia de un contrato entre la comunidad y el o la TAC.	

Cuando las comunidades preparan sus listas de criterios para seleccionar los Técnicos Agropecuarios Comunitarios incluyen lo siguiente:

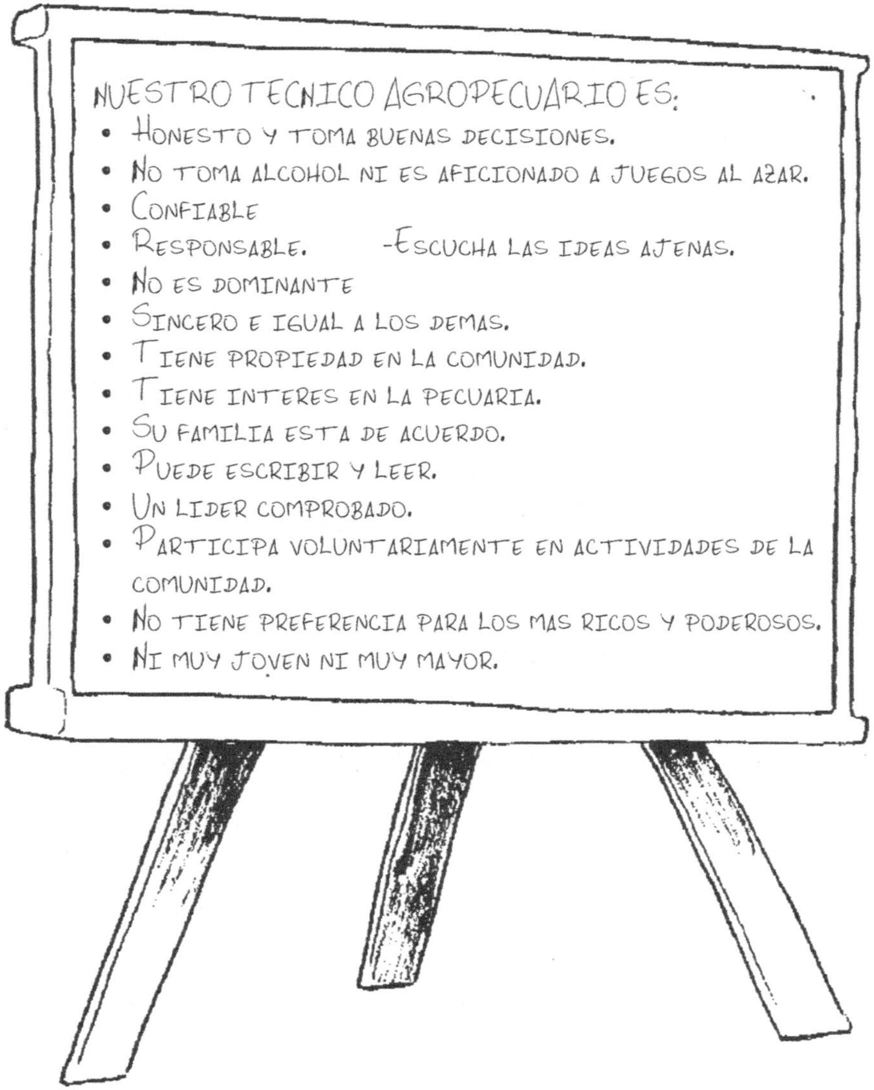

?

Una nota sobre el género
Tal vez pregunte **"Por qué dividieron en grupos de hombres y mujeres?**
En muchas comunidades normalmente no se invitan a las mujeres a las reuniones, o si asisten no hablan en la reunión. Sin embargo, en muchas comunidades pobres las mujeres juegan un papel importante en el manejo y tratamiento de los animales. Muchas veces las mujeres están presentes cuando los animales se enferman, dado que los hombres están trabajando en los chacos.

Reconociendo que las mujeres probablemente no hablarán en una reunión comunitaria con los hombres presentes pero que tienen mucha experiencia valiosa para compartir, los facilitadores decidieron crear un ambiente donde las mujeres podrían hablar.
Cuando las mujeres comenzaron a compartir su lista de ideas, resultó que tenían una perspectiva más profunda de lo que se necesitaba en un Técnico Agropecuario Comunitario para la comunidad. Los hombres reconocieron este hecho.

En esta manera, muchas comunidades de las regiones de San Julián y Berlín de Bolivia tomaron sus decisiones en cuanto a quien debería ser sus Técnicos agropecuarios Comunitarios. Eligieron a hombres y a mujeres, personas mayores y jóvenes, curanderos tradicionales y productores modernos. Estas personas ahora trabajan como TACs efectivos.

Capítulo 3

Facilitadores de capacitación

Este capítulo cubre los siguientes temas:

La Selección de facilitadores

¿Qué tipo de persona hace el mejor facilitador de capacitación?

La selección de los facilitadores y asesores de capacitación es tan importante como los participantes de la capacitación.

Los Facilitadores modelan lo que saben y comprenden del aprendizaje y la enseñanza en sus acciones con los participantes y otras personas. **Es muy importante contar con facilitadores que modelan un enfoque de educación que se basa en el educando y que motiva el cambio.**

Si los facilitadores demuestran por sus acciones y manera de comportarse que ellos piensan que son mejores que los participantes o si les hablan como un superior a un inferior, los TACs se comportarán en forma similar con la gente en sus comunidades.

Facilitador: La persona quien guía el proceso participativo. También llamado entrenador. La guía puede darse en talleres, reuniones o en interacciones individuales. Ve "Rol del Facilitador" Cuadro página 48

Ve "Aprendiendo y Enseñando, como enseñamos" página 3.

Profesionales como facilitadores:

Agrónomos, veterinarios, expertos en suelos, y otros profesionales muchas veces están muy gustosos en compartir lo que han aprendido y lo que "saben" es correcto, con los productores. Sienten que toda su formación ha estado enfocada hacia este fin.

Enseñamos en la manera que aprendimos

Pero, ¿cómo aprendió el profesional en la escuela?

Muchos profesionales tienen el sistema bancario de aprendizaje tan estampado en su mente que ni consideran explorar otras maneras de enseñar. Muchos años del sistema bancario en la escuela fueron metido en mí durante mi formación veterinaria. Hay momentos cuando inconscientemente vuelvo al sistema viejo, aunque estoy plenamente comprometido con la educación centrada en el educando.

El concepto de aprendizaje y enseñanza del profesional tiene que ser desafiado si quieren llegar a ser capacitadores efectivos.

Los profesionales tienen que darse cuenta que existe un problema con las actitudes y métodos del sistema bancario para capacitar a adultos. Todas las dinámicas del capítulo sobre aprendizaje y enseñanza, son apropiadas para la capacitación de facilitadores (Ve Capítulo 1).

Muchas veces, es más eficiente y efectivo capacitar a productores como capacitadores. Aunque los productores también tienen el concepto de que dar un discurso en una aula, es la única forma como la gente aprende, se modifica esta idea más rápido cuando una persona ha tenido menos educación formal. El profesional tiene una riqueza de conocimientos para compartir pero a menudo olvida que el productor también tiene una riqueza de conocimientos para aportar.

¿Cómo puede acordarse de su ignorancia que requiere su crecimiento, cuando siempre tiene que utilizar su conocimiento?
–Henry David Thoreau

Comprendiendo la realidad o contexto local

Muchos profesionales se criaron en un contexto muy distinto al de las familias rurales. Todo su contexto social es distinto. Aunque muchos agrónomos y veterinarios vienen de familias rurales, normalmente son de las familias más adinerados, hecho que le ha permitido seguir y terminar sus estudios. Esta diferencia en su marco de referencia del profesional, le hace muy difícil y a veces imposible entender el contexto de la comunidad rural. La educación enfocada en el educando tiene que comenzar desde el contexto, conocimiento y realidad de los participantes de las comunidades. Muchas veces es muy difícil para un profesional comenzar allí.

Lo que debe hacer alguien de afuera:

- Aprender todo lo que se puede acerca del contexto social y cultural **viviendo con una familia de la comunidad.**

- **Reconocer las diferencias** entre uno y los comunitarios y admitir esto delante de ellos. Reconoce que su base de conocimiento y comprensión es diferente.
- **Pide ayude a los comunitarios para enseñarle** acerca de su conocimiento y realidad de ellos y estar dispuesto a escuchar bien y abiertamente sin juzgar.

- Siempre comience la capacitación con el conocimiento y experiencia de los comunitarios no con lo de uno.
- Lo más pronto posible capacite a personas locales para ser facilitadores y asumir su rol de uno. Comience animándoles a compartir sus experiencias y continúe compartiendo con ellos las destrezas de la facilitación y la capacitación. ¡Ellos serán buenos facilitadores!

Profesionales locales

Muchas veces los mejores facilitadores son personas cercanos a la gente de las comunidades. Busque facilitadores quienes:

- Son de la misma zona del programa de capacitación o una zona cercana, Si la capacitación esta dirigida a personas desplazadas encuentre facilitadores originarios de la misma zona.
- Hablan bien el idioma local
- Se visten en una forma similar a los participantes de la capacitación.
- Tienen los mismos antecedentes culturales y sociales que los beneficiarios
- Han pasado por un sistema educativo similar al de los participantes
- Hablan de los participantes de la zona con respeto

No se cierre a la idea que un **profesional no agropecuario puede ser un buen facilitador de temas de producción agropecuaria y mercadeo.** Muchas veces profesores jóvenes, técnicos de otras campos, sociólogos y comunicadores pueden ser buenos capacitadores. Requieren de un periodo de orientación en la metodología de facilitación, aspectos técnicos y algo de apoyo en el proceso de guiar un taller inicialmente. Con esta capacitación serán buenos facilitadores. En algunos casos no es ventajoso tener conocimiento técnico específico; especialmente si el énfasis de la capacitación es lograr utilizar los bienes y los recursos de las mismas comunidades para lograr su visión y resolver sus problemas.

Personas de la comunidad como facilitadores

Muchos programas promueven que gente de las mismas comunidades capacitan a otros productores compartiendo información y experiencia durante visitas a sus fincas. A menudo, los mismos programas opinan que gente local no puede manejar talleres básicos comunitarios ni capacitar a TACs. Inicialmente, pueden existir dificultades en encontrar comunitarios con los antecedentes técnicos y destrezas de facilitación para poder capacitar a Técnicos Agropecuarios Comunitarios.

Sin embargo, debe ser la meta de cada programa de capacitación entrenar facilitadores de las comunidades y colocar la capacitación bajo su responsabilidad.

Una experiencia de Uganda

En la zona montañosa del occidente de Uganda un grupo de mujeres de una comunidad, fueron invitadas a asistir a un taller sobre los beneficios de una organización comunitaria y cómo construir un grupo activo. Cuando volvieron a su comunidad tenían mucho entusiasmo y organizaron encuentros para compartir lo que habían aprendido con otras mujeres de la comunidad. Como resultado, las mujeres decidieron organizarse en un grupo cooperativo para trabajar juntos hacia su visión y resolver problemas en su aldea.

Comenzaron a trabajar juntas en varios proyectos. Dado que el grupo estaba organizado y estaba trabajando bien, recibieron invitaciones para enviar socias a capacitaciones en una variedad de destrezas. Enviaron socias a cursos sobre contabilidad, artesanía, costura y la siembra de huertas. Después de cada curso, la mujer entrenada volvía a compartir con sus compañeras lo que había aprendido. Estas capacitaciones resultaron en la implementación de actividades muy productivas para el grupo.

El grupo tuvo interés en la producción pecuaria, entonces hablaron como podrían comenzar a criar animales y contactaron a una institución local para ayudarles. La institución envió un extensionista para trabajar con las mujeres en las técnicas que precisarían para manejar un sistema de cero pastoreo. Las mujeres pusieron las recomendaciones en práctica con mucho entusiasmo.

Aunque el extensionista reconoció el valor de las opiniones de las mujeres con experiencia en cero pastoreo y las invitaba a compartir en talleres para nuevas participantes, nunca las motivó a facilitar la capacitación de las nuevas participantes.

Ahora, varias mujeres tienen unidades de cero pastoreo y están criando cabras con éxito. Hay más y más mujeres que tienen el deseo de criar cabras de esta manera. Pero el extensionista está muy ocupado con la atención de animales enfermos, ayudando con la inseminación artificial, y dando muchas sesiones de capacitación para las nuevas participantes. Las mujeres dependen exclusivamente del extensionista para proveer todos estos servicios subsidiados por la institución.

Por no utilizar a las mujeres del grupo como capacitadores:

- ¿Cómo esto ha afectado su autoestima?
- ¿Cómo ha afectado las capacidades de su organización?
- ¿Cómo afecta al trabajo del extensionista?
- ¿Qué podría hacer diferente el programa?

Experiencias de otros programas con gente local como facilitadores

En Nepal, en la zona de Surkhet, la Misión Unida a Nepal, decidió utilizar solo gente local como facilitadores en su programa de capacitación. La gente de las comunidades pasó una capacitación de varias semanas para prepararles para el trabajo. Todos sabían leer y escribir pero con diferentes niveles de educación, hasta la secundaria. El efecto en las comunidades donde el proyecto trabajó, fue impresionante. Los facilitadores locales fueron capaces de comenzar a capacitar sobre la realidad de la comunidad y construir sobre los conocimientos existentes.

En Guatemala en el programa CAPS y en las Filipinas en un programa llamada SEHRDEP, gente de la comunidad han sido involucrados como facilitadores por muchos años con resultados positivos. En Bolivia, las personas locales que llegaron a ser "animadores" (capacitadores y motivadores de los Técnicos Agropecuarios Comunitarios) han puesto mucha creatividad y energía al programa de capacitación, algo que la gente de afuera ha encontrado más difícil lograr. Han ayudado producir muchos Técnicos Agropecuarios Comunitarios que trabajan efectivamente con organizaciones locales fuertes en las cuales los mismos animadores (facilitadores) participan. Adicionalmente, han aplicado sus destrezas de facilitación a otras áreas de trabajo en sus comunidades y en fortalecer sus organizaciones en iglesias locales.

Algunas observaciones compartidas por facilitadores locales:

- Muchas veces **necesitan licencia durante épocas críticas del año agrícola,** especialmente en tiempo de cosecha, para trabajar con sus familias en su propia tierra.
- A veces cuando el facilitador trabaja cerca a su casa **puede ser que no sean escuchados o respetados por su propia comunidad.**
- **Para que una mujer sea facilitador local, el proyecto tiene que tener un compromiso real para contar con facilitadores femeninas.** – precisan de arreglos especiales si tienen hijos muy jóvenes, a veces no pueden viajar o quedar la noche lejos de la casa y tienen más conflictos con obligaciones familiares. Normalmente no pueden viajar solas. Formar equipos para capacitar, es una manera de superar esto.
- Algunas facilitadores locales prefieren trabajar tiempo completo, otros tiempos parciales, dependiendo de sus compromisos en su propia finca.
- **La mayoría de la gente trabaja como facilitador entre 3-5 años,** para luego ser un recurso al proyecto o comunidad pero vuelven a dedicarse a sus actividades familiares y productivas. Para la mayoría esto se debe al hecho que mientras que trabajaron como facilitadores no tuvieron suficiente tiempo para aplicar mucho de lo que aprendieron en su propia parcela y ahora quieren ponerlo en práctica.
- **Si los facilitadores son casados, es muy importante involucrar al marido o la esposa en la mayor cantidad de actividades y sesiones posible.** En el proceso de formarse como facilitador la persona está aprendiendo y creciendo. Es muy importante que la otra mitad de la pareja tenga la misma oportunidad para crecer juntos y no separados. El marido de una animadora será un entusiasta del trabajo de ella y la apoyará si él está involucrado de alguna forma.

El pago de los TACs y facilitadores

Es importante reconocer que cuando hablamos de gente local como facilitadores, no estamos hablando de una situación de voluntariado. Si una persona trabaja en su propia comunidad como un Técnico Agropecuario Comunitario, el arreglo de su pago es entre él o ella y su comunidad. Si la persona trabaja para una institución que maneja un programa de capacitación en el manejo pecuario o en la capacitación de los técnicos comunitarios, debe ser remunerado por sus servicios, como le tendría que pagar a otra persona foránea a la zona.

La capacitación de facilitadores

Los próximos cinco temas deben ser considerados con los nuevos facilitadores como parte de su proceso de capacitación.

¿Cuáles son las características de un buen facilitador?

Pregunte a los facilitadores esta pregunta durante un taller y pídales que desarrollen su lista de características de un buen facilitador. Juntos hablen de la base de estas características. El grupo puede desarrollar una lista similar a esta.

Actitud:

a. Facilitadores no demuestran favoritismo. Permiten que todos participen sin mostrar preferencia a hombres o mujeres, tratando a todos por iguales y como a adultos.

b. Demuestran **respeto** por los alumnos y sus opiniones. Respetan la capacidad del productor de enseñar al facilitador y a otros.

c. Los facilitadores tienen que amar lo que hacen.

d. Tienen que **respetar el conocimiento local** y las formas tradicionales de hacer las cosas como ser uso de remedios y otros aspectos del manejo.

e. Los facilitadores tienen que entender que su conocimiento es diferente, no mejor.

Acciones:

a. Los facilitadores se ponen **ropa sencilla** similar a lo que usan los participantes. Si un facilitador trabaja en distintas áreas étnicas deben vestir según los costumbres en cada área.

b. Los facilitadores usan un **lenguaje y terminología sencilla.** Usan un lenguaje lo más cercano posible al idioma maternal de los participantes, especialmente en zonas rurales remotas. Muchas veces existe el problema de grupos mezclados en cuanto a idioma en una capacitación. Esto es un factor de mayor importancia para participantes femeninas.

Consejos de una buena facilitación. Ve "Implementación" Pága 137.

c. Los facilitadores son **excelentes escuchadores activos.** Hacen buen contacto ocular, demuestran que están escuchando con lenguaje corporal, dicen "sí" para animar la participación y hacen comentarios apropiados.

d. Los facilitadores tienen un buen sentido de humor; hacen chistes y ríen con los participantes.

e. Animan a otros participantes a entrar en un intercambio de opiniones y de ser escuchas activas. "¿Estas de acuerdo con lo que acaba decir su compañero?"

f. Los facilitadores tienen que saber construir el respeto de la gente – haga lo que ellos hacen, involúcrese en lo que están haciendo – en vez de solo mirar desde afuera.

Los roles del facilitador en el proceso de cambio

A veces el papel del facilitador es confuso por que en diferentes momentos de la promoción del cambio, el rol también cambia. El facilitador puede jugar varios roles.

ROL 1
Un catalizador

Un facilitador puede darse cuenta de un problema que puede ser identificado por alguien en la comunidad. El Facilitador les ayuda a considerar con profundidad al problema.

ROL 2:
Un ayudante en el proceso

Aunque los facilitadores no dan solución al problema, hacen buenas preguntas para estimular que la gente analizan el problema profundamente. También, ayudan a organizar y replantear las ideas a los comunarios.

ROL3:
Un asesor

Cuando los productores deciden que quieren tomar alguna acción sobre un problema, comiencen a compartir sus conocimientos sobre el tema entre ellos. A veces precisan más información o información externa para poder tomar una decisión informada. En este momento el facilitador comparte información técnica nueva. A veces, se puede invitar a un miembro de una comunidad vecina para compartir lo que ellos han hecho o un experto puede compartir información.

Con tantos roles diferentes, ¡con razón nos confundimos en cuanto a nuestro papel como facilitadores!

Los tres roles de un facilitador

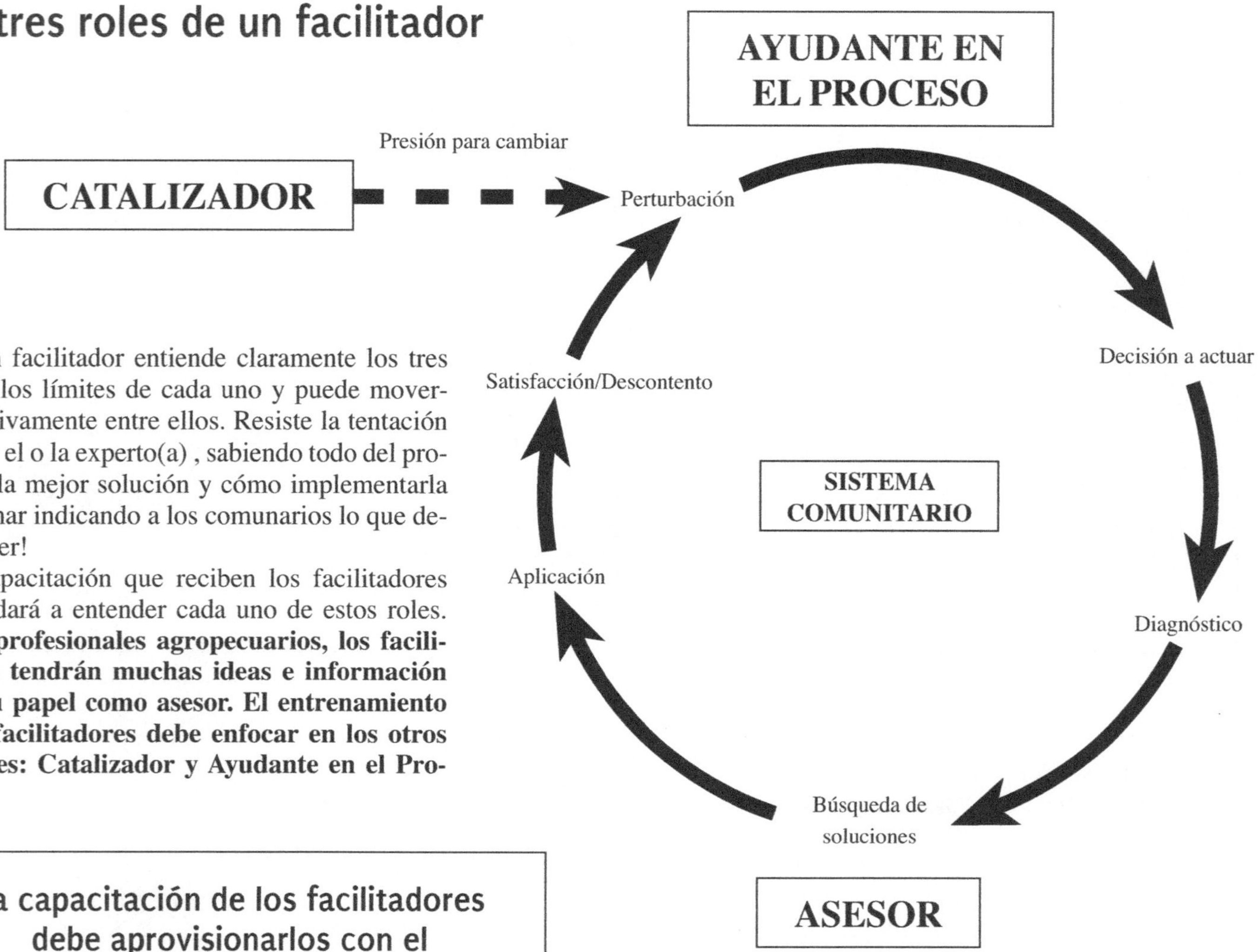

El buen facilitador entiende claramente los tres roles y los límites de cada uno y puede moverse positivamente entre ellos. Resiste la tentación para ser el o la experto(a) , sabiendo todo del problema, la mejor solución y cómo implementarla y terminar indicando a los comunarios lo que deben hacer!

La capacitación que reciben los facilitadores les ayudará a entender cada uno de estos roles. **Como profesionales agropecuarios, los facilitadores tendrán muchas ideas e información para su papel como asesor. El entrenamiento de los facilitadores debe enfocar en los otros dos roles: Catalizador y Ayudante en el Proceso.**

La capacitación de los facilitadores debe aprovisionarlos con el conocimiento, actitudes y destrezas para ser efectivos en sus tres roles o papeles.

Modificado de apuntes de un Taller titulado "Participatory Development and Education Workshop II PREMISE AFRICA 1994

Capacitando Facilitadores

Estos son algunos temas importantes tratados en este libro que deben ser incluidos en el proceso de capacitación de los facilitadores.

La capacitación de facilitadores no se logra en un solo taller! La mejor capacitación ocurre por medio de la experiencia de estar capacitando y reflexionar sobre esta experiencia. La mayoría de los programas que capacitan a capacitadores consideran que una serie de talleres son necesarios, con práctica después de cada taller.

Ser aprendiz bajo un mentor da al facilitador en formación la oportunidad a:

- Tener un modelo de entrenador a seguir
- Hacer preguntas y resolver problemas o dificultades juntos
- Reflexionar sobre sus prácticas con un facilitador con experiencia

A los facilitadores en formación se puede asignar una serie de tareas, o hacer que definen sus propias metas después de cada taller. El mentor les provee la retroalimentación que precisan para crecer y les hace preguntas que causan mayor reflexión.

Trabajo con mentor: el proceso por el cual un facilitador con experiencia capacita a un nuevo facilitador por medio del intercambio de ideas, consultas, y el seguimiento del proceso de aprender - haciendo al nuevo facilitador.

Un análisis de si mismo y cómo trabaja en grupos

Un facilitador necesita analizar la pregunta, "¿Qué tipo de persona soy yo y cómo trabajo con otros? Este auto análisis lleva a una mejor facilitación. Esto se aplica si uno es un facilitador de afuera, un facilitador local capacitando a Técnicos Agropecuarios Comunitarios o un Técnico Agropecuario Comunitaria. Existen varias dinámicas en la sección de comunicación para ayudar a crecer nuestra auto -comprensión. Las siguientes dinámicas y referencias son muy importantes para la capacitación de facilitadores.

Un consejo para la persona que facilita esta capacitación: estas son dinámicas que solicitan a los participantes ser muy abiertos y vulnerables. **Es importante que se haya desarrollado un ambiente de confianza y respeto entre los participantes antes de utilizarlas.**

Algunas dinámicas para ayudarle en el auto análisis.

1. **Descubrir cómo yo trabajo en un grupo**
   Aprender a **dar retroalimentación honesta** dentro del grupo, es importante. Estas dinámicas ayudarán a las personas a explorar cómo ellos trabajan y se relacionan en un grupo y sobre la retroalimentación honesta.
   Favor ver: ¿Qué animal es usted? Comunicación" página 214, "Retroalimentación" página 208.

2. Saber más sobre mi mismo: **Una carta de un amigo**
   - Dividen en grupos de cuatro. Cada persona escribe una carta a las otras tres personas en su grupo. En cada carta debe escribir lo siguiente:
     - "Lo que me gusta de usted es ....."
     - "Una cosa con la cual tengo dificultad es ....."
   - Cada persona comparte la carta que ha escrito a las personas en su grupo que corresponden. Cada persona lee sus cartas en silencio. El silencio normalmente es muy difícil.
   - Después del tiempo de lectura, las personas pueden hacer preguntas pero solo de clarificación. Resiste la tentación de defenderse o explicar por que pareciera que es como le ven. Destine un poco más de tiempo para reflexionar sobre las cartas en silencio.

3. **Compañeros de Paseo y Charla**
   - Al comenzar el taller cada uno escoge su compañero de paseo y charla.
   - Al terminar cada día las parejas van a andar y charlar revisando lo que ha sido bueno o dolorido, y lo que cada uno piensa de si mismo cada día.
   - Al comienzo se sale a andar cada día con la misma persona. Luego se escogen nuevos compañeros al azar. Esto ayuda lograr una retroalimentación de una fuente confiable.

Fuente: Paul Daughtery, OXFAM UK Nepal

4. Existen muchos ejercicios Buenos para desarrollar la auto consciencia sobre como trabajamos juntos y como cooperamos en el manual de Hope and Timmel *"Training for Transformation"* (Ver referencias página 330).

5. Una manera práctica para analizar su rol en un grupo: Durante la capacitación de facilitadores, los facilitadores tienen que planificar como cocinarán en **una forma compartida.** Después cada uno puede analizar que rol tomó en el grupo. "Fui pasivo? ¿Opinaba? ¿Controlaba?

Fuente: Uganda Change Agents Association

6. Un **"observador de proceso"** es de mucha ayuda en las situaciones descritas arriba y en muchas otras actividades que requieren cooperación en un grupo. Este observador es una persona quien se ubica en el grupo pero no para participar. Ellos están allí para observar al proceso del grupo. Ellos tienen que entender que no deben involucrarse en el tema que el grupo está considerando. Cuando se ha terminado la actividad del grupo y el trabajo completado, el observador de proceso puede compartir francamente que ha visto en cuanto a como funcionó el grupo. ¿Alguien controlaba? ¿Hubo un proceso democrático? Quién aportó y quién no? ¿Por qué no contribuía la gente? El observador puede ser de gran ayuda en analizar como actuamos en grupos?

Fuente: Paul Daughtery, OXFAM UK, Nepal

Existen varios manuales excelentes diseñados específicamente para uso en talleres para capacitar a capacitadores basados en la educación participativa de adultos. (Favor ver Recursos página 330).

Algunos consejos para gerentes de Programas de capacitación

Para algunos el aspecto más importante en convencer facilitadores a utilizar la metodología participativa es cómo se comporta el gerente del programa. Si la gerencia del programa es participativa, tendrá más sentido para los capacitadores. Algunos gerente no están dispuestos a participar en un proceso de consenso.

Si un programa ha enviado facilitadores para ser capacitados, ellos tienen nuevas ideas, destrezas, y habilidades en la capacitación participativa. A veces no pueden adaptarse a un sistema tradicional. Si son jóvenes o mujeres en un equipo compuesto mayormente de hombres puede ser que sus ideas no serán consideradas con el mismo peso. Esto puede causar una gran frustración para el nuevo facilitador quien llega con destrezas participativas y nuevas ideas. Si el programa quiere desarrollarse hacia un enfoque participativo, se tiene que dar prioridad a encontrar formas de incorporar esta persona al equipo. Se debe solicitar continuamente compartir sus ideas y opiniones.

Algunos programas motivan a su personal a seguir educándose como una forma de desarrollo personal. Si esto es deseable dentro del contexto cultural, se debe analizar las necesidades y prioridades con todo el equipo dentro del contexto del programa. ¿Cómo se puede usar la educación recibida para mejorar el trabajo del equipo y para mejorar el impacto del programa?

Sección 2

El desarrollo de un programa de capacitación

En estos cinco capítulos se hará un análisis de todo el ciclo de un
Programa de capacitación. Cada capítulo de dedica a un aspecto del ciclo de capacitación.

El Ciclo de Capacitación

Un taller o programa de capacitación puede verse desde cualquier punto como un ciclo. Por alguna razón, la comunidad desea cambio. Juntos, comunitarios e interventores diagnostican la situación, planifican un programa, implementan el programa y lo evalúan. Los resultados de la evaluación del aprendizaje pueden llevar a identificar nuevas necesidades de capacitación y el ciclo sigue.
El ciclo se ve así.

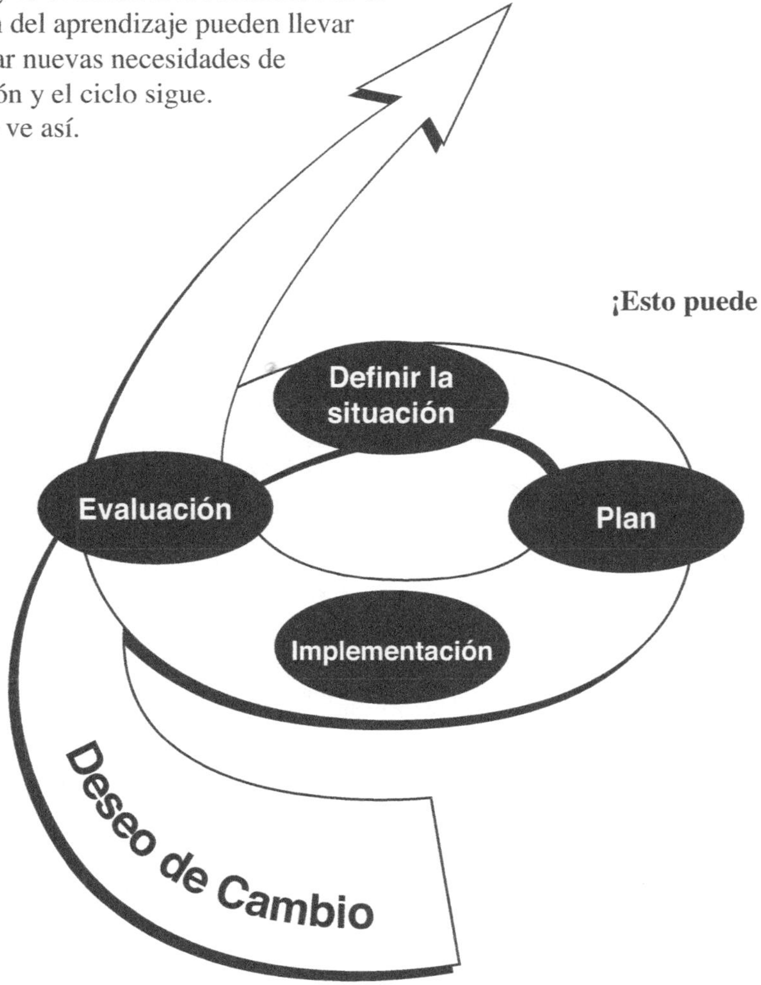

¡Esto puede parecer como un ciclo sin fin pero no lo es!

A lo contrario, si se ha realizado una capacitación efectiva, la necesidad de tratar un tema específico debe estar resuelto. Sin embargo, el cambio iniciado por la gente a raíz del resultado del taller llevará a una nueva realidad en la comunidad, una situación que puede o no requerir más capacitación.

Piense en el proceso como un espiral en vez de un círculo sin fin. El espiral se mueve hacia arriba y adelante a medida que la capacitación resulta en cambios en procura del logro de las metas o la visión de la comunidad.

Visualice el programa de capacitación en el contexto más amplio del desarrollo pecuario o aún el contexto más grande de la vida comunitaria y las aplicaciones son obvias. El mismo ciclo se aplica para un programa de desarrollo de una organización comunitaria

Por ejemplo, a nivel de programa:

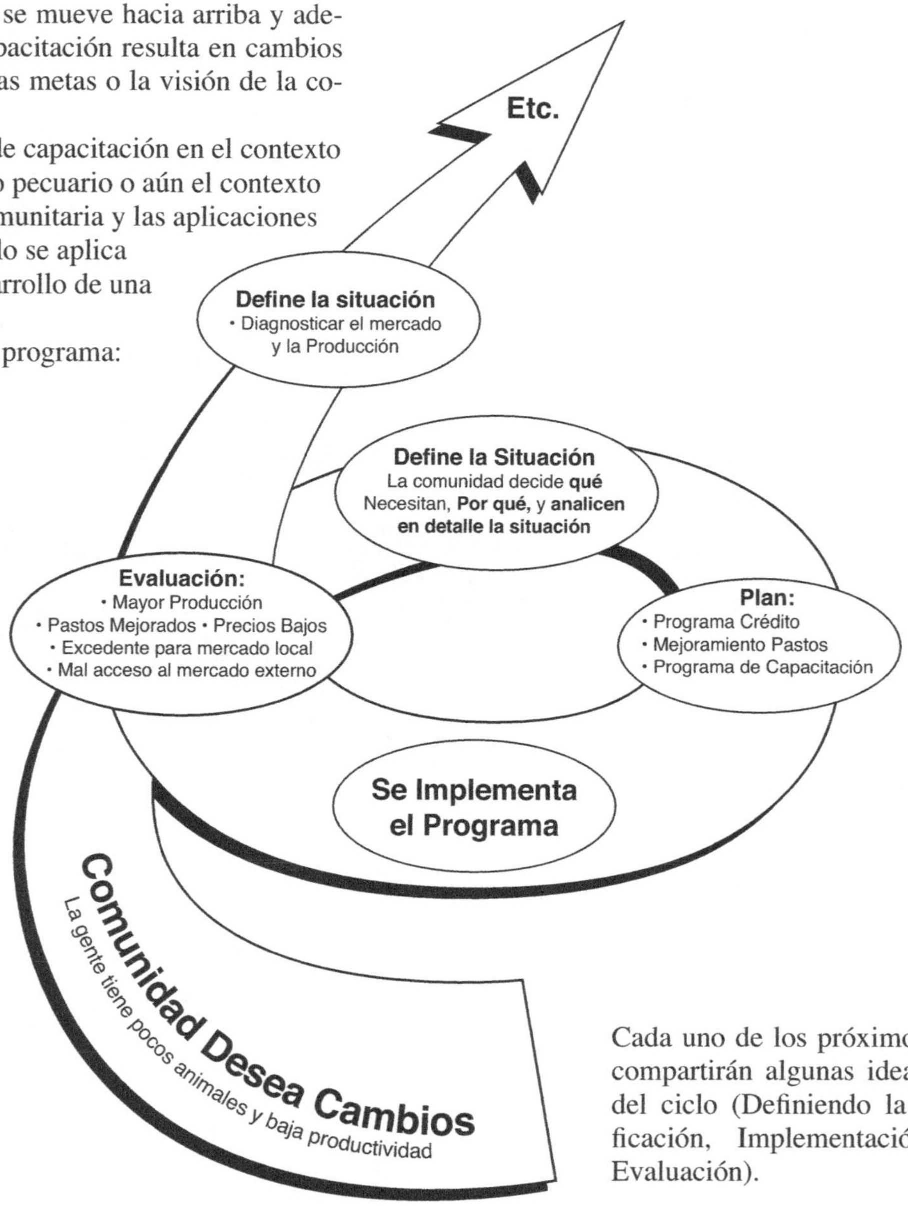

Cada uno de los próximos cinco capítulos compartirán algunas ideas para cada área del ciclo (Definiendo la situación, Planificación, Implementación, Seguimiento, Evaluación).

Capítulo 4
Definiendo la situación

El presente capítulo cubre los siguientes temas:

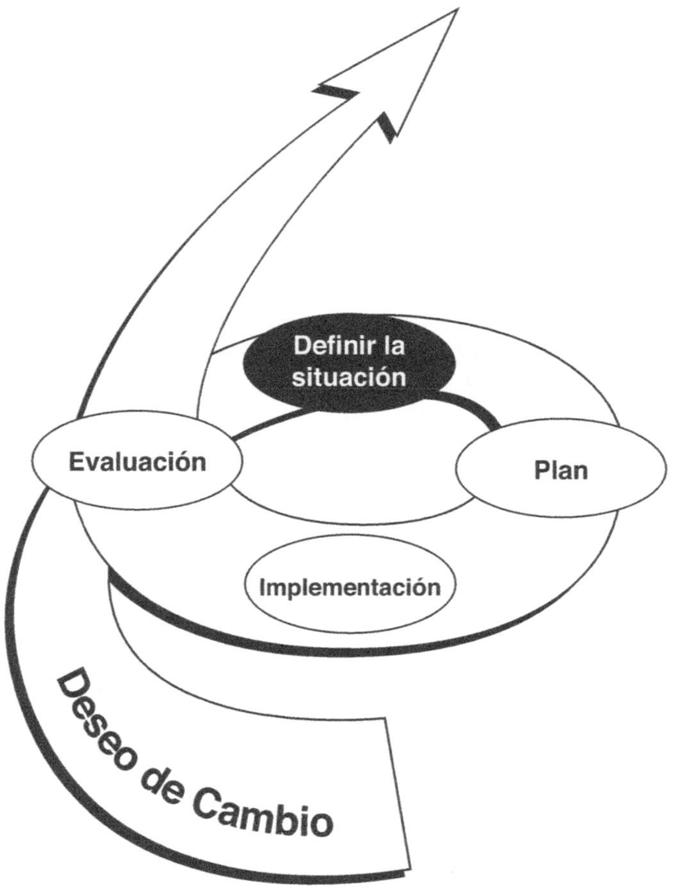

Para lograr un programa de capacitación efectivo, tanto la gente interna como la externa, necesita entender cómo ve la comunidad el presente, el futuro y los pasos para llegar al futuro. Este proceso de comprensión a menudo se llama, análisis de necesidades, pero de forma más amplia, le llamamos aquí "Definiendo la Situación". La capacitación participativa debería siempre comenzar con lo que la gente tiene y sabe; y a partir de esta base desarrolle. Así resultará que la definición de la situación será el trampolín del programa de capacitación.

¿Por qué hay que definir la situación?

En la sección de apertura de este libro, pág. viii, se halla la historia del primer taller de capacitación comunitario presentado en Bolivia por PROPECO. Cuando se realizaron los primeros análisis de necesidades de capacitación, consistieron en una serie de reuniones sostenidas con la gente interesada de varias comunidades. Generalmente, asistían a las reuniones más hombres que mujeres. Cuando las mujeres estaban presentes, no tomaban la palabra. Se producía muy escasa reflexión acerca de las necesidades para los talleres de capacitación. La gente sentía el deseo de recibir capacitación y la solicitó. La gente más importante o aquella que tenía más facilidad de palabra en cada comunidad, daba sus opiniones respecto a las necesidades de capacitación. Las demás personas que estaban en la reunión, se hacían eco de estas opiniones. No se usaron dinámicas participativas para facilitar el diálogo. Los resultados eran predecibles. Solamente una parte de los temas de los talleres eran útiles para los participantes, aunque cada taller fue conducido de manera participativa.

Después de dos años, una evaluación nos dio gran cantidad de información acerca de lo apropiado que resultaron los talleres. También nos mostró, cuan importante es para la gente definir su situación, antes de diseñar el programa de capacitación. Después de la evaluación, cada nuevo taller que se desarrolló, estaba basado en un análisis más participativo, tal como la que se describe aquí. Posteriores evaluaciones nos han mostrado el impacto logrado con este cambio. Hoy en día los participantes ponen directamente en práctica, mucho mayor cantidad de la información que obtienen en los talleres de capacitación.

Algunas decisiones que hay que tomar:

Después de que usted haya leído todo este capítulo, podría preguntarse, "¿Cuánto tiempo debemos invertir en la definición de la situación? Este parece ser un proceso muy largo."

El tiempo que implica efectuar la definición de la situación estará directamente relacionado al tamaño y extensión del programa. Si se está diseñando un programa de capacitación para beneficiar a varias comunidades, vale la pena invertir varias semanas de trabajo en el análisis. Si se efectúa un solo taller de capacitación corto, una reunión; unos cuantos días antes de la realización del taller, pueda que sea suficiente. Sin embargo, debe recordarse que mayormente la capacitación está relacionada a una meta más amplia o visión. Si esta visión no se define por parte de la gente de la comunidad junto con la gente de fuera, la capacitación pudiera resultar inapropiada.

Algunas veces el proceso de definir la situación se realiza más apropiadamente hacia el comienzo de un programa. Otras veces, tomará lugar una evaluación más concienzuda, cuando se haya desarrollado la confianza entre la gente de fuera y la de dentro. No obstante, por favor no se descuide de efectuar la definición de la situación en forma conjunta, no dejándola de lado simplemente porque parece ser que tomará mucho tiempo.

Equipando a la gente para el futuro

El deseo de la mayor parte de los programas de capacitación es el de equipar a la gente para el futuro.

Para que un programa de capacitación equipe adecuadamente a la gente para el futuro, el programa debe estar informado sobre tres aspectos:

1. **Cómo ve la gente su situación actual**
2. **Cómo quiere la gente que sea el futuro**
3. **Qué es lo que percibe la gente acerca de cuáles son los pasos más importantes para alcanzar el futuro deseado.**

Re-definiendo la situación:

En un programa de capacitación participativa, los participantes definen y establecen prioridades para los temas de capacitación. Debido a que los participantes van aprendiendo continuamente, sus prioridades de capacitación van cambiando. Jamás son estáticas. Esto significa que debemos continuar repitiendo la pregunta, "¿Cuál es la situación que tenemos aquí?"

Los siguientes son algunos lugares donde la situación de la comunidad se define y se redefine:

- Un **análisis de la comunidad** lleva a la determinación de si el programa de capacitación es o no necesario. Si es que lo es...
- Entonces, un **análisis de capacitación** define el punto de partida del programa de capacitación.
- Al comienzo de la capacitación, examinamos conjuntamente nuestras **expectativas** para el taller y ajustamos adecuadamente su contenido. Por favor véase "Implementación" en la pág. 116.*
- Durante el taller de capacitación, hay ocasiones de **re-tro- alimentar y modificar** el propio taller. Véase el Capítulo 6, "Implementación" en la pag. 134.*
- La **evaluación final,** el período de **seguimiento** y una **evaluación del programa,** son puntos de análisis de necesidades para futuras capacitaciones. Por favor véase el Capítulo 7, "Seguimiento" y el Capítulo 8, "Evaluación."

Describiremos aquí, el proceso para un análisis comunitario y una evaluación de necesidades de capacitación. Es importante reconocer que esta evaluación no puede hacerse una vez y luego dejarla de lado. El propósito de la educación participativa, es la educación para el cambio. **El proceso de capacitación debe ser dinámico y responder a las necesidades de los participantes a medida que ellos cambien.**

Tipos de análisis de la situación:

1. Análisis de la Comunidad y Elaboración de una Visión. La comunidad define su situación, analiza sus problemas actuales e importantes y define la visión. Esto dará por resultado un plan de desarrollo de la comunidad para el futuro. La comunidad realiza un análisis profundo de las causas raíz de los problemas que tiene su comunidad y los recursos con que cuentan para combatir dichas causas. Los pobladores definen su visión para el futuro. Las personas externas describen lo que su programa puede proveer. La comunidad decide si los recursos ofrecidos por las personas externas serán beneficiosos y necesarios para ayudar a la comunidad a cumplir con su visión.

2. Un Análisis de la Capacitación. La gente que recibirá la capacitación toma decisiones respecto a lo que desea y el enfoque que se dará a la capacitación. El programa de capacitación se basa en el análisis provisto por la definición de la situación de la comunidad. Los participantes priorizan sus necesidades de capacitación para ayudar a los facilitadores en la planificación de los talleres. Adicionalmente, si es que van a ser capacitados los Técnicos Comunales de Ganadería, la comunidad debe participar en el desarrollo de las necesidades de capacitación.

¿Quién debería definir la situación?

La situación debería siempre ser definida por los participantes o los miembros de la comunidad conjuntamente con los facilitadores y organizadores del programa. Esta pudiera ser la primera vez que la comunidad haya analizado su situación de una manera participativa, de manera que se necesita tener paciencia. Aproveche el primer análisis, como una ocasión de enseñar como debe hacerse un análisis. De esta manera la comunidad se queda con las herramientas del análisis, como si fueran propias. A medida que la situación cambie, pueden utilizar las herramientas en diferentes oportunidades.

¿Por qué hacer un análisis conducido por la comunidad?

- Celebra el conocimiento local de la comunidad.
- Fortalece la confianza de la comunidad en su capacidad de analizar su propia situación.
- Brinda a la comunidad herramientas para continuar con el proceso de su desarrollo, cuando las personas externas ya no estén trabajando en la zona.
- Pone la definición del programa de capacitación o taller de trabajo en las manos de la gente que va a utilizar la capacitación, haciendo que el programa de capacitación resulte más adecuado.
- Introduce a aquellas personas que generalmente no tienen voz, en el proceso de resolución de problemas de la comunidad.
- Guía a la comunidad a valorar sus propios recursos físicos, humanos y sociales.

Tres maneras de definir la situación:

1. En un análisis **basado en gente externa,** los externos deciden:
   - Qué es lo que se estudiará.
   - Cuáles son los problemas más importantes de la comunidad.
   - Qué información se debe recolectar y cómo se la debe analizar.
   - Cuáles son las soluciones a los problemas de la comunidad.

2. En tiempos recientes, en algunos **análisis "participativos",** la gente externa recolectó la información juntamente con la gente de la población. Algunas veces la gente externa efectuará parte del análisis de la información junto con la comunidad. Sin embargo, la gente externa diseñó el estudio y efectuó las recomendaciones finales. En otras palabras, la gente externa mantuvo gran parte del control. (Alguna gente usa las técnicas de Evaluación Rural Rápida (ERR) y Evaluación Rural Participativa (ERP) de esta forma.)

Estos estudios reflejan el punto de vista de la gente externa y generalmente no incluyen la realidad o las prioridades de la comunidad. La ERR es mejor que una observación y estudio basados completamente en gente externa, aunque en cualquier caso los programas de capacitación resultantes podrían ser inapropiados o solamente parcialmente apropiados y podría ser que la gente no utilice la información. O puede darse el caso que el programa haga a la gente dependiente, en lugar de animarles a darle forma a su propio desarrollo.

3. **En un análisis participativo, basado en la comunidad,** (Llamada también Aprendizaje y Acción Participativa (AAP) o Investigación Acción Participativa (IAP), la gente de la población y los representantes de su organización, son involucrados en cada paso de la evaluación. Inicialmente, cuando el programa está comenzando, las personas externas trabajan con los pobladores en todas las fases del análisis de manera que el programa de capacitación, la investigación y otras acciones apropiadas, puedan planificarse en conjunto. (La técnica de la ERR tiene el propósito de que se las use de esta manera.)

Dinámicas para ayudar a los facilitadores a examinar los análisis de situación controladas por la gente externa

Las primeras tres *dinámicas* que se dan a continuación –si bien simples, son muy poderosas– le ayudarán cuando usted esté capacitando facilitadores y comités comunitarios de análisis sobre cómo definir la situación. Le ayudarán a abrir el diálogo sobre la importancia de que la comunidad defina su propia situación. Pueden usarse una o varias de ellas. Fueron diseñadas por C-CMCA, en Oruro, Bolivia. La cuarta es una forma de planificar un taller de trabajo para capacitar capacitadores, para permitir que los facilitadores descubran el asunto por sí mismos.

1. El Plan de Presupuesto

Esta es una *dinámica* para discutir la planificación **para** la comunidad en lugar de **con** la comunidad.
Necesitará usted paquetes de dinero de juguete, un cuadro grande como el que se muestra debajo, y lapiceros marcadores.

• Divida a la gente en grupos pequeños de cinco o seis personas.

(★ ● ■ ◆ Representan los nombres de los grupos)

(Este es el cuadro que se pone en el tablero:)

¿MONTO?					¿MONTO?					
PROYECTOS	★	●	■	◆	CAPACITACIÓN	★	●	■	◆	
Perforar Pozo					Nombres de Grupos					
Riego					Cuidado del Ganado					
Excabar Terrazas					Agroforestería					
Crédito p/Animales					Mantenimiento de Pozos					
Posta Sanitaria					Riego					
Invernaderos					Construcción de Viviendas					
Nuevo Camino					Nutrición					
Letrinas					Organización					
Vivero de Árboles					Liderazgo					
Crédito p/Cultivos					Otros					
Otros										

• Cada grupo recibe una cantidad igual de dinero de juguete. En el frente, sobre el tablero, se halla una lista de los tipos de proyectos y tipos de capacitación apropiados para la zona donde viven los participantes.

• Un grupo pudiera elegir no hacer un presupuesto porque no saben que es lo que la comunidad desea, o alguna persona del grupo pudiera objetar hacerlo. La facilitadora debe preguntar qué proceso pasó en cada grupo.
• De esta actividad surge la pregunta: "¿Sobre que base hemos planificado? ¿Sabemos lo que la comunidad desea?"
• Esto lleva a una animado diálogo (¡algunas veces con gemidos!) **acerca de como planificar *para* la comunidad en lugar de con la comunidad.** Para poder planificar la visión y los proyectos necesarios, debe tenerse primero un análisis comunitario de la situación.

2. Esto es lo que Ustedes Necesitan

Esta es una dinámica muy breve pero bastante poderosa para demostrar cómo se siente la gente y como actúa cuando alguna otra persona, toma una decisión por ellos.
• Necesitará usted un voluntario para representar el papel de "Pablo", del cuadro abajo, a la izquierda.

• El facilitador comienza hablándole al voluntario, diciéndole lo que necesita y como resolver su problema.
• Pregúntele a "Pablo" cómo se sintió cuando el facilitador estaba definiendo sus necesidades y dándole la solución.
• Pregunte a los participantes dónde han visto que esto haya pasado. ¿Cómo se sintieron cuando eso ocurrió?
• Los participantes pueden también decir qué cosa podría haberse hecho de manera diferente.
• Este es un ejemplo de lo **que ocurre cuando la *gente externa* define la situación para la comunidad.** Las necesidades definidas, a menudo no son las necesidades de la comunidad. Las soluciones ofrecidas no son las soluciones necesarias. Pablo podría decir, "No me voy a tomar la aspirina." Este también es a menudo el resultado de un análisis basado en gente externa: la gente no usa el proyecto resultante o idea de capacitación.

3. Muéstrame cómo

Esta es una breve *dinámica* para ilustrar cómo alguien puede ser manipulado por una persona poderosa o en quien se tiene confianza.
• Necesitará usted el círculo de participantes y cualquier cosa que pudieran tener en sus bolsillos.
• El facilitador les pide a todos y cada uno que se paren en un círculo grande.
• El facilitador dice: "Tomen lo que encuentren en el bolsillo del vecino que está a su derecha y muéstrenlo a todos los demás."
• Normalmente, la mayoría de la gente hará lo que se indica. El facilitador alienta a cada uno a mostrar lo que encontraron, entre bromas y risas. Generalmente nadie llega a decir, "No tome mis cosas" o "No tiene usted derecho a hacer esto."

• Enseguida el facilitador dice, "Esto es el manipuleo." Analicen juntos la situación. ¿Por qué estamos tan dispuestos a confiar en la gente extraña y hacemos lo que nos sugieren sin pensar el asunto por nosotros mismos?

• ¿Cuáles son las debilidades de un programa de capacitación desarrollado por gente externa en quien sentimos confianza y que sea bien intencionada?

• Esta es la forma en que toma lugar la manipulación en la comunidad. Un presidente de organización o persona importante del pueblo, habla en nombre de todos, sin consultar a la gente. Una institución externa con buenas intenciones, les dice a todos que deben hacer determinada cosa y ellos la hacen, respetando así el conocimiento del experto. Sin embargo, a la larga, pudiera no ser la mejor opción para ellos.

4. Dentro del diseño de un taller de trabajo

Esta es una manera de diseñar un taller de capacitación de facilitadores de manera que el trabajo propio de los participantes a lo largo de taller les enseñe a través de la reflexión. Demostrará a los participantes como sus ideas acerca de las necesidades de los agricultores, son diferentes de las ideas que los agricultores tienen sobre sus propias necesidades.

• Usted necesitará una *dinámica* de análisis diferente, planificada para cada grupo pequeño de participantes.

• Divida a los participantes al azar, en grupos pequeños. Cada grupo usa una herramienta participativa diferente (tales como un calendario estacional, mapas, establecer rangos de prioridades, etc. - véase "Herramientas," comenzando en la pág. 253*). Cada grupo utiliza la herramienta que tiene en su grupo para definir lo que percibe como aquello que necesita la gente de la comunidad. Después vayan a una comunidad donde están trabajando. Cada grupo puede usar su herramienta con la gente del pueblo, de manera que la gente defina su situación actual y sus necesidades. Después de regresar al taller, ponga las dos listas sobre el tablero, lado a lado. Siempre habrá diferencias significativas. Haga que los facilitadores discutan este asunto, puesto que verán las diferencias por ellos mismos.

Un análisis participativo de la comunidad o un análisis participativo de capacitación, no es lo mismo que un estudio largo basado en las necesidades de la institución. Muchas instituciones necesitan información de línea de base, o desean información detallada o estudios de la zona. Si bien los estudios detallados sirven a los propósitos de las instituciones, usualmente no son aplicables a las necesidades de la comunidad.

Las herramientas de un Aprendizaje y Acción Participativa (llamado anteriormente Evaluación Rural Participativa (ERP), era una excelente ayuda para que la comunidad pudiera examinar a fondo su propia situación. Pueden utilizarse como parte de la investigación o como herramientas de aprendizaje en las sesiones de capacitación. Deberán dar como resultado la acción de la comunidad.

No obstante esto, muchas ERP se han efectuado, sin que éstas hayan sido analizadas plenamente con la comunidad, o nunca se utilizaron por parte de la comunidad para planificar un programa. En esos casos la ERP ha tomado el valioso tiempo de la gente, sin obtener resultados. Tales experiencias a menudo amargarán a la gente en el enfoque participativo cuando vean ellos que no obtienen resultados de su trabajo en la ERP.

Pregúntese a sí mismo, "**¿Es el estudio o investigación que estamos realizando, demasiado complejo para analizarlo en conjunto con la comunidad?**" "**¿Puede la comunidad usar la información inmediatamente para tomar una decisión?**" Estas preguntas debieran de ayudarle a usted, a mantener el análisis en su justa perspectiva.

Pasos para Definir la Situación

Un *análisis participativo de la comunidad*, puede ser un proceso largo. Puede que llegue a tomar varias reuniones durante un período de varias semanas para lograrlo. Cada uno de los siguientes cinco pasos debe ser seguido para completar la definición de la situación de la comunidad. Se dan junto con algunos de los pasos, varias ideas para realizar *dinámicas*. Use estos ejercicios, u otros que Ud. considere que sean apropiados (véase el Capítulo 12, "Herramientas"). Si está Ud. planificando un programa de capacitación (con más que uno o dos talleres) para cubrir las necesidades cambiantes de capacitación de una zona, un *análisis participativo de la comunidad* establecerá la visión y las direcciones del programa de capacitación.

Un *análisis participativo de capacitación*, podría ser mucho más simple que un análisis participativo de la comunidad. Si el análisis se hace para un taller específico, los participantes pueden definir sus necesidades de capacitación en una sola reunión. Todos los participantes de un taller deben ser contactados acerca de sus necesidades de capacitación, antes de la realización del taller. Esto ayudará a un diseño apropiado del taller.

Si un programa de capacitación se vá a establecer para beneficiar a una zona de muchas comunidades (tal como la capacitación de Trabajadores Comunales de Ganadería TCG) se hará necesario efectuar un análisis con mucha mayor participación. La visión y la dirección del programa deben ser definidas con la gente de la comunidad. Una vez que se ha definido la visión, pueden delinearse las secuencias y tópicos del taller. Esto generalmente requerirá una serie de reuniones con tiempo con las comunidades participantes, los facilitadores a ser capacitados, y los participantes del taller de trabajo.

Nota: Se asume que en todos estos pasos, Ud. usará un enfoque participativo para la facilitación. Para obtener sugerencias sobre buena facilitación, véase "Implementación" en la página 137*. Para obtener información acerca del enfoque participativo, véase el Capítulo 1, "Aprendiendo y Enseñando"

Los pasos para cada tipo de análisis

Análisis de la Comunidad	**Análisis de la Capacitación**
1. Identifique el comité de análisis y planifique el proceso de análisis con este comité.	**1.** El comité evaluador está formado por los facilitadores que planifican el análisis.
2. Defina la situación actual de la comunidad.	**2.** Los participantes definen su situación actual con referencia al área de capacitación requerida-1
3. Analice la situación y los problemas actuales.	**3.** Los participantes determinan las metas o la visión del programa de capacitación o del taller.
4. Defina las visiones y direcciones para el futuro.	
5. Considere los recursos disponibles.	

PASO UNO: Identifique al comité de análisis

Debe identificarse al comité de análisis en una reunión previa a la definición de la situación de la comunidad. La comunidad juntamente con la gente externa, deberá decidir quiénes serán las personas más apropiadas. Generalmente un comité estará integrado por:

- Miembros de la comunidad ú organización
- Facilitadores o miembros de la institución externa.

Trate de asegurarse que todos los miembros del comité no sean líderes importantes de la población. Es bueno pensar en incluir a la gente más pobre, mujeres lo mismo que hombres, y tanto personas mayores como jóvenes. El comité no tomará las decisiones finales sobre el problema, pero ayudará a motivar a la gente, organizar la información y representar la información a la gente para su decisión. Todos llegamos a una situación con un sesgo y debemos estar conscientes de que existen dichos sesgos. **Cada miembro del comité tendrá sus sesgos ú opiniones formadas, que llevan consigo al trabajo del comité.** El tamaño del comité debe limitarse a cuatro o cinco personas porque los comités integrados por muchas personas trabajan con dificultad.

El comité deberá planificar la evaluación.

- **Quién** participará.
- **Cuándo** se efectuará.
- **Donde** se efectuará.
- **Qué** pasos se seguirán.
- **Cómo** trabajará – que herramientas usará para alentar la participación.

PASO DOS: Defina la situación

En este paso la gente examina la situación actual de su comunidad. Ellos definen como es la comunidad ahora y cuales son los problemas actuales. En un *análisis de la comunidad,* los resultados serán generales para toda la comunidad y generarán un plan de desarrollo para la comunidad. En un *análisis de capacitación,* los resultados son específicos para un tema en particular, tal como la conservación de suelos o la producción ganadera. Las herramientas que se escojan para hacer esto, dependerán del propósito de la evaluación.

Algunas dinámicas para que la comunidad defina su situación:

(Véase el Capítulo 12, "Herramientas" para obtener más ideas - págs. 253 hasta 262*.)

1. Escuchando para los temas importantes

Una muy buena forma de trabajo para que los facilitadores, Técnicos Comunales de Ganadería o el comité de análisis obtengan una idea de las cosas que son centrales, o asuntos importantes en sus comunidades, es la de escuchar. Toda vez que un grupo de personas se reúne, normalmente comienzan a discutir los asuntos que son importantes para ellos - las ideas y problemas que los inquietan y generan energía entre la gente.

Algunas veces si les preguntamos a las personas en una reunión o una entrevista, cuáles creen que son los asuntos más importantes, pudiera ser que ellos no compartan su sentir debido a la presión del grupo o la circunstancia que se dá en la entrevista. De manera que el facilitador, el Técnico Comunal de Ganadería o el comité de evaluación, pueden probar las siguientes actividades para ayudar a lograr un mejor entendimiento de la situación.

A. Escuchando en los sitios donde la gente se reúne normalmente

Vaya a los lugares donde la gente normalmente se reúne para conversar, siéntese con ellos y escuche aquello de lo cual están hablando. Esto pudiera ocurrir al frente de un negocio local, en un puesto de refrescos, en el sitio donde las mujeres lavan juntas la ropa, en una iglesia antes o después del servicio religioso, durante una festividad local, o en cualquier lugar donde normalmente la gente se sienta y conversa. Escuche los temas de los que se habla una y otra vez, los tópicos acerca de los que la gente se inquieta y los temas de los que se habla más a fondo.

B. Escuchando mientras se espera que comience una reunión o taller de capacitación

Pregunte a la gente, "¿Cuáles son los problemas que está usted teniendo actualmente con su ganado?" Tome nota de las respuestas que se repitan varias veces y que generan un diálogo entre la gente que se halla presente. ¿Cuáles son las cosas de las que hablan con más énfasis o más animadamente o los animales de los que más se habla y comparte? Estos son probablemente los asuntos más importantes y de mayor presión. **Recuerde su propio sesgo y ¡no liderice la discusión!**

Estos importantes asuntos o temas, están relacionados a los problemas más profundos y asuntos más dificultosos que encara la comunidad. Se llaman *temas generativos,* porque generan energía entre la gente. Cuando la comunidad efectúa una lluvia de ideas acerca de su situación, el comité de análisis podría mencionar estos asuntos. Esto es particularmente cierto, si existen algunos asuntos que parecen haber estado presentes en discusiones informales, pero que no han sido compartidos en la reunión de la comunidad. La población puede entonces considerarlos y darles prioridades usando la lista que ya han generado.

2. Lluvia de ideas y ordenación por prioridades

Organizar una lluvia de ideas es una manera rápida de hacer que todos y cada uno expresen sus ideas dentro de un ambiente seguro. Ninguna idea es criticada. Para obtener más información sobre lluvias de ideas, véase "Herramientas," Capítulo 12, pág. 238*.

A. Lluvia de ideas en pliegos grandes de papel

• Usted necesitará hojas grandes de papel y lapiceros marcadores para cada grupo.
• En una reunión de la comunidad, divida a la gente en grupos, los hombres y las mujeres en grupos separados. El facilitador pide a todos los grupos que respondan la misma pregunta. Si la comunidad desea examinar problemas actuales de la producción ganadera, el facilitador le pregunta a los grupos, ¿cuáles son los problemas actuales de la producción ganadera en sus rebaños? Las preguntas pueden ser amplias o enfocadas, pero deben ser claras para todos los participantes.
• Mediante la lluvia de ideas, cada grupo genera una lista. Cada grupo establece prioridades dentro de su lista, escogiendo los tres problemas más importantes.
• En la reunión plenaria, se escribe una lista de todos los problemas prioritarios, con escritura grande en un pliego de papel. Si un problema se repite, haga una marca de revisión en el costado del ítem. Trace una marca por cada vez que un grupo haya mencionado el problema. Una vez que todos haya compartido sus listas, tiene usted una lista generalizada con prioridades establecidas. Juntamente con la comunidad, puede usted organizar esta lista por categorías.

B. Lluvia de ideas utilizando tarjetas

• Necesitará usted bastantes tarjetas de 5 x 7 pulgadas, o mitades de hojas papel tamaño carta (8 1/2 x 11 pulgadas) y lapiceros marcadores para todos.
• Si el grupo sabe leer y escribir, puede utilizarse un sistema de escritura sobre las tarjetas. Si los participantes aún no saben leer y escribir, pueden dibujar figuras para representar sus problemas y explicar los dibujos al grupo. Debe dárseles a todos un juego de tarjetas y un marcador de algún color. Pregunte, ¿cuáles son los problemas más serios que tienen ustedes con su producción ganadera? Ó ¿Cuáles son los problemas más serios que la comunidad está confrontado ahora?.

• Cada persona pone un problema diferente en cada tarjeta. En grupos pequeños, cada uno discute los problemas. El grupo organiza y dá prioridades a su juego de tarjetas y cada grupo pequeño presenta las cinco o seis principales necesidades.

• En la plenaria cada grupo pega con cinta adhesiva o adhiere de alguna otra manera, su juego de problemas sobre un pliego grande de papel o sobre un tablero al frente de la habitación. El Facilitador, con el consentimiento y ayuda de todos, ordena las tarjetas por categorías, colocando las tarjetas repetidas, unas debajo de otras. El grupo, entero, toma la decisión sobre la prioridad general de los problemas.

C. Lluvia de ideas con dibujos sobre el suelo

• Necesitará medias páginas de papel o tarjetas y lapiceros marcadores de colores para todos.

• En una reunión grande, esto puede usarse para dar prioridades a los problemas de forma automática:

• Cada persona traza un dibujo de los problemas de mayor presión. Mientras cada persona explica cuál es el problema su tarjeta se coloca en el suelo. Las tarjetas que describen el mismo problema, se colocan lado a lado. Las tarjetas que explican un problema diferente, se colocan en una nueva fila debajo de la primera tarjeta. Cuando todos han compartido sus tarjetas, se tendrá sobre el suelo, una tabla grande ordenada de los problemas.

• En el diálogo que sigue, se puede discutir y confirmar el orden establecido.

Fuente: Lina María Nivea Obando, Colombia.

3. Una caminata a través de la comunidad y los campos

• Usted necesitará hojas de papel y lapiceras para que varias personas registren lo que vayan viendo.

• La gente interna, así como la extema, efectúan juntos una caminata por la comunidad o a través del terreno de alguien, viendo también su rebaño. Hablan en conjunto acerca de lo que ven, escribiendo las cosas que vayan observando y discutiendo.

• El facilitador puede formular preguntas de direccionadas para ayuda a que está *dinámica* se efectúe. Algunas preguntas de enfocado pudieran ser:

¿Por qué cultiva usted esta especie de planta?
¿Quién trabaja en esta parcela?
¿Cuántas personas tiene la familia?

• La gente no debe tomar decisiones acerca de la importancia relativa de estas situaciones, hasta que todas las personas involucradas se hallen juntas en una reunión. Esta caminata puede usarse antes de una sesión de lluvia de ideas, para poner a la gente a pensar acerca de su situación actual.

4. Dibujando mapas

(Véase "Herramientas", pág. 253*)

Resulta muy útil pedir que la gente de la comunidad, divididos en pequeños grupos, dibuje mapas de la situación del pueblo o de la finca. Con esto se ayuda a la gente a tener una ayuda visual concreta para analizar la situación actual. Para hacer una comparación, ellos pueden dibujar un mapa de cuál era la situación del pueblo diez años atrás. Ellos pueden ver los cambios en una dirección u otra.

> Dibujando juntos un mapa:
> A partir de una *dinámica* de dibujar mapas, un grupo de habitantes de un pueblo en Guatemala, discutió el tema de que los árboles habían desaparecido de las laderas de los cerros que rodeaban a su comunidad. Descubrieron los efectos de ese cambio, examinando el mapa actual. Así ellos pudieron constatar la producción decreciente de sus campos, a medida que la erosión se llevaba la tierra fértil y la sequía mataba los cultivos. También vieron ellos que donde antes habían existido vertientes, la tierra estaba ahora desnuda. Decidieron atacar esta situación con un plan. Hoy en día las laderas de las colinas están nuevamente cubiertas por árboles, las vertientes han vuelto a fluir y la producción se ha incrementado.

5. Dibujado y discusión

(Véase Capítulo 12, pág. 249*)

6. Calendarios estaciónales

(Véase Capítulo 12, pág. 259*)

7. Ordenando los problemas por rango

(Véase Capítulo 12, pág. 255*)

¡Precaución!

Las herramientas de análisis participativa, tales como los calendarios estaciónales, el establecimiento de rangos, dibujado de mapas, etc., pueden usarse de forma participativa o no participativa. Un calendario estacional puede desarrollarse con la ayuda de la gente local, pero posteriormente ser analizado por gente externa, quién toma las decisiones. Contrariamente, un calendario estacional puede ser desarrollado y analizado por la comunidad, junto con el facilitador externo y todos pueden trabajar juntos para tomar las decisiones.

Cuando el análisis y la toma de decisiones se han hecho par parte de la comunidad, tal cosa les ayuda a visualizar su situación actual, evaluarla y tomar decisiones para la acción hacia el cambio. El proceso de aprendizaje ya ha comenzado.

Una nota sobre los roles de género

Si una *dinámica* para establecer prioridades se combina con un calendario estacional (Véase "Herramientas," pág. 255* y 259*), la gente tendrá una oportunidad de efectuar un muy buen análisis de los roles basados en género de las personas de la familia. Esto se añade a la definición de su situación.

Puede usted utilizar un ordenamiento de prioridades para que la comunidad defina quién hace cuáles tareas en el cuidado del ganado, la producción de los cultivos o en los trabajos de forestería y cuáles se consideran como las tareas más importantes. (Véase "Dándole valor al rol y la participación de la mujer," Capítulo 9). Después, puede usarse un calendario estacional como el que se muestra aquí, para visualizar la distribución del trabajo durante el año agrícola. O, si es que la comunidad ya ha preparado un calendario estacional, en el cual las tareas de cuidado de ganado se representan con piedras o palitos, pueden entonces añadir quién hace cuáles tareas en las áreas de cada deber a cumplir. Para este propósito, pueden ellos usar polvos de colores o semillas para representar a las personas.

Esto permite a la población, ver quién está haciendo la mayor parte del trabajo con el ganado y cuándo es que se hallan más atareados. Esta acción puede iniciar muchas discusiones provechosas.

- A menudo provoca un fuerte impacto sobre los hombres, que previamente pensaban que sus esposas no hacían nada o que no valoraban el trabajo que hacen sus esposas.
- Puede ser el inicio de una muy provechosa discusión y análisis sobre trabajar juntos y sobrellevar la carga juntos.
- También puede ayudar en la decisión de quién debiera participar en los talleres de capacitación y cuándo sería la ocasión más apropiada de efectuarlos.

Calendario Estacional

	MESES											
	Ene	Feb	Mar	Abr	May	Jun	Jul	Ago	Set	Oct	Nov	Dic
Lluvias	▯	▯	▯	□	□				□	□	▯	▯
Trabajo de las mujeres												
Ordeña	○	○	○	○	○	○	○	○	○	○	○	○
Llevar el ganado a pastar	○	○	○	○	○	○	○	○	○	○	○	○
Siembra											Ω	Ω
Desmalezado	Ω	Ω										
Venta de animales						Ω		Ω				
Trabajo de los hombres												
Preparar la tierra											✿	✿
Sembrar pastos											○	○
Venta de animales	Ω		Ω		Ω			Ω			Ω	
Trabajo de los niños												
Llevar el ganado a pastar	◯	◯	◯	◯	◯	◯	◯	◯	◯	◯	◯	◯

PASO TRES: Analice la situación de la comunidad

¿Por qué hay que analizar a fondo?

Si es que la comunidad ha efectuado lluvias de ideas con varios de los asuntos del análisis de la comunidad, ellos mismos deberían analizar esos temas a fondo. Esto es necesario, debido a que es fácil aceptar un análisis superficial de una situación y escoger acciones que pueda que no resuelvan el problema.

Asegúrese de analizar a fondo para llegar a las causas raíz de los problemas. Use la herramienta "El proceso de la concientización" con los miembros de la comunidad, antes de hacer este análisis a fondo (Véase "Aprendiendo y Enseñando." Pág. 22.)

Este tipo de análisis se usa para el análisis por parte de la comunidad y no para un análisis de la capacitación. En un taller de capacitación el análisis a fondo se convertirá en parte del taller, cuando la gente busque soluciones para estas situaciones. El mismo método que se utiliza para analizar a fondo, puede ser usado en un taller de capacitación con un tema de agricultura.

> Una agricultora tiene problemas en su cultivo, causados por insectos y malezas. Aplica más y más insecticidas químicos y herbicidas, pero el problema no se detiene. Cuando aplica fertilizante orgánico, descubre que su cultivo mejora La primera solución estaba basada en un examen superficial del problema. La segunda solución se enfocó en las causas, la raíz del problema.

Divida para discutir

Cuanta mayor parte del análisis pueda hacerse en pequeños grupos, tanto mejor será hacerlo así. En una plenaria, pocas personas tenderán a discutir los problemas, en comparación con las que lo hacen en grupos pequeños. Un reducido número de personas, puede controlar los resultados.

Si es que se ha usado el dibujado de mapas, el establecimiento de prioridades u otra herramienta de análisis, los mismos grupos pequeños pueden usarse para discutir los resultados a fondo. Muchas veces resulta provechoso dividir estos grupos por género, edad o niveles de autoridad o riqueza. Por ejemplo, un grupo pequeño de gente joven tendrá un diferente punto de vista de la situación de la comunidad que un grupo pequeño de líderes. Si la gente en los grupos se mezcla al azar, los resultados del análisis resultará altamente influenciados por las pocas personas que hablan más y que tienen autoridad dentro de la comunidad.

Una vez que cada grupo pequeño haya analizado los asuntos a fondo, puede cada uno presentar sus resultados en la sesión plenaria o a toda la comunidad. La discusión de la plenaria resultante, será enriquecida por la variedad de puntos de vista. Durante esta sesión plenaria, el facilitador ayuda a la comunidad a lograr consenso acerca de las causas raíces de su situación. Véase "Pequeños Grupos" en Herramientas, pág. 236.*

Considere las causas raíz

Al analizar las causas raíces del problema, la gente pudiera considerar algunas de las siguientes causas:

- **Físicas** (erosión de la tierra, sismos de tierra, deslizamientos de lodo, inundaciones, etc.)
- **Económicas** (subsistencia, producción, consumo y comercialización de bienes y servicios.)
- **Políticas** (quién toma las decisiones locales y nacionales tales como derechos de tierra, cercas, quema de bosques, mercados, transporte, organización local, etc. y cómo afectan tales decisiones a la gente.)
- **Espirituales y culturales** (valores y creencias de la comunidad acerca del trabajo agrícola, o sobre la vida de la comunidad o acerca de la crianza de animales y su manejo.)

Use las herramientas para analizar a fondo

Muchas de las herramientas para determinar los problemas, pueden ser utilizadas para un análisis a fondo. A medida que la gente trabaja para ver y definir el problema claramente, comienzan a analizar la situación, tal cual aparece en el mapa, o en el cuadro para establecer prioridades, etc.

Una vez que se han efectuado la lluvia de ideas y el establecimiento de prioridades, se define una lista de problemas. Regrese a los mismos grupos pequeños para efectuar el análisis de los asuntos de máxima prioridad. Un cuadro o gráfico como el que se dá, puede ayudar a los grupos pequeños a analizar estos asuntos:

> En el ejemplo del gráfico de mapas en Guatemala (pág. 70*), una vez que el mapa estuvo terminado, el grupo lo revisó buscando áreas problemáticas o áreas que les gustaría cambiar. Discutieron esto y llegaron a un consenso. Después se representaron su visión de un mapa del futuro, cómo querían que su pueblo se viera dentro de diez años. Luego discutieron los pasos para llegar a su mapa del futuro. En este caso, el análisis de la situación se efectuó junto con el mapa, que definió la situación. No se hizo necesario desarrollar una actividad separada para hacer el análisis. La gente efectuó un análisis a fondo al reflexionar sobre lo que veían en sus mapas.

Fuente del cuadro: C-CIMCA

PASO CUATRO: Defina las direcciones para el futuro.

Generar una visión: Es este un proceso en el cual una persona, familia o comunidad piensa en el futuro y establece su visión sobre el mismo. Definen ellos, como quisieran que se vea su vida. finca o comunidad, en algún tiempo en el futuro. También ellos definen los pasos a dar para alcanzar el logro de dicha visión.

Después de analizar la situación, los participantes de la comunidad identifican las soluciones que perciben que son buenas soluciones para sus problemas principales. **El facilitador puede ayudarles, formulando preguntas tales como ¿qué? ¿Quién? y ¿cómo? Para motivar a la gente a pensar con amplitud.**

En este punto del análisis de la comunidad, el comité puede efectuar un ejercicio para generar una *visión*, de manera que puedan determinar cómo quisieran que fuera su comunidad en el futuro, dentro de cinco años o dentro de diez años. Esto ayudará a la gente a ver cómo las soluciones que ellos sugieren, pueden vincularse a las metas futuras para la comunidad. Los agricultores individuales pueden tomarse el tiempo para generar una visión de cómo quisieran que su tierra o su finca se vieran dentro de cinco o diez años.

> Cuando la gente tiene una visión hacia la cual trabajar, pueden tomar decisiones acertadas acerca de los pasos a dar para alcanzar dicha visión. Si la gente se enfoca continuamente sobre los problemas actuales, a menudo saltará de problema en problema sin tener una dirección concreta en mente.

El rol del facilitador en este proceso, resulta importante. Él o ella, necesita continuar formulando preguntas abiertas, sondear a fondo preguntando el por qué y procurar de no influenciar o darle un sesgo a los resultados. (Para ver recomendaciones sobre facilitación, véase "Implementación," Pág. 137.*)

Registrando la visión

Una vez que se haya identificado la visión, debe ser registrada de alguna manera por la comunidad. Si la visión se logró mediante un mapa, dicho mapa, bajo la forma de un cartel grande, puede ser exhibida permanentemente en la sala de reuniones del pueblo. Si la visión es un conjunto de ideas, puede mostrarse bajo la forma de un cartel en algún lugar destacado. Esta acción, proveerá incentivo y aliento a los miembros de la comunidad, a medida que trabajan hacia el logro de su visión.

Retomando a la visión

Una visión es útil para una organización o comunidad solamente si se la consulta frecuentemente para la toma de decisiones y se trabaja para ir refinándola. Al final del primer proceso de generación de la visión, quizá la misma no esté suficientemente clara o no esté expresada en una forma que le satisfaga a todos. Las reuniones mensuales, las sesiones de revisión y seguimiento de proyectos de la comunidad, y las sesiones de evaluación anual, son buenas ocasiones para revisar y refinar la visión de la comunidad. En toda ocasión en que la comunidad planifique nuevas actividades, debe revisar la situación para ver si la acción les llevará hacia su visión o les alejará de la misma. El tener la visión colocada en un lugar prominente, ayudará a retornar a la misma, una y otra vez.

Como se relaciona la visión de la comunidad a un programa de capacitación

Un programa de capacitación que esté diseñado para servir a varias comunidades, debería estar basado en la visión general de las comunidades o de la región. En forma realista, solamente los programas muy grandes tienen el tiempo y los recursos necesarios para que cada comunidad realice su visión o que formulen una visión para toda una región. Trabajar con las comunidades para ayudarles a establecer su visión, puede ser uno de los tópicos para un programa de capacitación. Si su programa de capacitación comienza antes de que la comunidad haya establecido su visión, las metas del programa de capacitación pudieran quedar más influenciadas por gente externa que influenciadas por la comunidad. En este caso, la visualización o formación de la visión, idealmente debería ser una parte del programa de capacitación. Una vez que las comunidades establecen su visión, las metas y objetivos de su programa de capacitación, deberían de ajustarse para que encajen dentro de la visión de la comunidad. La visión de la finca familiar y la visión de la comunidad, están relacionadas al establecimiento de un programa de capacitación de las siguientes formas u otras:

- Las metas y objetivos del programa de capacitación están basadas en la visión hacia cuyo logro está trabajando la comunidad.
- Los temas específicos de capacitación provendrán de los pasos para alcanzar la visión.
- Si la comunidad decide que necesita el trabajo de un T.C.G, formularán la visión del rol de aquella persona en la comunidad. (Véase "Selección por la Comunidad de un Técnico Comunal de Ganadería," pág. 35*). Una vez que dicho rol se encuentre definido, pueden ellos identificar las necesidades de la capacitación.

En un **análisis de necesidades de capacitación** para un programa de capacitación, se hace también necesario efectuar algo de generación de visión. Es importante que la comunidad o los y las participantes definan sus metas y objetivos para un programa de capacitación. La comunidad tiene una visión establecida o asuntos específicos que desea encarar mediante la capacitación. ¿Qué es lo que la comunidad tiene la esperanza de lograr mediante la capacitación? Aquellas cosas que la comunidad desea lograr, son las metas amplias o generales del programa de capacitación.

Ejemplos de metas para un programa de capacitación:

- Cada productor ganadero diseñará y comenzará a usar un sistema sostenible para su finca.
- Nuestra comunidad tendrá tres Técnicos Comunales de Ganadería, capacitados y ayudando en nuestra producción ganadera.
- Sabremos cómo dar tratamiento a nuestros animales para curarlos de las enfermedades más comunes y serias que les afectan.

En las siguientes páginas se dan algunas dinámicas que podrían utilizarse en un proceso de generación de visión de la comunidad.

Ejemplos de *dinámicas* para generar una visión

Estas son algunas *dinámicas* de muestra que pueden usarse para forjar una visión. Generalmente se utiliza una *dinámica* para iniciar el diálogo. A partir del diálogo los participantes alcanzan un consenso y define su visión.

1. Determinando cuáles son nuestros valores:

Como se indicó en la Sección de Apertura (página xi*), los valores del individuo o de la comunidad están en la raíz de su visión. En la mayor parte de los casos resulta útil para la comunidad pensar y establecer cuáles son sus valores, antes de generar su visión.

- Primero, ayude a la gente a pensar acerca de lo que es un valor. Una manera de hacer esto, es formular una serie de preguntas. El primer grupo de preguntas puede ser respondido trabajando con todo el grupo. Pueden ellos usar este como un ejercicio de calentamiento. El segundo grupo de preguntas, puede ser respondido en grupos pequeños.

• Preguntas para todo el grupo:

1. ¿Que alimento es el que le gusta más?
2. ¿Cuál es su actividad favorita?
3. ¿Qué es lo que quisiera que cambie en su comunidad?
4. ¿Qué cualidades busca usted en un amigo?
5. ¿Qué es lo que le hace feliz a usted?

• Preguntas para grupos pequeños:

En grupos pequeños, haga que las personas contesten las siguientes preguntas para sí mismas. Dígales que compartan algunos de sus valores personales con los miembros de su grupo.

1. ¿Cuál es la cosa más importante que usted quiere que sus hijos recuerden?
2. ¿Cuál es la cosa (una sola) que usted quiere que sus hijos no tienen que vivir como experiencia?
3. ¿Qué es lo que le enoja?
4. ¿Cuáles son las cualidades de un buen esposo o esposa?
5. Si se encontrara usted $ 10, ¿cómo los gastaría?
6. ¿Qué ha hecho usted para ayudar a alguna persona?
7. Si fuera usted a entrevistarse con el presidente de su país, ¿qué es lo que le diría?

- El análisis de este ejercicio en la sesión plenaria, ayudará a la gente a definir qué es lo que son los valores. Una vez que la gente se sienta cómoda habiendo entendido lo que son los valores, pueden ellos definir los valores que la organización de la comunidad tiene.

Fuente: Kindervatter, 1999.

2. Lluvia de ideas acerca del futuro y analizando el futuro:

- ¿Qué es aquello a lo que le dá mayor valor en la vida para usted mismo, para su familia, para la comunidad, su producción y su organización?

- ¿Cuáles son los valores que tenemos como una comunidad?
- ¿Cuáles son los principios mediante los que queremos vivir nuestras vidas?
- ¿Qué calidad de vida deseamos como una comunidad o familia, para nosotros mismos y nuestros hijos?
- ¿Para lograr qué metas familiares o metas comunitarias estamos trabajando con nuestra producción ganadera y en nuestra finca? -¿Cuándo este niño tenga diez años (señalando a un bebé), como (quisiéramos que sea entonces la comunidad?

Para conocer más sobre cómo hacer lluvias de ideas, véase "Herramientas" Pág. 238

- Todas estas son buenas preguntas para el trabajo en pequeños grupos o para la familia trabajando junta. ¿Puede cada familia definir hacia donde la lleva su esfuerzo de trabajo? ¿Puede cada grupo pequeño definir la razón por la que la comunidad trabaja?
- En la sesión plenaria, presente los resultados, discútalos y analícelos. Trace un cuadro de las metas familiares y las metas comunales para referencia futura. Este cuadro puede usarse para revisar las soluciones propuestas o las acciones comunitarias, verificando si ayudarán a alcanzar las metas de la familia y de la comunidad. Para ayudar el inicio de la lluvia de ideas, la gente puede jugar a "El camino hacia nuestra visión," pág. 276.*

3. Dibujando mapas

Esta es una buena herramienta para forjar una visión, ya sea que se use para ayudar a la comunidad en el análisis de su situación, o no.

Para obtener mayor información sobre "Dibujando mapas, véase "Herramientas," pág. 253.*

• Divida a las personas en grupos pequeños. Cada grupo dibuja un mapa de la comunidad, de la manera que quisieran que sea dentro de cinco o diez años. Destacan ellos las cosas que desearían que sean cambiadas. Por favor nótese: el trazado de mapas puede también utilizarse para que una familia establezca la visión para su finca en el futuro.

• Aliente a cada familia a que dibuje su propio mapa para su finca familiar en un pliego de papel. Al final de la sesión, ellos pueden llevarse el mapa a casa, tenerlo pegado en la pared y referirse al mismo para planificar las actividades de cada día.

• Cada grupo presenta su mapa al conjunto.

• A medida que la discusión se desarrolla, el facilitador escribe en una lista, las cosas que la gente quiere cambiar. Estas cosas por cambiar son luego convertidas en objetivos.

• Una vez que una población tiene una lista de objetivos, puede la gente elaborar un plan para tratar de alcanzar dichos objetivos.

• A medida que la población observa hacia donde quiere llegar, **pueden ellos identificar soluciones apropiadas para los problemas o asuntos previamente definidos.**

Nota: Esta dinámica consume bastante tiempo y no debe apresurársela, de manera que la gente pueda realmente examinar a fondo hacia donde desea llegar en el futuro. Por esta razón pudiera ser más apropiado utilizar esta generación de visión en un taller donde los y las participantes puedan entonces planificar los pasos para alcanzar su visión. De otra manera, podría planificarse otra reunión separada de la comunidad para efectuarla.

Mientras el grupo comunitario trabaje junta, estará definiendo soluciones a los problemas que se discutieron previamente. Ellos asignarán prioridades a aquellas soluciones basándose en su visión del futuro.

Los mapas que se producen con esta dinámica deben quedarse con la gente de la comunidad. Ellos pueden exhibirlos en las paredes en una sala de reuniones junto con la visión registrada por escrito. La comunidad pudiera decidir hacer un mapa consolidado de su visión, una vez que alcance el consenso acerca de sus prioridades.

4. Clarificando la visión

Es importante escribir una visión que sea clara para todas las personas de manera que sirva de inspiración a todos los miembros de la comunidad. Sin embargo escribir una visión clara ¡resulta ser una tarea tan difícil de hacer! Aquí se da un juego breve que puede aplicarse para iniciar una discusión sobre metas y visiones claras o poco claras.

• La facilitadora lee una serie de preguntas. Al final de cada pregunta, ella pide a los participantes que levanten las manos si piensan que la visión es clara. Aquí se dan algunas preguntas de muestra:

1. Beatriz quiere que todos en la comunidad trabajen juntos y que estén unidos (NO ES clara).
2. Pedro desea tener un mejor nivel de vida (NO ES clara).
3. María quiere que sus hijos acaben la escuela primaria (Clara).
4. Ruth desea arreglar su casa, con ayuda de sus amigos, antes del mes de julio (Clara).
5. Juan desea que los líderes de la comunidad ayuden más a la gente (NO ES clara).

6. Alicia desea trabajar con su comunidad para tener agua potable dentro de los próximos meses (Clara).
7. Gregorio desea que los líderes construyan un centro de recreación este año (Clara).
8. Paula desea más dinero (NO ES clara).
9. Josefina desea tomar un curso de reparación de pequeños equipos eléctricos este año, para obtener un mejor trabajo (Clara).
10. José quiere que su familia sea feliz (NO ES clara).

• Después de jugare este juego, déle a la gente la oportunidad de escribir una visión personal clara. Asegúrese de que entienda la naturaleza de largo plazo que debe tener una visión y no escriba metas de corto plazo. Los grupos pequeños pueden ayudar a cada individuo a reflexionar sobre la calidad de su visión.

• Cuando las visiones personales han sido clarificadas, los grupos pequeños pueden determinar la visión del grupo grande.

PASO CINCO: Considere los recursos que se tienen disponibles

Una vez que se ha decidido sobre la visión y los posibles pasos a dar para alcanzar dicha visión, pueden luego hacer el análisis junto par determinar el mejor plan de acción a seguir. Para poder planificar, la comunidad debe examinar los recursos que tiene disponibles. Primero se examina los recursos que se tienen en la comunidad, luego los recursos necesarios de fuera de la comunidad. Esto es cierto, ya sea que se esté planificando para la visión de la comunidad o para la visión de un programa de capacitación. Los recursos pueden dividirse en categorías para ayudar a la gente a pensar en los mismos. Heifer Project International, sugiere que los recursos se consideren en las categorías de: *Gente, Lugar, y Recursos Productivos*.

A. Gente:

Aquí se incluye a la gente que vive en la comunidad y la gente externa que trabaja en ella.

Esta categoría incluirá también a las organizaciones de base de la comunidad y cualesquiera organizaciones externas o negocios que trabajan allá.

Aquí se dan algunas preguntas para ayudar a la comunidad a pensar acerca de estos recursos:

- ¿Existe algún grupo de gente motivada que desea la capacitación?
- ¿Existe una organización comunitaria que pueda implementar esta actividad?
- ¿Existe un fuerte liderazgo en la comunidad?
- ¿Qué organizaciones externas están presentes en la comunidad?
- ¿Qué habilidades pudiera traer la gente externa o local para obtener la visión o implementar el programa de capacitación?
- ¿Existen condiciones sociales, religiosas, económicas, de clase/ casta, legales o políticas que pudieran afectar estas actividades?

B. Lugar:

Estos son los **recursos naturales** que hay en la comunidad. Incluyen la tierra, el agua, árboles, colinas, pantanos, etc. Esta categoría incluye también la **infraestructura** de la comunidad. Comprende caminos, escuelas, postas sanitarias, almacenes o puestos de venta, centro de entrenamiento, etc.

Aquí se dan algunas preguntas de muestras para que la gente piense acerca del lugar donde vive:

•¿Cuáles son los recursos naturales de esta comunidad?
•¿Dónde están ubicados con relación a las viviendas y los edificios?
•¿Dónde están la tierra y bosques que son propiedad de las familias, la tierra y bosques que son propiedad de la comunidad y la tierra y bosques que son propiedad del gobierno?
•¿Cuáles son los límites hasta donde llega la comunidad?

Y para un taller o programa de capacitación:

• ¿Hay tierra disponible para cultivar y para las actividades de mantenimiento durante la capacitación?
• ¿Existe un lugar donde efectuar las sesiones de capacitación? (escuela, iglesia, sala comunitaria, instalaciones de capacitación)
• ¿Existe un lugar donde puede dormir la gente en caso de que vengan TCG de otras comunidades?

C. Recursos productivos:

Estos recursos son la riqueza de la comunidad. Aquí se incluyen los **recursos monetarios,** tales como el ganado, cultivos, productos de artesanía, objetos que manufacturan la gente, equipos, etc. Los recursos productivos también comprenden las **habilidades, conocimiento y experiencia de la gente.** Incluirían alfarería, carpintería, albañilería, tejido, un promotor de salud, un Técnico Comunal de Ganadería, etc. Asimismo incluyen los conocimientos de los agricultores sobre ganadería y producción de cultivos.

Algunas preguntas para ayudar a la gente a pensar acerca de estos recursos:

- ¿Qué tipos de trabajo hace la gente de la comunidad?
- ¿Cuáles personas han recibido capacitación o entrenamiento especial que usen para servir a la comunidad?
- ¿Qué cultivos se producen aquí?
- ¿Qué tipo de ganado se cría aquí?
- ¿Qué trabajo comunitario hay disponible para lograr la visión?

Y para un programa de capacitación:

- ¿Quiénes son las personas que dan tratamiento a los animales cuando estos están enfermos?
- ¿Existen animales disponibles para las sesiones prácticas de capacitación?

Es importante que la comunidad identifique y conozca el valor de estos recursos locales. En numerosas ocasiones una comunidad tiene la creencia de que no puede aportar nada al logro de su visión. A menudo creen que las soluciones y cursos los pueden traer solamente la gente de fuera. Cuando la gente conoce el valor que tienen sus recursos locales, ve las posibilidades de resolver sus propios problemas y avanzar hacia su visión.

Unas ves que la comunidad haya valorado sus recursos los recursos de la gente de fuera se ven solamente como una parte de la solución

En este análisis de recursos, pudieran hacerse aparentes algunas situaciones dificultosas dentro de la comunidad. Pudiera incluir el caso de algún promotor de salud capacitado, que ha dejado de prestar servicios á la comunidad. O podría darse que alguna institución que se ha comprometido a lograr alguna cosa, no lo haya hecho. La comunidad no necesita resolver estas dificultades en esta ocasión; sin embargo habría que registrarlas por escrito, de manera que puedan discutirse, o se planifique sobre tales asuntos, para poderlos negociar más adelante.

Una dinámica para analizar recursos:

• Divida a los participantes en grupos pequeños. A cada grupo se le asigna un área de recursos:

- **Recursos naturales** (tierra, agua, árboles, colinas, pantanos, etc.)
- **Infraestructura** (posta sanitaria, escuela, almacén de venta, etc.)
- **Trabajo** que la gente de la comunidad realiza: (promotor de salud, carpintero, albañil carnicero, tejedora, alfarera, etc.)
- **Organizaciones** (club de madres, asociación de padres, comité de aguas, etc.)
- **Instituciones** que brindan ayuda (Iglesia, ONG, gobierno, etc.).

• Cada grupo dibuja un mapa de estos aspectos, sus localizaciones, y a quienes afecta. De otra manera, pueden dibujar un diagrama que muestre las conexiones a las viviendas de la población.

• Cada grupo presentará sus dibujos en cada categoría. La facilitadora pregunta, "¿Hay algunos elementos más en esta categoría?"

• A medida que la comunidad analiza la información presentada en la plenaria, la gente valorizará y apreciará los recursos locales. Ellos pueden establecer los vínculos a los recursos necesarios para implementar un programa de capacitación o para implementar su visión.

Fuente: Lina María Obando Nivea.

¿Con qué puede contribuir al programa la institución externa?

Esta es la ocasión para que los de fuera puedan compartir francamente con la comunidad acerca de aquello que su institución puede hacer y cual es su participación en el programa. Si los miembros de la comunidad hubieran identificado la obtención de recursos de agua como su problema más importante y la institución exterior trabaja solamente con producción pecuaria, se necesita que sean francos. En el análisis de la comunidad vaya a decidir que sus prioridades, son necesidades con las que la institución no pueda ayudarles. Por lo tanto, la comunidad podrá decidir si el trabajo de la institución es o no es trabajo que la comunidad quiere lograr ahora.

Si la comunidad ya ha definido su visión, la organización externa puede estudiar si su programa se ajusta dentro de la visión de la comunidad, o no. Es importante que la comunidad examine sus recursos propios antes que la organización externa explique los recursos que ellos tienen disponibles. Esto ayudará a evitar la situación de que la comunidad tuviera que aceptar recursos de fuera, simplemente porque se los han ofrecido.

AHORA LA COMUNIDAD HA DEFINIDO SU SITUACIÓN: AVANCE AHORA HACIA EL PRÓXIMO PASO JUNTOS, LA PLANIFICACIÓN PARTICIPATIVA.

Capítulo 5
La planificación participativa

Este capítulo cubre los siguientes temas:

Los siete pasos de la planificación de un programa de capacitación

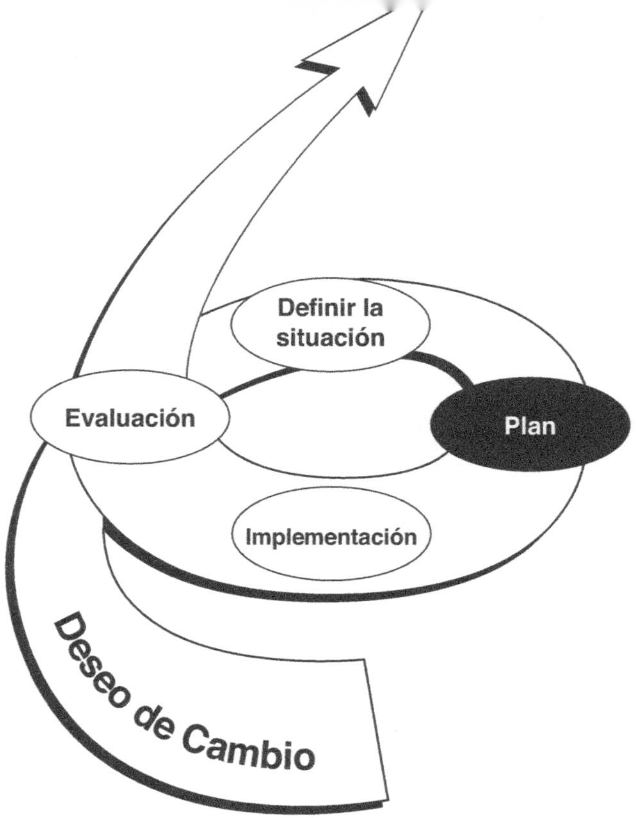

El diagnóstico ha sido completado por la comunidad juntamente con los facilitadores de capacitación. Se podría haber definido la situación por varias maneras: durante el proceso de seleccionar el técnico agropecuario, durante reuniones con las comunidades, durante reuniones de pequeños grupos y visitas, y/o durante una reunión con participantes de la capacitación. Si se ha hecho un buen análisis de la situación, mucha de la planificación ya está hecha, y algunas de las decisiones habrán sido tomadas por las comunidades y los futuros técnicos comunitarios. Ahora, comienza la etapa de la planificación del programa de capacitación.

Una *dinámica* para ilustrar la importancia de la planificación

El taxi de Tamali:
Esto es un sociodrama en que un grupo de personas sube a un taxi cuyo dueño es Tamali. El taxi comienza su recorrida y varios inconvenientes ocurren. Primero se acaba la gasolina y Tamili tiene que ir a buscar más. Después sale el aire de una goma y Tamili tiene que salir cada rato a echar aire con un inflador. Luego toman un camino equivocado por el hecho que él afirma que sabe dónde está y se pierden. Él quiere que los pasajeros le paguen pero ellos rehúsan por que dicen que él no les ha hecho llegar al destino deseado.

Esto es una muy buena manera para empezar un intercambio de ideas acerca de la planificación. ¿Qué es lo que ha ocurrido en este ejemplo? ¿Esto pasa en la vida real? ¿Por qué sucedieron las cosas? ¿Qué hubiera podido hacer diferente, Tamali?

Los siete pasos de la planificación

En la planificación de un taller, curso o programa, podemos utilizar estos siete pasos para ayudarnos.

Cada taller debe ser desarrollado o ajustado a las experiencias y necesidades de cada grupo nuevo de alumnos. Es importante que un **plan sea flexible** para asegurar que a medida que avanza el taller y que los participantes aclaran sus necesidades, se puede cambiar el plan.

PASO 1. ¿Quién?

Este paso define quien debe participar y quien debe facilitar. Dado que los participantes definirán el contenido, primeramente tenemos que saber a quien se dirije el taller.

Ya hemos hablado de:

1. La selección por la **comunidad de los participantes en talleres** a nivel de comunidad. (página 29).
2. La selección de los **Técnico Agropecuarios Comunitarios** por la comunidad. (página 35)
3. Y la selección y capacitación de **facilitadores** idóneos para la capacitación participativa. (páginas 39-51)

¿Cuántas personas deben participar en un taller?

Considere esta situación:

MENOS APROPIADO

Cuando hay muchas personas en un taller, el sistema bancario de educación normalmente se impone. Esto se debe a que la gente no se siente cómoda para analizar sus problemas en un grupo grande. Llegar a un consenso para solucionar un problema es muy difícil cuando asisten muchas personas. A consecuencia, el capacitador normalmente recurre a dar una disertación.

Además, si existen demasiados participantes, la práctica directa de destrezas técnicas como la colocación de vacunas, diagnósticos de enfermedades, o destrezas sociales como la enseñanza o cómo dirigir una reunión es casi imposible. No hay suficientes horas, o animales para permitir la práctica individual con la guía personalizada de un facilitador. Si la gente no tiene la oportunidad para practicar con sus propias manos, tal vez nunca practican la destreza. ¿En este caso, vale la pena enseñar?

Generalmente un grupo de **entre 15 a 20 personas es un tamaño de grupo óptimo** para la capacitación participativa.

MÁS APROPIADO

Todo el mundo puede ver la cara de los demás y escuchar lo que cada uno dice. Esto motiva el intercambio de ideas y el análisis en grupo y hace que la discusión sea animada. Aun el grupo en el dibujo arriba es demasiado grande para muchos intercambios y tendría que dividirse en grupos más pequeños para poder analizar temas en profundidad y para hacer prácticas.

¿Quién debe facilitar?

Un equipo de facilitadores es siempre una buena idea. Ellos pueden motivarse uno al otro, compartir ideas para mejorar su facilitación y planificar juntos ajustes, mientras que avanza un taller.

Debe haber un facilitador para cada siete participantes en un grupo pequeño. En un programa enfocado principalmente en la práctica, donde mucho de la práctica es con animales, los participantes precisan tener la oportunidad de contar con un guía a su lado. Si el grupo es demasiado grande, uno o dos demostrarán interés y estarán metidos en el tema mientras que los demás tenderán a aburrirse.

Por lo tanto si hay 20 participantes en un taller, debe tener 3 facilitadores.

Un comentario sobre la participación de hombres y mujeres
Si hay hombres y mujeres en un taller, debe también haber facilitadores de ambos sexos.

Especialmente las mujeres necesitan ser motivadas y animadas por otras mujeres para probar nuevas destrezas y opinar. Muchas mujeres de las comunidades sienten que no pueden practicar destrezas de manejo animal o de planificación. Al ver otras mujeres rurales trabajando con facilidad como facilitadores, ellos se motivan a probar; con resultados positivos.

La capacitación siempre debe realizarse en el primer idioma de los participantes. Si, por alguna razón, se usa un entrenador que no habla el idioma, siempre debe haber un colaborador que habla el idioma. Esto permite a la gente hacer preguntas en detalle sobre los conceptos y a involucrarse profundamente en la capacitación.

PASO 2. ¿POR QUÉ?

Tal vez usted está trabajando en una comunidad con uno o varios tipos de capacitación:

- Un tema para ser considerado en una reunión de la comunidad.
- Un taller de un día o medio día.
- Un taller para todos los productores, un grupo de productores o un grupo de niños.
- Un programa de capacitación parta entrenar a técnicos agropecuarios comunitarios.

Para cada uno de estos se utiliza un proceso de planificación similar, aun que puede ser más profundo para un programa más largo.

El diagnóstico habrá definido:

- El **Problema o situación** actual que existe en la comunidad
- La **visión** o a dónde la comunidad quiere llegar.
- Los **recursos** disponibles para lograr la visión o resolver el problema.
- Las **metas** de la comunidad en relación al problema específico y la solución de capacitación que han escogido.
- **Objetivos** de acción claros y concretos para el taller o programa de capacitación.

Estas metas y objetivos deben ser claramente escritos antes de proceder con la planificación.

Las razones para realizar el programa o taller de capacitación habrán sido definidas durante el diagnóstico de la comunidad. Todos deben entender por que se está realizando el taller. Los hombres y mujeres participando sabrán que tienen que profundizar o fortalecer sus conocimientos, destrezas, y actitudes relacionados con los temas por tratarse. También tendrán conciencia de las necesidades de capacitación de su organización o comunidad.

PASO 3. ¿Cuándo?

En la planificación para el tiempo apropiado, se tiene que decidir cuatro elementos, basados en el diagnóstico de la comunidad.

Época correcta del año según el contenido: Si se está enseñando sobre la siembra y manejo de pastos, hágalo durante la época de siembra para poder hacer las prácticas durante el curso. Capacite en el control de plagas en la época de las plagas. Esto es especialmente importante para cursos a nivel de comunidad sobre temas específicos. La gente no quiere aprender como cavar pozos durante la época de lluvias por que cuando llega el tiempo de aplicar la información, probablemente precisarán de un refrescamiento de las técnicas.

Periodo del año correcto para tener tiempo para asistir: Cuando se desarrolla el calendario estacional de tareas con la comunidad, los comunitarios identifican los mejores periodos del año para poder asistir a eventos de capacitación (ve "Calendario Estacional" en "Herramientas" páginas 71 y 259). En Bolivia, los productores siempre quieren las capacitaciones cuando está lloviendo. A veces esto tiene que ser equilibrado con la necesidad de poder hacer prácticas con animales. Los productores nómadas de Kenia siempre están dispersos en la época seca. Por lo tanto se programa, los talleres para la época lluviosa cuando la gente y los animales están juntos. Según el calendario agrícola en su zona, la gente puede tener más tiempo disponible en ciertos periodos del año para la capacitación. Durante la época de siembra y de cosecha pueden estar demasiado ocupados para asistir a talleres.

La hora adecuada del día para poder participar: La hora del día más apropiada para asistir a un taller puede ser distinta para los hombres y las mujeres, debido a sus distintas responsabilidades. Las mujeres pueden preferir un horario temprano en la mañana o en la tardecer. Pueden precisar las últimas horas de la mañana hasta la media tarde para cocinar y el cuidado de sus niños. Para cualquier taller, es importante que los participantes pongan el horario para el taller el primer día.

La duración apropiada (días y horas) del taller: ¿Por cuánto tiempo pueden sentarse y concentrarse los adultos? ¿Cuánto puede durar un taller cuando participan mujeres que tienen responsabilidades en la preparación de comida y en el cuidado de sus hijos? Un taller programado para muchos comunarios tendrá un horario distinto a un taller para especialistas como los TACs.

Talleres a nivel de comunidad

Estos talleres son para cualquier persona en la comunidad que quiere asistir. Pueden ser para mujeres y hombres sobre el manejo animal y la prevención de enfermedades como también sobre pastos, árboles forrajeros y la provisión de agua. La flexibilidad en la programación es muy importante. **Siempre deben estar involucrados los comunarios en la decisión acerca de cuánto debe durar el taller.**

- **Talleres de medio o de un día.** Son diseñados para cubrir un tema en profundidad. Normalmente hay solo una sesión en aula con intercambio de opiniones y luego una práctica con animales, la siembra, o árboles etc. Inclusive, dependiendo del alcance y el tiempo disponible, puede haber sólo una práctica con un dialogo. Este tipo de taller puede ser un uso muy efectivo del tiempo si la comunidad ha identificado un tema específico que quieren tocar. Debe haber un programa general coordinado para evitar que estos talleres toque temas al azar. La visión general debe ser analizada con la comunidad y los facilitadores.

- **Eventos de 3 a 7 días.** Este tipo de taller permite el desarrollo de un sistema, o un concepto íntegro del manejo. Son suficientemente cortos para permitir que las mujeres asisten pero bastante largo para desarrollar un conjunto de ideas relacionados entre sí.

Fue interesante cuando comenzamos el programa en Bolivia y preguntamos a la gente sobre que duración debía tener un taller que ellos respondieron, entre 4 a 5 días. Cuando el equipo de facilitadores comenzó a programar y compartió con gente "experta" de otras instituciones sobre la duración de los cursos, la respuesta siempre fue negativa. Los expertos dijeron que los comunarios no pueden y no asistirán a talleres de más de medio día. Los talleres han tenido una gran aceptación y son continuamente requeridos por diferentes comunidades. Los "expertos" no tienen respuesta. ¿Será que la metodología de capacitación y el contenido definido por los participantes han hecho que los talleres sean tan apropiados, animados y útiles que los hombres y mujeres productores están dispuestos a dedicar 4 a 5 días a los talleres?

La capacitación de Técnicos Agropecuarios Comunitarios

Estos son programas para capacitar especialistas comunitarios.

Pueden haber distintos enfoques:

- Una serie de muchos talleres muy cortos.
  En estos programas los TACs reciban capacitación un día por semana por todo el tiempo que trabajan en sus comunidades. Permite relaciones cercanas y el desarrollo de destrezas en un ambiente de los problemas reales que los técnicos enfrentan. Puede ser no muy práctico para TACS que tienen que viajar largas distancias para llegar al taller. También puede dificultar el desarrollo de ciertos temas que requieren continuidad en el proceso de capacitación.

Algunos programas que al inicio tienen sesiones de 1 a 2 semanas o una sesión larga de 2 a 3 meses utilizan este tipo de capacitación para seguimiento y la formación continua.

- Una serie de talleres de uno o dos semanas tiempo para prácticas en la comunidad en el intervalo:
  En este tipo de programa, los participantes tienen la oportunidad para practicar en sus comunidades durante el mes o 2 meses entre cada taller. Esto les permite traer sus problemas reales al taller para explorar y analizar juntos. Esto enriquece su estudio y construye sus destrezas y capacidad de resolver problemas. Los TACs que tiene que venir de lejos pueden encontrar difícil este sistema. La mayoría de las mujeres pueden participar en este modelo de entrenamiento, mientras que encuentran difícil asistir a talleres más largos debido a sus otras responsabilidades.

• **Un taller continuo largo**

La asistencia a estos talleres es más difícil para muchos productores, especialmente para las señoras que tienen muchas obligaciones en su hogar y en su propiedad. Estos talleres permiten un mayor desarrollo de los temas y para construir encima de los temas anteriores. Muchas veces sólo hombres solteros participan de esta modalidad. Muchas veces ven a estos talleres como una oportunidad para aprender destrezas que les ayudará a salir de la comunidad.

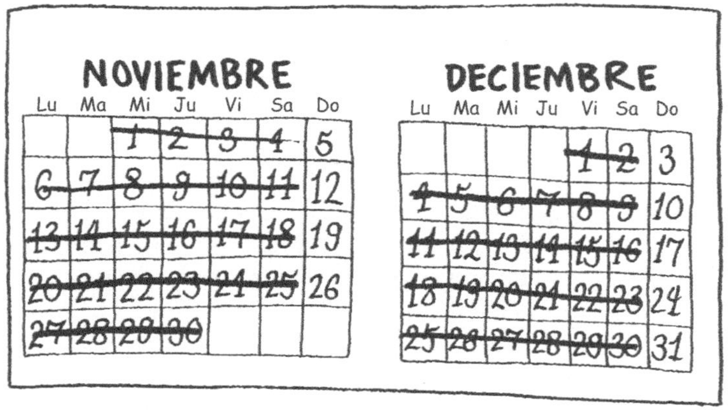

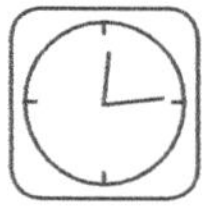

Asegure que en la planificación del taller se programa suficiente tiempo para:

- **Días de campo** para visitar una familia que ha aplicado una tecnología exitosamente en su granja para permitir que esta familia enseña a los demás.
- Las ceremonias de apertura y clausura
- **Evaluaciones y retroalimentación** – diariamente, semanalmente y al finalizar el taller.
- Rompehielos e introducciones
- **Repaso y revisiones** basado en la retroalimentación de los participantes
- Aplicaciones prácticas y que cada participante haga prácticas

PASO 4. ¿Dónde?

Los mejores talleres participativos en las comunidades para productores o TACs ocurren cerca de o en sus comunidades. Los productores hombres y mujeres quieren que la capacitación sea cerca para ahorrar costos y tiempo de viaje. En la comunidad, la misma aldea se convierte en el aula dado que los problemas actuales son analizados y las actividades realizadas bajo condiciones similares en la comunidad de cada participante.

Las ventajas de talleres en las mismas comunidades:

- TACs y capacitadores ven un gran número y variedad de casos.
- Los miembros de la comunidad, no sólo los participantes, son motivados acerca de la producción y salud animal.
- Hay mayor interacción entre los participantes y la comunidad en situaciones reales.
- Los participantes pueden practicar temas organizativos en la comunidad con los mismos comunarios.
- Sesiones en la noche utilizando títeres, videos o eventos culturales pueden atraer toda la comunidad a hacer un análisis.
- La capacitación en la comunidad generalmente cuesta menos que en un centro de capacitación.
- Permite a facilitadores de afuera a sentir y experimentar el contexto local.
- Permite la formación de relaciones entre los participantes y las familias donde duermen y comen. Hay un intercambio cada noche entre las familias y los TACs acerca del contenido del taller y los problemas de la comunidad.

Algunas **limitaciones de capacitación en las comunidades:**

- A menudo no hay suficiente espacio para dormir y comer juntos, una aula para la capacitación o un espacio adecuado para repasar y preparar los temas para el próximo día.
- A veces es difícil encontrar cocineros con la capacidad de cocinar para grupos grandes.
- Puede ser dificultoso transportar y utilizar los equipos audiovisuales (no hay corriente eléctrica).
- Hay demasiados animales para atender a todos. La mayoría de los programas hacen una agenda de atención y limitan el número de animales revisados por día.
- En algunas comunidades, no hay lugar para juegos deportivos. En la capacitación realizada en un centro, esto es uno de los elementos que construye la camaradería. Sin embargo, en talleres con hombres y mujeres, algunos deportes pueden ser incómodos. En una comunidad se puede realizar juegos adecuados.
- Un elemento importante de crear lazos, de aprender y de trabajar juntos, ocurre afuera del aula durante la hora de la comida y en los descansos. Muchas veces en las comunidades, los educandos y los educadores se separan para comer y dormir. Esto no ayuda a lograr el grado de camaradería que se experimenta durante las capacitaciones en un centro y aumenta la posibilidad de crear un sentir de "nosotros" y "ellos".
- Si el taller se realiza en su propia comunidad, los participantes sienten la tentación a volver a sus casas para cumplir tareas allí. Realizar el taller en otra comunidad resuelve esto.

Muchas veces los centros de capacitación se ubican en los periféricos de los pueblos con su propia tierra y animales para tener autogestión. Esto en efecto saca a los participantes de la realidad de sus comunidades. En el sistema bancario tradicional de capacitación los profesores quieren que los alumnos estén alejados de las distracciones para poder concentrarse en las ponencias. En la capacitación participativa, el deseo es lograr flexibilidad y desarrollar una conciencia sobre la situación real de la comunidad.

Si es necesario capacitar en un centro debido a circunstancias, es muy importante **programar trabajo de campo en las comunidades durante la semana.** Esto permite hacer prácticas con la comunidad e incorpora en la realidad de la comunidad al taller.

Cuando programas de capacitación para alumnos de secundarias técnicos o de universidades quieren desarrollar profesionales abiertas a las necesidades de la comunidad y a desarrollar el poder de los comunarios a resolver sus propios problemas, ubican sus centros de capacitación en una comunidad. Esto es inconveniente para los instructores y la institución, pero desarrolla profesionales con una orientación comunitaria quienes no han sido aislado de la realidad de la comunidad durante sus años de estudio. Estos programas tienen relaciones dinámicas con la comunidad donde están localizados. Los alumnos aprenden tanto de la sabiduría de los comunarios como de sus profesores.

El lugar del taller

Cuando se programa un taller hay que asegurar que existe un cuarto bastante grande para permitir que los participantes se sienten en un círculo, con luz adecuada para actividades en grupo. Asegure que existe:

- **Suficiente asientos**
- **Buena alimentación**
- **Lugares cómodos para dormir con ambientes separados para hombres y mujeres.**

PASO 5. ¿Qué?

Esto comprende **la lista de temas para ser cubiertas durante el taller.** Incluye **conocimientos, destrezas y actitudes** que se quieren enseñar.

Los temas a ser incluídos en la capacitación fueron identificados en el diagnóstico de necesidades de capacitación, en consultas a las personas que recibirán la capacitación y por el intercambio de opiniones con el equipo de facilitadores. Los participantes han informado al programa, de sus necesidades de capacitación. Los facilitadores agregan los temas necesarios para suplir las necesidades. Para ver más sobre el contenido ve **"Implementación"** página 122.

PASO 6: ¿Para qué?

Esta sección refiere a **los objetivos del taller. Indican** lo que los participantes habrán logrado al terminar el taller.

Son como los letreros en una carretera que indican que ciudades hay al final de la ruta.

En el caso del dibujo el objetivo podría ser:

Al terminar el taller, los participantes habrán diseñado un tema de capacitación y habrán practicado enseñar su tema para poder luego enseñar en su comunidad.

Los objetivos de un taller deben ser "inteligentes". El siguiente acróstico es basado en la palabra **SMART** (inteligente en inglés).

Utilícela para comprobar los objetivos que ha escrito.

ESpecífico - ¿Explican exactamente lo que logrará el participante?

Mensurable - ¿Hay una manera de medir el resultado?

Apropiado- ¿Son relevantes para las personas y el lugar?

Realistas - ¿Pueden ser logrados en el taller?

Tiempo - ¿Existe un marco de tiempo dentro del cual se lo logra?

Vemos si el objetivo escrito arriba es "inteligente".

ESpecífico – participantes habrán "diseñado…y "practicado enseñar"

Mensurable – Completarán un diseño o una sesión de práctica

Apropiado – Los TACs tendrán que enseñar en sus pueblos

Realista – si ha programado suficiente tiempo para que todos practican

Tiempo – La capacitación y la práctica se completarán "al terminar el taller".

Fuente: Rod McKean

Tome nota que **una parte del objetivo identifica la actividad a lograr y la segunda nos dice por qué se hace la actividad. Las dos partes son ligadas por la palabra "para".** Esto nos ayuda a acordarnos a poner el por qué de la actividad. Sin el por qué es una actividad a realizar y no un objetivo a lograr.

¿Por qué dedicar tiempo a desarrollar objetivos inteligentes? ¿No será este ejercicio una pérdida de tiempo? Es importante para asegurar que la comunidad y los participantes sean dueños del programa. Estos letreros apuntan a los resultados del taller. Si la comunidad decide donde quiere ir con el programa de capacitación desde el comienzo, su participación está asegurada y comprometida. **Sin compromiso no hay aprendizaje!**

Si cuenta con un buen conjunto de objetivos al comenzar un programa, podrá evaluar el éxito del programa al terminarlo. **Dado que los objetivos son mensurables sentimos presión lograrlos.** Los participantes podrán ver lo que han logrado durante el tiempo dedicado al taller. Sabrán lo que han aprendido porque han logrado los objetivos.

PASO 7. ¿Cómo?

Esto refiere a la estructura del programa del taller. Incluye las tareas de enseñanza y los materiales necesarios para hacerlos.

Utilice esos pasos:

1. Escoja los temas de alta prioridad.
2. Defina la secuencia de los temas
3. Equilibre el programa
4. Enseñe lo esencial
5. Utilice herramientas apropiadas
6. Prepare un plan borrador de la semana
7. Haga un plan flexible
8. Prepare guías detalladas para las sesiones de los primeros días

PASO UNO:
Escoja los temas de alta prioridad

Basado en el diagnóstico participativo de las necesidades de capacitación, contará con una lista de los temas más importantes para ser atendido. Tal vez ya se haya hecho un ejercicio de clasificarlos con los participantes de las comunidades y tiene un resumen de la importancia relativa de cada problema (Ve clasificación página 255). Una clasificación más a fondo puede hacerse con los técnicos comunitarios y los facilitadores para definir la prioridad relativa de cada tema.

Una *dinámica* para priorizar temas

- Un manera sencilla para priorizar con el equipo de facilitadores es llenar un cuadro en una hoja o en pizarrón
- Por cada tema sugerido, el grupo discute lo siguiente:
  ¿Cuán Común? Cuán común es el problema? ¿Ocurre seguido o sólo de vez en cuando?
  ¿Cuán serio? ¿Cuán serio es el problema? ¿Es de vida o muerte?
  ¿Preocupación de la gente? ¿Cuánto se preocupa la gente y cuánto hablan de este problema?
  ¿Enseñable? ¿Es posible enseñar el tema de una manera que la gente puede practicar la solución?
  ¿Cambio con los TAC? ¿Cuánto pude influir un TAC en solucionar el problema si enseñamos sobre la solución?
- **El cuadro que resulta puede parecer como el de abajo.**
- El grupo llega a un consenso calificando cada tema en cada área de uno a cinco. Por ejemplo, fractura de huesos puede no ser muy común, por lo tanto se califica como 1. Pero muchas veces es bastante serio, recibiendo una calificación de 4.
- Se puede utilizar signos de adición o números si se hace el cuadro en papel o en el pizarrón. Si se hace el cuadro en el suelo utilice piedritas o palos o cualquier otra material accesible.
- La columna de "Preocupación de la gente" se llena basado en las opiniones vertidas durante el diagnóstico.

PRIORIZACION DE TEMAS PARA UN TALLER

PROBLEMA	¿Cuán Común?	¿Cuán serio?	Nivel Preocupación	¿Enseñable?	¿Cambio con TAC?	TOTAL
Animales Flacos	++++	+++	++	++++	+++++	18
Diarrea	+++	++++	+++	++++	+++	17
Tos	+++	+++	++	++++	+++	15
Desorganización	+++++	++++	++	++++	+++	18
Fracturas de huesos	+	++++	+	++	++	10
Erosión	++++	+++++	+	++++	++	16
Gusanos	+++++	++	+++++	++++	+++++	21

- La última columna demuestra la importancia o prioridad del tema de capacitación siendo una suma de todas las otras columnas.

Consejos:

- Este cuadro es muy útil en la planificación con facilitadores y técnicos comunitarios. En algunas situaciones puede ser demasiado complicado para rellenar todo el cuadro cuando los técnicos son los capacitadores. Algunos participantes pueden aburrirse en un grupo grande. Para evitar el aburrimiento e incrementar la participación divida los participantes en grupos pequeños y pida que cada grupo considera una sección del cuadro.
- Se puede clasificar los temas en categorías (por ejemplo, enfermedades, nutrición, organización, etc.) y se considera las categorías por separado.
- Se puede clasificar por votos, con cada persona colocando piedras para demostrar la importancia de cada tema para ella.
- Con comunidades se puede utilizar un cuadro con sólo las primeras dos columnas para definir sus prioridades.

Una vez completado el cuadro, proveerá al equipo de capacitación una idea de la relativa importancia de cada tema. En la planificación de los talleres, se debe asignar más tiempo a los temas de mayor importancia. Los temas de menor importancia recibirán menos atención o inclusive pueden estar excluidos del temario.

PASO DOS: Escoger la secuencia de temas

Si está diseñando un programa de capacitación grande, ahora cuenta con una lista larga de temas priorizados. Para un taller corto, la lista no será tan larga y probablemente no requiere clasificación.

ELEMENTO 1: Coloque los temas en categorías útiles

A continuación se presenta un ejemplo de la lista del programa de capacitación de técnicos agropecuarios comunitarios en Bolivia.

MANEJO
- Control de erosión
- Sistemas Agroforestales apropiados
- Manejo de pastos
- Reproducción y Selección - Castración
- Esquila
- Administración de recursos financieros
- Análisis de costos/Crédito/Preparación de Proyectos
- Uso del estiércol
- Sistemas de producción integrales
- Registros

PREVENCIÓN
- Control de parásitos
- Vacunas
- Nutrición
- Limpieza y higiene
- Cuidado del animal preñada
- Manejo del recién nacido

CURATIVO
- Método científico
- Historia clínica y examen físico
- Diagnosis y tratamiento
- Concentraciones de medicinas
- El buen y mal uso de medicinas
- Compras sabias de remedios
- Medicinas tradicionales
- Registros
- ¿Para que son los antibióticos?
- Enfermedades comunes
- Cómo utilizar los manuales

ORGANIZATIVA/SOCIAL
- Investigación participativa
- Visión/Establecer metas/Planificación participativa
- Evaluación
- Género y la vida de la mujer en familia y en la comunidad
- Conscientización,
- Líderes y sus roles
- Educación popular y el papel del TAC
- La organización y su importancia
- Estatutos y reglamentos
- ¿Cómo funciona una organización bien?
- Dinámicas de grupo y su funcionamiento
- Mercadeo
- El intermediario
- Estructuras distritales, regionales y su funcionamiento
- Redes y enlaces
- Responsabilidad a las bases

ESPIRITUAL
- Trabajando bien juntos
- ¿Cómo se relaciona la vida espiritual con la vida diaria?
- Costumbres y tradiciones sanas y dañinas
- Las características de un buen TAC
- ¿Cuáles son sus valores?
- ¿Cómo aplicamos nuestros valores?

ELEMENTO 2: Decidir si hay una secuencia natural de los temas por tratarse.

Una vez que determinaron los temas, puede definir si hay algunos temas que se debe considerar antes de otras para planificar la secuencia. La razón lógica para la secuencia puede variar de lugar a lugar y dependerá del contenido completo del taller.

Sea cual sea la secuencia definida por su equipo, hay que ser intencional en determinar la secuencia de los temas y que no sea definido al azar. Cuando sea posible, cada tema nuevo debe construir encima de los temas tratados anteriormente durante el taller.

En un taller largo o en una serie de talleres, se podría utilizar la siguiente secuencia de temas técnicos.

- Método científico
- Examen físico
- Uso de antibióticos

Tal vez quiere que los TACs comprendan como hacer un examen físico y realizar diagnósticos antes que comiencen a hacer tratamientos específicos.

En temas organizativos tal vez puede utilizar este orden.

- Cómo dirigir una reunión efectiva
- Los roles de los directivos de una organización
- Cómo enseñar en la comunidad
- La organización de una campaña de vacunación

Dentro de las categorías de temas que ha preparado, ponga los temas en su secuencia apropiada.

ELEMENTO 3: Define si se hará una secuencia de prácticas en casa

A veces la única tarea que los participantes tienen después de un taller es cumplir las metas que han establecido al terminar el taller. Pero tareas asignadas puede ser una buena manera para apropiar y practicar lo aprendido en el taller.

"Las tareas" deben tener una secuencia lógica tal como los temas técnicos. Si deciden incluir "tareas", haga un borrador de la serie de las tareas por asignar.

Se comparte un ejemplo de Bolivia en la próxima hoja.

Establecer metas: Cómo y cuando establecer metas. Ve "seguimiento" Página 149

Un ejemplo de una secuencia de tareas en Bolivia:

En Bolivia, las comunidades decidieron que querían que los TACs sean capaces de organizar sus comunidades para capacitaciones, campañas de vacunación, y control de parásitos. El equipo de capacitación decidió que iban a dar una serie de "tareas" a los TACs para logar que sean eficientes en su trabajo cuando la serie de talleres se terminara.

Durante cada taller los TACs diseñaron y practicaron su próxima "tarea". A continuación se comparte un conjunto de tareas de los talleres de una semana con un lapso de 2 meses entre taller y taller.

Después del primer taller: **Practicar capacitar** – Los TACs desarrollaron materiales de capacitación y facilitaron una sesión de capacitación en sus comunidades.

Después del segundo: **Investigación participativa** – Facilitaron un diagnóstico hecho por su comunidad para definir la situación actual.

Después del tercero: **Conscientización** – Usaron sus propios títeres para elevar la consciencia de su comunidad acerca de los problemas y soluciones que se habían definido en el diagnostico participativo.

Después del cuarto: **Campaña de vacunación** – Juntos con la comunidad, organizaron e implementaron una campaña de vacunación y control de parásitos

Después del quinto: - **Apoyo organizativo** – Trabajaron con organizaciones de la comunidad para lograr sus objetivos específicos. Esto varió con cada participante desde escribir la visión comunitaria, a definir objetivos y estatutos de la comunidad, a llevar a cabo un proyecto como la perforación de pozos para todos los que tenían ganado.

De esta manera las tareas fueron secuenciales y construyeron el uno sobre el otro y se desarrollaron basados en las experiencias y necesidades expresadas por cada comunidad y sus técnicos agropecuarios. Tome nota que no todas estas tareas fueron definidas al comienzo del primer taller y fueron ajustados según las necesidades expresadas por los TACs y sus comunidades.

ELEMENTO 4: En un programa de capacitación de TACs considera dividir talleres por tipo de animales

El programa de Bolivia divide los talleres por especies, que es un posible enfoque.

Por ejemplo, en una zona la gente decidió que su necesidad era contar con información relacionada con el manejo y salud de las diferentes especies.

En el programa de capacitación desarrollado para suplir esta necesidad, se facilita un taller específico para cada especie. Un último taller sobre principios veterinarios termina la serie. Este taller ayuda a finalizar varios temas, concentra en áreas pertinentes a todas las especies y ayuda a los TACs a ser cuidadosos y cautelosos en su trabajo y a referir a otros profesionales cuando sea necesario.

Algunas razones para dividir talleres por especie:

• **Se refuerza la información:** Si se enseña como diagnosticar un problema con ganado bovino en el primer taller, se puede reforzar la lección y subrayar las diferencias en diagnósticos por cada especie en los siguientes talleres. Cuando se habla de una enfermedad como la rabia en el taller de bovinos, se menciona como se presenta en cabras y caballos. Luego durante el taller de cabras se puede repasar lo dicho anteriormente sobre los bovinos.

• **Se simplifica la información:** Dividir principios de manejo complejos como los sistemas de pasturas o el cuidado de animales preñadas por especie ayuda a aclarar las diferencias entre especies en las mentes de las personas. Por ejemplo, hablar acerca de sistemas de manejo de pastos para todas las especies en un taller puede ser muy confuso. Pero comenzar con sistemas apropiados para bovinos, y luego discutir sistemas apropiados por cada especie en los siguientes talleres, ayuda a clarificar y reforzar los principios del manejo de sistemas de pastoreo.

En Nepal, un programa de capacitación utiliza una filosofía de "multi-especies" en los talleres trabajando con diferentes enfermedades y áreas de manejo como el enfoque principal. Primero, los capacitadores hablan de los parásitos en general. Luego discuten en que especies se notan problemas con parásitos. Entonces discuten todos los tratamientos (locales e introducidos) para todos los especies. Los facilitadores consideran que los TACS tienen una mayor comprensión del problema general y una perspectiva más amplia de los problemas de salud bajo esta modalidad.

Lo importante es diseñar el programa de tal forma que tenga sentido para los participantes y que sea bien organizado y secuencial.

PASO TRES: Equilibra el taller y el programa.

Cuando comenzamos a considerar los detalles del plan para un programa de capacitación, tenemos que pensar sobre el equilibrio en el programa.

A. DEBE HABER UN EQUILIBRIO de temas que se relacionan técnicamente con la producción y socialmente y espiritualmente a la organización de la comunidad.

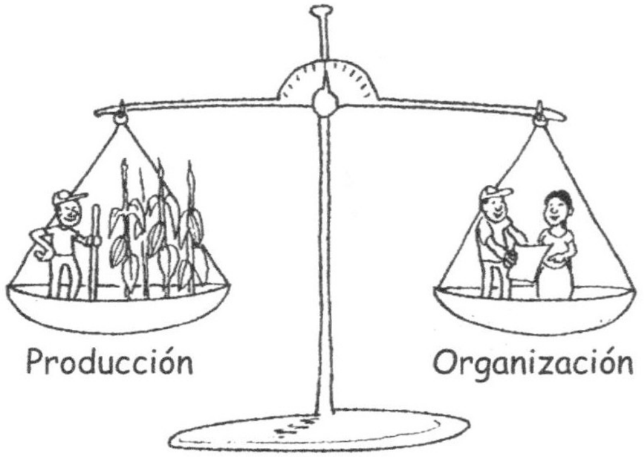

El programa de capacitación puede proveer a la gente una consciencia sobre la necesidad de vacunar y las destrezas necesarias para la vacunación. Pero si el costo, la distancia de la fuente de las vacunas o los requerimientos de mantener la cadena de frío requieren organización y cooperación de la comunidad para una campaña de éxito, es posible que todavía la gente no vacune a sus animales. Los TACs precisan de destrezas sociales y organizativas para ser efectivos en su trabajo.

Sume las horas planificadas en cada una de estas áreas y considere si es un equilibrio adecuado basado en las necesidades y preocupaciones de los productores. Haga ajustes sacando algunos temas, agregando otros programas o dedicar menos tiempo a los temas fuera de equilibrio.

B. Deber haber un equilibrio entre discusión en aula, práctica de campo y diversión.

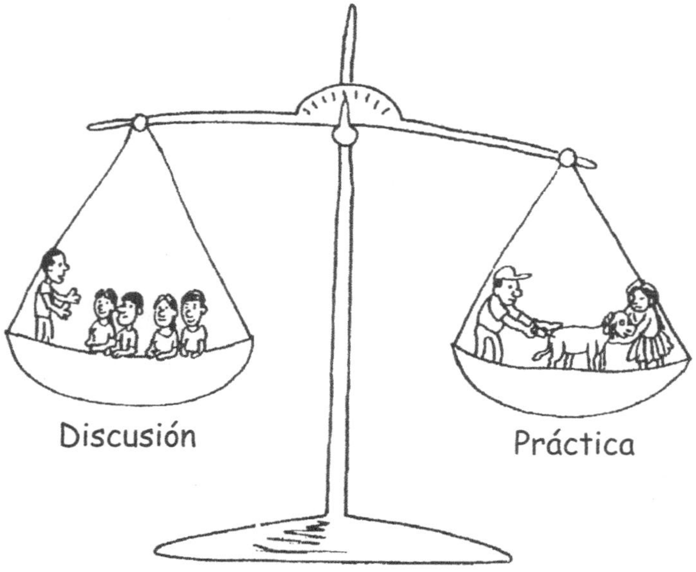

¡APRENDER HACIENDO, ES IMPORTANTE!

Sabemos que aprendemos:

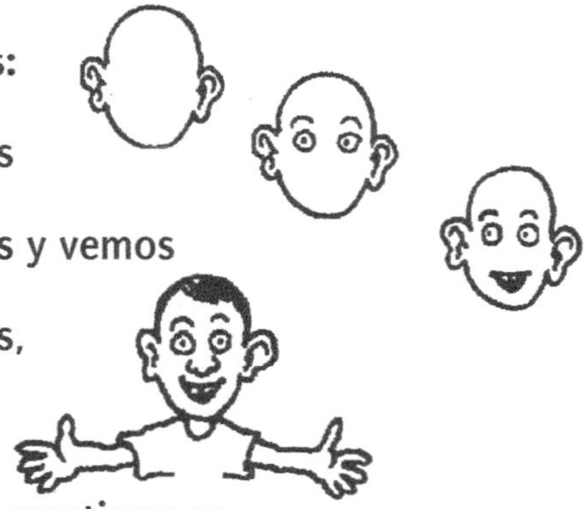

20% de lo que escuchamos

50% de lo que escuchamos y vemos

70% de lo que escuchamos, vemos y discutimos

90 % de lo que escuchamos, vemos discutimos y practicamos

Ve la sección sobre práctica en "Herramientas" página 240

Revise a su plan para ver si hay demasiado tiempo en discusión en el aula. ¿Hay forma que se puede cambiar algunas de las actividades a hacer prácticas? ¿Cuánto del tiempo en aula puede en realidad ser práctica (practicar enseñar, hacer una presentación de títeres o un socio drama)?

Un programa en Nepal hace citas para atender animales durante sus talleres. Lo organizan con tiempo. Cuando el horario del taller ha sido establecido se coloca la lista de las citas programadas en un lugar donde todos pueden verlo. Esto atrae a la gente de la comunidad que quieren venir a ver los tratamientos.

C. Debe haber un equilibrio entre temas de manejo y de tratamiento

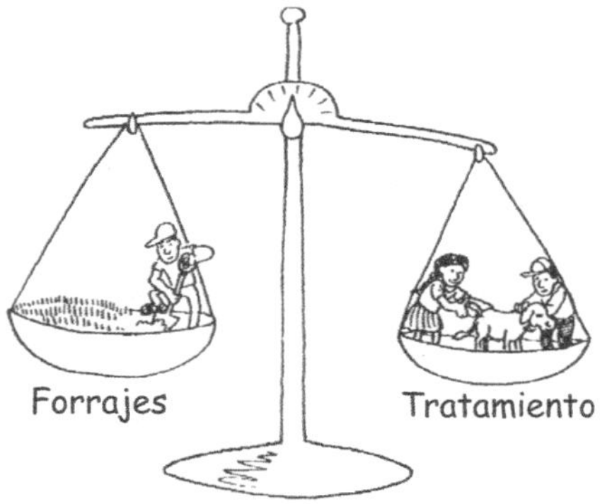

Muchos cursos de capacitación dirigidos por profesionales cubren sólo temas de manejo y prevención. Los profesionales sienten que es el papel del profesional hacer todo el trabajo de diagnósticos y tratamientos, aun cuando no hay servicio profesional disponible en la comunidad! Esto representa organizar un taller desde la perspectiva de alguien de afuera.

Los comunarios van a los talleres para llegar a ser Técnicos Agropecuarios Comunitarios por el hecho que ellos ven animales enfermos y quieren saber como curarlos. Por lo tanto, es importante que adquieran conocimiento y confianza en identificar y tratar las enfermedades. A veces, sin embargo, los TACs salen de los talleres sin haber aprendido algo nuevo en cuanto a cómo curar a los animales. Cuando vuelven a sus comunidades sin nuevas destrezas, los miembros de la comunidad pierden confianza en su habilidad para aconsejar también en otras áreas de manejo.

Además reconociendo que los productores tendrán mucho más interés en medicina curativa que en prevención, tenemos que respetar su expectativa y planificar más temas curativos al comienzo. Esto puede incluir a medicinas locales y su uso. También puede incluir enseñanzas sobre temas como el uso de agua, la buena alimentación y el manejo correcto de los animales enfermos como importantes herramientas de tratamiento. Adicionalmente, los técnicos comunitarios deben estar entrenado en como tomar historias clínicas, exámenes físicas, y cómo hacer un diagnóstico temprano en su formación para permitir que estas destrezas sean perfeccionadas durante el desarrollo de los demás talleres. La medicina curativa y preventiva pueda ser entrelazada en los talleres. Es tan importante incluir temas preventivos como proveer a los técnicos comunitarios las herramientas para compartir enfermedades e incrementar la producción en la comunidad.

D. Debe existir un equilibrio entre los tipos de actividades de aprendizaje

Conocerse

Diagnósticos y
Tratamiento de animales

Teatro Comunitario

Practicar, enseñar

La siembra de sistemas
Agroforestales y
otros trabajos Productivos

Una nota sobre la participación de las mujeres

Muchos programas de capacitación reconocen el papel de la mujer en la producción pecuaria pero repetitivamente tienen dificultades con poca o nada de participación de mujeres en los cursos de entrenamiento.

Si deseamos que las mujeres participen, tenemos que proveer las condiciones adecuadas.

- Consulte con las mujeres de las comunidades para averiguar cuándo y por cuánto tiempo ellas quieren la capacitación.
- Pregúnteles qué temas serían los más importantes y útiles para ellas e incluirlos en los talleres.
- Si es necesario, realizar talleres preliminares para aumentar la consciencia de hombres y mujeres en cuanto al potencial y la capacidad de la mujer (Ve Mujeres página 196)
- Realice el taller en el idioma materno o "de corazón" de las mujeres.
- Si las mujeres son pre-alfabetos asegure que todas las materiales de capacitación y dinámicas no dependen en escrituras para poder aprender. Evite escribir durante el taller.
- Si se está capacitando a TACs, anime a la mujeres con niños lactantes a asistir proveyendo les servicios de cuidado para su hijos. Algunos programas contratan a mujeres locales para cuidar a los niños mientras que otros cubren los gastos de viaje y alimentación de una persona que viene junto con la madre para cuidar al niño (una hermana mayor, una prima etc.).

PASO CUATRO: Enseñe lo esencial

¡Apunte a lo esencial!

La gran cantidad de conocimiento que existe sobre el manejo pecuario y la sanidad hace muy importante que se piensa con mucha anticipación sobre:

- **¿Qué es esencial saber?**
- **¿Qué es útil saber?**
- **¿Qué es interesante saber?**

Por ejemplo, los facilitadores tal vez quieren presentar discusiones detalladas de anatomía y fisiología, charlas sobre condiciones y enfermedades raras, el análisis del contenido de proteína y carbohidratos en los alimentos y dibujos de los ciclos biológicos de los parásitos.

Estos son temas interesantes para saber pero en cuanto a utilidad representan una pérdida de tiempo de los participantes. Pueden también aburrir a los alumnos si no ven como se aplican directamente su situación. Memorizar datos y hechos para un examen son técnicas del sistema bancario. Muchos instructores han sido formados en esta manera y por lo tanto quieren enseñar en la misma forma.

Comience desde la realidad de la gente participando en los talleres; construye sobre lo que tienen y saben. Piense sobre lo que es esencial. Antes de colocar cualquier tema en el plan pregúntese:

- ¿Por qué incluyo este tema?
- ¿Es el mejor uso del tiempo de los participantes?
- ¿Cómo ayudará a los TACs cumplir su trabajo?
- ¿Cómo ayudará a las familias incrementar su producción?
- ¿Hay una forma más eficiente cómo pueda enseñar?

¿Cómo saber que destrezas debemos enseñar?

Analice nuevas destrezas para determinar si necesitan ser enseñadas. Aquí hay algunas preguntas para ayudar al equipo de capacitación en este análisis.

1. Criterios relacionados con el trabajo

- ¿Cuántas veces y cuándo se utilizará la destreza?
- ¿La destreza es importante para empezar el trabajo?
- ¿Qué herramientas, equipos, e insumos son necesarios para aplicar la destreza (es apropiada)?
- Haga esta prueba con dos destrezas, - vacunaciones e inseminación artificial – para un TAC principiante en su zona

2. Criterios relacionados con el aprendizaje

- ¿Cuán difícil es aprender esta destreza?
- ¿Cuánto tiempo se precisa para lograr un nivel aceptable de aplicación?
- ¿Qué herramientas, equipos, e insumos son necesarios para aplicar la destreza?

3. Criterios relacionados con la enseñanza

- ¿Cuán difícil es enseñar la destreza?
- ¿Qué y cuántos recursos están disponibles para enseñar la destreza?
- ¿Si no tenemos el equipo, debemos enseñar sólo la parte teórica?
- ¿Es una destreza que algunos participantes ya tienen y podrán ayudar a enseñar a otros?
- **¿Debemos enseñara la destreza? ¿Cuándo?**

Fuente John Collum

Evite la metodología de "sistemas corporales" para enseñar a TACs.

La manera más común para enseñar alumnos de facultades de veterinaria es el enfoque de "sistemas corporales". Se enseña todo el sistema digestivo desde la boca hasta el ano. Luego se enseñan el sistema respiratorio, después el cardiovascular. Esto parece no ser lo más a apropiado a nivel de comunidades.

La gente tiene que ver la importancia de temas y su relación con la vida real antes de querer aprender sobre ellos. TACs querrán y necesitarán saber de las enfermedades comunes y serias en su zona primeramente. Por ejemplo, en un enfoque de sistemas, se enseña sobre úlceras del estómago antes que se toque el tema de diarreas. Dado que las diarreas son mucho más comunes es importante que los técnicos comunitarios den este tema cuanto antes.

Utilice un enfoque de problemas. Mientras se discute cada condición o enfermedad, se la relaciona a una situación o problema de la vida real. A veces tiene sentido hablar de todos los factores que pueden causar tos en todas las especies en un momento (como en el enfoque de sistemas) para ayudar a las personas distinguir entre las distintas enfermedades cuando están examinando un animal con tos. Pero, muchas veces, puede ser más útil hablar de las enfermedades que causan neumonía en terneros cuando se habla del manejo y enfermedades del ternero y los alumnos están practicando el cuidado preventivo. Luego se puede hablar de las enfermedades que causan la tos en vacas cuando se está discutiendo el manejo de animales adultos y examinando un animal adulto con tos.

Evite enseñar la anatomía como anatomía

¡Anatomía y fisiología son temas peligrosos! Aburren y confunden a los alumnos, y puede hacerles sentir torpes intelectualmente.

Hablar de anatomía trae consigo muchos términos largos latinos. Aísla a los alumnos del facilitador y asegura que no van a comprender la lección. **Asegure que utilices palabras comunes para las partes del cuerpo.** Siempre anime a los alumnos a preguntar y desafiarle sobre palabras grandes. Si contínuamente utiliza palabras grandes, los participantes piensan que ésto es lo más importante y volverán a la comunidad usando los mismos términos para impresionar a sus vecinos. Así perpetúan una brecha creada por la jerga técnica de la salud y producción animal.

Por ejemplo:

MÁS APROPIADO
Dialogando sobre un problema común

MENOS APROPIADO
Enseñando anatomía

Muchas veces, después de haber hablado de una enfermedad o problema en clase, tendremos la oportunidad de hacer una autopsia de un animal afectado o ver los cambios a tiempo de sacrificar un animal. Esto presenta una oportunidad muy propicia para repasar lo que se ha hablado y ver la parte afectado del animal.

Utilice nombre locales para las partes del cuerpo

En muchas oportunidades los comunarios tendrán distintos nombres para las diferentes partes del cuerpo. Al sacrificar un animal es una buena oportunidad para discutir junto los nombres de las diferentes partes del cuerpo y llegar a un común acuerdo en cuanto cómo se las va a llamar. Dado que en las comunidades ellos sacrifican sus propios animales, tienen familiaridad con los órganos y otras partes. Utilice los nombres locales después de que todos se han puesto de acuerdo en cuanto a los nombres.

Enseñe a los TACs cómo facilitar

Muchos programas que preparan a Técnicos Agropecuarios Comunitarios tienen la expectativa que cuando los TACs vuelven a sus comunidades, ellos enseñarán allí y compartirán lo que han aprendido. Casi todas las comunidades en su proceso de selección de su técnico comunitario indican que quieren que su TAC enseñe en al comunidad lo que ha aprendido en su capacitación.

¿Cómo pueden los técnicos comunitarios enseñar si no han aprendido como enseñar o facilitar un grupo? Para ver sugerencias sobre dinámicas para enseñar a los TACs cómo enseñar favor ver "Capacitando Facilitadores" página 45.

PASO CINCO: Utilice lo que está localmente disponible y apropiado (medicinas, conceptos, especies y herramientas).

Muchos programas que introducen una tecnología nueva dan la impresión que la tecnología actual no sirve o no tiene valor.

Existen muchas prácticas tradicionales en la agricultura y producción pecuaria que pueden ser promovidos y compartido por medio de la capacitación. Estás prácticas son menos caros, más apropiados a condiciones locales y "amigables" con la tierra y las personas. Algunos ejemplos de prácticas tradicionales:

- La utilización de estiércol y orina como abonos
- Hacer "compost" de los resíduos de los cultivos para abono
- El uso de curvas a nivel y terrazas en tierras pendientes
- Animales, cultivos y árboles localmente adaptados y culturalmente apropiados
- La siembra de árboles para usos múltiples
- El concepto de diversificación en la finca
- Manejo y controles tradicionales de parásitos y enfermedades
- Medicinas y pesticidas tradicionales

Programe tiempo en la agenda del taller para discutir el uso de tratamientos locales. Provea tiempo para que la gente comparta los tratamientos locales que saben que son efectivos y tiempo para la preparación o aplicación de estos tratamientos.

Escuchar a los productores

La experiencia nos enseña que los pequeños productores tradicionales han tenido sistemas de producción muy diversificados donde se mezcla cultivos, forraje y animales. Fueron los científicos que indicaron que los sistemas de monocultivo o criar una especie animal eran mejores. Los profesionales en el desarrollo enseñaron esto por varios años.

Luego aparecieron todos los problemas de los sistemas de monocultivo: cultivos atacados por plagas, resistencia a tratamientos químicos, el potencial genético debilitado de los anímales puros y los cultivos híbridos, pobre productividad de las razas y cultivos no adaptados a condiciones locales, la degradación de los suelos y costos de producción muy altas. Hoy en día muchos científicos reconocen el valor del sistema antiguo de cultivos asociados con diferentes plantas y árboles y el vigor de contar con genes variados de plantas y animales. Por lo tanto, ahora muchos trabajadores en desarrollo están enseñando sistemas diversificados como si fuera una idea nueva.

¿No hubiera sido más sencillo haber escuchado a los productores en primera instancia? Hubiera sido más fácil acercarse a ellos, respetar lo que estaban haciendo y aprender de ellos de la diversificación de la producción.

En muchas partes del mundo, es extremamente difícil lograr que las medicinas "modernas" estén disponibles constantemente en las comunidades rurales alejadas. Muchos programas han hecho un trabajo loable en ayudar a los técnicos comunitarios tener un pequeño inventario de medicinas disponible para su uso. Pero, existen muchos tratamientos locales efectivos. A veces sólo una persona o pocas personas saben del tratamiento. Estos tratamientos son más baratos, fácilmente disponibles, y sencillo de utilizar.

Al enseñar sólo sobre medicinas y herramientas de afuera de la zona, insinuamos que los remedios locales no tienen valor y hacemos que la gente local sea reticente a usarlos. Al incluir medicinas locales aumentamos la autoestima de los participantes y el respeto por los remedios locales. No todos los remedios locales son beneficiosos o buenos. Por eso es importante programar tiempo para compartir sobre los remedios y herramientas locales, para permitir que los participantes se enseñan entre sí y reflexionan sobre los tratamientos y herramientas tradicionales buenos y malos.

Ve "Conocimiento tradicional" página 221

ELEMENTO 6: Prepare un bosquejo del plan de la semana

Ahora está listo para hacer un bosquejo de su taller de capacitación. Es una buena idea tener las primeras semanas del programa escrito con más detalle que las semanas posteriores para permitir que haya flexibilidad en adaptar al programa según el desenlace del entrenamiento.

Un ejemplo de un plan semanal que usamos está demostrado en la siguiente hoja. Mientras más grande la hoja más detalles se pueden incluir. Normalmente, ponemos una hoja grande en la pared del plan inicial y después repartimos copias pequeñas para todo el equipo de capacitación.

Al comenzar a llenar el plan semanal, piense en el mejor uso del tiempo para:

- **Determinar la mejor hora del día para las actividades.**
  - Las primeras horas del día cuando está más fresco son mejores para castraciones y trabajo físico fuerte.
  - Las mañanas son mejores para tiempo en aulas y intercambios de opiniones serias.
  - Las tardes son mejores para la mayoría de las actividades prácticas por el hecho que la gente tiene sueño después del almuerzo. Se puede incluir dramas y trabajos activos en pequeños grupos a esta hora como también la preparación de materiales de capacitación. Considere la mejor hora para trabajar con animales también. Inmediatamente después del almuerzo podría ser demasiado caliente el sol, pero de media tarde adelante sería mejor.
  - El atardecer y noches son buenas horas para videos, películas, y proyección de diapositivas con tiempo para el intercambio de ideas que puede incluir toda la comunidad como también para rompecabezas y debates entre los participantes. También son buenas horas para dramatizar roles, usar títeres y realizar noches de talento para concientizar a la comunidad y para divertirse.
- Planifique usar el **ritmo natural de la comunidad** para el ritmo del taller. El horario debe reflejar las horas cunado la gente normalmente se despiertan, comen, descansan, juegan, trabajan y hacen otras actividades.
- Deje **suficiente tiempo para practicar nuevas destrezas y para hablar de la experiencia** por el hecho que aprendemos mirando y discutiendo la práctica de otro y reflexionando sobre la nuestra.
- Incluya tiempo al final del taller para que los participantes **planifiquen "los próximos pasos".** ¿Qué es su próximo paso de acción?
- Programe tiempo para una **sesión de apertura con rompe hielos y el compartir de las expectativas.** También tenga tiempo para monitorear el avance con los participantes durante el taller – al final de cada día y al final del taller para evaluar y planificar los cambios para el futuro.

(lista sigue después del cuadro)

TALLER COMUNITARIO Ovinos Nivel Básico			
Lunes	**Martes**	**Miércoles**	**Jueves**
Bienvenido Rompehielos Expectativas	Devocional Repaso/Reflexión Ovejas de pelo y lana Manejo sobre el pastos	Devocional Repaso/Reflexión Enfermedades para controlar con vacunas Conjuntivitis	Devocional Repaso/Reflexión Gusanos
Descanso			
Agenda Horario Grupos de Trabajo	Separación de machos ¿Cuántas hembras por carnero?	Bocio Fotosensibilidad Enfermedad de "ingestión excesivo"	Piojos, garrapatas, moscas etc.
Almuerzo			
Sistemas Agroforestales para ovejas	*Práctica* Cuidado del recién nacido Corrales y establos	*Práctica* Cómo vacunar	*Práctica* Control de Parásitos *Reflexión sobre práctica*
Descanso			
Práctica Pastos Sal/Minerales Gordo o Flaco Discutir nuevas destrezas	Cómo sujetar al animal Selección Cortada de uñas *Reflexión sobre práctica*	Solución de rehidratación *Reflexionar sobre la práctica* Monitoreo de avance	¿Próximos pasos? Establecer metas Evaluación Ceremonia de clausura
Cena			
La Organización Comunitaria (con la comunidad) Monitoreo de avance	Tipos de educación (con la comunidad) Monitoreo de avance	Noche de cultura	

- **Incluir una variedad de actividades** para no pasar periodos largos en un tipo de actividad
- Programe **incluir sesiones de repaso** y exámenes. Estos son muy importantes para la retroalimentación y la educación continua.
- **Planifique visitas con la comunidad** para diferentes actividades a la hora cuando es más probable que la gente esté en casa
- Piense sobre cuán seguido cada actividad debe ocurrir. Algunas actividades como exámenes físicas, diagnósticos y tratamiento precisarán de bloques de tiempo frecuentes. Otras actividades deben incluirse sólo uno o dos veces por semana.
- Siga una progresión lógica de las actividades desde el comienzo hasta el fin. De entrada los participantes tienen que estar sumergido en aprender conocimientos, actitudes y destrezas relacionados con la diagnosis y cuidado de los animales para permitir que construyan sobre éstos mientras que avanza el taller. También tienen que dialogar sobre la educación, el aprendizaje y la enseñanza temprano en el proceso para asegurar que sean comunicadores efectivos en sus comunidades. Propiciar dramatizaciones con títeres en la comunidad y eventos para ampliar la consciencia sobre la realidad, ocurren más tarde cuando los participantes ganan más confianza y destrezas

PASO SIETE: Haga un plan flexible

Asegure que los planes semanales dejen suficiente flexibilidad para poder realizar cambios en el horario o agenda. Puede presentarse una emergencia en algún animal u otras oportunidades de enseñanza de la vida real diaria que pueden ser incluídos en el taller. Esto causará que algún tema sea excluido o cambiado de hora. Una clase mal enseñada o no comprendida por los alumnos tal vez tenga que ser repetida más tarde. Por lo tanto, es recomendable dejar tiempo "libre" en el horario.

El mismo taller no debe ser repetido en comunidad tras comunidad sin cambios, dado que llega a ser aburrido por los comunarios y para el equipo de capacitación. Hemos desarrollado un conjunto de recursos y un currículo básico en nuestro programa que se adaptan para cada taller. Se hacen varias cosas.

Ejemplo de un programa forestal comunitario en Nepal:

El programa supo de diagnósticos y talleres previos, una serie de necesidades que surgen repetidamente en las aldeas. Tiene guías de lecciones preparados sobre estos temas como también información en un archivo que se ha preparado en el tiempo y con la experiencia. Constantemente repasan y mejoran estas herramientas. A la vez, preparan un plan bosquejo abierto para la semana de capacitación. Luego, para determinar si el plan es apropiado, visitan a la comunidad y realizan lo siguiente:

Tres días antes del taller:

- Observan y escuchan para captar temas importantes.
- Realizan charlas con familias e individuos.
- Realizan una reunión comunitaria para hacer un diagnóstico de necesidades de capacitación, en base a las siguientes preguntas:
  - ¿Cuáles son los problemas en la comunidad?
  - ¿Cuáles son los recursos disponibles?
  - ¿Cuáles son los intereses de la comunidad?

Con los resultados de este ejercicio revisan la agenda y horario del taller.

El primer día del taller

- Discutir las expectativas de los participantes y priorizarlas.
- Aplique una prueba de "destrezas prácticas": ¿Cómo están podando, sembrando o injertando sus plantas ahora? Esto se hace para determinar donde están los participantes al comenzar el taller.

La primera noche del taller el equipo de capacitación compara las expectativas de los participantes con el trabajo programado. Revisan el taller para ver si algo aparece en las expectativas que no está planificado, o si ven una necesidad para la cual es necesario enfatizar ciertas destrezas.

El plan del taller tienen que tener incorporado la flexibilidad. El equipo de entrenamiento tiene que tener la apertura y la capacidad de priorizar, agregar o eliminar temas, y ajustar el horario del taller según las necesidades de los participantes. Si el equipo no es flexible, el resultado es un taller con demasiados temas para cubrir en un tiempo relativamente corto. Algunas personas tratan de incluir todo pero esto simplemente baja la calidad del taller. Si los capacitadores están demasiado apurados tienden a utilizar presentaciones de tipo conferencia, menos diálogo y menos prácticas. El resultado es un taller no apropiado.

PASO OCHO: Prepare guías detallados para los temas para los primeros días

A: Haga un análisis de tareas si es necesario

Una vez definido que se va a enseñar una destreza nueva, un análisis de tareas le ayudará a decidir **como enseñar la nueva destreza.** Este proceso divide la tarea en sus pasos con todo el conocimiento, destrezas y actitudes necesarios para lograr aplicar la nueva tarea.

Ejemplo:

Tarea	Conocimiento	Destreza	Actitud	Recursos
Trasplantar plantones	Como transplantar	Poder plantar sin dañar raíz y planta	Ser cuidadoso	Plantones, agua, herramientas

Esto es una tarea sencilla sin pasos múltiples a seguir. Una tarea más complicada puede precisar cumplir varios pasos adicionales como se ve en el siguiente cuadro.

La Tarea: La Castración

Etapas de la tarea	Conocimientos/Destrezas Requeridos	Actitud Requerida	Maneras para Aprender	Recursos
1. Averiguar el interés de la comunidad	Capacidad de escuchar bien y explicar claramente	Interés en los demás y preocupación	Dialogo en grupo, dramas de roles, entrevistas	Gente de la comunidad Tiempo
2. Definir si la castración es factible en este momento	Comprensión de las estaciones, costumbres y la gente	Respeto Detalles son importante	Dinámicas de grupo Charlas sobre los costumbres	Gente de la comunidad Papel sábana grande Marcadores
3. Ayudar a la gente comprender la importancia de la castración en el manejo.	Mejoramiento de raza Pros y contras de la castración Destrezas de enseñanza	Respeto Paciencia Entusiasmo Cuidado	Observación, Libros Discusión Practicar enseñar utilizando dinámicas	Manuales, Títeres Papel sábana grande Pizarrón de franela
4. Conseguir los materiales necesarios	¿Qué materiales están disponibles localmente? ¿Qué otros a bajo costo? ¿Donde comprar?	Detalles son importante Ser preciso	Viaje a veterinaria Revisar equipo	Equipo Vacuna contra tétano Desinfectante/Navaja
5.Examinar el animal	Conocimiento y destrezas de historia y examen físico	Ser minucioso Respeto	Que los alumnos hagan la historia y el examen Hablar de razones para no castrar	Soga Termómetro
6. Demostrar castración	Sujeción, Uso de soga, Técnica de asepsia Técnica de castración	Ser cuidadoso, Paciencia Ser minucioso No apurarse	TACS sujetan al animal Explicar cada paso Hacer preguntas	Equipo y vacuna para castración
7. Hablar de problemas, cuidado y preguntas	Destreza de facilitación y de escuchar	Respeto Deseo de aprender Entusiasmo	Manuales Discutir con TACs experimentados	Manuales
8. Cada uno practica castrar	Destrezas de monitorear Hacer buenas preguntas	Ser preciso Ser minucioso Ser cuidadoso	Los TACs se ayudan mutuamente	Equipo y vacuna para castración
9. Cuidado posterior	Destrezas de enseñanza Destrezas de motivación Visitas a finca	Ser motivador Respeto	Práctica, Títeres, Socio dramas de roles Intercambio de opiniones	Materiales para dinámica(s) escogida.

Un análisis de tareas no es necesaria cada vez para cada tarea. Este análisis de tareas sencillo no se aplicará para cada comunidad. Se puede utilizar esta técnica al comienzo para ayudar a los capacitadores nuevos y a los TACs a comprender los pasos necesarios para cumplir la tarea.

También les ayuda acordar que **sólo enseñar una nueva destreza no implica que la persona capacitada tendrá el cambio de actitud necesaria para implementarla.**

B. Escribir la guía de la lección

Para cada tema, se debe preparar una guía. Como facilitador, estará bien organizado y se sentirá más relajado si cuenta con una guía detallada en base a qué trabajar. Un buen plan o guía también ayudará a evaluar su efectividad como facilitador.

Hay muchas maneras distintas para escribir una guía para lecciones con mayor o menor nivel de detalle. El plan básico que utilizamos en nuestros talleres nos da el Objetivo, el Método de enseñar, los Materiales requeridos y el tiempo que tomará cada lección.

OBJETIVO	METODO	MATERIALES	TIEMPO
Al terminar la sesión los participantes habrán practicado diseñar y utilizar preguntas abiertas	**Calentamiento:** Lluvia de ideas. ¿Qué es una pregunta abierta? **Diálogo:** Dividir en grupos pequeños. En cada grupo, un facilitador hacer una serie de preguntas. Deciden que son preguntas abiertas y cuáles son cerradas. Indique a los compañeros en su grupo la diferencia que ven entre preguntas abiertas y preguntas cerradas. **Práctica:** El facilitador formula una pregunta cerrada a cada persona en el grupo. Indique cómo se transforma cada pregunta en una pregunta abierta. Cada persona diseña una pregunta abierta para estimular diálogo. Comparte su pregunta con el grupo. **Diálogo:** Miran al cuadro de 4 preguntas abiertas. En cada grupo indica como han visto estas preguntas utilizadas en el taller hasta el momento. ¿Por qué las preguntas abiertas son importantes para el aprendizaje? **Conclusiones:** Con todos juntos en una plenaria comparten las preguntas abiertas que cada persona ha diseñado. Comparte las conclusiones de cada grupo en cuanto a la importancia de preguntas abiertas para el aprendizaje. Haga una lista de las ideas de los participantes titulada *"Por qué son Importantes las Preguntas Abiertas"*. Deciden juntos cuando un facilitador debe utilizar preguntas abiertas.	Una lista de preguntas cerradas y abiertas. Lista de preguntas cerradas Cuadro de 4 preguntas abiertas	Una hora

Para más información sobre preguntas abiertas ve "Formular preguntas abiertas" página 132.

Para ver otro ejemplo de una guía ve "El Proceso de Selección de un Técnico Agropecuario Comunitario" página 35

C. Prepare un marco de referencia para cada lección

Un axioma antiguo para un orador dice:
Dígales lo que les vas a decir
Dígales
Dígales lo que les has dicho

> **Un nuevo axioma:**
> Hablan de lo que van a aprender
> Dialogan y aprenden
> Hablan de lo que han aprendido

Cada lección necesita de un comienzo, un entremedio u un final para asegurar una buena comunicación.

> **COMIENZO**
> Una orientación al tema con lluvia de ideas o una descripción de cómo se relaciona con el taller.
>
> **ENTREMEDIO**
> • **Dinámica** o motivador – para presentar el problema
> • Discusión, **diálogo** y análisis incluyendo detalles y destrezas requeridas
>
> *-O-*
>
> • **Práctica o tareas de aprendizaje** y
> • **Reflexión** sobre la práctica
>
> *-O-*
>
> Una combinación de dinámicas, diálogo, tareas de aprendizaje, reflexión
>
> **FINAL**
> Repaso de conclusiones y clausura – se hace un resumen de las determinaciones del grupo en una hoja grande o en el pizarrón (en grupos donde todos saben leer y escribir).

Observe el plan de lección en la página anterior para identificar el marco de referencia dentro de la sección de métodos.

D. Escribe el objetivo

A la mayoría de la gente se les enseña el objetivo primero en su plan de la lección. Sin embargo, muchas veces nosotros escribimos el objetivo a lo último. Generalmente, el proceso de hacer el análisis de tareas y la guía de la lección clarifica el objetivo. Se puede escribir un objetivo tentativo antes, que analiza y haga su guía. Pero muchas veces el objetivo será más claro una vez terminado el plan de la lección.

Usted y los participantes tienen que conocer el objetivo de cada tema. Cada objetivo específico de aprendizaje se vuelve un objetivo de acción. Al terminar la sesión los alumnos y facilitadores saben que el objetivo ha sido logrado si los participantes han hecho la acción incluido en el objetivo.

> **Igual que objetivos de un programa, los objetivos de capacitación deben ser inteligentes (SMART)**
>
> **ES**pecífico: ¿Hay un verbo activo que especifica que hará el participante?
> **M**ensurable: ¿Cómo sabrán si lo han logrado?
> **A**propiado: ¿El grupo apoyará a este objetivo?
> **R**ealista: ¿Se puede lograr durante el taller?
> **T**iempo: ¿El objetivo incluye un marco de tiempo dentro del cuál será logrado?
>
> Ejemplo: Al terminar la sesión los TACs habrán castrado un animal.

E: Reflexionar y revisar

Mantenga buenos apuntes sobre lo que funcionó y lo que no funcionó. Haga ajustes a las lecciones cuando sea necesario.

Otras consideraciones en la planificación

Ayuda Memoria:

Un ayuda memoria o una lista de "quehaceres" es muy valioso para organizar y manejar un taller de capacitación. Se hace un alista de todos las cosas que hay que hacer antes de comenzar el taller y los recursos o materiales que se necesita para hacerlos. Una ayuda memoria es para el equipo de facilitadores y para los TACs quienes lo generaron. No trate de usar la misma Ayuda Memoria en los siguientes talleres por el hecho que cada taller es diferente.

Las Ayuda Memorias son más útiles para las personas que lo han hecho. Es difícil que otra persona utilice mi ayuda memoria. Si las Ayuda Memorias son desarrollados de ante mano son entregados a un facilitador como una receta y no permiten ser influenciado por la realidad del mismo facilitador o por la comunidad.

Si una ayuda memoria es utilizada como una herramienta en la planificación y ayuda a los facilitadores a prepararse para el inicio del taller son excelentes. Basado en las guías de las lecciones y en los planes del taller, se puede hacer listas de las cosas necesarias para comprar o preparar para el taller. Si uno está preparado para los primeros días del taller, uno se encuentra calmado y puede escuchar y gozar del proceso de aprendizaje como facilitador. Si uno no está preparado, muchas cosas pueden errarse.

Financiamiento:

En el proceso de planificación, es importante programar como se va a financiar el taller o el programa.

La capacitación cuesta dinero. Por esta razón, no está a la alcance de muchas personas pobres. Pero muchas instituciones externas han asumido el compromiso total de cubrir el costo de un programa de capacitación.

En muchos casos, una institución manejando un programa de producción animal combinado con capacitación, crédito y actividades de extensión ha evaluado su programa a su terminación.

La mayoría de los productores no nombran la capacitación como un beneficio del programa, en parte por que no ven los costos involucrados y sienten que es un deber de la institución proveerla.

Algunos programas pagan por absolutamente todos los gastos de capacitación – transporte, comida, alojamiento, y todos los costos de la capacitación. Hasta pagan un sueldo diario por asistir. El éxito a largo plazo de los TACS formados en estos programas en sus comunidades no es bueno. La gente con influencia pelean por estar incluido en el programa y muchas veces utilizan la capacitación como una manera para salir de la comunidad.

Si el programa se basa en la comunidad y trabaja con organizaciones locales, el costo del programa debe estar claramente definido por los comunarios y los agentes externos juntos. Esto incluye definir quien paga por los diferentes aspectos de programa. Esto implica definir que recursos existen en la comunidad para el programa y cuales tienen que ser obtenido de afuera.

En el programa de capacitación en Bolivia, las comunidades que mandan Técnicos Comunitarios pagan una inscripción que cubre parte del costo de los manuales que reciben. También se comprometen a cuidar el predio del técnico e hijos cuando ella o él están afuera asistiendo a los talleres. El técnico o la comunidad paga el costo del transporte ida y vuelta al taller.

En talleres a nivel de comunidades, los comunarios que asisten pagan los costos de su propia alimentación y la de los instructores. Además, proveen alojamiento para los instructores y animales para las prácticas.

En una comunidad, los productores construyeron un encerrado de barro para poder realizar talleres de capacitación allí.

Compartir los costos del programa entre la comunidad y la institución de apoyo externo crea una relación de estima mutua. Si todos los fondos vienen desde afuera, la tendencia es que los "interventores" controlan todo el programa. Es aconsejable que un buen porcentaje de los costos de capacitación provenga de las comunidades u organizaciones locales.

Capítulo 6
Implementación

Este capítulo contiene los siguientes temas:

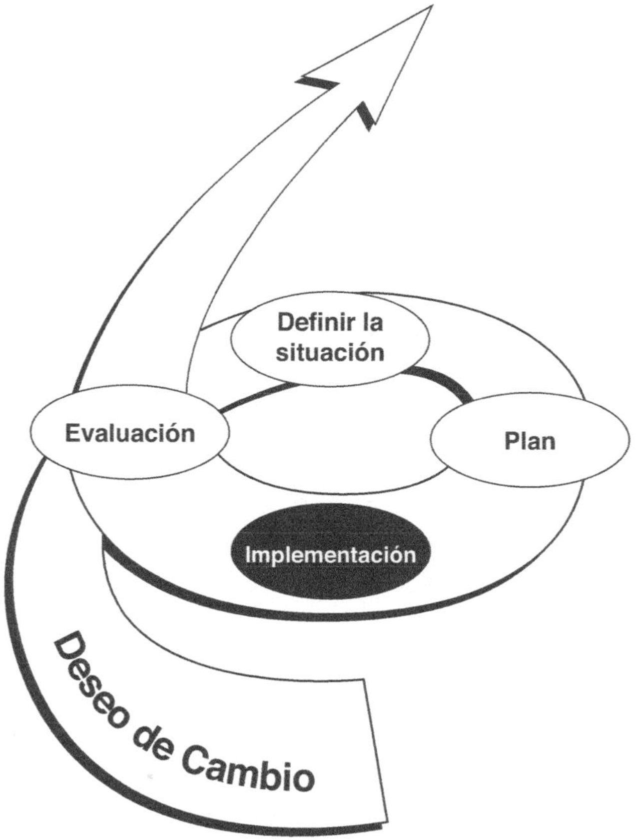

La Capacitación ocurre durante todo el quehacer de la comunidad no sólo en nuestro taller

La educación es algo que no sólo sucede en el aula. Es aprender de otros y de nuestra propia experiencia, de éxitos y fracasos en el pasado.

–Julio K, N yerere

Ideas y experiencias son intercambiados en reuniones de la comunidad y asociaciones locales, o cuando los padres les enseñan a sus hijos, durante una reflexión sobre una experiencia, por medio de charlas informales y cuando trabajan juntos.

Cuando comenzamos a poner en práctica nuestro plan de capacitación, debemos pensar en cómo nuestros participantes se identifican y se involucran en el proceso de aprendizaje. Tenemos que proveer maneras de involucrar a los participantes en el programa. Hay muchas maneras para que ésto ocurre en la capacitación participativa. Una de los más importantes es en la **responsabilidad compartida entre el facilitador y los participantes por el resultado del taller.**

Si hay participación hay compromiso

Estos son factores que ayudan a motivar la participación:

- Responsabilidad compartida
- Compartir experiencias – aprender de otros
- Análisis – sacar nuestras propias conclusiones
- Respeto mutuo
- El entrenador facilita en vez de enseñar
- Planificar el trabajo juntos
- Como grupo vemos – analizamos – luego actuamos

Preparándonos

Se estará mucho más feliz y relajado si puede prepararse lo más que se pueda antes del taller. Esto significa:

- Tener listo los detalles del hospedaje y lugar del taller (espacio para el estudio).
- Asegurese de la comida y el cuidado para los niños pequeños que acompañan a sus madres con hijos pequeños esten organizados.
- Asegure que los materiales de capacitación estén listos y que tiene todos los equipos que necesita, como ser muchas hojas de papel sabana, marcadores, cinta 'masking', alfileres, tiza, pizarrones, medicinas, jeringas, manuales, lápices, cuadernos, semillas, plantines, etc.

Mucho mejor si los participantes pueden ser parte de los preparativos. Por ejemplo, en los talleres de capacitación en las comunidades, los participantes organizan todo lo que es alimentación, alojamiento, y animales para las prácticas. Si se requieren sillas o bancos, los facilitadores y los participantes pueden hacerlo juntos, Si están preparando algunos materiales de último momento si llegan algunos participantes, invíteles a ayudarle. Esto es parte de la responsabilidad compartida. Es bueno que los participantes y los facilitadores trabajen juntos. Esta será la primera vez que los facilitadores tienen la oportunidad a demostrar que los participantes son iguales a ellos.

Acomodando el aula

La manera que usted como facilitador arregle el aula para la primera sesión el primer día, indicará a todos los asistentes cómo será el taller.

Si se coloca los asientos así:

El profesor tiene el poder y controla a los alumnos

Si los asientos se organizan así en círculo.:

Todos son iguales

En la segunda opción, todas las opiniones tienen el mismo valor. El facilitador no es mejor que los participantes, él o ella son aprendices también. La gente siente seguridad cuando hablan entre si. Todos pueden verse las caras cuando hablan. Este arreglo de los asientos en círculo facilita una mejor comunicación directa y una mejor comprensión.

A veces es necesario trabajar en un taller con mesas.

Aquí se presenta dos formas de arreglar mesas en forma inclusiva

Cuando sea posible, utilice la plenaria para estar juntos todos en círculo.

Si la tradición local es sentarse en el piso, el facilitador debe sentarse en el piso junto con los participantes, no en una silla "encima" de ellos.

El primer día

Entonces, ¿Cómo comienza el primer día?

A. La apertura del programa

En muchas culturas las personas esperan una ceremonia cuando comienza un taller. La ceremonia normalmente sirve para definir la importancia del taller para los “oficiales” y cuán importantes o buenos son los instructores. **Automáticamente crea una separación entre los instructores y los participantes (se eleva al instructor).**

Ejemplo de programa de apertura:

A. Palabras de bienvenida e introducción del programa
B. Rompehielos para introducciones
C. Compartir expectativas
D. Revisar al plan del curso
E. Grupos de trabajo para el taller
F. Definir las reglas y tiempos del taller
G. Primeras actividades en el tema principal

Es cierto que la credibilidad de un facilitador debe ser percibido por los participantes. Los participantes quieren tener confianza en el contenido del taller, especialmente si la metodología es muy distinta a la que han experimentado antes. Por lo tanto, una ceremonia puede dar esta credibilidad. También puede demostrar el apoyo que la organización local tiene en el programa, un factor muy importante en trabajar juntos y en la propiedad comunitaria de la capacitación.

Algunas sugerencias para ceremonias de apertura:

- Tener una ceremonia muy corta o eliminarla
- Si se puede, realizarla la noche antes del taller
- Si hay una ceremonia de apertura, los invitados especiales no deben llegar tarde
- Realice la ceremonia el segundo o tercer día del taller
- Utilice una dinámica culturalmente apropiada que incluye a todo el mundo. Un ejemplo sería una ceremonia de encender velas. En esta actividad cada participante enciende una vela de la persona a su lado. La vela de apertura es la última que se enciende.

B. Utilice un ejercicio de rompehielos o de precalentamiento

¿Por qué usamos rompehielos o precalentamientos (que deben ser actividades relacionado con el tema)? Las razones incluyen:

Para encontrar varias sugerencias de rompehielos y precalentamientos ve "Herramientas", página 263. Muchos de los materiales de referencia tienen otras sugerencias buenas. Ve "Recursos", página 330.

- Preparan el ambiente para que los participantes comienzan a hablar en el grupo grande.
- Ayudan a los participantes a conocerse de una manera amena y abierta.
- Crean un ambiente divertido y relajado
- Deben usarse para iniciar la próxima etapa del taller. Si el próximo paso es establecer expectativas, utilice el precalentamiento para comenzar a compartirlas. Si es el taller y es con un grupo cuyos miembros se conocen bien, use el precalentamiento para comenzar a trabajar uno de los temas en una manera divertida y creativa.

Es importante que los facilitadores compartan en estos ejercicios con los participantes. Aquí es donde se establece el sentir de igualdad. **Los facilitadores también deben tener tarjetas de identificación con sus nombres en letras grandes, igual que todos los demás.**

No existen títulos

Si el facilitador es un profesional, puede existir el deseo por parte de los participantes nombrarle según su titulo como ser Doctor o Ingeniero. Es muy importante en la introducción aclarar que aquí no habrá títulos, que todos somos iguales, y que nos vamos a nombrar por nuestros nombres o sobrenombres comunes. Esto establece el ámbito para compartir abiertamente.

¿Es una pérdida de tiempo inútil?

¿Es una perdida de tiempo hacer juegos con adultos? "No vine a jugar sino a aprender" dijo un participante cuando salió molesto del taller. Puede ser una pérdida de tiempo si en alguna forma el juego se burla de los participantes o desacredita el proceso de aprendizaje. Esto destruye el potencial de aprendizaje de los adultos. Sin embargo, no es común que los adultos sienten molestia por los juegos, la mayoría los encuentran divertidos y relajantes. Los juegos también establecen el ambiente para todo el taller. Si queremos tener un ambiente creativo para la resolución de problemas, la gente tiene que poder relajarse, sentir que están entre amigos y confiarse mutuamente.

La alegría y la risa deben resaltar la importancia del aprendizaje y ayudar a la gente a aprender más; reír y aprender van juntos. **Si estamos riendo, estamos aprendiendo.** Si este tema se levanta entre los participantes, use la oportunidad para dialogar del por qué de usar juegos y risas en la capacitación participativa. En algunas culturas, tomará más tiempo que lo designado a rompe hielos para establecer un ambiente de confianza y risa, sea paciente. Es muy probable que por "desperdiciar tiempo" al comienzo para establecer buenas relaciones, se gana tiempo al terminar el taller.

C. Compartir Expectativas

Una de las mejores maneras para que todos podamos llegar a un acuerdo acerca del propósito y metas del taller, es establecer las expectativas del taller, juntos. Esto puede ser un ejercicio muy sencillo o muy complicado. Si la metodología participativa es nueva para los participantes, pueden encontrar el proceso de compartir bastante tedioso. Normalmente, es mejor mantener la actividad lo más sencilla posible dado que la gente quiera avanzar en algún tema técnico específico. Sin embargo, como establecer las expectativas es lo que define la dirección del taller, es muy importante que sean compartidas.

¿Por qué compartimos expectativas?

- Para llegar a un acuerdo mutuo del propósito y dirección del taller
- Hacer sentir a los participantes co-responsabilidad por los resultados.
- Para ajustar el plan del taller según las expectativas de los participantes.
- Mejorar la calidad de la evaluación final sobre la efectividad del taller.

Se colocan las expectativas, escritas sobre un papel grande en una pared o en un lugar prominente durante todo el taller. Se pueden comparar estos objetivos con el programa planificado. Si el equipo de capacitación ha hecho un buen trabajo en diagnosticar las necesidades de los participantes, las expectativas deben coincidir bastante con la agenda del taller. Si existen expectativas que los facilitadores saben que no serán cumplidas, se debe hablar de ésto. Puede ser recomendable programar capacitación adicional o hacer una visita o reunión para llenar lo que se esperaba.

Al terminar el taller, programe un tiempo para revisar los resultados. Los participantes pueden utilizar su lista de objetivos esperados para medir la efectividad del taller.

Cuatro *dinámicas* para compartir expectativas u objetivos:

1. Rompehielos

Como parte del rompe hielo e introducción, se pueden dividir los participantes en parejas estos y comparten sus propósitos el uno con el otro. Se escriben estos en un papel sábana grande. Si hay expectativas duplicadas, se las marca con una raya por cada repetición. Se discute sobre la lista resultante brevemente y se coloca en la pared en un lugar visto por todos para ser evaluados al final del taller. De esta manera, verán si sus propósitos han sido alcanzadas.

2. Zumbido

Este ejercicio se llama zumbido por el hecho de que cuando las parejas están hablando, el aula se llena de un zumbido. Es una técnica utilizada muchas veces para discutir un punto rápidamente en un taller. Esencialmente, es lo mismo que el ejercicio anterior con la diferencia que el facilitador pide a los participantes que formen parejas con sus vecinos. No se utiliza ninguna dinámica rompehielos. Cada pareja comparte sus deseos de alcance entre sí en 2 a 5 minutos. Luego en el círculo cada pareja comparte una expectativa sin ningún comentario. Se las anota en un papel grande. En la segunda vuelta, cada pareja comparte otra. Luego se puede hablar brevemente de la lista. Es importante que los facilitadores también participen.

3. Grupos pequeños

Es útil contar con grupos pequeños que puedan servir más tarde como grupos de trabajo en el taller. Forma un conjunto de grupos pequeños en este momento. Pueden formarse grupos pequeños de varias formas divertidas.

Los grupos no deben tener más que cinco miembros

- Cada grupo pequeño debe reunirse y hacer una lluvia de ideas acerca de sus expectativas. Luego, deben priorizarlas y concensuar las cinco más importantes del grupo.
- Pide a cada grupo que compartan uno de sus deseos principales. Sigue dando la vuelta hasta que todos los grupos hayan compartido sus cinco expectativas y se hayan hecho una lista en un papel grande.

Vea juegos para formar grupos en herramientas página 266

4. Tarjetas

- En un grupo donde todos saben leer y escribir, las expectativas pueden ser compartidos en tarjetas. Estas tarjetas deben ser el tamaño de ½ hoja de papel tamaño carta y pueden ser de de papel o de cartulina. Asegure que haya suficientes tarjetas disponibles.
- A cada persona se entrega 2 o 3 tarjetas y en cada tarjeta se escribe una expectativa o propósito deseado.
- Cada persona comparte la que cree más importante y lo prende a la pared.
- El facilitador junta las tarjetas similares en consulta con los participantes.
- Una vez que cada persona ha compartido una de ellas pregunte ¿Hay alguien con otra diferente a las que ya se han mencionado? Así se comparten las que falten.
- Se puede hacer una lista final de expectativas en una hoja grande. Se permite un intercambio de opiniones para asegurarse que todas están anotadas. Si existen algunas que no van a poder ser cumplidas, se debe hablar de esto y llegarse a un acuerdo con los participantes acerca de ellas (tal vez al ser tocados en otro taller).

D. Compartir el plan del taller, temas y objetivos

En este momento, después de que se han compartido las expectativas, se debe presentar el borrador del plan del taller. Para ésto, ayuda tener un bosquejo en un papel grande. Si hay que revisar para acomodarlas, comparte ésto con los participantes. Explíqueles que conforme se hagan revisiones se les va a comunicar. Pregunte si el plan cuenta con su aprobación. Una vez aprobado el plan del taller, se debe colocarlo en un lugar visible. En un grupo de participantes que saben leer, se puede compartir una lista de temas y objetivos. Responda a las preguntas que surgen. Las listas de temas y objetivos también deben ser colocados en la pared durante todo el taller.

E. Organizar grupos de trabajo para la realización del taller

Para cada taller, organizamos los participantes y facilitadores en grupos de trabajo. Estos grupos manejan muchos las tareas de realización y organización del taller.

¿Por qué organizar los grupos de trabajo?

- Para que los participantes se sienten responsables y con control del taller
- Para enseñar a los participantes trabajar efectivamente en grupos
- Para que los participantes adquieren experiencia en manejar diferentes aspectos de un taller
- Tener instancias de decisión efectivos

Este aspecto puede ser de importancia crítica en la capacitación participativa. En muchos talleres, aunque se usa dinámicas de participación, el facilitador ejerce el control final. Muchas veces le cuesta a un facilitador ceder el control. Ceder el control implica que los participantes pueden decidir hacer algo que normalmente el facilitador no haría o algo que él piensa que no conviene a los participantes. ¿Pero que quiere decir participativa? ¡Responsabilidad compartida! Si hay participación, hay compromiso.

Una manera de organizar los grupos:

- Haga una lluvia de ideas sobre todos los quehaceres a realizar en el taller
- Divida las tareas en categorías apropiadas
- Divida los participantes en grupos pequeños de 5 a 6 personas.
- Haga un cuadro grande que resuma las tareas de cada grupo y colóquelo en la pared.
- Cada día hay un área de trabajo para cada equipo y cada día el área de trabajo se rota.

Una lista de posibles tareas:

Reporteros (Periódico):– Ellos escuchan las noticias, averiguan lo que está pasando en la comunidad y lo que ha ocurrido durante el taller. El días siguiente, este grupo comienza el día presentando un periódico del pueblo, un drama o un dibujo informando a todos los demás acerca de los eventos del día anterior.

Motivadores–animación– Este grupo registra los participantes, maneja las penitencias para los que llegan tarde, o se duermen, piensa en juegos para motivar/despertar el grupo cuando les vence el sueño, y se asegura que se siga el horario de la agenda establecida. Este grupo también indican si algo no está desarrollándose bien o trae problemas al grupo y que precisan ser resueltos.

Por ejemplo, se programó un taller para una semana durante la cual tocaba una fiesta de un día en el pueblo. Los participantes del taller sabían de ésto cuando comenzó éste y decidieron no participar en la fiesta. Durante el taller se dieron cuenta, que la comunidad estaba en el camino hacia el mercado central y que mucha gente iba a estar pasando por allí. Esto podría estorbar el desenvolvimiento normal del mismo. Los participantes deciden si quieren reorganizar la agenda de actividades, cambiar de lugar ese día, pasar el taller en manera normal y aprovechar el tiempo para involucrar a la comunidad.

Un grupo informó que había un problema con piojos en el lugar de hospedaje. Como grupo decidieron hacer una limpieza y fumigar el local. El mismo grupo tenía una queja de la comida. Hablaron de todas las limitaciones y los participantes decidieron que cada uno iba a dar un poco más de dinero para poder comprar otros alimentos. Prepararon su propio menú.

Grupo de limpieza– Este grupo es responsable de hacer una limpieza diaria del aula, los dormitorios y los baños.
Grupo de repaso o monitoreo – Este grupo comienza cada día haciendo un resumen del contenido de capacitación del taller del día anterior.
Grupo de alimentación y de debate – este grupo se encarga de tratar cualquier dificultad con la comida o servicio de alimentación, y organiza las comidas. También manejan los debates en las noches después de un video, presentación de diapositivas o teatros populares etc.
Haga un cuadro grande para que todos sepan que tareas le toca a su grupo cada día.

Un ejemplo: Cada grupo escoge o diseña un símbolo para su grupo.

Si se ha usado tarjetas con símbolos para organizar los grupos, es fácil hacer un cuadro en la pared con estos símbolos. En vez de palabras, se coloca el símbolo para cada actividad cada día en grupos distintos. Se coloca el cuadro en un lugar central.

Actividades	Lunes	Martes	Miércoles	Jueves	Viernes
Reporteros	✩	❀	✌	✎	✂
Motivación	✂	✩	❀	✌	✎
Limpieza	✎	✂	✩	❀	✌
Repaso	✌	✎	✂	✩	❀
Comida/Debate	❀	✌	✎	✂	✩

Una vez establecidos los grupos de trabajo, hay que darles 15 minutos para definir cómo van a comenzar a trabajar juntos. Pueden elegir sus líderes o definir la división de responsabilidades que precisan y comienzan a asumir sus funciones del primer día.

En Uganda, La Asociación de Agentes de cambo tiene la meta de capacitar a todas las personas en sus programas en **contabilidad y administración de empresas.** Consideran que estas herramientas son muy importantes en el manejo de una organización comunitaria transparente. Ofrecen una serie de cuatro talleres que duran dos semanas cada uno. Para todos los talleres, un grupo tiene la responsabilidad del manejo financiero diario del taller. Pasan todo el primer día hablando de los aspectos financieros del taller y en la organización de los grupos de trabajo, los menús y planes de trabajo. Dividen a los participantes en grupos basado en las siguientes actividades:

La Cocina: Recoge los insumos del grupo "Compras" y los trae a los cocineros y supervisa las comidas y el inventario del los utensilios al término de cada día.

La Limpieza: Limpia todas las áreas comunes

Compras: Prepara la lista de compras cada día, logra su aprobación, pide el dinero del grupo de contabilidad, compra la comida y la guarda y lo almacena, informa al grupo de las compras hechas.

Diversión: Se encarga de de cualquier función de diversión, (Dado que este grupo hará las compras el próximos día ya tiene que estar pensando en esta tarea también.

Contabilidad: Colecta el dinero, maneja el efectivo, otorga el dinero para realizar las compras, prepara una hoja de balance diaria, hace un análisis del presupuesto, y prepara un informe diario para presentar al grupo.

El taller incluye dos reuniones "de negocios" cada día para informes y tomar decisiones sobre la administración del taller. A comienzo del taller de divide una suma de dinero entre los participantes. Ellos tienen que definir su presupuesto; cuanto quieren destinar a la comida, en los salarios de los cocineros, en transporte etc., De sus asignaciones, hacen contribuciones diarias para cubrir los costos del taller.

Después de 8 semanas de capacitación bajo este sistema, los participantes son bastante eficientes en el manejo transparente de la parte financiero de una organización. No es posible que cada programa permita profundizar de esta manera el estudio sobre el manejo de negocios y organizaciones pero imagínese las organizaciones locales fuertes, cómo resultarían si lo harían.

Fuente: Stan Burke, Asociación de Agentes de Cambio de Uganda

F. Establecer las reglas del taller

El grupo de motivación se hace cargo de establecer las reglas. Tienen que facilitar una reunión de trabajo breve para decidir sobre los siguientes puntos:

Horario de capacitación, comidas, descanso, y de diversión

Los facilitadores pueden dar algo de información guía para ayudar en el proceso. Esta información puede incluir:

- Número de horas necesarias para cubrir los temas escogidos por los participantes
- Cualquier restricción del lugar como ser las horas que un generador de luz funciona para poder mirar videos, las horas que las cocineras están disponibles, etc.
- Una vez que los participantes tienen esta información, ellos pueden desarrollar el horario que regirá durante el taller. El horario tienen que estar colocado en un lugar visible.

Reglas de conducta

Los participantes deben establecer las reglas y colocarlas en un lugar visible. Los lineamientos de conducta pueden incluir lo siguiente:

- Se tiene que escuchar y respetar a todos
- Todos tienen que llegar a horario
- El grupo definirá el castigo o las consecuencias si alguien llega tarde o se duerme.

Cumplir estas seis actividades (A – F) normalmente tomará la primera mañana del taller. Después de terminar, los participantes pueden enfocarse en el contenido del taller.

Lograr que el taller sea emocionante, apropiado, divertido y motivador; principios para cada taller

Transferencia de poder

Transfiere el poder a los participantes

Algunas cosas que ya hemos mencionado contribuirán a esto. Otras ideas nuevas:

- **Los grupos** de trabajo gradualmente toman más responsabilidades y autoridad en el avance del taller.(página 118)
- **Si surgen preguntas sobre el horario u organización** ponga la decisión en manos de los participantes. Por ejemplo, cuando alguien trae un animal enfermo durante el horario "teórico en aula", los participantes pueden decidir si lo miran en ese momento o no. Si no se puede visitar a una granja en el horario acordado o una actividad tiene que ser cancelada o cambiada de hora, no haga la decisión solo como facilitador!
- Todos **piden permiso** para entrar o salir del taller – aún los facilitadores! Se pide permiso al grupo de motivación si uno quiere salir.
- **Anime a los participantes a hacer preguntas y desafiar afirmaciones.** Por ejemplo, demuestre esto usted mismo cuando usa una palabra grande o técnica. Pregunte a alguien "Sabe usted lo que esta palabra quiere decir?" Si la persona puede, pídele que lo explica a los demás. Si es una palabra no conocido por todos, pregúnteles "Por qué me dejaron usar la palabra sin decir nada si nadie la conoce?. Acaso no les estoy, marginando por usar palabras así?" Haga que la gente discute el concepto "Que pueden hacer sobre mi uso de palabras muy técnicas?" Deje que ellos decidan que van a pedir clarificación y controlar el uso de palabras desconocidas.
- Durante las dinámicas con la comunidad cuando se utiliza escritura o dibujos **ponga el lapicero en sus manos,** déles control.

En un taller en la China, extensionistas estaban aprendiendo sobre la metodología participativa por primera vez. Grupos pequeños habían desarrollado herramientas para realizar diagnósticos participativos de necesidades y fueron a las comunidades a realizarlos con la gente. Después del primer día un grupo no había aprendido nada nuevo de los productores.

Esto fue curioso por que los otros grupos habían aprendido mucho sobre las diferencias entre sus percepciones como extensionistas y las prioridades reales de los productores.

El segundo día de trabajo de campo el instructor acompañó al grupo. Aunque estaba utilizando la "técnica" participativa, el extensionista estaba anotando todo pero haciendo preguntas dirigidas. La lista era la lista del extensionista. El facilitador pidió que pase el lapicero a los productores y que cada uno de ellos escriba una área de necesidad prioritaria en la lista. Con esta técnica, mientras que los productores escribieron con el lapicero, también explicaron por qué pensaron así. La lista fue completamente diferente.

Es muy importante ceder el control. Podemos pensar que estamos siendo participativos pero hacemos todo de nuestro marco de referencia como facilitador. Si pasamos el lapicero a los participantes, el control pasa a sus manos de ellos.

- Si el grupo está generando una lista de ítems o un horario final, haga que uno de ellos escriba los resultados en un papel sábana, si es apropiado.
- Después del primer día, al comenzar el día en el taller, debe haber runa reunión de trabajo. Se presenta el trabajo de cada grupo y se lo evalúa entre todos. Pide que un grupo, normalmente el de motivación, dirige la reunión. El facilitador es un participante. ¿Toma más tiempo? Si! Pero el resultado en el autoestima y el sentir de propiedad de los participantes sobre el taller compensa el tiempo. Todo el mundo verá como el liderazgo de las reuniones mejora cada día.

Escoge herramientas y *dinámicas* apropiadas

- La **cultura** puede dictar en muchos casos qué herramientas sirven mejor. Asegúrese que es la cultura y no la preferencia del facilitador que prohíbe el uso de alguna herramienta nueva. Tal vez un facilitador se siente incómodo al utilizar títeres, cantando o haciendo dramas de roles. O tal vez el facilitador no ve el valor de una nueva herramienta considerando que le falta profesionalismo, o lo vea como un juego, y no un verdadero ejercicio de aprendizaje. Aún más razón para involucrar a los participantes en el desarrollo de la herramienta! Una vez probada y evaluada la herramienta, la gente puede decidir si es una manera efectiva para aprender o no.
- Trata de **variar las actividades.** No use el mismo tipo de dinámica como socio dramas de roles o lluvias de ideas todas las veces. Cuando se esté desarrollando el taller, el equipo de capacitadores puede anotar todas las dinámicas que conocen; luego pueden analizar la lista y decidir la forma más apropiada para comenzar. No cada tema tiene que comenzar con un juego o socio drama. Algunos programas ponen mucho énfasis en la técnica de lanzar una pregunta a grupos pequeños y luego compartir en la plenaria. **Una pregunta bien formulada sobre un problema común puede ser una herramienta poderosa para motivar una discusión abierta y profunda.** Acuérdese que la práctica también puede ser una buena dinámica. Realice una sesión práctica sobre algo que la gente puede hacer, como hacer "un baño de inmersión" para el control de garrapatas, y luego hablar sobre lo realizado.
- **Programe que las dinámicas "motivadores" y los temas se interrelacionan.** Realizar una dinámica sirve para dos propósitos. Por ejemplo, si un grupo se forma para una actividad de trabajo utilizando una serie de dibujos de plantas medicinas , las plantas medicinales deben relacionarse con el tema general del taller. Deje que los grupos expliquen el uso de las plantas, dónde se encuentran y cómo se las prepara. Haga que sus temas de los devocionales-reflexiones se relacionen y refuercen el temario del día.
- Asegurese que **el trabajo de los participantes se demuestra en una forma visual –** puede ser escrita, por dibujos, fotos, en un cuadro, o una lista de resultados en categorías. Estos deben distribuirse a los participantes como parte del informe del taller.
- **Utilice materiales locales, baratos y apropiados** para las dinámicas. Evite modelos, herramientas, trajes, o equipos que tienen que ser traídos desde afuera de la comunidad. Por ejemplo, use objetos que los participantes encuentran para describir lo que están pensando o sus metas para el futuro. Haga que las personas dibujen mapas de cosas encontrados en la tierra a su alrededor. Facilitadores locales hacen los dibujos a ser utilizados, no artistas profesionales de afuera. (Ve Preparando sus Propios Materiales de Capacitación" página 287.)

Utilice la finca, el bosque y la comunidad como aula.

Hay muchas maneras de utilizar la finca, bosque y la comunidad o cosas en la comunidad como aula. Vayan a mirar, conversar o hacer algo juntos o discutan que es que la gente ve y cómo se podría mejorar.

1. Utilice una parte de la finca, el bosque o comunidad

Observe a los animales, agárrelos para hablar sobre la genética o la compra de animales de buena calidad. Vayan a los potreros, anden por intermedio de ellos, siéntense en medio ellos para discutir sobre variedades y su manejo. Planifique juntos un plan de uso de una parcela de tierra. Siéntense al lado de un río o laguna para hablar de los componentes de ellos y qué pasaría si no mantienen árboles a su alrededor y si las riberas no son protegidos de los animales. Juntos observen una ladera donde existe erosión para hablar de la conservación del suelo. Planten un vivero de árboles en la finca de alguien. Vea el cuento de Kenia en la próxima página.

2. Hagan visitas cruzadas a fincas

Utilizando las fincas y la comunidad como aulas, permite que los productores y familias comunitarias puedan ser instructores. Es de mucha ayuda que la gente visite a fincas donde se está implementando una tecnología nueva, diferente o recuperada. El o la productora pueden compartir basados en su propia experiencia.

Algunos programas en Centro América utilizan visitas cruzadas como sus únicas oportunidades de capacitación. Los productores en sus fincas demuestran y hablan sobre las terrazas y sus resultados, árboles forrajeros y sus múltiples usos, rompevientos, callejones forrajeros y cultivos de cobertura leguminosas.

En Kenia, un programa ha usado “concursos finqueros”. Para dos días todos los participantes fueren a visitar las fincas de todos. Un grupo de los participantes fueron nombrado los jueces y en cada finca el dueño explicó lo que estaban haciendo y los demás dieron sus consejos. También hablaron sobre qué se necesitaría para mejorar cada finca. Hubo un premio para la finca ganadora! Este programa encontró que cuando los propios productores juzgaron y dieron recomendaciones, generalmente fueron más críticos en su juicio de valor. Ala vez, tuvieron consejos más prácticos que el equipo de extensión.
Fuente: Jospehine Wagechi Kirui, Kenia.

Una historia de Kenia

Un instructor de Kenia estaba viviendo y trabajando en una comunidad por muchas semanas. Había visto muchos niños enfermos y muriendo de diarreas y había estado tratando de convencer a la gente sobre la importancia de captar agua de la vertiente para tener agua limpia. Estaba listo para ayudarles a ver cómo se podría implementar el sistema de captación. Pero la gente no le daba la importancia al instructor por que no vieron la contaminación del agua como importante; después de todo tenían agua más que suficiente.

Finalmente, el extensionista tuvo la oportunidad de dirigir un taller y llevo a la gente que participaba en el taller a la fuente de la vertiente para poder hablar sobre lo que había allí. Estuvo lloviznado cuando fueron.

La finca y la comunidad mismo son los mejores instructores
Fuente; Josephat Ngaira, "Mission Moving Mountains", Kenia

3. Utilice un objeto sencillo local de una finca para discutir un problema y resolverlo.

Un ejemplo usado en Nepal para hablar del almacenaje de semillas.

- El facilitador comenzó la sesión preguntando cómo la gente guarda su semilla y qué problemas experimentan con sus semillas (en algunas oportunidades los asistentes hablaban de haber comido la buena semilla y solo dejaron las semillas de baja calidad para la siembra).
- El facilitador mostró un marlo de maíz que había sido guardado en forma tradicional – apilado encima de la tierra.
- Luego preguntó ¿Cuántos granos estaban comido por los gusanos?
- El dejó que todos los participantes adivinaran cuántos granos estaban dañadas como una competencia para ver quien más acertaba. Hubo premio para el ganador.
- Uno de los participantes contó los granos dañados. En el maíz guardado en esta forma, la mayoría de los granos están comidos por los gusanos.

- Todos estaban sorprendidos y querían saber si había otra forma de guardar el maíz. Discutieron el uso de una hierba silvestre que crece en la zona llamada "sweet flag". Podrían mezclar las semillas con 20 a 50 gramos de la hierba secada y molida para proteger al maíz. La gente decidió cultivar esta hierba para tener suficiente y proteger las semillas de maíz.

Incluir temas de reflexión/ devocional

En la sección de introducción de este libro, dos ideas importantes fueron lanzadas para la reflexión del lector:

- Muchos de los aspectos del desarrollo agropecuario son aspectos sociales
- Un programa de capacitación tiene que ser enraizado en un conjunto de valores.

Incluir en el plan, un tiempo para permitir que la gente reflexiona sobre aspectos sociales y valores espirituales, es una parte importante para lograr que la sesión sea apropiada y motivador. Un tiempo para la reflexión/devociónal, generalmente es programado como la actividad de precalentamiento para cada día del taller. El enfoque de la reflexión: un tema social o espiritual relacionado al contenido del día.

Por ejemplo, si los TACs van a discutir cómo trabajar en su organización durante el día, la reflexión podría enfocar sobre las características y valores de una persona que trabaja y sirve a su comunidad. O se podrá hablar sobre este tema "¿Qué podemos hacer cuando estamos desmotivado acerca de nuestra organización y su funcionamiento?"

Uno de los principios básicos de la educación de adultos es:
El aprendizaje efectivo siempre involucrará elementos de pensar, sentir y hacer o actuar.
Los tres elementos son entrelazados y todos producen cambios en conjunto, no por separados.

Aquí hay un ejemplo sencillo, del principio arriba mencionado relacionado con mantener una agenda de vacunación de animales.

- **Lo que ella hace:** Un dueño aprende las aptitudes necesarias para comprar y vacunar a sus animales, y lo hace bastante bien.
- **Lo que ella piensa:** Ella está convencida que vacunar es importante para evitar enfermedades y pérdidas económicas.
- **Lo que ella siente:** Ella tiene que sentir que el riesgo involucrado en los gastos y la dificultad en organizar la comunidad para vacunar a los animales es menor al riesgo que el animal se enferme.

Tome nota que, si ella **siente** que es demasiado difícil organizar la comunidad, no **hará** que vacunar regularmente aunque ella **piensa** que la vacuna es importante.

Cuando dialogamos acerca de temas en un taller, normalmente compartimos lo que hacemos y lo que pensamos. Es más difícil para la gente hablar de lo que sienten, especialmente en temas serios o delicados. Dado que la reflexión o devocional es un tiempo para que las personas dialoguen acerca de lo que sienten, debe relacionarse con un tema importante del día.

Muchos tipos de dinámicas pueden ser utilizadas para iniciar una reflexión. El facilitador tiene que asegurar que se crea un ambiente de confianza. Las conclusiones de una reflexión muchas veces ayudan a los participantes hacer decisiones relacionadas con otros temas en el taller.

¡Diviértase!

Un buen sentido del humor es un excelente elemento para crear un ambiente relajado para el aprendizaje. Jane Vella, dijo, "Si no hay risa, hay poco aprendizaje". Es importante que los facilitadores puedan reírse de ellos mismos y con otros.

Utilice humor temprano en las sesiones, no en un momento cuando las personas están en medio de una charla seria. Nunca deja que el humor desvalorice a un participante o el proceso de aprendizaje. Organice oportunidades para reír y divertirse.

Ideas para Divertirse:

1. Castigos o penitencias

Esto tiene el doble propósito de divertirse y crear el respeto por nuestros co-participantes durante el taller. Cuando alguien llega tarde a una sesión, están durmiendo, no piden permiso para salir del aula, o pierde en un juego, su nombre es clocado en una lista de penitencias. Las penitencias normalmente son definidas por los otros participantes. Escogen castigos como:

- Cantar una canción - Bailar una pieza
- Contar un chiste o cuento - Compartir una adivinanza

También es recomendable que el facilitador tenga algunas ideas de opciones divertidas de castigos. Aquí hay algunos ejemplos:

El Cuento

El facilitador se para detrás de la persona que tiene la penitencia y sostiene una chamarra o chompa, cuya delantera está mirando al castigado. El facilitador mete sus brazos en las mangas de la chamarra y pide al participante que comience a relatar un cuento a sus compañeros sobre un tema de actualidad. Mientras el participante habla, el facilitador comienza a hacer cosas como rasgar la cabeza de participante, ajustarse su pantalón, simular limpiar su nariz, o limpiar su frente con sus brazos. Este juego es muy divertido.

Fuente: C-CIMCA

El Gatito
Una persona anda alrededor de un círculo de los demás participantes maullando y portándose como un gato, tratando de hacer que la gente se ría. Los participantes tienen que mantener la cara seria y acariciar la cabeza del gato sin reír diciendo palabras apropiadas. El primero que se ríe cambia de lugar con el "gatito".

Cariño te amo pero simplemente no puedo sonreír
La persona que tiene la penitencia anda alrededor del círculo tratando de provocar a que cada persona sonría con mímicas o gestos (sin hablar). Los participantes tienen que responder "Cariño te amo pero simplemente no puedo sonreír".

¿Cuántas veces por día?
- La persona castigada se para adelante mirando al grupo, mientras que el facilitador se para atrás de ella en una posición que no le puede ver la castigada.
- El facilitador pregunta " ¿Cuántas veces al día haces esto?"
- El facilitador hace gestos como si estuviera lavando las manos.
- El castigado, que no puede ver los gestos, tiene que responder
- El facilitador hace gestos de diferentes actividades preguntando " ¿Cuántas veces al día hace ....?"

Las acciones pueden ser: lavar la cara, dormir, estar sentado como si estuviera en el baño, mecer un bebé etc. Siempre provoca muchas risas este juego.
Fuente: C- CIMCA

2. En las noches hagan juntos algo divertido

Esto construye camaradería y da la oportunidad para conocerse y disfrutar de estar juntos fuera de las actividades de capacitación. En diferentes lugares los facilitadores utilicen diferentes actividades:
- Realizar una noche cultural donde los participantes comparten música y danzas folklóricas de su comunidad.
- Una noche de canciones
- Proyectar videos para motivar análisis
- Proveer un ambiente que permite a la gente reunirse para charlar
- Jugar deportes

3. Estar dispuesto a reírse de si mismo – pero no de los demás

Un sentido de humor natural es una ventaja grande para un facilitador. Los chistes normalmente no se recomiendan pero puede hacer cosas divertidas como los juegos de penitencia o lo siguiente;
Si todos están sentados en un grupo pequeño y tienen que elegir su coordinador diga a todos que levantan un dedo y al contar tres apuntan a la persona que quieren como su líder. Normalmente esta forma de elegir provoca risas.
Fuente: *HPI Training of Trainers Resource Booklet*

4. Utilice la risa en tareas y dinámicas de aprendizaje para lograr un efecto grande. Vea "Muéstreme" de "Definiendo la Situación" en la página 64. Cuando todos reímos juntos estamos comprometidos uno con el otro y aprendiendo.

Minimiza el uso de la palabra escrita

No use palabras escritas, especialmente si las mujeres participantes son de zonas donde la tasa de analfabetismo es alta. Hay muchas dinámicas que no precisan aptitudes de escritura. Por ejemplo, juegos, rompe cabezas, pizarrones de franela, afiches, calendarios estaciónales, y preparación de mapas que no precisan escritura. Muchas dinámicas diseñadas para usar la palabra escrita pueden ser modificadas para utilizar dibujos.

Por ejemplo:

- Durante un diagnóstico de necesidades de capacitación en Paraguay, se preguntó a todos cuáles eran los dos problemas más serios con su ganado.
- Luego cada persona encontró algún objeto para simbolizar el problema (como ser un hueso seco para simbolizar los animales que mueren por falta de alimento).
- Mientras que cada persona presentaba su problema, el objeto fue colocado en medio de un círculo formado por los participantes.
- Si el problema era nuevo se lo colocó en una fila nueva. Si era una repetición era colocado en la fila de otro objeto similar.
- De esta manera, las necesidades fueron expresadas y priorizadas por la gente en el mismo ejercicio.
- La lista final de necesidades priorizadas fue entregada a la comunidad en forma escrita y en un dibujo para representar cada necesidad. De esta forma, todos comprendieron y participaron en definir las necesidades.

Las personas analfabetas muchas veces tienen memorias formidables. Allí es donde una canción o un refrán relacionado al tema pueden ser de mucha ayuda para que ellos memoricen los pasos necesarios para hacer algo.

En comunidades, donde alguna gente sabe leer y escribir **un manual apropiado sobre el manejo de ganado** con muchos dibujos y poca escritura puede ser utilizado por muchos productores en horas fuera de clase. Muchas veces las personas mencionaron que también lo utilizaron para practicar su lectura. Sin embargo, antes de imprimir muchos manuales, hay que hacer una prueba tanto del lenguaje y los dibujos utilizados con los posibles lectores. Esto se llama "una prueba de campo" y asegura que el manual sea mucho más apropiado.

Use retroalimentación y estímulo

Tres tipos de retroalimentación:

1. Los participantes requieren retroalimentación para saber como están avanzando y para ayudar a crear el ambiente relajado y de confianza que es lo más adecuado para el aprendizaje de adultos. El instructor debe acordar a dar retroalimentación como ser "Buena idea, gracias" cuando los participantes comparten sus ideas.

2. Un aspecto de la retroalimentación es **dar aliento o consejos** cuando se está aprendiendo una nueva destreza.

Todos necesitamos ser alentado en algún momento durante el proceso de capacitación. Puede ser simplemente afirmar lo que estamos haciendo está bien o podría ser una sugerencia como hacer algo en una forma más sencilla. Las personas que tienen dificultad para absorber una técnica o idea o que requieran más práctica responderán a consejos que uno les da. Hablar con estímulo a los participantes en una actividad, especialmente en la adquisición de una nueva destreza como vacunar, hacer un nudo nuevo o un baño de inmersión a las ovejas, les motiva en su proceso de aprendizaje. Haga algunas preguntas en los pequeños grupos o en forma personal para ayudar a la persona a analizar una idea compleja. Asegure que su retroalimentación no juzga a la persona pero más bien responde a su comportamiento.

3. Un tercer tipo de retroalimentación es para los participantes y los facilitadores. Esto es cuando nos ayudamos a ver como nuestro comportamiento afecta al proceso del taller o la efectividad del grupo. Tal vez un participante habla demasiado u otro toma control. Es importante para los facilitadores y participantes comprender como dar retroalimentación en una forma que es constructiva para los demás. Mientras los TACs practican capacitar a otros, necesitarán recibir retroalimentación sobre su técnica.

Aprendemos de nuestros errores

Muchas veces aprendemos de nuestros errores. Si se ha establecido un ambiente de confianza, es posible admitir nuestros errores y aprender de ellos. A veces los adultos, tienen que ser sacudidos por su propio comportamiento para darse cuenta que hay un problema y llegar al nivel de desequilibrio necesario para considerar cambiar. Si las personas fallan juntos y comparten sobre lo que pasó, no son aislados en su error y quieren trabajar juntos para cambiar las actitudes que provocaron el fracaso.

Presentar desafíos fuertes a los participantes en el taller para lograr que cuando comparten sus conocimientos, les hace sentir orgullos de este conocimiento, dándoles poder en el proceso.

En casi cada taller nosotros incluimos **uno o dos "trampas"** para "atrapar" a los participantes. Sí caen en las trampas porque son acciones naturales que contradicen lo que decimos con la boca. Normalmente generan bastante risa. La risa nos permite analizar estas contradicciones en una manera relajada.

Muchos ejemplos de trampas pueden encontrarse en este libro:

- Muéstreme (Definiendo la situación página 64)
- Organizaciones que dividen la comunidad (Aprendiendo y Enseñando página 24)
- El Plan del Presupuesto (Definiendo la situación página 63)
- Decidiendo por la gente – con la banana (Aprendiendo y Enseñando página 7)
- Organizar una búsqueda de tesoro (Herramientas página 285)

¡No tengan miedo dejar que la gente cometa errores!
Cuando los grupos de trabajo comienzan un taller, no conocerán muy bien sus responsabilidades. Dejé que hagan sus tareas en la forma que ellos ven conveniente sin darles consejos. Cuando es tiempo para las presentaciones y evaluaciones la mañana siguiente, cada grupo será evaluado por sus compañeros. Anime a la gente a hablar francamente y dar una buena retroalimentación y así realmente evaluar cada grupo. Desafíe a los próximos grupos a hacer un mejor tiempo cada día.

Muchas veces, mientras que una sesión de práctica está desarrollándose, se cometerán errores. Si es obvio que los errores no causarán daño a las personas o los animales, se debe dejar al participante cometer errores y luego reflexionar sobre ellos. Es en el tiempo de reflexión que aprendemos.

Como facilitador, no tenga miedo a admitir sus errores también.
Si admite sus errores, aprenda de ellos inmediatamente y tome acciones de corrección. Estarás dando un buen ejemplo a todos los participantes. Sea un modelo de auto-reflexión y de aceptar retroalimentación cuando alguien lo ofrece.

¿Esta es una sesión de preguntas y respuestas?

Muchos sienten que han facilitado una sesión participativa de capacitación cuando han realizado una sesión controlada de preguntas y respuestas. El facilitador formula una pregunta (normalmente cerrada) y alguien responde, formula otra pregunta y otra persona responde, y así sigue. Cuando nadie responde el instructor mismo responde.

Pregúntese a si mismo como facilitador **"¿Estoy estimulando una discusión activa y un diálogo entre los participantes o cada participante me está mirando y respondiendo a mis preguntas?"** ¿Estoy hablando más que los participantes o estoy sacando ideas del grupo?

Si los participantes simplemente están respondiendo al facilitador, puede haber varias razones.

■ **Tal vez el tema no es muy importante o generativa–** Si el tema es de mucha importancia, los participantes querrán hablar entre ellos sobre como resolverlo. Sí no es importante, responderán a las preguntas por buena educación. (Ve - "Escuchando para los temas importantes página 67).

■ **Tal vez la gente no entiende claramente el problema –** Puede ayudar a superar ésto haciendo algún ejercicio para aclarar el problema antes de comenzar el diálogo. Haga que los participantes definan claramente el problema y su relevancia para ellos. (Ve "Aprendiendo y Enseñando" página 21.)

■ **La gente puede sentirse incómodo al hablar en un grupo grande –** Esto se puede superar dividiendo en grupos pequeños primeramente para discutir el problema o preguntas que se han formulado. (Ve "Grupos pequeños" página 236).

■ La cultura puede dictar que en una situación de capacitación los participantes deben comportarse formalmente y sólo responder a las preguntas uno por uno – **usted no ha creado aún un ambiente abierto de confianza** y no ha cambiado la "cultura" del grupo. Esto es muy necesario para la metodología participativa, romper la cultura de la educación formal o dominante. (Ve "Consejos para la Buena Facilitación" página 137 y "Aprendiendo y Enseñando" página 16 y "La Participación de la Mujer" página 196.)

Algunas otras cosas que se de hacer para generar dialogo:

- **Siéntese:** no se para adelante distinguiéndose de los demás. Sea parte del intercambio, no el profesor omnipotente con todas las respuestas correctas.
- **Formule su pregunta como una continuación de la última respuesta** refiriendo a algo que la última persona dijo. ¿Qué piensan sobre lo que Tomás dijo sobre ésto, Naomi? está obliga a que la gente tiene que estar prestando atención.
- **Devolver a la pregunta dirigida a usted como facilitador a quien la formuló,** o al grupo. Resiste la tentación de ser el experto y responder a todas las preguntas.

"Sea un guía al **costado** no el sabio en el centro del escenario"

¡Formule preguntas abiertas!

Tenga algunas preparadas pero esté listo a pensar en otras sobre la marcha.

Las buenas preguntas son ABIERTAS: Dejan mucho lugar para que los participantes contribuyen con sus propias ideas y experiencias de la vida real. Inician el diálogo o lo mantienen desarrollándose. Exigen un análisis más profundo. Asegúrese que no tiene una respuesta "correcta" en su mente cuando formula la pregunta. Si lo hace, la pregunta probablemente no es una pregunta motivadora.

Ejemplo:

Pregunta cerrada:

¿Tiene problemas con sus animales?

Pregunta abierta:

¿Cuáles son los problemas más serios que tiene con sus animales?

Las preguntas cerradas pueden ser respondidas con un sí o no o con una respuesta corta, de una palabra. O preguntan por una información específica dada anteriormente y no desde la realidad de la comunidad.

Las preguntas que usamos para promover una dinámica desde el diálogo a la acción son preguntas abiertas:

- ¿Qué está pasando aquí?
- "Cómo se siente cuando ésto ocurre?
- ¿Qué pasa en su comunidad, qué problemas ocasiona?
- ¿Qué podemos hacer al respeto?

Practique hacer preguntas abiertas con facilitadores y Técnicos Agropecuarios Comunitarios:

Tres *dinámicas* para practicar preguntas abiertas:

1. Preste atención a las siguientes preguntas. ¿Cuáles son abiertas y cuáles son cerradas? Indique a los demás en su grupo lo que ve como la diferencia entre preguntas abiertas y cerradas.

¿Le gusta criar animales?
¿Cómo podemos hacer esto mejor?
¿En su experiencia cual es la mejor forma de controlar ratas?
¿Cómo se llama usted?
¿Qué fungicida es mejor para tomates?
¿Cómo va a utilizar esta nueva forma de enseñar?

2. Transforme estas preguntas cerradas en preguntas abiertas:

¿Cuántos tipos de pasto come su cabra?
¿Hay erosión en la ladera?
¿Hay preguntas?
¿Su vaca tiene diarrea?

3. Escribe tres preguntas abiertas. Cada persona escribe tres preguntas. Compártelas con los demás en su grupo pequeño. En la sesión plenaria escribe algunas de estas preguntas en un papel grande o pizarrón y haga que todos las evalúen.

Pregunte a todos ¿Porqué piensa que utilizamos preguntas abiertas?

Para un plan de sesión para practicar utilice preguntas abiertas vea "Escribir la guía de lección" página 106 .

Provea la oportunidad de practicar

La mayor parte de la capacitación participativa es la educación de adultos por medio del descubrimiento. En el proceso de descubrimiento, las personas muchas veces están practicando nuevas destrezas. Por ejemplo, muchas de las dinámicas de comunicación (páginas 199 – 208) dan a los participantes la oportunidad para practicar la comunicación más efectiva. También proponen un problema para ser considerado juntamente por medio del diálogo.

En la capacitación pecuaria y agrícola, la técnica de presentar un problema se aplica a muchas situaciones sociales: ¿Por qué la comunidad no vacuna sus animales aun que saben de la existencia de la enfermedad? El diálogo sobre este tema puede llevar a un cambio de actitud relacionado con la vacunación de animales. Luego, los participantes necesitarán la oportunidad de probar sus nuevas ideas. La mejor forma es programar una capacitación para la comunidad y organizar una campaña de vacunación.

"Ve uno, haga uno, enseñe uno" era el lema cuando yo estudié en la facultad de veterinaria. Para realmente aprender algo:

- Primero, veo como aplicar una dosis oral contra parásitos internos en una demostración
- Luego hago un tratamiento con el remedio
- Pero realmente se todo relacionado con la técnica cuando he enseñado a otra persona a hacer un tratamiento con el producto.

Utilice el tiempo de prácticas en el taller para dar oportunidades a los participantes a ver, hacer y enseñar. (Ve "Herramientas, como realizar una sesión de práctica" página 240.

Constrúyanlo juntos

¿Hablando de colmenas? Construyan varios modelos juntos, en las prácticas. ¿Discutiendo sobre corrales? Construyan uno juntos. ¿Necesitan un brete? Construyan uno juntos y utilícenlo juntos para hablar de los pros y las contras de la forma en que lo han elaborado.

Si tienen la opción, no hablen de algo en la aula, traten de ir a una granja y hágalo, véalo, o constrúyelo juntos. En la mayoría de los casos ésto no debe ser una demostración. Todo del grupo debe involucrase en hacer la actividad, desde la planificación hasta usar el producto final; deben ensuciar sus manos!

La clausura

Existen tres niveles de clausura en cada taller:

1. **Nivel de tema:** Para cada tema presentado se necesita una "re-presentación" de las ideas discutidas como un resumen de lo que se ha logrado.
2. **Diariamente:** al terminar cada día debe realizarse una actividad de repaso y retroalimentación. Esto es para revisar los temas cubiertos, saber cómo se están sintiendo, si el taller, ayuda a los facilitadores saber como va su trabajo y lo que tiene que ajustarse.
3. **Al final del taller: establecer metas, evaluación del taller y una ceremonia de clausura** son elementos para incluir en el último día del taller.

1. Re-presentación de la información

El último paso de cada tema discutido en el taller es la organización de la información y su "re-presentación" a los asistentes. Esto es una tarea de resumen muy importante del facilitador. Un ejemplo:

Un grupo realizó una lluvia de idea sobre la solución para el problema de parásitos en sus ovejas. Durante la lluvia de ideas desarrollaron muchas posibles soluciones. Durante el intercambio de opiniones, hablaron de diferentes tipos de productos antiparasitarios – algunos tradicionales y otros nuevos. También hablaron de secar los pantanos, la rotación de cultivos, la separación de animales, y algunas ideas más. Esta discusión puede haber tocado a un gran número de consideraciones. ¿Cómo pueden los participantes evitar salir confundidos y cerrar el tema efectivamente?

Podemos reorganizar el material en un cuadro así:

Luego los participantes pueden hacer un plan para el método de control con el cual ellos quieren comenzar. Esto trae un sentido de clausura al tema. Para cada tema algún método similar de "re-presentación" (resumen) de la información discutida es importante. Puede ser tan sencillo como un resumen que todos ayudan en preparar. Pequeños grupos pueden hacer un resumen de las conclusiones por medio de un drama, historia, colección de dibujos o fotos, diagrama, estatua o canción. O puede hacerse por medio de un cuadro que organiza las ideas en categorías. Pruébelo: mientras más lo haces, más ideas tendrá en cuanto a cómo hacerlo mejor.

2. Repaso diario, retroalimentación y reajustes

Cada día debe haber un tiempo para repasar el día y reflexionar. Se puede hacer ésto al final del día o al comienzo del día siguiente como parte del precalentamiento.

Un repaso diario cumple varios elementos:

- Todo el mundo considera de nuevo la información del día.
- El facilitador llega a saber cómo se están sintiendo cada uno –a identificar si hay problemas o dudas.
- La gente expresa satisfacciones y frustraciones con el taller.
- El facilitador aprende qué han sido los temas más importantes del día y qué cambiar en el futuro.
- Los participantes reorganizan, sacan conclusiones y ven conexiones entre la materia cubierta en el día.
- El facilitador usa la información compartida para programar el día siguiente.

El repaso diario trae un sentido de clausura al día. Tome el tiempo de agradecer las contribuciones de los participantes. Haga un breve resumen de los temas programados para el siguiente día.

Para la revisión de temas, favor ver "Herramientas" "Juegos para la evaluación y compartir" página 268.

El termómetro del ánimo

Esto se puede utilizar para que todos pueden “medir” el ánimo diario de los participantes y los facilitadores. (Nota; MTN significa mañana, tarde, y noche.)

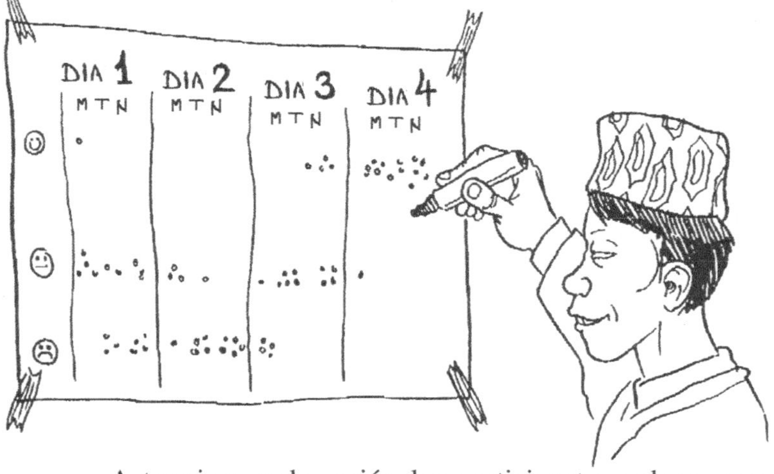

A terminar cada sesión los participantes colocan una marca en el lugar del cuadro correspondiente a sus sentimientos en ese momento. En esta forma se puede medir el ánimo del taller. Al terminar el taller se puede hacer un gráfico para mostrar el desarrollo del ánimo.

Fuente: Heintz Peter Mang

Valorar la retroalimentación

El facilitador precisa retroalimentación para saber cómo se está desarrollando el taller y cómo él o ella esta cumpliendo. Aquí hay una forma para lograr ésto. Para otras ideas ver “La Evaluación de un Taller” página 161.

Tres preguntas

Las siguientes tres preguntas son presentadas a todo el mundo, o a los grupos de andar y hablar de dos personas o pequeños grupos. Las discuten brevemente e informan a la plenaria.

1.¿Qué valor aprendiste ahora?
2.¿Qué cosa era lo más útil de hoy?
3.¿Qué recomendaría que cambiemos?

3. El último día el taller

En el último día del taller, tres elementos importantes tienen que cumplirse.

1.Establecer metas: Esto es el momento cuando cada participantes define sus metas personales para poner la información del taller en práctica. Ver “Seguimiento” página 149.

2.Evaluación del taller: Todos toman el tiempo para juntos evaluar el taller. ver “Evaluación” página 161.

3.Ceremonia de clausura: Es importante reconocer el trabajo de los participantes durante el taller y las metas que han establecido para el futuro. Enfatice la contribución: ellos están haciendo a sus familias, sus comunidades y a ellos mismos. Entregue un certificado o una carta de asistencia para ellos si es apropiado. La ceremonia no tiene que ser pomposa, pero es un tiempo de clausura y pasaje al futuro para los participantes.

Una dinámica de *clausura:*

- Dibuje un cuerpo humano y colóquelo en el piso en el medio de un círculo compuesto por todos los participantes.
- A cada participante déle tres hojas pequeñas de papel y un marcador o tizas de color. Indique a cada uno que escriban o dibujen en cada papel lo que están pensando, sintiendo y haciendo al salir del taller.
- Al azar pida que cada persona ponga su papel en la cabeza, corazón y pies del cuerpo mientras que comparten lo que están pensando, sintiendo y haciendo.

Fuente: Community Partnership Center, Knoxville TN

Informes del taller

Se debe entregar una memoria del taller a cada participante dentro de un lapso de tiempo razonable después de terminar éste. Este informe contiene las respuestas, ideas y planes que los participantes contribuyeron durante el mismo. No se incluyen todos los detalle. Tampoco las técnicas o actividades realizadas.

Es un resumen de las conclusiones formuladas por los participantes. Generalmente, será una combinación de palabras escritas y dibujos para hacer que los informes sean lo más sencillo y fácil de entender.

Aquí presentamos una hoja de un informe presentado. (Ver la herramienta en "Definiendo la situación" página 63.)

Recomendaciones:

- La institución que hace el diagnóstico tiene que tomar en cuenta la opinión de la comunidad
- Las comunidades tienen que estar informadas acerca de los puntos específicos del programa o plan
- Las instituciones tienen que compartir sus experiencias entre ellas.

Para analizar profundamente el tema de autodiagnóstico se utilizó el ejercicio llamado "El Juego de Inversiones". La gente en cada grupo tuvo tiempo para considerar e invertir en los tipos de proyectos según las prioridades de estos. Escogieron basado en los intereses de las instituciones y técnicos.

Este cuadro nos da los detalles de la situación:

Proyectos	Cucarachas	Mosquitos	Pulgas	Moscas	Escarabajos
Riego					
Invernaderos					
Posta salud			6	3	1
Mejoramiento Pecuario	5	4	5	4	5
Medio Ambiente	2	3	3	3	3
Artesanía			3	1	
Agricultura	5	5	3	5	4
Crédito	5	5	5	5	4
Otros	4	8			2

Capacitación	Cucarachas	Mosquitos	Pulgas	Moscas	Escarabajos
Salud	3	9	8	3	3
Salud Animal	5	5	7	3	4
Nutrición	2	6	0	3	
Huertas	2	0	2	1	3
Apicultura	0	0	0	0	0
Administración	2	0	0	4	4
Otros	4	0	0	0	4
Cultivos Perennes	2	0	0	5	0
Agroforestería	2	6	2	6	3

Después de sumar las inversiones basadas en las prioridades, llegamos a la conclusión que hemos caído en una trampa. Encontramos varios justificativos para nuestra caída, algunos de los cuales son:

- La discusión previa no fue de mucha ayuda
- El tiempo para reflexionar fue insuficiente (nos sentimos presionados)
- Decidimos con la mentalidad de los técnicos sin pensar en los miembros de la comunidad.
- Las instrucciones no fueron suficientemente claras (nos pidieron invertir no pensar).
- Nos confundimos porque no tenemos muchos conocimientos de la metodología que estamos aprendiendo
- Tenemos que utilizar métodos similares para describir la realidad del contexto en el cual trabajamos.

Consejos para una buena facilitación

■ **Formule preguntas abiertas y específicas.** Preguntas abiertas iniciarán un dialogo por el hecho que no buscan una respuesta correcta. (Ve "Formule preguntas abiertas página 132).

- Haga preguntas específicas. Si son vagas no generarán diálogo.
  Pregunta vaga:
  ¿Qué enfermedad tienen sus animales?
  Pregunta específica
  ¿Qué enfermedades atacan a sus animales en esta época del año?
- **No repita la misma pregunta una y otra vez** para que diferentes personas la respondan. Si la gente no responde a la pregunta, hay que reformularla.

■ **Animar todos a participar.** Algunas personas tímidas tienden a quedarse calladas. Pequeños grupos ayudarán a que todos participen. También, es una buena táctica ir uno por uno en un círculo permitiendo a cada persona responder a una pregunta o compartir alguna idea. También se puede utilizar el nombre de alguien y preguntarle algo específicamente. Sin embargo, hay que respetar la necesidad de seguridad de cada persona. Déle tiempo para participar gradualmente, sin forzarle.

■ **Programe pensando en el silencio:** No se asuste del silencio. Inicialmente si un grupo no ha usado el proceso participativo antes habrá más silencio. Si nadie responde a las preguntas, no la responde usted! Reformule la pregunta, o comparta un ejemplo. Si el tema es emotivo o uno que requiere bastante reflexión, planifique para un período de silencio. Muchas veces cuando hay silencio el diálogo posterior es profundo. En algunos talleres donde todo tenía que ser traducido debido a múltiples lenguajes, la gente había apropiado más profundamente el tema y los resultados fueron excepcionales.

■ **Mantenga la discusión sobre el tema.** Aunque algo de amplitud es muy productivo, algunas personas siempre tratan de desviar completamente la charla en una forma no productiva. Puede volver a la última pregunta, repitiéndola, o reconocer la respuesta y volver al tema central diciendo algo como "Eso es importante, y más tarde volveremos a hablar de eso". ¡Asegúrese que vuelvan a tocarlo más tarde! Puede hacer una lista de estos temas tangentes para acordarse a cumplir su promesa. A veces utilizamos un dibujo de una heladera o un estante de libros en un papel grande sobre la cual escribimos los temas tangentes. Mientras los vamos discutiendo lo vamos sacando de la heladera!

■ **Espere conflictos y úselo para el aprendizaje:** Desacuerdos son buenos para poner todos los puntos sobre la mesa y permite que se exprecen los sentimientos. Por ejemplo, sabemos que la gente puede objetar fuertemente a una manera nueva de enseñar. Utilice sus objeciones para tener un diálogo abierto sobre la educación en base a la resolución de problemas. Por otro lado, disputas pueden consumir bastante tiempo, causar un bloqueo en la discusión de un tema y limitar el diálogo entre dos personas. Un facilitador debe poder superar situaciones donde las diferencias de opiniones llegan a ser improductivas.

Si hay un desacuerdo fuerte usted puede:

- Clarificar los puntos de desacuerdo
- Asegúrese que no se debe simplemente a una mala comunicación
- Haga un resumen del desacuerdo y los puntos mencionados
- Siga adelante, reconociendo a ambas posiciones
- Si una persona en forma agresiva le desafía tratando de perjudicar el taller, pídele al individuo que venga adelante y explique a los participantes cómo hacer lo que él o ella le estaba desafiando o que le ayude en la capacitación. El provocador estará de acuerdo y comenzará a ayudar en la facilitación comprometiéndose así en el proceso o se pondrá quieto y callado.

¿Qué pasa si el desacuerdo o conflicto es entre el facilitador y un participante?

> **Cuando las relaciones son tensas y el aire está cargado, un intento a enseñar muchas veces es percibida como una forma de sentencia y rechazo – Steven Covey**

No saque provecho de su posición y autoridad para tratar de forzar a las personas a estar de acuerdo con usted. Presenta el problema claramente, llega al acuerdo de "estar en desacuerdo" y archívelo. Vuelva al abrirlo más tarde pero desde otra perspectiva.

- **Mantenga la discusión práctica.** Si alguien comparte una idea abstracta, pídele que comparta un ejemplo.
- Si tiene un **participante muy dominante:**
  - Comparta retroalimentación en forma calmada acerca del comportamiento. Puede ser mejor hacer esto en forma individual, en ves de hacerlo delante de todos, para no avergonzar a la persona.
  - Limite el contacto ocular con esta persona, dado que el contacto ocular otorga permiso a hablar.
  - Déle una tarea para cumplir.
- Registre el avance de la discusión **tomando notas** en un papel grande (o pida que un participante lo haga) en situaciones donde es apropiado utilizar herramientas escritas. Refiera los comentarios de las personas y organice y represente las ideas para discusión adicional.
- Al terminar la discusión, repasar los puntos principales que la gente levantó. Recuerde a los participantes del propósito del taller. Confirme la decisión de acción que ellos hayan tomado.

Adaptado de Jerry Bergdall,1993

- **Celebrar el trabajo en grupo.** Al terminar cada presentación de pequeños grupos o al término de una discusión del grupo que ha sido muy productivo, pida un aplauso por el trabajo cumplido o canten una canción.
- **Reconocer las contribuciones individuales.** Se debe asumir que hay sabiduría tras cada contribución de los participantes. Haga preguntas con cordura y respeto.
- **Respetar al grupo.** Presta atención, aun cuando no está facilitando (por ejemplo, durante trabajos de grupos pequeños). No se ponga a charlar informalmente o leer el periódico cuando los participantes están planificando su futuro.
- **Demuestre el poder del trabajo en equipo.** Los facilitadores son un equipo. Aun cuando uno no está dirigiendo una actividad, el o ella deben estar activamente involucrado en lo que está ocurriendo. Puede tomar notas, escribir los comentarios del los grupos en las hojas, o formular preguntas apropiadas si el trabajo se traba. Al terminar un tema en una reunión del equipo en la noche, los facilitadores pueden evaluarse uno al otro mutuamente para mejorar el proceso.
- **NO sea un visitante VIP.** La meta es desarrollar el poder de los comunarios y motivar su autoconfianza y autogestión. Demuestre su identificación con los comunarios vistiéndose en forma similar, bien acomodado pero no lujoso, no con peinados exorbitantes, uñas pintadas etc. No espere recibir un tratamiento especial. No haga esperar a los participantes, o si lo haces, cumpla tu castigo por haber llegado tarde! No coma separado del grupo. Comparta con los participantes en conversaciones amigables durante los descansos del taller. Evite sentarte en una silla delante o a un nivel más alto que el grupo o en las sillas con aspecto "más importante."
- **Siéntase en el círculo con los demás,** no se aparte o atrás de un escritorio. No se pare al dirigir salvo que tiene que apuntar a algo, y luego siéntese de nuevo. Pida que otra persona tome notas para permitir que esté sentado con el grupo.
- **No permita que la discusión se vuelva caótica.** A veces durante temas generativos los participantes se animan tanto que pueden aparecer conversaciones entre grupos de dos o tres alrededor del grupo. Hay varias maneras de lograr que el grupo vuelva a trabajar juntos y escucharse. Aquí hay dos sugerencias.

- **Realizar una actividad de "zumbido".** Formule una pregunta abierta relacionada con el tema y pida a los participantes que lo discutan con su vecina por dos minutos. Una vez pasado los dos minutos, cada par puede informar sus pensamientos y el diálogo en el grupo sigue.
- **Pasar el palito, marcador o rollo de cinta.** Ayude a los participantes a ver que la discusión está fragmentada y que algunas ideas buenas se están perdiendo. Indique al grupo que va a entregar un objeto (un palito, marcador rollo de cinta etc.) a una persona y ella va a compartir su idea. Cuando ella ha terminado, escoge a quien pasar el objeto, u otra persona puede pedir el objeto. La única persona que puede hablar es la que tiene el objeto.

■ **Escuche más que hablar. No interrumpa!**

Cosas que no se deben hacer

■ Si está trabajando en grupos pequeños o en una lluvia de ideas o en cualquier atrás pida a los participantes desarrollar una lista; por encima de todo **NO HAGA UNA LISTA CORRECTA PARA MOSTRAR DESPUES DE QUE ELLOS HAYAN DESARROLLADO LAS SUYAS.**

¿Por qué?

- Esto sugiere que el conocimiento del facilitador es más importante que el conocimiento de los participantes.
- Minimiza el valor del trabajo hecho por ellos.
- Instala el concepto tradicional de los papeles profesor-alumno que estamos tratando de evitar.
- No respeta el conocimiento de los participantes.

¿Qué alternativa hay?

- Analizar la lista de los asistentes hablando de cada punto, eliminando los que el grupo decide que no son correctos. (Favor ver "Lluvias de Ideas" página 238).
- Si quiere organizar los puntos en un orden específico, haga una lista nueva juntos, pidiendo a los participantes en una sesión plenaria, cual sería el orden correcto después de que cada grupo ha presentado sus ideas y se las ha ido discutiendo entre todos.
- Aun queriendo contar con una lista "limpia" se puede utilizar la lista de los participantes, rayando las respuestas que el grupo decide que no son correctas y luego hacer una lista nueva como un repaso del producto final.

  Tal vez usted dice "es lo mismo si yo muestro mi lista finalizada que escribí antes o escribir una antes del grupo." Pero hay una diferencia grande: Uno es el producto sólo de su trabajo de usted y el otro es un producto del trabajo del grupo; ellos se identificarán con su lista y la usarán en el futuro.

■ **NO UTILICE DOS DIBUJOS O HISTORIAS O DRAMAS QUE PRIMERO DEMUESTRAN "LA MANERA EQUIVOCADA" Y LUEGO "LA MANERA CORRECTA"**

¿Por qué?

- Un dibujo o un drama de roles siempre debe proponer una pregunta o problema; nunca debe dar la respuesta. Los participantes proveerán la respuesta.
- Tal vez dice, "Qué pasa si la gente no sabe la respuesta?" En la mayoría de los casos esto no es problema. El propósito del dibujo es abrir la discusión, colocar a todos en el mismo escenario para hablar de un problema común. Esto sugiere que la gente ya tiene algo de experiencia con el problema, y les da una oportunidad para compartir su experiencia en una forma no dirigida.
- El facilitador que da la manera correcta y equivocada corre el riesgo de no analizar el problema completo con la gente. El instructor puede ver el problema de una perspectiva y la gente de otra. Proponer la manera correcta a los personas limita la discusión y la emergencia de ideas creativas para resolver el problema.

Si existe un caso donde fuera muy beneficioso demostrar una manera correcta e incorrecta de hacer algo, para estimular discusión, deje que la gente presente la forma correcta e incorrecta. Esto se puede hacer con un sociodrama demostrando roles o con una historia.

Para más ideas ver "Herramientas" "Historias y Demostraciones de Roles" página 243 y "Dinámicas" página 18.

■ **NO DÉ LA RESPUESTA EN SUS DIBUJOS O DEMOSTRACIONES DE ROLES; FORMULE UNA PREGUNTA**

■ **NO PREGUNTE ¿ENTENDIERON?**

La gente siempre dirá "si"

Pregunte más bien. " ¿Qué han aprendido?

■ **NO HAGA EL TRABAJO DE LOS PARTICPANTES**

Esto es especialmente importante para el trabajo de grupos pequeños o cualquier tarea que requiere un producto del grupo como ser un mapa o un cuadro.

■ **NO MUEVA A LA GENTE PARA SENTARLES DONDE USTED QUIERA QUE ESTÉN UBICADOS**

Si hay un problema o por alguna razón se debe mover la gente, ponga lo a consideración del comité de organización. O se puede sugerir un juego para mover a todos al azar como volcar la cesta de frutas (ve "Herramientas" página 275) o diga "Toda la gente con ropa de cierta color o con sandalias cambien asientos.

Enlaces

Uno de las críticas mayores de los programas comunitarios que capacitan a Técnicos Agropecuarios Comunitarios es la falta de enlaces con otros programas. Pueden existir técnicos pagados por el gobierno o de otras instituciones que trabajan en la misma zona quienes no saben de la existencia de las personas que han sido capacitadas para trabajar con las especies animales en sus comunidades. En algunas oportunidades hay beneficios del gobierno que los técnicos no reciben, como ser vacunas gratis, por esta falta de relaciones. Esta realidad puede ser dificultada por las distancias y las condiciones camineras pobres entre la comunidad y el centro gubernamental. En muchas oportunidades los funcionarios del gobierno tienen áreas demasiado grandes asignadas a su cargo para cubrirlas bien.

Algunas cosas que se han hecho para mejorar estos enlaces son:

1. **Desde la etapa de planificación cuando se ha identificado a los beneficiarios del programa, llamar a representantes de las otras organizaciones y el gobierno a una reunión para participar en la fase de planificación.** Haga que los representantes del gobierno comprometan su participación en el programa de capacitación, asignándoles tareas específicas relacionadas con sus programas. Investigue los requerimientos que tiene el gobierno para los Técnicos Agropecuarios Comunitarios. Averigüe cómo los participantes pueden ser certificados y reconocidos por el gobierno. Haga un plan para lograr esta certificación.
2. **Invite a gente del gobierno, la universidad o una laboratorio veterinaria a presentar una sección del taller sobre su programa.** Por ejemplo, vacunaciones. Cuando el trabajador del gobierno está en el taller, programe una reunión con los participantes para establecer cómo van a trabajar juntos en el futuro para vacunar. O el representante del laboratorio pueda venir a trabajar con los participantes en la técnica de necropsia y como tomar buenas muestras. Planifique una discusión con el trabajador del laboratorio sobre cómo ellos establecerán servicios para las comunidades.

Del Centro de Desarrollo Rural - Una Experiencia con un Proyecto Forestal Comunitaria en Nepal:

- La gente local conoce los servicios del gobierno que deberían estar disponibles, pero muchas veces los extensionistas locales no cuentan con los recursos para poder trabajar efectivamente.
- El programa trabaja con la comunidad y el trabajador del gobierno para cambiar actitudes y a construir confianza.
  - Proveen tiempo para que los participantes desarrollen preguntas para presentar al oficial del gobierno. Durante la capacitación, analizan los problemas de la comunidad y proponen posibles soluciones. Consultan al oficial del gobierno sobre ellas.
  - Éste viene al taller o la gente va a su oficina. Él sabe que habrán preguntas difíciles y viene preparado para responderlas.
  - Se programa esta reunión para cuando el taller está avanzado por la mitad o más, dado que la gente ya cuenta con la confianza necesaria para expresar sus ideas.
  - Al terminar el taller, en la etapa de establecer metas, ellos incluyen metas que pueden lograrse solo con cooperación entre el agente del gobierno y la gente de la comunidad.

3. **Invite a gente de una farmacia veterinaria confiable para participar en el taller.** Trabaje con ellos previamente para que su sección del taller también sea participativa. Combine su participación con una sección del taller donde la gente está discutiendo problemas como el mal uso de remedios, el problema de la falta de una adecuada y constante oferta de medicinas o el establecimiento de una cadena de frío. Déles suficiente tiempo a los participantes para prepararse para la reunión, y avise al dueño de la farmacia que habrá preguntas difíciles para responder. Realice una reunión entre los participantes y los dueños de la farmacia para definir cómo pueden trabajar juntos mejor en el futuro. Animen a todos a hablar abiertamente y con franqueza.
4. **Establezca enlaces con otros Técnicos Agropecuarios Comunitarios.** Uno de los elementos que comúnmente emerge de un grupo bien unido durante un taller es el deseo de juntarse de nuevo y compartir sus experiencias. En muchos casos este deseo se traduce en la formación de una organización de TACs. Esta organización realiza reuniones para dar apoyo mutuo e intercambiar ideas. Se ayudan mutuamente en mantener la cadena de frío o en la compra de remedios y vacunas. Pueden formar lazos con una organización de productores. Como en los talleres se habla de que la educación por el método de la resolución de problemas no debe ser exclusivo, algunas de estas organizaciones han decidido abrirse a otros trabajadores comunitarios en sus zonas. Han incluido a trabajadores en áreas de salud, de alfabetización y de educación popular. Proveen una red de apoyo para animarse y trabajar juntos en proyectos específicos que consideran van a beneficiar la zona.

Capítulo 7

Seguimiento y Establecimiento de Metas

por Karen Stoufer

Este capítulo contiene los siguientes temas

¿Por qué tener un programa de seguimiento?

¿Qué ocurre cuando termina un taller de capacitación? **¿Se cumplió nuestro trabajo como capacitadores?**

El evento de capacitación es un momento emocionante. Los participantes sienten que han aprendido mucho para aplicar cuando llegan a sus casas. Algunos eventos específicos no requieren un seguimiento inmediatamente para que la persona capacitada aplique sus nuevos conocimientos, destrezas y actitudes.

Considere esta situación: Algunos casos de enfermedades en animales o problemas en la comunidad con la producción pecuaria son muy serios. Tal vez el TAC se siente incapaz y la comunidad no le ayuda cuando ella va a atender los animales. Posiblemente, la comunidad duda de las destrezas de su TAC y la comunidad no está pagando los medicamentos y los servicios. Estas situaciones pueden llevar a una oportunidad de aprendizaje o al desánimo y el abandono del trabajo de técnico.

Lo mismo se aplica a una capacitación básica a nivel de comunidad.

El participante del taller puede sentir que ha aprendido cómo hacer ensilaje, dado que ha participado en hacer una porción durante el taller.
Pero al llegar a casa y querer hacerlo no puede acordarse cuánto de melaza debe agregar. Por lo tanto, se malogra el ensilaje, se desanima y no lo vuelve a probar nunca más.

¿Qué podemos hacer como facilitadores para ayudar asegurar que los participantes del taller aplican sus conocimientos? ¿Cómo aseguramos que tienen la oportunidad a interrelacionarse con alguien acerca de los problemas que tienen y las nuevas ideas que están utilizando.

¡Planifique un programa de seguimiento apropiado!

Aunque el seguimiento es un capítulo aparte, aquí se lo considera realmente como parte de la implementación de un programa de capacitación. Durante los talleres se debe dar la oportunidad a los TAC a dialogar sobre los posibles problemas en sus comunidades. (Ve “Reflexión/Devocional” página 126).

El seguimiento es importante en cualquier tipo de capacitación agropecuaria. El grado de seguimiento dependerá en las metas y el alcance de la capacitación.

Seguimiento a capacitación básica a nivel de comunidad

En Uganda, el Proyecto Heifer tiene un programa que consiste en una serie de capacitaciones prácticas de un día, para implementar el cero pastoreo. Proveen el siguiente seguimiento:

1. Extensionistas (capacitadores) visitan a todos los participantes.
2. Miembros que previamente han implementado la tecnología proveen apoyo al grupo de productores.

En Bolivia, después de una capacitación en la comunidad, los participantes cuentan con estos recursos:

1. Las personas que han implementado la tecnología anteriormente proveen apoyo al grupo nuevo.
2. Los TACS visitan a los participantes.
3. Un supervisor de la asociación pecuaria comunitaria visita a los participantes.

Seguimiento a Capacitación de Técnicos Agropecuarios Comunitarios

Al estar capacitando Técnicos Agropecuarios Comunitarios, es necesario preparar un programa coordinado de seguimiento. Asegurese de planificar el seguimiento al mismo tiempo que planificar el taller. El programa de capacitación del Centro de Desarrollo Rural de la Misión Unida a Nepal tiene un logro impresionante de TACs que continúan proveyendo servicios a sus comunidades por mucho tiempo después de terminar su capacitación (Young et al 1994). Consideran que muchos factores contribuyen a este logro, pero uno de ellos es tener un programa bien planificado e implementar un seguimiento después de la capacitación. El saldo de este capítulo escrito por **Dra. Karen Staufer,** describe este programa en detalle.

¿Por qué realizar una visita de seguimiento?

Para incrementar la consciencia de la comunidad en cuanto a las capacidades de su TAC.

Durante el seguimiento con un experto de afuera, se llama normalmente a una reunión de la comunidad para:

- **Informar a la comunidad de los servicios de los TACs** y como utilizarlos.
- **Escuchar las preocupaciones pecuarias de los comunarios** y cómo la reciente capacitación de los TACs pueden ayudar a resolver estas necesidades.
- **Reconocer que la solución de muchos de sus problemas es trabajar juntos con sus TACs.** Si el TAC fue seleccionado inicialmente por el mismo grupo para ser capacitado, es una buena idea reforzar este compromiso mutuo en que el TAC es responsable a la comunidad y la comunidad para apoyar y permitir el trabajo del TAC.
- **Hablar del pago por los servicios** del TAC. Algunos TACs cobran por sus servicios, otros sólo para las medicinas. Algunos trabajan independientemente, otros son parte de un comité comunitario de salud animal. Sea cual sea el sistema, la comunidad en su conjunto precisa entender cómo funciona y por qué existirán cobros por los servicios. El sostén del programa depende que las condiciones permitan al CLW seguir trabajando y poder reemplazar las medicinas.
- En comunidades dispersas, la reunión a veces permite **presentar los TACs** a la gente.
- **Programar visitas a animales enfermos** durante el tiempo posterior de seguimiento técnico.

Estas son algunas herramientas para conducir la reunión:

- Ilustraciones sencillas pueden comunicar al productor los tipos de servicios disponibles, como ser tratamiento para controlar parásitos, vacunas, examen y diagnostico de animales enfermos, consejo general de manejo, etc. (Ve "Herramientas" página 250 y "Aprendiendo a hacer y utilizar dibujos" página 289.)
- Los títeres son muy buenos para reuniones comunitarias. Los títeres son especialmente útiles en las manos de la gente. (Ve "Herramientas" página 246).
- Canciones también son muy recomendables para motivar e incrementar la conciencia de las personas como también ayudar a las personas en su trabajo.

Como instructor o facilitador, por favor no resalte su propio conocimiento pero construya sobre la confianza que la gente tiene en el conocimiento y las destrezas de su TAC.

Para resaltar el papel del TAC en la comunidad

Se puede lograr mucho en una reunión comunitaria bien dirigida donde las destrezas de los TACs son **promocionadas y respetadas** por el facilitador, normalmente visto como un "experto" externo. Además, en comunidades alejadas simplemente el hecho que una persona ajena a la comunidad ha venido a visitar al TAC y que considera a su trabajo como importante, aumentará el respeto de la gente local para el TAC. En algunas comunidades, si el facilitador come en la casa del TAC y se hospeda en su casa, esto es interpretado como respeto e importancia que el visitante está dando al trabajo en salud animal del TAC.

Para animar al TAC

Esto es una oportunidad para renovar la relación establecida durante el taller. Permite al facilitador mostrar interés personal y preocupación para el TAC como persona.

Consejos para alentar

- Mostar interés en conocer a la familia del TAC, en ver a sus animales, y en hablar de temas generales que interesen al TAC.
- Si ha habido dificultades, o hasta errores cometidos por el TAC, la visita es el momento para mostrar cómo las dificultades pueden superarse o evitarlas en el futuro.

- Recordarle al TAC de su éxito durante la capacitación (tal vez riendo al acordarse de la primera vez que trato de colocar la aguja al lado opuesto de la jeringa), y ayúdele a darse cuenta de cuantos conocimientos y destrezas tiene ahora y que los errores y dificultades pueden ser oportunidades para aprender y mejorar más.
- NUNCA critique al TAC o su trabajo delante de cualquier miembro de la comunidad o familia. Las correcciones deben hacerse en privado y en forma animadora y demostrándole apoyo. Si el o la TAC se ha olvidado de alguna información, sugiérele que la encuentre en su manual o en sus apuntes. De esta manera los TACs no serán dependientes de los facilitadores aprendiendo por si mismos.

Para refrescar y expandir los conocimientos y destrezas de los TACs

El programa del Centro de Desarrollo Rural(CDR) incluye bastante capacitación en mantener registros de cada caso animal atendido. Cuando los TACs se gradúan, se les entrega una caja con los medicamentos que ellos han aprendido a manejar.

La visita de seguimiento tiene las siguientes metas:

1. Averiguar el nivel de conocimiento del TAC por medio de **conversaciones informales, la revisión de los registros de casos, y el control del inventario de las medicinas.**
2. Introducir nuevos temas si el TAC demuestra estar manejando bien la información enseñada en el taller.
3. Repasar temas requeridos por el TAC: use el apoyo personalizado.
4. **Observar sus destrezas prácticas.** Idealmente, habrá uno o dos animales enfermos en la comunidad para visitar y examinar. Pueden ser animales que el TAC ya ha visto y tal vez comenzado a tratar, o casos que fueron mencionados en una reunión comunitaria. El facilitador y el TAC deben visitar al animal juntos. El TAC puede consultar al facilitador, pero el facilitador no debe tomar la iniciativa en atender al animal. Haga que el TAC prepare las dosis durante la visita de seguimiento. El facilitador debe traer medicinas con que practicar para no utilizar el inventario limitado y valioso del TAC en la comunidad. Dar consejos o enseñar a productores es una destreza importante, y debe ser revisado y practicado también con el TAC.

Retroalimentación sobre el taller de capacitación

Pare poder mejorar continuamente la capacitación de nuevos TACs, la retroalimentación de los TACs activos es crucial. Las visitas de seguimiento pueden ser las únicas oportunidades para recabar datos o impresiones de ellos. Se debe preguntar a todos los TACs,

- ¿Qué temas o sesiones han sido los más útiles para usted en su trabajo?
- ¿Qué temas no han tenido ninguna utilidad?
- ¿Qué información/destrezas ha requerido que no fueron enseñadas durante la capacitación?
- ¿Qué consejos nos daría para lograr que nuestras próximas capacitaciones sean mejores?
- ¿Si asistiera a una capacitación de nuevo, qué temas le gustaría ver incluídos?

Algunos temas tal vez no sean relevantes en el área específica de un TAC. Otros problemas pueden ser estaciónales y si están visitando al TAC menos de 12 meses después de la capacitación, estos temas tal vez no han aparecido como importantes AÚN. Sin embargo, en general, si el TAC no está usando las destrezas, sin importar cuan interesante le pareció durante el taller, puede ser que no sea relevante o apropiado seguir enseñándolo.

Este tipo de retroalimentación es parte de una evaluación. Para mayor información favor ver Evaluación, página 163.

Para revisar el inventario de medicinas del TAC

El programa de CDR provee a los TACs un inventario de medicinas para poder hacer su trabajo. Más tarde, los TACs tienen que reabastecer el inventario con los ingresos por la venta de las medicinas en el botiquín recibido. El instructor y el TAC deben repasar todas las medicinas juntos. Cada remedio debe ser revisado. Para cada medicamento, el facilitador debe preguntar al TAC lo siguiente:

- ¿Cuál es el nombre de esta medicina?
- ¿Para qué se la utiliza?
- ¿Cuándo es la fecha de expiración?
- ¿Tiene etiqueta clara, en su idioma con el nombre, concentración y fecha de expiración?
- Tiene una reserva suficiente para los problemas particulares que pueden surgir?

El tema del reabastecimiento de los remedios:

- Hable sobre cómo, cuándo y de dónde se reponen los remedios.
- ¿El TAC está recargando suficiente al costo de los remedios para reponerlos?
- ¿Hay problemas con clientes que no pagan?
- ¿Hay problemas para conseguir los remedios para la reposición?
- ¿Tiene algunas medicinas que no fueron tocados en la capacitación? ¿Si fuera así, está cómodo con su uso? Es una buena idea hablar en detalle de nuevos remedios.

Para consultar con el o la TAC sobre su propia finca

Es más importante admirar que aconsejar aquí, como parte de la animación que uno debe dar al TAC. Si técnicas de manejo han sido cambiados como resultado de la capacitación, el facilitador debe reconocer ésto y el esfuerzo que el TAC ha hecho. El ejemplo que el TAC muestra a sus vecinos es mucho más poderoso que todos los tratamientos y enseñanzas que pueda hacer.

Para dar oportunidad al facilitador de conocer la realidad local

En la reunión de la comunidad, el facilitador tendrá la oportunidad de escuchar acerca de las prácticas de producción y problemas específicas de la zona. El facilitador también debe andar a pie por la comunidad y observar las condiciones. Información que puede ser útil para el facilitador incluye:

- Enfermedades existentes
- Prácticas culturales
- Tipos de forrajes y su disponibilidad
- Evidencia de enfermedades zoonóticas
- Condiciones socio-económicas
- Prácticas agrícolas y agro-forestales

Para dar la oportunidad a los TACs formular preguntas

Muchos TACs trabajan en zonas remotas donde no está disponible el consejo veterinario. Las visitas de seguimiento, les permiten hacer preguntas a alguien en que ellos confían, el facilitador; sobre problemas que han tenido, temas que no entendieron muy bien durante la capacitación pero no pidieron aclaración y problemas específicos de su localidad.

Para revisar los registros

Los tipos de registros que llevan los TACs depende en lo que les ha enseñado y el propósito de los registros. Generalmente, mientras menos registros sean necesarios mejor es. Si el gobierno exige estadísticas, entonces hay que hacerlo. Fuera de esto, las estadísticas son de poca utilidad para un TAC.

Información sobre los casos de animales atendidos puede servir como una herramienta para educación contínua con un TAC. No sólo permite que el facilitador pueda hablar de los casos con el TAC, pero da la opción que el TAC mismo puede referir, por su propia cuenta, a sus apuntes en el futuro. Cuando un caso similar se presenta en el futuro, el TAC puede revisar lo que había hecho y el resultado. También puede servir para hacerle acuerdo de un tratamiento futuro como ser el tempo para un segundo tratamiento contra los parásitos o una campaña de vacunación.

Revisar los registros financieros también es importante. ¿Están pagando los clientes? ¿Se les está cobrando un monto razonable? La mayoría de los TACs tienden a cobrar demasiado poco debido a su relación cercana con la gente en su comunidad. Posiblemente, el facilitador tendrá que enfatizar que si quiere seguir sirviendo a sus vecinos, tienen que poder reponer los remedios utilizados.

Establecer Metas: la clave

Anteriormente en este manual hemos discutido la importancia de que un programa de capacitación tenga una visión y metas hacia que apuntar. Contar con un conjunto de metas individuales para cada taller da a los participantes un sentido de haber cumplido algo. Ellos sabrán que conocen nuevas cosas cuando las hacen.

Cada persona que recibe capacitación debe establecer al final del taller sus metas, qué reflejan cómo va a utilizar sus nuevos conocimientos, destrezas y actitudes. Se puede hacer ésto en varias formas diferentes. Los participantes deben salir del taller con sus metas en las manos. Si mantienen estas metas colocadas en un lugar a la vista, las tendrán delante de ellos constantemente. Esto les motiva a lograrlas.

Aquí hay un proceso, paso por paso, que seguimos en los talleres del CDR, para ayudar a los participantes a establecer sus metas. Este procedimiento se usa en todos los talleres de salud animal, huertas familiares y agro - forestaría comunitaria.

A. Con una lluvia de ideas haga una lista del contenido de todas las cosas aprendidas durante el taller (Ve "Herramientas página 238)

B. De esta lista **los participantes formulan sus metas** hasta la siguiente visita. Los participantes establecen una lista de por lo menos tres metas basado en sus nuevas destrezas y que son factibles para aplicar durante el período de seguimiento. Deben escoger temas que les emociona.

Aquí se presenta algunas metas establecidas por participantes:

- Facilitar una reunión comunitaria y explicar el valor de un tratamiento preventivo contra parásitos.
- Administrar una medicina preventiva contra parásitos del hígado en 15 búfalos del agua (índicos)
- Ayudar a establecer un vivero forestal comunitario. Esto podría ser una meta personal, o la comunidad podría hacer sus metas conjuntamente.
- Construir una letrina en mi propiedad.
- Enseñar a tres vecinos lo que aprendí acerca de la siembra del fréjol.

La formulación de metas en talleres comunitarias:

- Pregunte; "¿Qué meta quisiera formular para usted?"
- Pregunte; "¿Cómo hará esta tarea?"
  La persona prepara un plan de acción.
- Formulan sus metas: con un plan de acción para cada meta.
- Firman el papel e indican hasta qué fecha lo cumplirán.

C. Además, en Nepal hay un número establecido de destrezas que se espera que los TACs dominen. Se les hace seguimiento durante la visita de seguimiento.

D. Llenar el formulario para la formulación de metas:

- **Se hacen tres copias.** Uno para el participante, uno para la organización que le envío y otra para los facilitadores.
- **Programe dos horas para formular sus metas.** Hágalo en grupos pequeños con gente de su zona.

E. Dialoge con los participantes acerca de sus metas, primero en el grupo pequeño, luego en plenaria con todos los participantes.

Un ejemplo de un formulario para la formulación de metas:

FORMULARIO DE SEGUIMIENTO
Nombre de Programa: Programa de Capacitación para Apoyar a la Producción Hortícola del CDR

Nombre: Dirección:

Objetivo; Enseñar a por lo menos cinco vecinos la nueva destreza aprendida.

Meta 1:

Plan de Acción

Comentario de Seguimiento:

Segundo Comentario de seguimiento del CDR

La programación de visitas de seguimiento

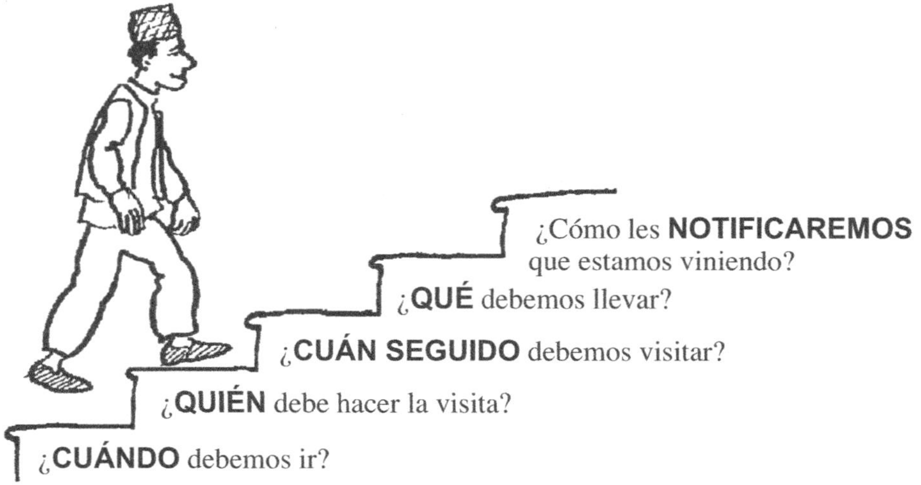

¿Cuándo debemos ir?

Para escoger el momento de la visita considere los siguientes aspectos:

1. **El intervalo siguiendo a la capacitación.** Si el facilitador espera demasiado para visitar, el TAC puede desanimarse o dejar de de trabajar. Si el facilitador hace su visita demasiado pronto, el o la TAC no tendrá suficiente tiempo para poner en practica muchos servicios, o implementar sus metas, ni suficiente experiencia para beneficiar de hablar de casos con el facilitador.

   La densidad poblacional de las especies pecuarias en el área que cubre el TAC y la incidencia de las enfermedades afectará cuán rápido el TAC adquiere esta experiencia. El apoyo y el establecimiento de una relación positiva de trabajo con la comunidad, también influye la rapidez con que adquiere experiencia. En las montañas de Nepal, cada TAC sirve un área que puede cubrir a pie en medio día desde su casa y entre 15 a 70 hogares. Más de tres meses pero menos que un año pareciera ser un intervalo posterior a la capacitación, apropiado para una visita de seguimiento en Nepal. Durante este lapso el TAC tendrá la oportunidad para implementar sus metas del taller.
2. **Los patrones estaciónales del trabajo de la comunidad.** El período de migración estacionaria para lograr trabajo no agropecuario y las épocas de siembra y de cosecha normalmente son tiempos improductivos para una visita. Todos están demasiado ocupados o los que toman las decisiones del hogar están ausentes.
3. **Cuando la comunidad quiere la visita.** Programe el tiempo de la visita junto con el TAC y la comunidad.

¿Quién debe hacer la visita?

Criterios para decidir:

- Por lo menos un facilitador que el TAC y/o la comunidad ya conoce debe visitar
- En muchas culturas, las facilitadoras debe estar acompañadas por lo menos por una mujer más, especialmente si el viaje incluye quedarse por la noche.

- En áreas donde hay deficiencia alimentaría, atender demasiados huéspedes pueden causar dificultad a las familias anfitriones. Aun si los facilitadores pagan la comida, puede ser que no hay más alimento para conseguir a cualquier precio, y alguien puede sufrir hambre como resultado.
- Demasiadas personas haciendo la visita puede distraer el enfoque principal en la comunidad, el TAC y sus logros.

¿Cada cuánto tiempo debemos visitar?

Una capacitación y seguimiento con éxito tendrá los siguientes resultados:

- La comunidad tiene la consciencia, información y destrezas para utilizar los servicios del TAC e incorporar las modificaciones necesarias al manejo pecuario que ellos estiman convenientes.
- El TAC tiene los conocimientos, destrezas y la confianza suplementado por una actitud de servicio para recomendar, curar, y modelar lo que ha aprendido.
- Cuando se necesita información o materiales adicionales, el TAC y la comunidad saben dónde y cómo adquirirlos por su propia cuenta.

Opciones para lograr estos resultados:

A. Una visita de los facilitadores técnicos, con visitas posteriores de trabajadores de desarrollo comunitarios con base local para facilitar la resolución de problemas que aparecen.

B. Una visita de facilitadores a las comunidades con una unidad bien establecida y el uso posterior de sistemas de comunicación/apoyo.

C. Dos visitas por facilitadores. Esto seria particularmente efectiva si:

a. Se ofrece capacitaciones de "repaso" o de "mayor especialización" entre las visitas.

b. Se está implementando algunos proyectos específicos como ser:

i. un vivero para arboles forrajeros

ii. huertas hortícolas para semillas

iii. programas de mejoramiento genético con razas mejoradas, donde el progreso en el tiempo puede ser un punto natural de conversación.

¿Qué debemos llevar? Lineamientos generales

Llevar herramientas apropiadas:

No llevar herramientas sofisticadas o medicinas exóticas que nunca estarán disponibles para la comunidad local. Por ejemplo, no haga tratamientos para parásitos a todas las vacas de la comunidad con una pasta de ivermectiva o usando pistolas dosificadoras, para luego tratar de convencer a los comunarios que el usar un pedazo de bambú es igual de bueno.

No llevar herramientas de enseñanza, como ser audiovisuales, en idiomas extranjeras o herramientas que requieren un mayor nivel de educación de lo que tienen muchos de los productores para entender o usarlas.

Algunas cosas que podría llevar en su visita:

- Un termómetro rectal (por si el termómetro del TAC se rompe).
- Medicinas con fechas de expiración vencidas para permitir al TAC experimentar con el cálculo y mezclas de dosificaciones.
- Una foto del taller para hablar sobre lo que la gente está haciendo.
- Unos pocos materiales sencillos de capacitación como ser un afiche que se pueda usar en una reunión de la comunidad y después dejar con el TAC para referencia en el futuro.
- Una copia de las metas que formuló el TAC en el taller y si es apropiado, el certificado del taller.

La implementación del seguimiento

Cinco tipos de actividades principales, normalmente componen una visita de seguimiento a un TAC:

1. Visita comunitaria y a su casa
2. Reunión comunitaria
3. Trabajos prácticos
4. Revisión de los registros de los casos atendidos
5. Preguntas de análisis

Para su programa los pasos pueden ser diferentes. Prepare una lista de referencia juntos con todos los Facilitadores de lo que se debe cubrir en una visita.

Un sistema local de apoyo

¿Cuando los técnico comunitarios tienen problemas o preguntas, a que recurren?

Programando hacia el futuro con los TACs acerca de cómo ellos serán apoyados en el futuro puede ser determinante para su éxito a largo plazo. Tome tiempo para trabajar con ellos en armar una red local de técnicos agropecuarios y otros educadores. Trabaje con otras instituciones y organizaciones con programas agropecuarios en la zona. Ayúdeles a formar enlaces con programas y funcionarios del gobierno.

Sugerencias para establecer un sistema de apoyo:

Los TACs en la zona de Berlín en Bolivia formaron una organización de TACs con su propio liderazgo y reuniones regulares. Hicieron esto durante el desarrollo de su capacitación inicial. Los TACs utilizaron estas reuniones para hablar de problemas en el cumplimiento de sus responsabilidades en las comunidades y como cada uno los resolvía. También utilizaron el tiempo juntos para coordinar programas de vacunación y campañas para el tratamientos de parásitos para así asegurar que fueron cubiertas las comunidades que no tenían técnicos y para desarrollar la coordinación necesaria con otras organizaciones y programas del gobierno. También han utilizado las reuniones para planificar proyectos y escribir propuestas para el mejoramiento de su zona, sus organizaciones o de sus comunidades.

Establezca enlaces, credibilidad y respeto por los TACs por parte del técnico gubernamental en la zona. De esta manera, el TAC tendrá acceso a vacunas y algo de apoyo del funcionario del gobierno. (Ve "Enlaces" en "Implementación" página 140).

Algunas organizaciones no-gubernamentales (ONGs) han designado funcionarios que están disponibles e inclusive viven en la zona para apoyar a los TACs. Si la ONG tiene la intención de siempre estar disponible en la zona y si se integra al programa a largo plazo del gobierno, tal vez esto sea una buena política. Sin embargo, si la ONG planifica mover su trabajo a otra zona en algún momento en el futuro, se debe establecer una estructura local para apoyar a los TACs.

Talleres de seguimiento

Realizar talleres de seguimiento puede ser otra alternativa y hacer seguimiento por medio de visitas a los hogares. También pueden utilizarse como un complemento a las visitas individuales. En esta alternativa, varios TACs se juntan por uno o varios días con los facilitadores.

Ventajas de talleres de seguimiento:

1. El intercambio de opiniones entre los TACs es positivo. Compartir dificultades y éxitos permite enseñarse mutuamente y animarse los unos a los otros.
2. Se puede realizar sesiones de educación continua o especialización con el formato de los talleres participativos estando juntos. Estas sesiones pueden basarse en un diagnóstico de sus nuevas necesidades de capacitación.
3. Implica menos tiempo en viajes de los facilitadores.

Desventajas de los talleres de seguimiento:

1. Los TACs tienen que dejar sus casas para viajar. La coordinación y comunicación entre comunidades remotas es difícil.
2. No da la oportunidad para reunirse con las comunidades de los TACs.
3. No permite observar los casos reales de los TACs en sus comunidades

Capítulo 8

La evaluación en un programa participativo

por Jennifer Shumaker

En este capítulo se cubren los siguientes temas:

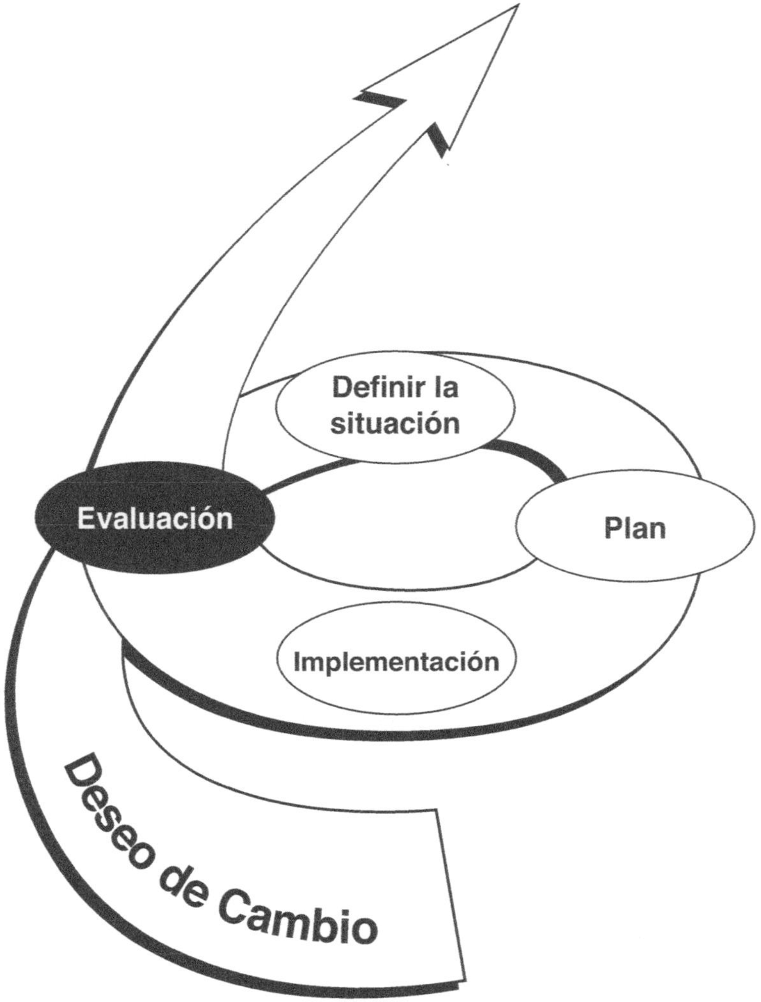

Una evaluación es una oportunidad para permitir que la gente **vea, siente y entiende que saben algo.** Sabemos que conocemos algo **cuando lo hacemos.**

Sabemos que tenemos nuevas actitudes cuando:

El productor en Nepal sabe que tiene una actitud nueva acerca de la conservación de los suelos cuando decide comenzar a plantar árboles, por el hecho que quiere recuperar las laderas para sus hijos y andar menos distancia para recoger leña.

Tenemos nuevos conocimientos cuando:

El TAC en Kenia sabe que él conoce la enfermedad y su tratamiento y cuando hace el tratamiento exitosamente pues el animal recupera.

Sabemos nuevas destrezas cuando:

Un grupo comunitario en México sabe que tienen nuevas destrezas en la contabilidad y mercadeo cuando la cooperativa se vuelve solvente y genera dinero para ellos.

Una evaluación es una oportunidad para que los educandos adultos **reflexionen sobre su aprendizaje**. Cuando en el proceso de diálogo-reflexión – y acción, se toma el tiempo para hacer una pausa y reflexionar sobre la capacitación recibida que permite ver:

- ¿Cómo ha afectado nuestras vidas?
- ¿Cómo hubiéramos podido hacer algo diferente para lograr mayor efecto?
- ¿Qué nuevas necesidades de capacitación han surgido a raíz de la aplicación de los nuevos conocimientos?

Una evaluación es una oportunidad para el aprendizaje y para el crecimiento.

El monitoreo y la evaluación deben ser contínua en todo programa de capacitación participativa. Esta sección habla sobre algunos aspectos de la evaluación relacionada a programas de capacitación agropecuarios. No describe un programa completo de evaluación. Para ayuda más amplia en el desarrollo de una evaluación de un programa participativo ver Referencias/Evaluación página 332.

¿Hay lugar para exámenes?

?

Cuando los exámenes son parte de un proceso motivador de aprendizaje, promoviendo la colaboración, y ayudando a los aprendices a llenar sus necesidades – ¡si! Si un examen es para juzgar, provocando una competencia no sana, o refuerza el control del programa o el profesor – ¡no!

Razones para utilizar exámenes en un programa participativo:

Para Técnicos Agropecuarios Comunitarios

- Los técnicos ven claramente **que ellos saben** y tienen confianza;
- Aumenta su **comprensión** y **colaboración;**
- Les desafía a **pensar creativamente** y resolver problemas.

Para comunidades que envían personas para ser capacitadas.

- Ellos se sienten seguros que tienen un **TAC competente;**
- Ven que sus **necesidades están en vías de solucionarse;**
- Pueden **aportar** para hacer ajustes a la capacitación.

Para facilitadores

- Ellos saben **si están enseñando bien;**
- Todos pueden saber qué temas han sido cubiertos efectivamente, cuáles necesitan ser revisados o qué cambios en metodología pueden ser necesarios.

Sugerencias para exámenes efectivos

1. Utilice metodología "libro abierto"

Diseñe los exámenes para que los TACs puedan utilizar sus manuales para buscar la información y descubrir soluciones a los problemas. De esta manera el o la TAC comprenderá el valor de investigar algo y no tratar de memorizar todo.

Esto ayudará al TAC hacer su trabajo mejor en su comunidad. Siempre es mejor buscar la información – especialmente para dosis de medicinas y síntomas que muchas veces son confusas - que tratar de responder de la memoria.

Intercambiar ideas así, ayuda a los TACS a utilizar sus manuales cuando están mirando a animales enfermos. Si les afirmamos en el uso de sus manuales, no sentirán vergüenza usarlos en sus comunidades.

2. Utilice preguntas que presentan problemas para resolver

Memorizar datos y números no ayudará al TAC hacer su trabajo en las comunidades. ¡Su capacidad para resolver problemas, sí lo hará!

Formule preguntas que presenten un problema:
Un ternero de tres meses se encuentra débil y tiene diarrea. A veces tose levemente. Come bien y parece normal en otros sentidos.

- ¿Cuál podría ser el problema?
- ¿Qué otros síntomas o señas buscaría?
- ¿Qué preguntas haría al dueño?

No hacer preguntas que buscan una buena memoria:

- ¿Cómo son los síntomas comunes de parásitos en terneros?

La primera pregunta da al alumno una oportunidad para aplicar su conocimiento y utilizar el manual. Le ayuda a pensar en forma lógica y resolver un problema. La segunda pregunta pide un conjunto de datos memorizados.

3. Formule preguntas que requieren una respuesta oral o escrita breve

Existen muchas tipos de preguntas que se puede utilizar para exámenes.

- **Verdad – Falso:** Se pueden acertar correctamente en 50% de los casos y pueden fomentar la adivinanza.
- **Opciones múltiples:** Estas son mejores para resolver problemas pero pueden ser difíciles para gente con capacidad limitada de lectura. Puede tomar mucho más tiempo para que ellos responden a este tipo de pregunta y pueden sentirse confundidos.
- **Respuestas escritas:** Si la pregunta requiere una respuesta larga, puede hacer sentirse abatida a una persona con destrezas limitadas de escritura.
- **Respuestas cortas:** Este tipo es una pregunta abierta, entonces requiere la resolución de un problema. Dado que pide una respuesta corta es mejor para gente con destrezas limitadas en escritura.

> **Ejemplo de una pregunta de respuesta corta:**
> Nombre tres cosas que usted puede recomendar a un productor que quiere mejorar la calidad de los animales en su hato.

4. Utilice lenguaje sencillo y formule claramente la pregunta.

5. Haga preguntas relacionadas con los problemas de alta prioridad.

6. Use preguntas que ayuden al TAC pensar acerca de cosas nuevas.

7. Sea innovador en la manera de formular las preguntas. Tratar alejarse de un examen individual escrito.

Algunos ejemplos de maneras de hacer preguntas de diferentes programas.

A. Participantes formulan preguntas entre ellos:

- Al terminar el taller, los participantes, en una lluvia de ideas, desarrollan una lista de las cosas que han aprendido durante el evento.

- En grupos pequeños ellos ponen 1 a 5 piedras al lado de cada tema para calificar la importancia y relevancia de las mismas.
- En sus grupos pequeños ellos diseñan una pregunta para cada uno de los tres temas más prioritarios. Su grupo habla de las respuestas. Tienen que ser preguntas que presenten un problema.
- Cuando todas las preguntas están listas, los grupos pequeños están organizados en pares. Cada individuo de un grupo tiene un par del otro grupo.
- Las personas del grupo uno, hacen las preguntas a las personas del grupo dos. Los del grupo dos, formulan las preguntas a los del grupo uno.
- Cuando todos han tenido la oportunidad para discutir las preguntas y sus respuestas, rotan los grupos. No haga que este ejercicio de preguntas y respuestas se prolonge más que una hora.

Los facilitadores son observadores del proceso y un recurso de consulta durante esta actividad.

Como alternativa, el último día del taller se puede dar tiempo a los TACS a diseñar posibles preguntas para usar en un examen. Al comienzo, será difícil para ellos diseñar o formular preguntas de resolución de problemas. Pero con el tiempo, lo harán muy bien.

B: Diseño de una granja modelo en talleres a nivel de comunidades:

(Ve "Diseño Uso de Suelo" en "Herramientas" página 253)

En grupos pequeños, cada grupo dibuja en el piso cómo ellos quisieran ver sus propias granjas en cinco años. Pueden usar plantas, palitos, papel, y otros materiales que encuentren para diseñar su plan de uso de suelo en 3D.

Cada grupo explica su finca, los diferentes aspectos del taller que ellos han aprendido y valoran se hacen evidentes.

C. Preguntas sobre el tratamiento de animales enfermos con modelos o animales:

Después de una serie de talleres, la organización comunitaria en San Julián querría certificar sus TACs. Por lo tanto, querían una evaluación de sus destrezas. Diseñamos el siguiente examen de resolución de problemas y diagnosis para los TACs.

- Había 5 puestos con un modelo o un animal vivo para tratar en cada estación. Cada modelo de animal tenía una enfermedad o problema común para que el TAC haga la diagnosis y poder decidir el tratamiento correcto. Hubo un botiquín veterinario típico disponible para que ellos escojan su tratamiento. Una vez tratado el animal correctamente, les dieron una serie de tres preguntas para responder.

Estos fueron los modelos:

1. Un caballo muy flaco con parásitos. Había antiparasitarios disponibles y los aplicaron al modelo. Después de hacer el tratamiento con el antiparasitario se sacaron los parásitos. Los parásitos eran pequeños pedazos de papel enrollado con las preguntas.

2. Una gallina con síntomas de Newcastles. Se les dijo a los TACs que las gallinas tenían diarrea. Les preguntaron como podrían descubrir la causa. Cuando hicieron una autopsia de la gallina hallaron los papeles con las preguntas adentro.

3. Una vaca con placenta retenida. Los TACs tenían que decidir con qué medicinas hacer el tratamiento. Después de hacer el tratamiento, la placenta salió del modelo con las preguntas adentro.

4. Una herida sangrienta con un palito metido. Cuando se cifraron correctamente a la herida y se sacó el palo, el papel con las preguntas estaba en el palo.

5. Un puerco estaba tosiendo con neumonía. Cuando el TAC aplicó la medicina apropiada, el puerco botó las preguntas tosiendo.

- En cada estación hubo un modelo y un facilitador manejando el puesto, como el dueño del animal. El facilitador sólo podría proporcionar la información que pidió el alumno. En algunos casos, como el puerco con neumonía, el facilitador era el animal modelo.
- Todos los TACs tenían que responder a las mismas preguntas y dos casos de animales para tratar. Las preguntas se relacionaban con importantes áreas, el TAC debía saber. Cada pregunta requirió la solución de un problema para una situación dada. En esta situación de "examen" , los TACs tenían la oportunidad para demostrar sus destrezas en diagnosis y tratamiento como también para pensar en cómo resolver un problema. **Al terminar el ejercicio, todas las estaciones fueron visitados por todos y las respuestas fueron analizadas.** Las posibles diferencias que surgieron también fueron discutidos.

D. Pruebas de destrezas

Aquí hay algunas destrezas que el CDR en Nepal evaluaba:

- Preparar una dosis de medicina en polvo para una vaca con "fasiola hepática".
- Prepara una dosis de un antibiótico inyectable de un frasco multi-dosis.
- Aplicar un remedio por un tubo alimentario a una cabra
- Dar una inyección a una cabra o vaca.
- Tomar la temperatura de un animal
- "Tirar" un ternero en un parto utilizando un modelo de tela.

Los participantes pueden evaluar sus destrezas entre ellos o los facilitadores pueden hacer el examen a los TACs.

La auto-evaluación de los alumnos

Hay muchos aspectos de la capacitación de TACs que no se puede evaluar por medio de exámenes.

Ayudar a los participantes desarrollar la práctica de acción y reflexión les ayudará a comenzar a hacer auto evaluaciones en muchas de estas áreas.

El tiempo dedicado a **dialogar sobre actitudes** en temas específicos durante la capacitación de Tacs es muy importante. Aprender dar y recibir retroalimentación ayudará a los TACs en su autorreflexión y toma de conciencia.

Elementos de capacitación no evaluada por exámenes incluyen:

- **Actitudes:** A cerca de gente necesitada, conservación de suelos, trabajo unido, tratar a otros como iguales, y muchos otros.

- **Destrezas en trabajar con una organización:** ¿Qué tipo de líder es la persona? ¿Qué facilidad tiene para coordinar un grupo en la planificación y llevar a cabo una actividad o plan anual? ¿Tiene temor a ejercer sus nuevos conocimientos en su comunidad?

- **Destrezas de comunicación:** ¿Cómo consultan con otros, escuchan y dan consejos? ¿Pueden utilizar una metodología participativa para enseñar en su comunidad? ¿Se relacionan bien con todos los grupos en su comunidad hombres, mujeres, los ancianos y niños?
- **Habilidad de resolver problemas:** ¿Cómo responde ante una situación de crisis?

Sesiones de prácticas darán las facilitadores una idea de las destrezas manuales y áreas donde necesitarán especial atención y ayuda de los TACs. Los alumnos más avanzados pueden trabajar con los que han tenido más dificultad para que todos lleguen a practicar bien las destrezas.

"Tareas para la casa" o visitas de seguimiento donde los facilitadores acompañan a los TACs en su trabajo organizativo y técnico en la comunidad, son actividades valiosas. Pueden utilizar los ejemplos prácticos del trabajo con las mismas comunidades.

La evaluación de un taller de capacitación

De igual importancia que el alumno pueda medir sus avances en conocimientos, actitudes y destrezas es la oportunidad para evaluar el contenido y métodos utilizados en el taller.

¿Porqué evaluar un taller?

- Para practicar el postulado de poner el poder en manos de los participantes. Ellos expresan lo que sienten y piensen del taller.
- Para saber si el contenido, la alimentación y el hospedaje fueron apropiados y qué cambiar en el futuro.
- Para saber cómo se desempeñó el facilitador y qué destrezas de facilitación hay que mejorar.
- Para saber si los participantes lograron lo que querían el taller.
- Para asegurar que se logra al responsabilidad mutua entre los facilitadores y los participantes.

Cada taller tiene que proveer tiempo para este tipo de evaluación. Los resultados de la evaluación deben usarse en el futuro. Asegúrese que los resultados están registrados en alguna forma, como ser en papel sábana. Cuando el equipo de capacitación se reúne al final del taller, pueden discutir los cambios para futuros talleres en base a la evaluación. Deben hacer un plan para implementar los cambios.

Muchos métodos pueden ser utilizados para evaluar un taller. ¡Normalmente, mientras más sencillo mejor!

A continuación hay un método comprobado para evaluar talleres.

Análisis de campo de fuerzas.

Este tipo de análisis nos ayuda a determinar qué aspectos (fuerzas) nos están empujando hacia el logro de nuestras metas en el taller o programa. A la vez nos ayuda a identificar qué cosas nos impiden llegar a nuestra meta.

Se puede hacer el análisis en grupos pequeños. Cada grupo responde a estas preguntas:

1.¿Qué son las cosas que han sido más útiles o beneficiosas de este taller?

2.¿Cuáles son las cosas que han sido de menor utilidad o han causado problemas en el taller?

3.¿Qué sugerencias tiene para mejorar el taller?

Cada grupo presenta sus resultados en una sesión plenaria y los puntos son escritos en un papel grande (papel sábana).

¡Ayude a la gente **desarrollar el hábito de no solo quejarse de un problema sino también a proponer una solución constructiva!** Esto les ayudará en sus propias organizaciones.

Al comienzo puede ser muy difícil para la gente quiera compartir críticas. ¡Dirán, todo nos gustó! Pero con el pasar del tiempo y al ver que el facilitador está abierto a recibir críticas constructivas, ellos compartirán sus dificultades abiertamente. En esto, la actitud del facilitador es muy importante. Mientras que los TACs aprenden acerca de dar y recibir retroalimentación, ellos aprenderán a darla efectivamente. (Ver "Retroalimentación" página 208).

Este tipo de análisis de fuerzas es muy útil para evaluar el trabajo de cada día y al final del taller. Lo mejor es usarlo cada día para que los participantes tengan la oportunidad de influir en cambiar y mejorar el taller diariamente.

La auto-evaluación del facilitador:

Esto se debe hacer inmediatamente terminada una sesión. Cuando cuenta con un plan o guía bastante detallado, puede evaluarse mejor su trabajo. Observe si ha seguido el plan. ¿Si no, porqué? Es bueno que todo el equipó de capacitación haga este análisis al final del taller. De esta manera pueden ajustar y mejorar el próximo evento de capacitación. Utilice los objetivos del tema como la guía para la evaluación. ¿Se cumplió el objetivo de la sesión? ¿Si no, por qué no? ¿Qué problemas existían en la facilitación del tema? ¿Qué sugerencias hay para mejoras? ¿Qué cosas funcionaron bien en la facilitación? ¿Qué se desarrolló mejor en el tema?

Otra manera de evaluar el trabajo del equipo de capacitación es invitar a alguien, por ejemplo otro facilitador de otro programa, para visitar. El o ella pueden sentarse calladamente durante el taller y reunirse después, para compartir sus opiniones e ideas. Debe recordarse elogiar lo que los facilitadores hicieron bien, además de compartir las áreas problemáticas que observó.

La evaluación de un programa de capacitación

Cuando abarcamos un proceso de evaluar un programa de capacitación, hemos decidido observar lo que se ha logrado con la capacitación y si se han alcanzado las metas o objetivos. La gente que participó quiere saber qué conocen y que están utilizando sus nuevos conocimientos, actitudes y destrezas. ¿Cómo podemos hacer la evaluación en una forma participativa? Existen varias buenas referencias acerca de evaluar un programa en la sección de "Recursos", página 332 para ayudarle. **Jennifer Shumaker,** especialista en evaluaciones para la organización "Heifer Project International" y co-autor del libro *Looking Back, Looking Forward* (Mirando Atrás, Mirando Adelante) ha contribuído a la siguiente sección sobre la evaluación de programas.

¿Para quién es la evaluación?

Las evaluaciones beneficiarán a todos en el programa si las recomendaciones son útiles y resultan en mejoras. Sin embargo, las evaluaciones no siempre son iniciadas por los participantes.

Se hace la mayoría de las evaluaciones por una de las siguientes tres razones:

1. **Una entidad financiera externa** requiere una evaluación para asegurar que sus recursos están siendo bien utilizados. En este caso, la evaluación principalmente es "para" la agencia externa.
2. **La administración del programa** ve algún tipo de conflicto y pide una evaluación para ayudarles en "la toma de decisiones". En este caso, la evaluación principalmente es "para" la gerencia o administración.
3. **Los participantes del programa** (idealmente) se dan cuenta que la evaluación es un elemento importante del proceso de desarrollo y que auto-evaluaciones regulares son parte del buen manejo del programa. **Las auto-evaluaciones de programas** son "para" todos los participantes y deben hacerse cada pocos años tal como se hacen los exámenes, pruebas y evaluaciones, después de cada taller.

Sin embargo, en la realidad las primeras evaluaciones generalmente son solicitadas por la gerencia. Pero, cuando los otros participantes ven que sus contribuciones son tomadas en serio, ellos aprenden a valorar este ejercicio. Ellos también experimentarán mejoras en su trabajo con el pasar de los años, que resultan de las auto evaluaciones.

Auto-evaluaciones de programas

La siguiente sección delineará un posible proceso para utilizar auto-evaluaciones de programas. Hay muchas formas para hacer evaluaciones participativas. Este diseño es para los que están facilitando una auto-evaluación por primera vez. Tal vez necesitan seguir un proceso prescrito por una o dos veces antes de que lo ajusten para su propia situación, tal como un cocinero experimentado comienza con una receta y luego lo adapta o la cambia completamente después de probarla.

La auto-evaluación participativa es valorada por algunas agencias financieras. Sin embargo, la mayoría de los donantes externos, aun requieren un evaluador experto, externo, para guiar un proceso tradicional de evaluación basado en los criterios y metodología de la entidad financiera. Cuando existen problemas o conflictos, el programa puede encontrar una persona o equipo externo confiable y respetado, posiblemente capacitado en la resolución de conflictos. El equipo externo normalmente será mejor en explorar y resolver conflictos, que un equipo de participantes en el programa, quienes pueden ser parte del conflicto. Un requerimiento básico de una auto-evaluación efectiva es la confianza entre todos los involucrados.

Auto-evaluaciones son ideales para situaciones en que los administradores, capacitadores y participantes del programa reconocen que el programa está marchando bien. Simplemente están buscando como mejorarlo. Todos los involucrados esperan lo siguiente por estar comprometidos en su propia auto-evaluación:

- mayor orgullo en los logros,
- enriquecimiento por compartir experiencias y lecciones aprendidas,
- motivación para planificar e implementar mejoras.

¿Quién hará la evaluación?

El proceso de auto-evaluación involucra a todos los interesados en el programa. No todos tendrán el mismo interés en la evaluación. Por ejemplo, los administradores de los financieros externos tal vez no quieren tomar el tiempo para estar involucrado en cada paso, pero se les debe invitar a formar parte en formas o momentos apropiados. Como mínimo, deben dar retroalimentación a las conclusiones en un informe borrador. Otros interesados, como ser los participantes de las comunidades, deben estar involucrados fuertemente en cada paso.

En la mayoría de los programas de capacitación, los interesados incluyen:

- los participantes en la capacitación,
- las comunidades que les envían
- los facilitadores en el programa
- los gerentes de programa de capacitación

Se puede agregar a otros. Dependiendo de la situación, los administradores de las entidades financieras, los servicios de extensión del gobierno, o cualquier otra persona quien ha estado activamente involucrado en el programa, puede proporcionar criterios valiosos. (Ve Paso 1, en la próxima página).

El evaluador como facilitador:

En la mayoría de las evaluaciones externas, especialmente las requeridas por una agencia financiera, un equipo de evaluadores escoge los *"términos de referencia"* (áreas claves para ser evaluadas), recoge los datos, llega a conclusiones acerca del programa, y presenta un informe de sus opiniones sobre lo que se debe hacer (recomendaciones).

En el proceso de auto-evaluación que nosotros recomendamos – uno que involucra a los interesados – El evaluador funciona como un facilitador. Los facilitadores son escogidos de adentro o de afuera en base a sus dones como facilitador. **La responsabilidad del facilitador no es hacer la evaluación, sino guiar un proceso en que los temas claves, conclusiones y recomendaciones son definidos por un grupo de participantes del programa.** En otras palabras, los participantes del programa realmente "hacen" la evaluación, y son dueños de todas las conclusiones y recomendaciones.

El trabajo del facilitador es:

- Asegurar que se cumplen todos los pasos de la evaluación según la planificación
- Facilitar todas las reuniones
- Documentar todas los hallazgos, conclusiones y planes de seguimiento
- Preparar un informe al final del proceso.

¿Cómo lo hacemos?

El proceso de auto-evaluación puede separarse en los siguientes siete pasos.

PASO 1: Planificar la evaluación.

PASO 2: Realizar un taller de diseño; escoger los temas claves. Planificar cómo se va a recabar la información.

PASO 3: Recoger la información: visitar las comunidades y reunirse con otros interesados del programa.

PASO 4: Organizar la información de las visitas a campo

PASO 5: Analizar, hacer seguimiento, evaluar; reunión para analizar los hallazgos, desarrollar planes de seguimiento y evaluar la evaluación.

PASO 6: Escribir un informe borrador: repártirlo a todos los interesados para su retroalimentación antes de finalizarlo.

PASO 7: Celebrar los logros del programa y compartir los resultados de la evaluación

Ahora vamos a describir cada paso en el "estilo de una receta." Recuérdese que este proceso puede y debe ser adaptado una vez que se lo haya aplicado.

PASO 1: Planificar la evaluación.

Los facilitadores se reúnen con lideres/TACs claves de las comunidades y gerentes del programa para definir lo siguiente.

- **¿Qué grupos interesados deben estar involucrados?** (Ver sugerencias en la página anterior.)
- ¿De la lista anterior, **quién debe participar en un grupo de interesados de 10 a 30** personas, (dependiendo del tamaño del programa)? Este equipo debe incluir, representantes respetados de la mayoría de los grupos de interesados que fuera posible. Que sean responsables para el diseño y análisis de la evaluación (ver pasos 2 y 5).Por lo menos la mitad de este grupo deben ser de las comunidades – incluyendo TACs, productores, y líderes de cada comunidad involucrada en el programa. Si los participantes son variados, entonces deben participar hombres, mujeres, jóvenes, mayores, líderes y miembros de las organizaciones locales en este grupo.
- **¿Quién debe formar parte del grupo evaluador más pequeño?** de 3 a 5 personas, respetados en sus comunidades. Este equipo acompañará al facilitador en las visitas de campo para ayudar interpretar la información. Un grupo más grande permitirá que más gente participe pero a veces un grupo más grande inhibe la participación en las comunidades. Para programas grandes con muchas comunidades, varios grupos podrían hacer estas visitas, cada uno visitar diferentes comunidades. En este caso, se debe nombrar un facilitador por cada equipo pequeño.
- **¿Cuándo se deben programar todas las actividades y dónde se las debe realizar?** Se deben formular una agenda tentativa de reuniones, plazos, y visitas (Pasos 2-8), y hacerlo revisar por el comité y equipo propuesto para asegurar que la gente involucrada pueda dedicar el tiempo necesario. Se tiene que enviar invitaciones en este momento. En un programa grande, tal vez sea necesario visitar cada comunidad. Una muestra al azar de 5 o 6 comunidades normalmente es suficiente, especialmente si el trabajo de cada TAC ha sido monitoreado y supervisado regularmente.

Toda la evaluación (Pasos 2 a 7) puede realizarse en sólo tres semanas si el facilitador viene de lejos. O puede extenderse por un periodo de varios meses si el facilitador es local y sólo puede dedicar un día de vez en cuando al trabajo.

Una vez que se han respondido estas preguntas, se visita al grupo de interesados y al equipo de evaluadores. Se les invita a participar en la evaluación.

Paso 2: Realizar un taller de diseño (por lo menos un día entero, incluyendo la noche):

Se reúne el grupo de interesados para:

- Escoger los temas claves,
- Definir como explorar estos temas más a fondo en las visitas de campo (Ve Paso 3),
- Definir que logros tienen que ser festejados.

Un ejemplo de un plan para la reunión de interesados del programa

OBJETIVO	MÉTODO	MATERIALES	TIEMPO
Los participantes se conocen	Bienvenida Un rompehielos para introducciones (Ve página 263)	Depende del rompehielos	30 minutos
PORQUE? **1.** Participantes expresan sus reservas o dudas. **2.** Los participantes definen por qué es importante hacer una evaluación	**1. Grupos de "murmullos o susurros"** (Ve página 242). "Qué han sido sus experiencias previas con evaluaciones? Los participantes comparten sus dudas y reservas, si tienen. En la plenaria hablan de cómo esta evaluación puede evitar hacer sentirse amenazada. Menciona que el evaluador solo es un facilitador. **2. Grupos de "murmullos"** ¿Porqué hacer una evaluación? En la plenaria cada grupo comparte para reforzar la importancia de la evaluación en el ciclo de desarrollo. Mientras comparten haga una lista. "Porqué Hacer Una Evaluación". Si los siguientes puntos no están en la lista, el facilitador los pueden mencionar: • Celebrar los logros • Mejorar el programa • Los participantes aprenden más de si mismos compartiendo ideas y experiencias.	Papel grande o papel sabana Marcador	Una hora
Los participantes escuchan una explicación del proceso de evaluación	El facilitador describe el proceso de la auto-evaluación participativa utilizando los siete pasos.	Cuadro con los pasos	15 minutos
	Descanso		30 minutos

OBJETIVO	MÉTODO	MATERIALES	TIEMPO
¿Qué? Los participantes escogen; los temas claves para ser considerados, los logros para celebrar y las frustraciones o problemas para considerar para su mejoría.	**Grupos pequeños** (Ve página 236) Divide el grupo grande en grupos pequeños compuestos por interesados afines. A cada grupo déle las mismas 3 preguntas. Por ejemplo: • ¿Cuáles son las fortalezas del programa de capitación? • ¿Cuáles son las debilidades del programa? • ¿Qué cambios se necesitan hacer al programa? Cada grupo escribe sus ideas en un papel grande. En la plenaria cada grupo presenta sus respuestas. **Reflexión en silencio**: Una vez colocadas todas las hojas en la pared, pida a todos reflexionar en silencio sobre cuáles son los temas más importantes. **Anote los temas más importantes**: Indique a los participantes que comparten al azar lo que consideran los temas más importantes y escríbalos en un papel grande titulado "Temas Claves". Algunos temas claves escogido por varios programas de capacitación: • ¿Qué opinan los participantes acerca de la capacitación? • Cambios en conocimientos, destrezas, y actitudes por la capacitación, • Grado de logros de metas y objetivos del programa, • Relevancia de las metas y objetivos actuales del programa, • Relación entre los TACs y las comunidades, • Impacto de la capacitación sobre la producción agropecuaria, • Análisis costo/beneficio (análisis del costo con análisis cualitativa de los beneficios). Priorizar la lista: La evaluación debe limitarse a 3 o 4 Temas Claves. Todos pueden escribir en una hoja lo que consideren son los tres temas claves para ello. Durante la hora del almuerzo, dos participantes pueden calcular cuales son los 3 o 4 temas que recibieron más votos. La gente debe entender que los otros temas serán consideraos eventualmente. En una hoja aparte escriba un resumen de los logros y las fortalezas del programa para la evaluación final.	Papel grande para cada grupo. Marcadores Pequeñas hojas de papel	1 hora 45 minutos
	Almuerzo		1 hora 30 minutos

OBJETIVO	MÉTODO	MATERIALES	TIEMPO
¿Qué? El comité determina qué precisan saber de cada tema.	**Grupos pequeños** (ve página 236).Divida todos de nuevo en grupos de interesados afines. A cada grupo preséntele un tema clave. Pregunte al grupo "Cómo sabremos si tenemos un buen trabajo en esta área?" En la plenaria cada grupo informa. Juntos todos aprueban la respuesta para cada tema y realizan adiciones o correcciones. **Por ejemplo:** Para este tema, "Cómo sabremos si la relación entre la comunidad y el TAC es bueno?" La lista podría ser similar a la siguiente: • El TAC es utilizado más para atender animales con el paso del tiempo • La mayoría de la gente hablará bien del trabajo del TAC durante las entrevistas • El TAC y la comunidad estarán de acuerdo en cuanto a su papel del TAC • El TAC es activo en su comunidad • Se utiliza métodos participativos en reuniones y sesiones de capacitación facilitados por el TAC Estos son llamados indicadores. Indican la verdad sobre un tema clave. Si hay necesidad a clarificar qué son los indicadores o cómo definirlos, el facilitador puede dar su consejo profesional.		1 hora
	Descanso		30 minutos

Indicadores: Con grupos que no han tenido mucha experiencia en evaluaciones, la forma de expresar estos indicadores tal vez no satisfaga a especialistas en evaluación como "indicadores verdaderos". "Indicadores verdaderos" deben ser mensurables. Sin embargo, para los propósitos de auto-evaluación, los participantes conocen la cultura y el programa tan bien que, la intuición e información *cualitativa* normalmente tienen más sentido que datos *cuantitativos*. Por lo tanto, no es necesario saber le jerga y la formulación exacta. El objetivo principal de la evaluación es llegar a conclusiones fundamentales y decidir cómo implementar cambios positivos. El proceso y los detalles no son tan importantes como podrían ser para un evaluador que está preparando un informe para una entidad financiera.

Indicadores cuantitativos: Estos son indicadores que pueden ser medidos por números, por ejemplo, la cantidad de veces que el TAC fue llamado, o el número de animales tratados por el TAC.

Indicadores cualitativos: Estos son los indicadores de los sentimientos y pensamientos de la gente. Son medidos por cómo la gente fue o son afectados por algo: pro ejemplo, el TAC fue tan emocionado en su trabajo que solicitó más información y capacitación, o el TAC hace su trabajo ahora con mucha más confianza que antes.

OBJETIVO	MÉTODO	MATERIALES	TIEMPO
¿Cómo recabar la información? Los participantes diseñan las herramientas o técnicas que se utilizarán para explorar los temas claves y coleccionar información.	**Pequeños grupos:** Cada grupo debe tener gente representando a cada grupo de interesados presente. Asigne un tema clave a cada grupo. Cada grupo planifica lo que harán las personas que visitan a las comunidades para ayudar a la gente hablar del tema. (Ve Paso 3 para ideas). A veces se requiere más que una herramienta para un indicador. A veces una herramienta servirá para varios indicadores. Sea breve y sencillo. Si una técnica/ejercicio provee información útil, no utilice una más complicada. Varias herramientas utilizadas en el pasado son: • Revisar registros del proyecto • Observaciones en granjas seleccionadas • Entrevistas semi-estructuradas con individuos y grupos pequeños (Ve página 261).	Los materiales que requieren los participantes para completar su plan.	1 hora
Cada grupo comparte sus herramientas y planes.	En una plenaria, cada grupo comparte uno de sus herramientas más complicadas. Reciban retroalimentación sobre ellas y el plan del grupo plenario.		1 hora

Paso 3: Recoger la Información

Al comienzo de cada visita, el equipo proveerá a la comunidad/un pequeño grupo/productor:

1. Una explicación detallada de su visita,
2. Un resumen de los temas claves a ser explorados,
3. La seguridad que no se está evaluando a los productores – se está solicitando a los productores ayudar a evaluar el programa.

Todos los miembros de la comunidad necesitan sentirse parte de la evaluación. Algo de esta preparación ya se habrá logrado dado que algunos líderes de la comunidad, productores o los TACs debían haber asistido a la reunión del diseño de la evaluación. Pero siempre es mejor dar mucha información acerca del por qué estan en la comunidad, que muy poca. No se puede asumir que todo el mundo sabe lo que está ocurriendo.

Cada visita a una comunidad debe incluir una mezcla de actividades como ser, andar en granjas seleccionadas, entrevistas semi-estructuradas con individuos, charlas en pequeños grupos, reuniones /entrevistas con grupos grandes y la revisión de registros.

Algunas dinámicas para usar en reuniones de grupos

Las siguientes dinámicas han sido utilizadas con éxito en una evaluación. Se enfocan temas calves específicos definidos por el equipo de evaluación. Las compartimos como ejemplos, no para usar directamente.

1. Calificación de temas de los talleres para determinar los temas más importantes y más utilizados (Ver "Calificación y Clasificación", página 255). En grupos pequeños la gente consideró cuáles eran los temas más importantes y utilizados de los talleres de capacitación que habían asistido. Cada tema fue escrito en una tarjeta. El grupo clasificó las tarjetas en tres categorías: Utilizado mucho, Utilizado poco, No utilizado. Esta dinámica generaba una buena reflexión con la comunidad sobre sus prioridades antes del taller y que han usado más del taller.

2. Debate – Educación Popular vs. Educación Tradicional, qué es mejor?
Esto iniciará una discusión excelente. Primero haga una lluvia de ideas sobre qué quiere decir educación popular" y qué quiere decir "educación tradicional". Esta lluvia de ideas permite demostrar la capacidad de la gente para analizar las metodologías. El tamaño del equipo de debate es importante. Si es un grupo grande (más que 15) cada equipo debe tener alrededor de 5 personas. Si el grupo es más pequeño, divide a todos en 2 grupos. Tire una moneda para definir quien debate a favor de cada lado. Anote todas las respuestas compartidas durante el debate. Ve página 9.

3. Andar juntos en el terreno de los participantes, observando a sus animales. Realice entrevistas semi-estructuradas (página69) y anote las respuestas. Las entrevistas semi-estructuradas facilita una conversación fluída en vez de seguir un proceso más formal de preguntas y respuestas.

4. Juegos de tablero. El equipo de evaluación diseña un conjunto de preguntas que puedan ayudar a la gente discutir los temas claves. Luego se puede desarrollar un juego con preguntas apropiadas por los diferentes grupos. Mientras que los participantes hablan de cada pregunta, el equipo de evaluación anota sus respuestas a las preguntas. Esto es apropiado para usar con equipos o grupos pequeños. Animación y motivación son importantes – estos juegos deben ser divertidos además de analíticos. La información debe ser anotada y compartida a la finalización de cada juego. Si un grupo pequeño juega, ellos deben informar sobre el juego en la plenaria. (Ve "Juegos de Tablero" Página 276.)

Un juego de tablero que funciona bien para una evaluación es:

El camino a nuestra visión (puede ser modificado, por ejemplo "El camino a una mejor producción" o "El Camino a la conservación de Suelo) dependiendo cual es el tema calve bajo análisis. Ve "El camino a nuestra visión" página 276.

5. Socio dramas. Se pueden utilizar para que la comunidad demuestre cómo sus miembros sentían una situación antes de la capacitación y como lo sienten ahora después de la capacitación. Por ejemplo, en una evaluación, la gente quería saber cómo la capacitación en el fortalecimiento institucional había afectado la organización comunitaria. En una reunión, se dividió toda la comunidad en dos grupos para crear dos socio-dramas. La mitad de la comunidad demostraba como se conducía una reunión anteriormente (antes de la capacitación) y la otra mita demostró una reunión comunitaria después de la capacitación. Ve "Socio Dramas" página 244.

Paso 4: Organizar la información

Organice la información cada noche durante las visitas de campo. Cada persona del equipo debe hacer un resumen individual de lo que han aprendido según los indicadores escogidos en el Paso 2. Después todo el equipo debe hablar y hacer un resumen por cada comunidad.

Por ejemplo, podemos usar el tema clave "Relación entre los TACs y las comunidades".Una comunidad podría realizar un sociodrama llamado "Metodología participativa utilizado durante sesiones de capacitación sobre parásitos, conducidos por el TAC." Cada miembro del equipo de evaluación anota sus observaciones durante el socio drama y durante el intercambio comunitario posterior.

Una lista de las observaciones de un miembro del equipo de evaluación podría parecer a la siguiente:

- El TAC demostraba mucho conocimiento y confianza.
- Participaron jóvenes y mayores.
- Los participantes no hablaban suficiente.
- El TAC habló muy fuerte, y no dio suficiente tiempo a la gente para responder.
- Toda la información estaba presente pero pareció todo muy mecánico.
- El instructor parecía impaciente.
- No se utilizó ningún animal vivo en el sociodrama, aunque las instrucciones indicaban que esto era una opción.
- Ninguna mujer habló ni fue consultada para dar su opinión.

Nota: Estamos usando un ejemplo más negativo por el hecho que esto lleva a un análisis y conclusiones más interesantes. Es importante dar igual atención a experiencias positivas. En algunos casos puede ser que no haya nada negativo para analizar.

Aquí hay un ejemplo de una lista de otra comunidad donde sólo se mencionaron relaciones positivas:

Para el indicador "El TAC será activo en la comunidad".

- El TAC vive en la comunidad y coparte el mismo idioma y cultura que los demás.
- El TAC participa en las reuniones y festividades de la comunidad.
- Los comunarios demuestran mucho respeto y afecto por el TAC.
- Los comunarios solicitan la opinión del TAC en muchos temas no relacionados a los animales.
- Los comunarios muchas veces dan pequeños regalos al TAC como agradecimiento por su generosidad.

El equipo también debe mirar a otros indicadores y anotar sus observaciones: el número de ocasiones que el TAC es llamado a tratar animales; la actitud demostrada por los productores hacia el TAC etc.

El grupo puede acomodar estas observaciones en un cuadro resumen, asegurando que todos están de acuerdo. Este resumen podría verse como el de la siguiente página.

Cuadro 1

Tema Clave: Relaciones entre TAC y Comunidad	**COMUNIDAD:** XXXX	**TAC:** yyy
INDICADOR: Número de veces se consulta al TAC	**FUENTE DE INFORMACION** Registros del TAC Registros del proyecto	**HALLAZGOS** Incrementó en 14% en los últimos dos años – le llaman seguido para atender problemas.
Actitudes de productores hacia el TAC	Entrevistas personales Reuniones de grupos	El TAC ha sido de ayuda y siempre está listo a tratar a los animales, pero no tiene suficiente paciencia para mostrar a los productores como solucionar los problemas ellos mismos.
Roles del TAC definidos por el TAC y la comunidad	Entrevista con TAC y Reunión - grupo de productores	El TAC ve su rol como curar a los animales, los productores ven su rol más como "capacitador" para enseñarles técnicas preventivas.
Participación del TAC en actividades comunitarias	Registros comunitarios Entrevista TAC Reunión de grupo	El TAC solo viene a la comunidad para tratar a los animales. Ya no vive en la comunidad.
Metodología usada en sesiones de capacitación sobre parásitos	Sociodrama en la comunidad XXX	TAC tiene conocimientos excelentes para curar animales TAC es impaciente y dominante No involucra a los participantes completamente No motiva a las mujeres a participar No se utilizan animales vivos Pasos correctos pero "sin vida" (Esta lista es un resumen de los comentarios de la lista anterior)

Reunión del equipo para compilar información

Cuando se ha hecho el resumen de la visita a cada sitio, el equipo(s) debe reunirse de nuevo para un día para compilar un resumen general de los hallazgos en papeles grandes, para compartir con el comité completo en la reunión de análisis. El mismo cuadro de arriba puede utilizarse como el formato para el resumen general. Este resumen debe tener el detalle necesario para hacer un buen análisis, pero no precisa incluir cada detalle. Sin embargo, si los hallazgos son distintos para diferentes TACs se precisará de más detalles.

Por ejemplo, si todos los TACs en el área tienen resúmenes similares al de arriba, el problema puede residir en la capacitación de ellos. Pero si la mayoría tienen resúmenes muy distintos y el de arriba es la excepción, el problema puede ser su personalidad o enfoque de su trabajo del TAC en particular y la solución será diferente.

A veces, el equipo no puede resistir hacer un análisis durante estas reuniones de grupo. Cuando esto ocurre, el equipo tiene que reconocer que esto no es el producto final. Estas recomendaciones no deben ser presentadas al comité al mismo tiempo que presentan los hallazgos. Los participantes tienen que acordarse de que ellos son parte de un grupo de interesados más grandes en el proyecto, y que los demás deben tener la oportunidad para dar sus insumos en la reunión de análisis tal como todos. Esto sólo puede ser problemático si los de evaluación llegan a sentirse dueños y protectores de sus propias conclusiones y dominan al comité.

Paso 5: Analizar, hacer seguimiento, evaluar

Una vez más se convoca al grupo grande de los representantes de los distintos interesados en el proyecto. Si varios meses han pasado, algunos ejercicios introductorios pueden ser necesarios para recordar a todos, su tarea como comité. Si la reunión de diseño se realizó recientemente, simplemente una bienvenida e introducción corta antes de comenzar el análisis, sería suficiente.

A continuación damos un ejemplo de guía cuando solo pasaban 13 días entre las reuniones de diseño y análisis, entonces hay muy poca necesidad para repasar.

Plan para la reunión de análisis, seguimiento y evaluación:

OBJETIVO	MÉTODO	MATERIALES	TIEMPO
Se recuerda a los participantes el propósito de la reunión	**Bienvenida** Una presentación breve y repaso de los pasos del proceso de auto-evaluación. Notar dónde esta reunión cabe dentro del proceso	Cuadro de los 7 pasos	15 minutos
Los participantes preparan una lista de sus esperanzas y temores para la evaluación	**Lluvia de ideas:** (Ve página 238) En sesión plenaria los participantes comparten primero sus esperanzas y luego sus temores en cuanto a la evaluación basados en lo que ha pasado hasta el momento. El facilitador, o un participante, escribe una lista titulada "Esperanzas" y otra "Temores". Guarde esta lista para la evaluación de la evaluación. Si emergen serios problemas del proceso de la evaluación, divida el grupo en otros pequeños para sugerir soluciones para los problemas. Cada grupo pequeño trabaja con un problema distinto.	Hojas de papel grande	30 minutos
Los participantes preparan una lista de debilidades y fortalezas del programa	**Identificación de debilidades y fortalezas**** La presentación de hallazgos: Trabajando con un tema clave a la vez, solicite al equipo o equipos que presentan sus hallazgos. Pega todos los hallazgos a la pared. Divide en grupos pequeños: Cada uno prepare una lista de las debilidades que se han encontrado y otra de las fortalezas que han surgido para el primer tema clave. Cada grupo pequeño presenta su lista. Prepare una lista que resuma las debilidades en otra hoja grande. En un papel distinto haga el resumen de las fortalezas observadas o personas/actividades específicas que deben ser celebradas o reconocidas en la reunión de festejo. Proceda al próximo tema, hasta que los logros y debilidades de cada tema clave hayan sido anotados.	Hallazgos de cada grupo en cuadros Hojas de papel grande Marcadores	1 hora
	DESCANSO		15 min.

** En esta sesión se puede encontrar que la interpretación juega un papel importante. Una parte clave del día será identificar qué problemas son simplemente el resultado (efectos) de otros problemas más profundos (causas) que tienen que identificarse, si se va a encontrar buenas soluciones. A veces un indicador dará resultados confusos que necesitan interpretación. Por ejemplo, habíamos decidido que si el número de solicitudes de apoyo al TAC se incrementaba, esto sería un indicador de una buena relación entre el TAC y la comunidad. Sin embargo cuando combinado con otros indicadores, encontramos que el TAC probablemente estaba creando dependencia en su persona para problemas que podrían ser resueltos por los mismos productores. Esto resultó en un mayor número de llamadas. Acá vemos un ejemplo para mostrar por qué se necesitan más que un indicador para hacer una interpretación buena.

OBJETIVO	MÉTODO	MATERIALES	TIEMPO
Los participantes analizan las debilidades y crean una lista de las causas de las debilidades por cada tema clave del programa	**1.** Saque las listas originales y coloque las nuevas de debilidades, en la pared a la vista de todos. **2.** Para cada debilidad, discutan si es un efecto (provocada por una causa más profunda) o si es la causa verdadera que se debe solucionar. Por ejemplo, en el caso del TAC YYY en Comunidad XXXX, debemos considerar si la debilidad es el TAC (en cuyo caso tal vez tiene que ser reemplazado el TAC) o si la actitud del TAC es el resultado de una causa más profunda; por ejemplo, una capacitación inadecuada de los TACS en general (en este caso la solución sería, más capacitación). **3.** Para ayudar en la interpretación de los hallazgos, debe mirar a otros datos u observaciones. En el caso del TAC YYY podemos mirar a la situación de los otros TACS que recibieron la misma capacitación observando si están experimentando las mismas debilidades. **4.** Si la debilidad está presentada en términos de la causa verdadera y no sólo un efecto de otra causa más profunda, déjela en la lista. si la debilidad resulta ser efecto de una causa más profunda, agregue la causa más profunda a la lista. **5.** Varias debilidades pueden tener la misma causa-raíz. Identificar estas “causas” es el equivalente a “conclusiones” de una evaluación tradicional. **6.** Después de discutir sobre varios temas, averigüe si el grupo se siente suficientemente conforme para seguir este proceso en grupos pequeños y acelerar el proceso. Si no, sigua facilitando la sesión hasta que cada debilidad haya sido analizada de esta manera. **7.** Debe quedarse con una lista nueva de las verdaderas causas que deben ser solucionadas.***	Listas de debilidades Hojas de papel grande Marcadores	
	ALMUERZO		1 hora 30 minutos

*** Un grupo más pequeño de miembros del comité puede tomar esta lista revisada de causas/debilidades y clasificarlas durante el almuerzo, o todo el grupo puede hacerlo si aún tienen energía! Normalmente, hay algunas debilidades que son repeticiones de otras, y varios “problemas” menores que pueden ser combinados en una sola causa. Usualmente, la lista de temas separados se reduce, con algunas sub- categorías dentro de temas más grandes.

OBJETIVO	MÉTODO	MATERIALES	TIEMPO
Los participantes preparan planes de seguimiento.	**Planes de Seguimiento** Grupos pequeños: **1.** Reparta las debilidades y las causas de los temas claves identificados entre los grupos. **2.** Cada grupo decide qué se necesita hacer para superar cada una de las debilidades y causas que se han presentado. **3.** Cada grupo hace un plan de seguimiento para cada categoría de debilidad o causas. En este paso es importante tener presente gente de toma de decisiones en la reunión, para poder preparar planes reales de seguimiento. Si en el grupo no hay nadie con poder de toma de decisiones, los planes serían tentativos, pero deben ser tomado en cuenta con mucha seriedad por el o las que toman decisiones cuando los reciben. El plan de seguimiento debe parecer un plan de acción estratégico, con los objetivos, personas responsables, plazos y recursos precisados y definidos (como ejemplo, ve Cuadro 2 en la siguiente página). Si existen muchos temas para tratar (y muchas veces los hay en la primera evaluación), tal vez no habrá tiempo para completar un plan de seguimiento para cada tema. En este caso, los pequeños grupos deben desarrollar el objetivo y dejar la preparación del plan para otra reunión o, al gerente del programa. Este objetivo se convierte en la "recomendación" de una evaluación tradicional y dado que fue desarrollado por los participantes, es más probable que sea útil y relevante.	Listas de categorías de debilidades y causas. Hojas de papel grande Marcadores	Variable
Los participantes evalúan el proceso de evaluación.	La última hora de la reunión debe dedicarse a evaluar el proceso de evaluación. La evaluación será la misma que se hace después de un taller y es diseñada para identificar cambios que mejorarían la próxima auto-evaluación.		1 hora

Cuadro 2: Un ejemplo de un plan de seguimiento a una evaluación

DEBILIDAD Y/O CAUSA	OBJETIVO	TAREAS	PERSONA(S) RESPONSABLE	PLAZO	RECURSOS REQUERIDOS
La mayoría de los TACs en comunidad XXX no están involucrando efectivamente a las mujeres en las sesiones de capacitación, la causa es una capacitación inadecuada en la consciencia de género.	Realizar una sesión de capacitación en temas de género para todos los TACs. Los TACs del la comunidad XXX serán obligados a asistir.	Se pedirá a los capacitadores A y B facilitar este encuentro. Si ellos no pueden se solicitará que lo hagan los facilitadores C y D.	La Sra. T. hará los contactos. El Sr. P. organizará las sesiones.	Se harán los contactos hasta el 10 de abril. Si es necesario las alternativas serán contactados hasta el 20 de abril. Se realizará la capacitación a medianos de junio (fechas de finalización de los instructores)	$us. 500 para el transporte, hospedaje y honorarios para los facilitadores.
Uno de los TACS no se está relacionando bien con la comunidad. La causa parece ser una mala selección del TAC.	Se presentará los hallazgos al TAC y se le preguntará qué cambios se puede hacer. Si él está dispuesto a hacer cambios, le darán un periodo de prueba; sí no, será removido de sus responsabilidades y la comunidad será aconsejada acerca de qué cualidades tomar en cuenta para la selección del nuevo TAC.	Acercarse al TAC con los hallazgos y supervisar el periodo de prueba o relevar al TAC de toda responsabilidad	El señor P contactará al TAC, supervisará el periodo de prueba y/o relevará el TAC de sus funciones.	Se hablará con el TAC dentro de dos semanas, y el período de prueba, durará 6 meses. Si se tiene que escoger un nuevo TAC, ésto se debe realizar antes de la próxima sesión de capacitación programada.	No se precisan recursos adicionales

Paso 6: Escribir un Informe Borrador

El facilitador/líder puede escribir el informe o puede asignar diferentes partes del informe a distintos miembros del equipo. El informe borrador debe estar escrito dentro de dos semanas de terminar la reunión de análisis. Dado que la mayoría de las personas que tienen que entender el informe, han estado involucrados en la evaluación, no hay necesidad de incluir descripciones largas de los hallazgos.

Una manera para organizar el informe:

Sección 1 PROPÓSITO: Un párrafo que describe el propósito de la evaluación (de la reunión de diseño). Al finalizar dirige el lector al apéndice que debe incluir todo la información de las fechas de las actividades, las comunidades visitadas y las personas en el equipo en los comités. El apéndice puede ser sencillamente notas de la reunión de diseño.

Sección 2 FORTALEZAS: Aquí se mencionan las fortalezas identificadas y celebradas, incluyendo cualquier indivíduo que debe ser reconocido por contribuciones excepcionales al programa.

Sección 3 HALLAZGOS Y SOLUCIONES RECOMENDADAS, PLANES DE SEGUIMIENTO: Estos hallazgos, conclusiones y recomendaciones deben ser organizados según los temas claves identificados en la reunión de diseño.

Por ejemplo:

Tema Clave 1:
Hallazgos: Un párrafo resumiendo los hallazgos
Solución sugerida/plan de seguimiento
Aquí es donde se debe tener el cuidado de incluir (listar) todas las decisiones que se tomaron en la reunión de análisis. Si se prepararon planes de acción con la participación de las personas con poder de decisión, esto debe notarse. Si las personas que toman las decisiones no estaban involucradas, se debe referir al plan como "sugerido" o "tentativo".

Tema Clave 2:
Etc.
Etc.

El informe no tiene que ser una obra de arte larga y tendida. Su propósito principal es tener un registro histórico de los hallazgos y decisiones tomadas, para permitir que la próxima evaluación pueda construir sobre la base de la actual. En algunos casos, los hallazgos son útiles o suficientemente interesantes que alguien puede escribir un artículo para una distribución más amplia. En nuestra experiencia, los informes de evaluación nunca son leídos por un público amplio. Sin embargo, se da mucha importancia a compartir los resultados de evaluaciones. Artículos cortos y concisos de temas específicos que surgieron y cómo fueron resueltos, puede ser bastante útil a la audiencia involucrados en el desarrollo, comentario y la capacitación.

El borrador del informe debe estar listo para ser leído por todo el comité para asegurar que las decisiones y hallazgos son registrados lo más correctamente posible antes de finalizar el informe.

Paso 7: Celebrar los logros del programa y presentar los resultados de la evaluación

Si el programa es pequeño y las comunidades ubicadas suficientemente cercanas, se puede llamar a una sola reunión y juntos celebrar el programa entre todos. Si las comunidades son dispersas, puede haber varias celebraciones. Los líderes que participaron en el comité pueden dirigir estas celebraciones o festejos.

Existen varias razones importantes para realizar estos festejos.

- Reconocer a las personas quienes han hecho un aporte excepcional (muchas veces hemos escrito cartas de premiación a estos individuos).
- Compartir los resultados de la evaluación.
- Celebrar en una forma apropiada los logros y las fortalezas del programa (dramas/juegos/ entretenimiento, una comida especial, o cualquier manera que sea culturalmente significante).

Es durante esta reunión que la gente se da cuenta cómo las evaluaciones son beneficiosas para el programa. Si nunca se comparte los resultados y las fortalezas no son reconocidas las comunidades pueden ver a las evaluaciones simplemente como un ejercicio requerido y diseñado para juzgar y criticar al programa.

Idealmente, el informe final será distribuido durante esta reunión. Sin embargo, muchas veces toma tiempo finalizar el informe y la celebración debe realizarse bastante pronto, después de las visitas a campo. Si el informe borrador ha indicado que no hay problemas con la manera que se han registrado las decisiones, se pueden llevar a cabo las celebraciones antes de la distribución del informe final. El enfoque del festejo es sobre los logros y rara vez hay discrepancias sobre ésto en el informe borrador.

Sección 3

Temas claves en la capacitación agropecuaria

Cada uno de estos temas afectará la calidad de su programa de capacitación en el sector agropecuario. Un balance de género y la participación familiar son necesarios para una capacitación efectiva. Si las personas no se comunican bien, no participarán. Si estamos capacitando en un área donde existen prácticas tradicionales, deben ser incorporadas a cualquier programa de capacitación.

Capítulo 9
Valorar el papel y la participación de las mujeres

Este capítulo cubre los siguientes temas:

Si está involucrado en un programa pecuario o de capacitación, sea este en zonas urbanas con animales menores o en zonas rurales, observe quien está participando en el programa. ¿La mayoría son hombres o la mayoría son mujeres? Si los animales proveen la base del sustento económico para la mayoría de las familias en la comunidad, y su programa trabaja principalmente con hombres o mujeres, ¿es realmente participativo? Puede ser que esté excluyendo uno u otro.

La producción pecuaria afecta a la nutrición, salud, bienestar y economía familiar. Dado que toda la familia es afectada en gran medida, ambos, hombres y mujeres deben ser considerados para participar en el programa. Si el programa de capacitación es apropiado e inmediatamente aplicable, incluirá las necesidades de capacitación tanto del hombre como de la mujer.

El factor de la invisibilidad

¿Por qué al iniciar programas de capacitación agropecuario, y proyectos no alcanzan a toda la familia o se enfocan solo en los hombres? Muchos individuos en una comunidad no valoran su trabajo. Como reflejo de esta situación, a veces los programas de desarrollo consideran mayormente los roles o papeles de los hombres y no los de las mujeres en su planificación. Algunos se refieren a esta realidad como **"la invisibilidad del trabajo de la mujer".**

Considere este ejemplo real de cómo **se utiliza la acción para el análisis.**

En el altiplano de Bolivia existe una cooperativa de productores agrícolas que sólo permitió a hombres como miembros. Tuvieron problemas como organización y muchas veces se encontraron que su organización no era tan efectiva como ellos deseaban.

Pidieron ayuda en fortalecimiento institucional de una organización de afuera de la comunidad.

Cuando esta institución comenzó a trabajar en la comunidad, preguntaron por qué las mujeres no vinieron a las reuniones de la cooperativa. Los hombres respondieron que las mujeres no trabajaban con los cultivos o en la cooperativa y por lo tanto no fueron admitidas como socias de la cooperativa. Además, no permitían que las mujeres recibieran capacitación ni créditos.

La organización de apoyo planificó un taller de dos días para las mujeres y por medio de un programa de alimentos para madres obligaron a todas las mujeres a asistir a la capacitación. Durante el taller, era obvio que la mayoría del trabajo con cultivos y las actividades de la cooperativa se pararon. Las mujeres analizaron esta situación durante el taller.

En la próxima reunión de la cooperativa, los facilitadores preguntaron a los hombres, qué pensaron de la capacitación que se había dado a las mujeres, Los hombres respondieron enfáticamente que la capacitación fue mala por que perjudicó su trabajo. ¿Por qué? preguntaron los funcionarios de la institución. Los hombres dijeron por que ellos tenían que cocinar, lavar y llevar los animales a pastorear y fijarse si los niños habían comido e ido a la escuela, Esto no dejó tiempo para los cultivos. Algunos habían estado en la siembra, y hablaron de cómo tenían que parar por que normalmente el hombre ara y la mujer va sembrando. El facilitador discutió con ellos cómo entonces la mujer juega un papel importante en la producción de cultivos aun que no siempre están en los chacos.

También hablaron de las tareas que cumplieron las mujeres en el chaco durante la siembra y la cosecha y en dar de comer a los trabajadores contratados. Hasta discutieron cuantas veces consultan con sus mujeres acerca de los cultivos que siembran y las decisiones que toman en conjunto.

La historia arriba puede utilizarse sin presentar el final para permitir que la gente analice la situación y sacar sus propias conclusiones de cómo las mujeres participan en la producción. El diálogo puede ser fructífero ya que la gente puede ver la aplicación directa para las organizaciones en su comunidad.

Fuente; C-CIMCA

Dado que muchas comunidades no valoran el trabajo y papel de las mujeres, también les prohíben participar plenamente en la vida comunitaria.

Puede consultar al grupo de participantes y facilitadores si ésto ocurre en sus comunidades. ¿Cuál es la verdad en esta situación? ¿Cuál es el mito?

Esta perspectiva de los roles de las mujeres hace daño a la comunidad dado que pierde la mitad de los recursos disponibles, para la solución sabia de sus problemas. Es como una bicicleta con dos ruedas. Nadie se da cuenta que ambas son importantes hasta que se pincha una de las llantas.

En muchas zonas la gente se está dando cuenta cómo esta situación perjudica a su comunidad. Están tomando medidas para involucrar plenamente a las mujeres: Están construyendo familias mas fuertes que trabajan juntos para construir su futuro.

Veamos como un grupo analizó los roles de los miembros de la familia en el manejo de los animales

- Efectuaron todos juntos, una lluvia de ideas, formando una lista de todas las tareas que se implican en el cuidado de una vaca de propiedad de la familia.
- Luego dibujaron este cuadro, para ordenarla, mediante un dibujo hecho en el piso.

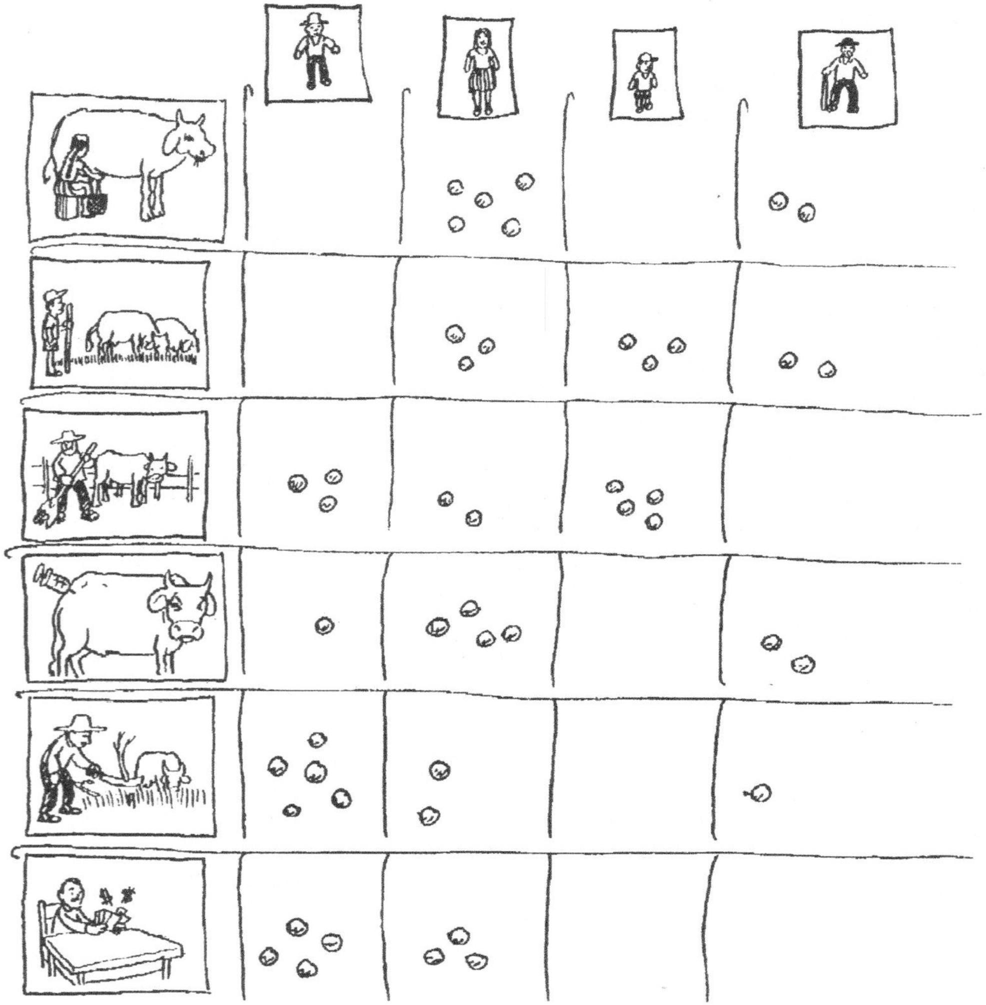

- Cada persona decidió quien empleaba mayor tiempo en cada tarea. Por ejemplo, si el pastoreo (ya sea llevando el rebaño a un prado o cortando forraje) lo hacen las mujeres, niños y abuelos, ponían más piedrecillas para la persona que hace la tares más a menudo y menos par aquellos que lo hacen menos frecuentemente.
- Una vez que la gente ordenó las tareas, comenzó a discutir acerca de las mismas. Examinaron la cantidad de trabajo efectuado por cada miembro de la familia.
- Del análisis de este cuadro, empezaron todos a **reconocer y a valorizar el trabajo que cada uno hace.** Empero, vieron en especial cuánto trabajan las mujeres en el manejo del ganado.
- La gente usó esta información para definir su proyecto de ganadería y para decidir quién debería asistir a la capacitación sobre cuidado de ganado, y quién aprovecharía más la capacitación. ¿Puede usted ver a partir del cuadro, quién debería recibir más capacitación? Si nuestro programa de capacitación en producción ganadera o agricultura va a ser inmediatamente aplicable y relevante, debemos de considerar e incluir el rol de la mujer y sus necesidades de capacitación, al mismo tiempo que las de los hombres. Buscaremos también formas de fortalecer a la familia y la forma en que trabajen todos juntos.

Para mayor información sobre ordenación, véase “Herramientas,” en la pág. 255

¿Entonces como podemos borrar el factor de la invisibilidad? ¿Cómo podemos estar seguros que nuestro programa da capacitación a la gente que realmente la necesita?

El Análisis de Género

Una manera es de crear una consciencia del factor de la invisibilidad. Una vez que la gente tiene consciencia, pueden tomar decisiones sobre capacitaciones. Crear consciencia se llama análisis de género. Hay muchas maneras para hacer análisis de género y muchos recursos buenos sobre el tema. (Ver "Recursos" página 335).

Sexo refiere al hecho si una persona físicamente es hombre o mujer. Esto no se cambia y es universal. Es definido por la biología.

A continuación hay algunas definiciones breves.

Género se refiere a roles o características que la sociedad ha asignado a la gente, como ser quien lava la ropa y quien maneja el auto en la familia, o quien debe ser sumiso y quien debe ser fuerte. Esto es cambiable y no es universal. Es definido social y culturalmente.

El análisis de género es un proceso de crear consciencia y reflexionar personal o colectivamente sobre los roles o características que una sociedad ha asignado a hombres y mujeres.

¿Se fijó en la palabra *proceso* en la definición de análisis de género? ¿Se acuerda del **proceso de "concientización"** (Ver página 22)? Requiere trabajar juntos en un análisis profundo de la situación actual en que vive la gente. No es algo que ocurre una vez en un taller y se termina. Es un proceso mucho más largo.

¿Por qué es tan importante el análisis de género en la capacitación agropecuaria?

■ Para que entre la familia, las personas **aprecien el trabajo del otro.** De esta manera lograrán apoyarse mejor mutuamente y a ser una unidad familiar más fuerte. Los animales reciban un mejor cuidado, y la producción incremente.

Cuando las mujeres participan, **la organización comunitaria llega a tener mucha más efectividad.** Las actividades de producción pecuaria, el mercadeo de productos pecuarios, el riego comunitario, el control de la erosión de suelos, préstamos para animales, etc. serán más exitosos.

■ Para que se provea **capacitación apropiada** a las personas correctas para que sea de utilidad inmediata. Muchos programas pecuarios dan la capacitación sólo a los hombres. Sin embargo, muchas veces las mujeres trabajan con los animales. ¿Cuán efectivo puede ser esto?

■ Para que las personas, especialmente las mujeres, valoren más la contribución que hacen al trabajo y producción familiar. Tanto las mujeres como sus maridos comiencen a valorar el papel de la mujer. Esto **incrementa en auto estima de las mujeres** y les ayuda a ser participantes proactivas en el desarrollo de su familia y de su comunidad.

■ Para que la comunidad no pierda el valor de la mitad de las ideas y trabajo de sus vivientes. Las mujeres son 50% de la población, 50% del problema y 50% de la solución.

■ Para que los **proyectos pecuarios no resulten en una mayor carga de responsabilidad a las mujeres** quienes ya tienen una sobre carga de trabajo, sin beneficios concretos para ellas. El proyecto puede ayudarles a reducir su trabajo actual mientras los beneficios del proyecto incrementan su acceso y control sobre los recursos.

Una historia real

En las llanuras de Bolivia un grupo de mujeres decidió que les gustaría incursionar en la producción de huevos a escala mediana en su comunidad. Una institución aceptó apoyarles.

Las mujeres recibieron capacitación técnica en la producción y mercadeo de gallinas y huevos. Sacaron un préstamo y construyeron la infraestructura para 1000 gallinas, incluyendo un pozo de agua y un molino. Entraron a la producción con un manejo excelente. Las gallinas se desarrollaron muy bien y comenzaron a poner huevos. Las mujeres investigaron el mercado y lograron tener clientes confiables. Aun que era mucho trabajo para las mujeres, comenzaron a ver los beneficios económicos que ellas controlaban y valoraron al trabajo que estaban haciendo.

Cuando sus maridos vieron que el emprendimiento de sus mujeres estaba comenzando a generar dinero, se interesaron. Los hombres comenzaron a manejar los libros y extender préstamos entre ellos. Cuando las mujeres vieron menos y menos beneficios de su trabajo, perdieron el interés, entonces los hombres asumieron la responsabilidad de la producción. Contrataron a alguien para hacer el trabajo e hicieron decisiones para reducir gastos. Al final el emprendimiento se quebró por el mal manejo.

- ¿Qué ocurrió aquí?
- ¿Ha visto usted algo similar en otra forma?
- ¿Qué hubiera podido hacer diferente la organización de apoyo y la comunidad?

La institución de apoyo en este caso fue al sitio para trabajar con un grupo de mujeres. Nadie dio mucho valor a las potencialidades de las mujeres y la institución no trató de involucrar a los hombres. No hubo diálogo acerca de los roles y responsabilidades en este proyecto, de quien sería el dueño de los recursos, o de los efectos potenciales en las mujeres, los hombres y sus familias.

¿Qué se analiza en el análisis de género?

Muchos aspectos de la vida de los hombres y las mujeres son consideradas en el proceso de análisis de género. Para proyectos pecuarios y capacitación, algunos de los más importantes son:

Roles de las personas en la familia, en la producción agropecuaria y en la sociedad:

- ¿Qué son los roles específicamente relacionados con actividades pecuarias?
- ¿Quién cuida a los animales y siembra el pasto?
- ¿Cómo apoyan los otros roles del hogar y de la familia al trabajo pecuario?
- ¿Estos roles son importantes?
- ¿Quién participa en la organización local y cómo participa?

El acceso de las personas a los recursos:

- ¿Quién puede conseguir leche, huevos, postes para alambrados, préstamos de animales, dinero para el cuidado de miembros enfermos de la familia, y tierra para la siembra, para la crianza de animales o implementar sistemas agro-forestales?
- ¿Quién vende los animales y sus productos?
- ¿Quién se beneficia del trabajo de la organización local?

El control de las personas sobre los recursos:

- Si un hombre o mujer puede conseguir el dinero para las cosas que precisa, cómo lo consigue?
- ¿Quién controla el dinero?
- ¿Quién es el dueño de la casa?
- ¿Quién puede recibir animales o tierra en herencia?
- ¿A quién "pertenecen" los niños y cuantos niños hay?
- ¿Cuándo se vende cultivos, animales y sus productos, quién controla el dinero y lo que se compra?

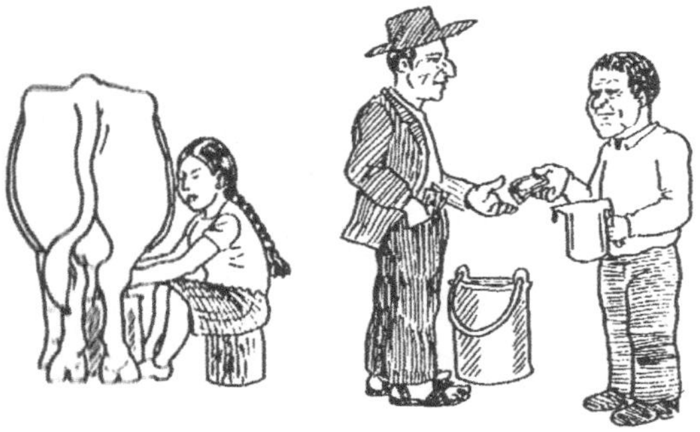

Las únicas personas que pueden analizar estas cosas son los locales involucrados en el programa. Gente de afuera no puede analizar estos temas, nunca tendrán suficiente información. La gente externa sólo puede ayudar a facilitar el proceso.

Cada programa, proyecto o capacitación pecuaria debe ser analizado en estos tres aspectos por la comunidad:

1. Los beneficios para mujeres y hombres:

- ¿Cuáles serán los logros reales del programa o proyecto?
- ¿Qué tendrán las mujeres al terminar el proyecto? Animales, huevos, dinero, pasto?
- ¿Qué tendrán los hombres?
- Quién controlará estos recursos, los hombres o las mujeres?

2. Los incentivos para la participación de la mujer:

- ¿Por qué deben participar las mujeres?
- ¿Cuáles serán los beneficios tangibles y no tangibles para ellas?
- ¿Cuáles serán los beneficios para los niños?
- ¿Serán los dueños reales del ganado o solo serán responsables para pagar el préstamo?
- ¿Tendrán más dinero en sus manos y bajo su control por la venta de leche o será más trabajo al tener que cuidar a la vaca?

3. Las restricciones para la participación de la mujer:

- ¿Qué puede pasar a las mujeres como consecuencia del proyecto desde la perspectiva de la mujer? Mas trabajo sin beneficios, un préstamo para pagar sin apoyo del marido, falta de quien cuida a los niños durante la capacitación resultando en niños enfermos, peligro durante los viajes por el mal transporte, posibles asaltos.

Herramientas utilizadas en el análisis de género

En capítulos anteriores se compartió varios ejemplos de dinámicas para iniciar discusiones sobre roles y se mencionó diferentes recursos. Aquí hay algunas adicionales.

Algunas dinámicas para analizar los roles de las personas:

1. ¿Qué es el trabajo que hacemos?

- Divide en grupos pequeños por sexo.
- Pide a cada grupo que hagan dibujos que reflejan el trabajo que hacen.
- Cada grupo debe considerar las siguientes preguntas (aplicado a su sexo) para este ejercicio.
  ¿Qué trabajo hacen mujeres/hombres en y alrededor de la casa?
  ¿Qué trabajo hacen las mujeres/hombres con los animales?
  ¿Qué trabajo hacen las mujeres en los chacos?
  Agregue dibujos de otras tareas apropiadas a su zona.

- Cada grupo hace dibujos sencillos que representan las tareas que hacen en cada área. Adelante en la sala hay que tener un dibujo grande de una mujer y otro de un hombre.

- En la plenaria, cada grupo comparte su trabajo, pegando los dibujos alrededor de la mujer y el hombre
- Juntos analicen los dibujos presentados con énfasis especial sobre el trabajo de la mujer y como contribuye a la producción familiar. ¿Tiene valor su trabajo? ¿Por qué no percibe pago por su trabajo?
- Ahora, tape el dibujo de la mujer y los dibujos alrededor de ella. Pregunte, "¿Cómo producirá la familia y la propiedad si la mujer no estuviera allí? Haga lo mismo con el dibujo el hombre. Pregunte, "¿Qué podríamos hacer ambos para apreciar mejor el trabajo de las mujeres y los hombres en nuestras familias?

2. La vida de una mujer desde el nacimiento hasta la muerte

- Divide en grupos de 4 a 5 personas, hombres o mujeres separados. Si hay personas de afuera presente con los locales en el taller, ponga las visitas en su propio grupo.
- La tarea del grupo es responder a estas preguntas:

¿Cómo es la vida de un mujer –

¿Al nacer?	¿Cómo niña?
¿Cómo mujer adolescente?	¿Antes de casarse?
¿Cómo persona madura?	¿Cómo anciana?

- Pide a cada grupo que responda a estas preguntas; luego informar de los resultados en una plenaria. Si se ha logrado un ambiente cómodo, surgirá la realidad de la mujer con este ejercicio. Dependiendo del nivel de confianza de cada mujer, el facilitador tal vez tenga que motivar a los grupos de mujeres. De esta dinámica, la perspectiva distinta de los hombres se hará evidente.

A continuación hay algunas cosas que participantes han compartido en talleres:

- **Desde el nacimiento** el bebé mujer no es apreciada como el varón. Al bebé varón le dan mejor comida.
- **Como niño** el varón muchas veces está jugando fútbol u otros deportes mientras que la niña está alzando a sus hermanos menores y cocina, lava ropa y/o pastorea los animales.
- **Como adolescente** no le permiten seguir estudiando pero debe casarse temprano o trabajar duro en casa.
- **Como mujer madura** trabaja muy duro desde el amanecer hasta tarde en la noche. En la mayoría de los casos su trabajo no es valorado o pagado. Es golpeada y abusada por su marido.
- **Como anciana** no la respetan ni la escuchan. No puede hablar en las reuniones de la comunidad o dar consejos desde su sabiduría. Los hombres dicen que sólo habla chismes.

Esto puede ser diferente en su área, pero como alguien de afuera esté preparado para ser sorprendido. Los facilitadores pueden usar la diferencia entre las percepciones de los hombres y las mujeres para estimular un diálogo efectivo y lograr una decisión de cambio. La dinámica tiene un impacto mayor en una familia u organización donde hay hombres y mujeres juntos en la capacitación.

Otra manera para hacer esto: Pida a cada grupo que presenten estatuas silenciosas para representar a cada etapa de la vida de una mujer. Los demás analicen las estatuas.
Fuente Bing Flores

3. La acción para el análisis

En la historia de las tierras altas de Bolivia, (pág. 184), la institución externa, utilizó las quejas de los hombres y un taller de capacitación para iniciar un análisis en la comunidad. ¿Puede usted pensar en una acción o situación en su comunidad que pueda ayudar a la gente a distinguir los roles de las mujeres y los de los hombres, bajo una nueva luz? El propósito es siempre apreciar el trabajo del otro. Los hombres no son los únicos que a menudo no valoran el trabajo de la mujer. Muchas mujeres muy trabajadoras, dirán: "Yo no trabajo en la finca," o "Yo no trabajo para ganarme la vida." No obstante, las actividades que ellas desarrollan son parte integral del éxito de la producción de la finca.

4. La Ordenación y la clasificación de tareas

Hágase una ordenación y clasificación, tal como se ilustra en esta sección, en la pág. 186. (Véase "Herramienta," en la pág. 255, para aprender cómo hacerlo).

5. El análisis de una historia

Alguna de las historias que se dieron previamente, (la de la cooperativa que no permitía mujeres, en la pág. 184 o la del grupo que criaba gallinas en la pág. 189), puede servir para abrir una discusión acerca de los roles de la mujer y el hombre en la producción ganadera. Sería aún mejor usar una situación real de su propia comunidad o alguna zona cercana, de la cual sepan la mayoría de los participantes. Cuente la historia o haga que un grupo emplee 30 minutos para discutir y planificar una representación de roles de una historia de la zona en que viven los participantes. Analícenla todos juntos. ¿Cuáles debieran ser los roles de las mujeres y los hombres? ¿Cómo pueden los miembros de la organización o la familia trabajar juntos más eficientemente? ¿Cómo puede la comunidad poner a trabajar el otro 50%, para alcanzar su visión para el futuro?

6. Dibujos de Uganda

Esta serie de dibujos se utilizaron en Uganda para un análisis de roles. Los grupos organizaron juntos las tareas que hacía la gente, de acuerdo a si es que las hacían las mujeres, los hombres ú hombres y mujeres juntos. Un grupo las dispuso en el siguiente arreglo:

Después ellos analizaron si esta es la forma en que las cosas deben ser, o si el trabajo se cumple mejor de esa manera. Más tarde se les dio tiempo para ajustar y cambiar los dibujos para mostrar cómo quisieran ellos que fueran. Luego discutieron la forma en que podrían efectuar estos cambios.

Recuerde, la forma en que usted dibuje las figuras, puede afectar las decisiones tomadas por el grupo. En la versión de Uganda, las mujeres se veían efectuando todas las tareas de las figuras, aún aquellas que típicamente las hacen los hombres.

Fuente: A. Beinempaka.

Algunas *dinámicas* para examinar la propiedad y los recursos:

Esta dinámica es similar al ejercicio de representación de roles que se dio anteriormente. Use dibujos para representar los recursos de una población (por ejemplo, la casa, muebles, animales, árboles, cultivos, campos, etc.). Este juego de dibujos, fue organizado por un grupo en un taller, de acuerdo a cómo la gente visualiza la propiedad de los recursos en su comunidad.

- Cada grupo trabaja con sus tarjetas disponiéndolas en columnas, y asigne los recursos a hombres, mujeres y hombres y mujeres juntos; de acuerdo a quién es el propietario. Es importante que el grupo diga quién es el "dueño" del objeto, no quién lo "usa."
- En la plenaria, cada grupo explica su opinión de por qué y cómo organizaron sus tarjetas en la forma que lo hicieron.
- Analizan la situación actual, preguntando: ¿Es ésto bueno?". Examinan la distribución de roles, así como el trabajo de los hombres y el de las mujeres. Pueden ver quién está efectuando el trabajo y quién está recibiendo el pago por el mismo. El siguiente paso consiste en preguntar a los grupos: "¿Cómo preferirían disponer estas tarjetas?
- Muchos mitos y tabúes surgen en este análisis. A menudo los hombres y las mujeres tomarán una decisión para hacer cambios en el futuro. Pueden discutir, la forma en que cambiarían esta situación.

2. Tablero franelógrafo

Esta es otra forma similar de examinar el control de los recursos. La gente tiene la oportunidad de disponer los recursos, primero según la propiedad, tal como están y después como deberían disponerse. Véase "Franelógrafos," en la pág. 248.

3. Historias con final abierto

Una historia con final abierto, tal como la historia de la producción de huevos en el presente capítulo (página 289), resulta de mucha ayuda para comenzar un análisis de este tipo. Véase la pág. 243.

4. Mapa de recursos

La comunidad, en grupos de mujeres solamente y de hombres solamente, dibuja un mapa de cómo perciben los recursos de su comunidad. Incluyen los recursos que hay disponibles y quién controla cada recurso. Véase dibujo de mapas en "Herramientas," en la pág. 253.

La participación de las mujeres en la capacitación agrícola

Espero que usted haya notado que a lo largo de todo este manual, se han estado dando sugerencias de cómo alentar la plena participación de las mujeres en un programa de capacitación. Estas ideas no están confinadas a un solo capítulo. Esto se debe a que un programa de capacitación participativa debe considerar a las mujeres, no como un grupo aislado, sino como participantes activas, importantes en cada paso del programa. Cuando los programas aíslan a las mujeres y les ofrecen clases "para mujeres" en un esfuerzo de hacer algo por las mujeres, lo que hacen es marginarlas más aún en sus comunidades. Cuando las instituciones trabajan de forma completamente separada con programas de ganadería, ¿cómo puede ésto llevar a darle valor al rol de la mujer en el hogar, la finca y en la comunidad?

Limitaciones

Es obvio que existen numerosas limitaciones a la participación de la mujer, o el asunto no saldría a luz. Algunas de tales limitaciones son las siguientes:

- Idioma
- Habilidad para leer y escribir
- Baja auto-estima
- Prohibición de participar en reuniones de la comunidad
- Invisibilidad del trabajo de la mujer
- La carga de trabajo de las mujeres

En muchas sociedades, las normas culturales vienen a constituir a menudo una de los principales limitantes. En Nepal, donde el sistema de castas y la cultura religiosa dictan tradicionalmente que las mujeres no hablen en presencia de los hombres, un largo programa de capacitación, generó los siguientes pensamientos:

Capacitación con solamente hombres o solamente mujeres:

EN PRO

- Las mujeres expresan mejor sus opiniones.
- Se alivia a las mujeres del miedo de contradecir a los hombres.
- Se permite la capacitación de las mujeres en grupos étnicos en los cuales no se permite hablar a las mujeres en presencia de los hombres.
- Permite capacitación adicional para mujeres, que no se usa en las áreas técnicas.

EN CONTRA

- Ya sean los hombres o las mujeres, quedan excluidos del proceso.
- La mayoría de las capacitaciones necesitan que se involucren personas de ambos sexos.
- Las mujeres no aprenden a expresarse por sí mismas en la población.
- No hay una definición conjunta de los problemas y soluciones de la comunidad.
- Se tiende a reforzar la separación y la desvalorización de los roles de la mujer.

Algunas veces, el programa de Nepal usa talleres mixtos, y algunas veces pasarán el mismo taller para grupos separados de hombres o de mujeres.

Maneras prácticas de alentar la participación de las mujeres en los programas de capacitación:

- El análisis de género en una comunidad a menudo será el primer paso para alentar la participación de las mujeres. Empero, algunas veces existe una gran dificultad en poder llegar al punto en que las mujeres vayan a participar en el análisis de género.
- Para el primer taller, visite sus hogares, hable con ellas, e invítelas personalmente.

- Preséntese ante la comunidad y hágales saber que la capacitación es para el bien de las mujeres.
- Tenga facilitadoras y personal femenino.
- Haga que las mujeres de la propia población sean las facilitadoras.
- Cuando se hagan representaciones con modelos, que sean las facilitadoras mujeres las que las hagan.

- Asegúrese que los miembros del personal que son varones, muestren respeto por las mujeres del personal.
- Establezca un clima de simpatía y armonía entre las mujeres y las facilitadoras.
- Aliente a las mujeres para que se animen a hablar.
- Pida a las que no hayan participado todavía, que expresen su opinión.
- Espere pacientemente que una mujer hable. Algunas veces, les toma tiempo hablar por primera vez.
- Aliente a una de las participantes mujeres, a que comience a hacer de modelo dentro del grupo.
- Asegúrese que en los sociodramas y en los dibujos, las mujeres estén retratadas en una posición o situación en que se toman decisiones, no que hayan solamente figuras de hombres. Si los participantes diseñan una representación de roles, donde solamente hay posiciones ocupadas por varones, y en las cuales se toman decisiones, puede preguntarles el por qué.
- Ponga a las mujeres en sus propios pequeños grupos, especialmente al comienzo del taller. Esto ayuda a que los hombres vean que las mujeres tienen opiniones válidas. Las mujeres ganan auto-estima y confianza en sí mismas, a medida que sus ideas y opiniones son valoradas en frente de los varones.

- Provea atención de niños, para los bebés de madres que amamantan. Si se trae a una cuidadora, el programa puede pagar su alimentación y alojamiento.
- Haga que la capacitación sea corta. Las mujeres acuden más frecuentemente, cuando el taller no toma más de 7 a 8 días, porque tienen mucho trabajo por hacer y les es difícil estar mucho tiempo lejos de su trabajo y sus familias.
- Desarrolle los talleres, cerca de sus hogares. Las mujeres desean capacitación en el mismo lugar cercano a sus casas (y no en centros de capacitación). Los hombres no desean que las mujeres viajen muy lejos y que estén fuera; asimismo las mujeres se sienten inseguras lejos de su hogar.
- Tenga varias mujeres en un taller (no solamente una).
- Provea un lugar separado para que duerman las participantes mujeres.
- Use un idioma que se acerque lo más posible a la lengua materna (primer idioma) de la gente.

En Kenia, se realizó un taller de capacitación dentro de una cultura que considera que la suegra, nunca debe mirar o hablar a su yerno. La suegra fue quién se había elegido para participar en el taller, sin embargo, el yerno también asistió. ¿Cómo hubiera usted manejado esta situación?

Los facilitadores entendieron que la suegra había sido elegida para recibir la capacitación. Cuando el grupo se sentó formando un círculo para la capacitación, las facilitadores le pidieron al yerno que se sentara fuera del círculo, detrás de su suegra. Respaldaron la participación de la mujer en el curso y le alentaron a compartir sus ideas. De esta forma, ambos participaron en el curso y se incrementó la auto-estima de la mujer.

Fuente: B. J. Lindquist.

Capítulo 10
Comunicación saludable y grupos saludables

Este capítulo abarca los siguientes temas:

Cada idea en este capítulo es útil para:

- **Facilitadores de Capacitación Participativa y TACs:** para mejorar sus destrezas en capacitación y relaciones humanas.
- **Organizaciones de base** trabajando en la producción agropecuaria: para fortalecer su trabajo en conjunto y ayudarles a continuar con sus programas y así lograr que su organización sea más efectiva.
- **Organizaciones externas** que tienen programas de capacitación y desarrollo participativos: para mejorar la efectividad y resultados sostenibles de su trabajo.

¿Por qué es tan importante que un programa agropecuario capacite a la gente en comunicación efectiva?

La mayoría de las iniciativas de desarrollo participativo se basan en que las personas trabajen juntas para resolver un problema común o lograr una visión o meta común. Una buena comunicación y buenas destrezas para trabajar en grupo, son esenciales para que una organización tenga éxito en su trabajo. Si en el desarrollo agropecuario, queremos que un programa de capacitación participativa sea efectivo, no podemos ignorar cómo la gente se relaciona el uno con el otro, cómo se comunican y cómo trabajan en grupo. **Cuando el trabajo en grupo es exitoso, construye la auto estima y la estima grupal.** La capacitación participativa, va de la mano con la buena comunicación y el buen funcionamiento de grupos. Construye la capacidad de las personas para resolver problemas sin la intervención de actores externos. **Ésto lleva a que el trabajo sea sostenible a largo plazo** después que los actores externos han salido de la zona.

Entender los elementos de la buena comunicación, es una herramienta poderosa para los facilitadores y TACs. Cuando los facilitadores saben cómo ellos personalmente responden y actúan dentro de un grupo, pueden evaluar y mejorar sus destrezas en relaciones humanas y de facilitación. Esto los hará comunicadores más efectivos. Muchas de las herramientas en este capítulo, ayudarán a los facilitadores y TACs, analizar como ellos enfrentan la comunicación y el trabajo en grupo. Ellos, a su vez, pueden facilitar un análisis similar de los participantes en un taller o en sus organizaciones de base.

Existen muchos libros y manuales buenos para trabajar en el mejoramiento de la comunicación, el trabajo en grupo y el fortalecimiento institucional. En este manual trataremos de compartir todo lo que hay sobre estas áreas. En este capítulo, se comparten algunas ideas relacionadas con temas importantes y algunas dinámicas que han sido útiles para iniciar el diálogo dentro del marco de un programa de capacitación agropecuario. Para mayor información ver “Referencias” página 333.

Si usted utilizará estas herramientas para apoyar el desarrollo de una organización, tiene que recordar que **siempre hay que comenzar con un diagnóstico participativo** de la situación. El facilitador, junto con los miembros de la organización local, deben formular un plan para identificar las fortalezas, debilidades y visión de la organización. Basados en este diagnóstico, se pueden planificar las actividades apropiadas para fortalecer la misma.

La comunicación efectiva

Escuchar, hablar, entender y mejorar

¿Le entendí a usted y usted me entendió a mí?

Empiece a trabajar en el desarrollo de buenas habilidades de comunicación a partir del primer día del taller. Como facilitador, practique lo que sabe sobre la comunicación, y siempre sea un buen modelo de la comunicación efectiva. Todos los técnicos agropecuarios comunitarios precisan de capacitación en comunicación para tener éxito en su trabajo.

Destrezas para escuchar bien

Muchas veces la comunicación falla por el hecho que dejamos de escuchar o la otra parte deja de escuchar o simplemente nadie estaba escuchando desde el principio. Lo mejor que podemos hacer es mejorar nuestra propia capacidad para escuchar y modelarla a nuestro trabajo y vida. También es importante darle a todos los participantes la oportunidad para hacer ésto.

Algunas habilidades para ayudar a escuchar:

- **Escuchar activamente.** Haga contacto con sus ojos. Afirmar lo que está oyendo con un movimiento de la cabeza o diciendo Ajá.
- **No deje de prestar atención** a lo que la otra persona está diciendo.
- No interrumpa. Esto demuestra que no está escuchando, pero más bien piense en lo que usted va a decir.
- Trate de **entender en vez de ser entendido.**
- **Repite** lo que la otra persona ha dicho en sus propias palabras y luego preguntar si ésto es los que quería decir, así asegura que realmente entendió *"Pienso que le escuché decir…"*.

Aquel que contesta antes de escuchar, muestra su torpeza para vergüenza suya.

Proverbios 18:13

Para una buena información sobre escuchar en la comunicación ver Hope y Timmel *"Training for Transformation"* en "Referencias" página 330.

Dos *dinámicas* para ayudar a practicar y hablar sobre como escuchar efectivamente:

1. Esto es lo que le escuché decir:

• Haga que los participantes se sienten formando dos filas mirándose las caras en tal forma que cada participante tenga una pareja en frente de la otra.

• Tenga preparado unas afirmaciones conflictivas escritas en pequeñas hojas de papel. Los conflictos deben ser reales y que normalmente generan discusión en su grupo.

Ejemplos de afirmaciones conflictivas

- Las mujeres no deben asistir nunca a las reuniones comunitarias.
- Sólo los hombres deben participar en la capacitación pecuaria.
- Es responsabilidad del hombre golpear a su mujer.
- Todos los remedios tradicionales son mejores que los remedios comprados.
- Es mejor utilizar la tierra para producir lo máximo posible y luego abandonarla por tierra nueva.
- Es el derecho de un presidente sacar recursos de la organización; esto es la forma de recibir pago por su trabajo.

Trate de utilizar afirmaciones relacionadas con los temas que se van a discutir en el taller.

• Cada pareja recibe una de estas afirmaciones y dialoga sobre el tema, todas las parejas hablan al mismo tiempo, todas las personas a favor de lo escrito están a lado derecho y los de la izquierda están en contra, las personas a la derecha tienen 5 minutos para defender la afirmación, las personas al lado izquierdo tienen que escuchar atentamente, repitiendo lo que su pareja dice después de cinco minutos, las personas a la izquierda pueden refutar la afirmación, ahora les toca a los de la derecha practicar escuchar.

• Cuando los dos lados han hablado, pregunte:

- ¿Cómo se sintieron cuando estaban escuchando las ideas del otro?
- ¿Quería responder en vez de escuchar?
- ¿El escuchar a la otra persona, les ayudó a entenderla?
- ¿Qué sintieron el uno del otro?
- ¿Se molestó con la otra persona?
- ¿La buena escucha le ayudó a enfocarse en el tema, en lugar de sus sentimientos acerca de la otra persona?

> Hermanos queridos, que todos sean prontos para escuchar, lentos para hablar y lentos para enojarse.
>
> Santiago 1:19

• Después de este intercambio, haga que cada uno de la fila del lado izquierdo se desplace en una silla, para así tener una pareja nueva. La persona al final de la fila se mueva a la otra punta, pida que pasen las afirmaciones a una persona a la derecha, así cada persona tiene una pareja nueva y un tema nuevo, repita el ejercicio, haga el cambio de parejas una vez más.

• Termine la dinámica con más reflexión y diálogo acerca de escuchar bien, los participantes deben hacer una lista de los factores que consideran mas importantes para escuchar efectivamente.

2. El teléfono:

Este juego sencillo de los niños, es una herramienta poderosa cuando es acompañado con diálogo.

• Cuando los participantes están sentados en un círculo, el facilitador susurra un mensaje a la persona a su derecha, el mensaje podría ser algo como: "El 15 de septiembre, el grupo de mujeres de productoras pecuarias va a realizar su quinta feria anual. Por favor, traiga sus animales. Todos están invitados."

• Cada persona pasa el mensaje a la persona a su derecha susurrando. No se permite preguntas de aclaración, cuando la última persona ha recibido el mensaje, él o ella lo comparten en voz alta. Luego, pregunta a la última persona el mensaje que escuchó, Finalmente, lea el mensaje original, no trate de culpar a nadie.

- **Formule las siguientes 4 preguntas abiertas.**
- ¿Qué vio y sintió, que ocurrió?
- ¿Esto ocurre en nuestra organización?
- ¿Cuándo esto ocurre que problemas ocasiona?
- ¿Qué podemos hacer para resolverlos?

• Con los participantes haga una lista de todas las cosas que ellos pueden hacer para ser mejores comunicadores.

Hablar: Haga el mensaje claro

Tal como escuchar bien es esencial para la buena comunicación también la formulación de un mensaje claro, ayuda a asegurar la comprensión. Vemos el siguiente ejemplo.

En la comunidad de San Martín se realizó una reunión para organizar una campaña de vacunación. La mayoría de la gente entendió que la vacunación tendría un costo que deberían pagar después. Por lo tanto, el día de la vacunación muchas personas llegaron con sus animales pero sin dinero. El TAC había pagado la vacuna con sus recursos. En una próxima reunión después de la vacunación, muchas personas no pagaron la vacuna o querían pagar el valor de la vacuna pero no por el trabajo del TAC. El TAC se sintió desanimado y renunció a su trabajo por no poder recuperar su dinero gastado.

Muchas veces cuando pensamos que hemos comunicado algo muy bien, los oyentes no han escuchado lo mismo. Tal vez recibieron un mensaje parcial, o algo completamente distinto a lo que querríamos decir. Esto puede causar mal entendidos y peleas dentro de una organización si es un mensaje importante.

Algunos consejos para dar un mensaje claro:

- Haga a la persona o grupo con que está hablando **repetir el mensaje** que ha dado en sus propias palabras, si no es correcto, aclare el mensaje.
- **Planifique con anticipación lo que quiere decir** y piense en una forma de decirlo, lo más claro posible.
- **Hable en forma resumida,** cuando hay demasiada información el mensaje pierde claridad, diga lo esencial.

Cuatro *dinámicas* relacionadas con comunicación clara:

1. Todos dibujen esto.

• Pida a un voluntario que pase adelante y preséntele un dibujo como el siguiente.

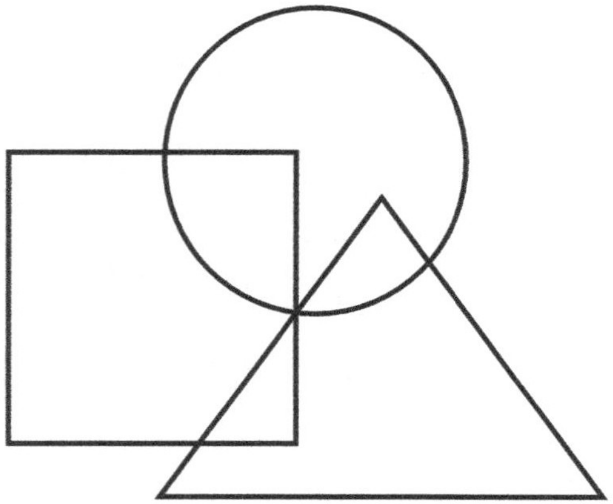

• Asegúrese que los demás no pueden ver el dibujo por el revés de la hoja (puede utilizar doble hoja o hacer el dibujo en cartulina), pida al voluntario que describa el dibujo sin que lo vean los demás para que ellos lo puedan dibujar en sus propios papeles.

• Después del primer voluntario pida que dos más lo intenten. Inmediatamente, después de cada voluntario, permita que todos muestren sus dibujos y pregunte cuál es la repetición exacta. ninguno será idéntico al otro, después de tres intentos, pregunte si alguien sabe otra forma para que alguien puede dibujar el dibujo sin verlo.

• Si no han podido reproducir el dibujo, usted puede indicar a todos como hacer el dibujo imitando dibujarlo con su dedo.

• Los resultados serán sorpresivamente bastante similar al original.
• Formule estas 4 preguntas abiertas:
  • ¿Qué vio que estaba pasando aquí? ¿Fue claro el mensaje?
  • ¿Esto ocurre en nuestra organización?
  • ¿Qué podemos hacer para superar estos problemas?
  • ¿Qué podemos hacer cuando compartimos un mensaje, para asegurar que el que escucha lo ha captado correctamente? Si somos oyentes, cómo podemos estar seguros que hemos escuchado correctamente?
• Del intercambio desarrolle una lista de lo que se puede hacer para motivar y asegurar una buena comunicación.

2. ¿Puede repetir ésto?

• Pida a todos que saquen un lapicero y una hoja de papel, muéstreles un dibujo claro pero bastante complicado por cinco o diez segundos, el dibujo puede ser del tamaño de toda una hoja o un poco más grande, que sea un dibujo lineal sin relleno, puede usar el escudo de su país o ciudad u otro símbolo visto comúnmente pero probablemente no conocido en detalle.

• Esconda el dibujo, pida a todos que dibujen lo que habían visto.

• Pida que todos muestren sus dibujos al grupo. Luego comparan los dibujos con el original.

• ¿Cómo salieron los dibujos?

• ¿Qué estaba pasando aquí? La gente puede molestarse por no haber tenido suficiente tiempo para ver el dibujo, haga que analicen con profundidad lo que estaba ocurriendo, el dibujo es igual a un mensaje oral, lo escuchamos una sola vez, o muy rápidamente, luego, pensamos, ¿que es lo que dijo exactamente?

• ¿Cuándo esto ocurre, qué problema causa? Si el mensaje oral fue importante, cuando lo repetimos a otra persona, es diferente tal como nuestros dibujos son diferentes, tal vez la próxima persona actúa equivocadamente en base a nuestro mensaje, o tal vez inicia un chisme.

• ¿Cómo podemos superar este problema?

3. Un socio drama.

(¿Cómo utilizar este socio drama? Ver “Herramientas” página 244).

El técnico de una organización de desarrollo está saliendo de una zona antes que llueva y está apurado, el técnico deja un mensaje a Alfredo a lo apurado, acerca de un taller a realizarse en tres semanas, incluyendo información del lugar, tiempo y quien está invitado a participar, el técnico pide a Alfredo que pase la información a Jorge, mientras que el técnico está indicando la información a Alfredo, Alfredo mueve la cabeza diciendo sí, sí, sí a todo, Alfredo lleva el mensaje a Jorge pero mezclado y equivocado, Jorge escribe el mensaje que ha recibido, más tarde Jorge y Alfredo viajan al taller pero el día equivocado, se enojan y están desanimados por haber malgastado su tiempo y dinero, deciden no trabajar más con este programa.

4. Explique ésto.

• Dos voluntarios salen del aula. Otro voluntario mira a un dibujo que contiene varias cosas; una planta de arroz con espiga, alguien ordeñando a una chiva, y una persona con un hacha y una pala

• Guarde el dibujo. Pídele a uno de los voluntarios de afuera que entre, La persona que vio el dibujo lo explica al que ha entrado, ahora entra el segundo voluntario de afuera, el que entró primero le describe el dibujo al segundo, finalmente, el segundo explica el dibujo a todos los presentes, ahora, muestre el dibujo a todos.

• Utilice las 4 preguntas abiertas para iniciar dialogo acerca de esta situación.

• Anote las sugerencias que tienen los participantes para lograr que la comunicación sea mas clara.

Entender: cómo percibimos el mensaje.

¡PROCURE ENTENDER PRIMERO y después procure ser entendido!

> El necio no halla placer en entender, pero se deleita en explicar sus propias opiniones.
>
> Proverbios 18:2

Cuando usted y yo miramos al mismo dibujo o situación, podemos ver dos cosas completamente distintas, esta diferencia en percepción puede causar una ruptura total en la comunicación, ¡pensamos que estamos hablando de la misma cosa, pero en realidad no lo estamos haciendo! es importante que yo entienda cómo usted percibe una situación, si queremos lograr una comunicación abierta y verdadera.

Dos *dinámicas* acerca de la percepción para utilizar cuando existen mal entendidos:

1. ¿Qué es esto?

- Muestre este dibujo a un grupo de personas. Pregúnteles ¿Qué es esto?
- Todos estarán de acuerdo que es un conejo.
- Usted puede decir "Pero yo creo que es un pato!"
- Discuta esto con ellos. Tal vez, tratarán de convencerle.

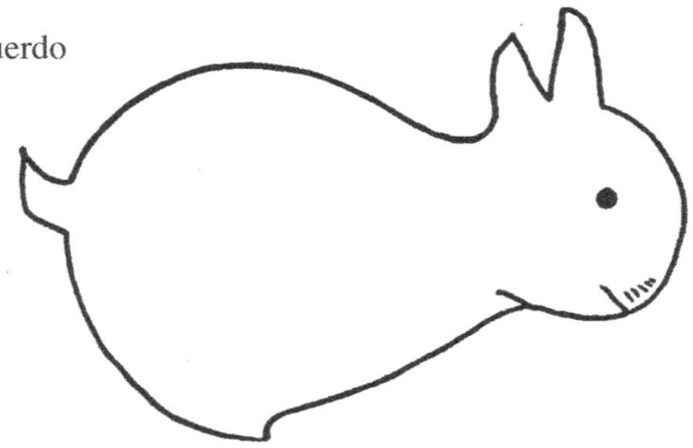

- **Gira el dibujo a un lado y muestre a todos el pato**
  - Quién tenía razón? Pueden acordar que ambos tenían razón.
  - ¿Qué estaba ocurriendo aquí? Haga notar cuan fácil es que diferentes personas pueden ver el mismo mensaje en forma distinta. Y las dos pueden tener razón.
  - Qué problemas puede causar esto cuando ocurre en su organización?
  - ¿Qué podemos hacer para superar este problema?

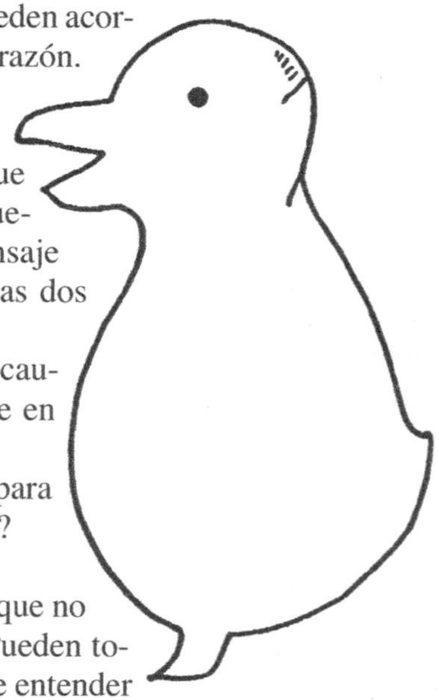

- La gente se dará cuenta que no siempre tienen la razón. Pueden tomar la decisión de tratar de entender mejor el punto de vista de la otra persona, antes de tratar de convencerle que la opinión de uno es la correcta.

Fuente: Instituto Internacional de Reconstrucción Rural, Filipinas.

2. Haga esto, por favor.

- Divida a los participantes en grupos de 4 ó 5 personas
- Un grupo será el grupo de "observadores", cada observador estudiará a un grupo en su trabajo, los otros grupos harán la dinámica.
- A cada grupo pequeño déle una bolsa de cosas encontradas, como ser: pedazos de madera, plástico, papel, pita, y un lapicero o lápiz, asegúrese que el contenido de cada bolsa sea lo mismo.
- Las instrucciones son: **"Haga un establo",** el primer grupo a terminar gana un premio.
- Algunos grupos tratarán de construir un establo en 3 dimensiones, otros tal vez dibujan uno. Si ningún grupo está dibujando, plantee la idea a alguien para que lo haga, si un grupo dibuja un establo primero, ellos ganan, se debe hacer este ejercicio en un ambiente de mucha risa, asegure que el premio sea algo que se pueden compartir entre todos, si el grupo así lo decide una bolsa de dulces, o una caja de galletas).
- ¿Pregunte al grupo observador, pero abra la discusión a todos: ¿Qué pasó en este ejercicio?
- A un grupo que perdió pregúnteles "¿Cómo se sintieron cuando perdieron?". Esto dará inicio a un intercambio animado dado que los grupos que estaban construyendo pensarán que es injusto aceptar un dibujo si la instrucción era hacer un establo. Pero durante la reflexión se darán cuenta que las instrucciones no eran muy claras.
- ¿Qué problemas causa ésto cuando ocurre en nuestra organización?
- ¿Cómo podemos remediarlo?
- ¿Cómo podemos hacer para entender el punto de vista de otra persona?

Mejorando la manera que nos hablamos: dando y recibiendo retroalimentación

Muchas veces, dado que los temas que se tocan en los talleres o en nuestras organizaciones son importantes, provocan intercambio de opiniones calientes, a veces las personas hablan de sus sentimientos, pueden tratar de echar la culpa a otra persona presente, o tal vez expresen lo que piensan acerca de la otra persona en una forma lesiva, esto normalmente es dañino tanto en un taller como dentro de una organización, muchas veces esperamos, hasta que algo realmente nos molesta y explotamos contra la otra persona dando latigazos que brotan de nuestras emociones.

Considere estos ejemplos:

¿Cómo piensa que se sienten las personas que escuchan estos comentarios? ¿Cómo responderá usted? ¿Por qué piensa que las personas se expresaron así?

Permita que los participantes mediten sobre ésto para luego responder.

Retroalimentación no apropiada:

• En grupos pequeños, pida a cada grupo que haga un sociodrama sobre una situación de retroalimentación no apropiada.

• En seguida se presentan algunos ejemplos de sociodramas dado a los grupos, escoje temas apropiados para su contexto o cree temas distintos, basados en la experiencia de la organización.

1. Juan y los directivos de la asociación de ganaderos se están alistando para la asamblea anual, los directivos estaban por entrar a la reunión, cuando el presidente critica a dos de ellos en forma airada diciendo, "¡Ustedes dos no son de ninguna ayuda! nunca vienen a las reuniones y no están listos para dirigir las partes que les corresponde, veo que voy a tener que hacerlo todo yo mismo, como siempre!"
2. El grupo de mujeres ganaderas está desarrollando una de sus reuniones regulares, están hablando sobre la coordinación del uso del carnero en el grupo, Ana grita a Patricia ¡eres tan egoísta! tienes en tu casa el carnero del grupo pero nunca nos dejas llevar nuestras ovejas para aparear con él, puedo ver que quieres todas sus crías sólo para ti, Patricia responde ¡este grupo no vale nada, renuncio! y sale enojada.
3. El grupo de la iglesia local está realizando un día de trabajo comunitario para ayudarse mutuamente en el establecimiento de terrazas en sus terrenos, para mejorar su producción de pasturas, están trabajando cuando Pedro llega, tarde, Joaquín le dice ¡ya estoy cansado que no llegues a tiempo¡ nosotros ya hemos estado trabajando por varias horas, la próxima vez que lo hagas, te expulsaremos del grupo.

• Sabemos cómo se siente ser el receptor de retroalimentación negativa de esta índole, normalmente ni queremos escuchar a la persona, las emociones están muy cargadas y la situación no es constructiva, pero la retroalimentación puede ser de mucha ayuda para ayudarnos en nuestras relaciones en la organización o en nuestra familia o lugar de trabajo.

¿Entonces cómo se puede dar retroalimentación sin consecuencias tan negativas?

Haga que el grupo responda a esta pregunta y desarrolle una lista de opiniones basadas en sus respuestas. Algunas de las ideas que pueden surgir son:

- No culpar a las personas ni ofender, no juzgarla. Simplemente **describa la situación.** Si hablamos en tono de juzgar, la persona automáticamente querrá defenderse.
- **Describe cómo esta situación lo hace sentir.** Por ejemplo, diga "Cuando no puedo llevar mis ovejas para hacerlas cubrir, me preocupo, pienso que mi producción puede disminuir y no tenga suficientes crías para pagar las cuotas escolares.
- **Sea específico** e indique precisamente cómo ve la situación, si lo que habla es demasiado general, es difícil que el receptor entienda su preocupación.
- **Considere a la otra persona.** Si damos retroalimentación pensando sólo en nosotros, no ayudará y sólo dañará al otro, tenga la seguridad que la persona puede hacer algo para mejorar su comportamiento, antes de decir nada (tal vez alguien llega tarde por problemas serios en su casa).
- **No espere hasta que está enfada.** Es mejor dar retroalimentación temprano para que un comportamiento negativo pueda cambiar y para evitar que el resentimiento aumente.
- Acuérdese de la buena comunicación. **Indique claramente lo que quiere decir, asegúrese que la otra persona entienda.** Compruebe que el mensaje fue claro para los oyentes (que lo captaron).

Si todo lo que escuchamos es retroalimentación positiva, cómo sabremos si nuestro comportamiento causa problemas para poder cambiarlo.

Recibir retroalimentación negativa es importante para el crecimiento de cada persona, pero retroalimentación negativa, aunque sea bien expresada, es, a veces, difícil de escuchar, también es muy difícil darla a otros, muchas personas no quieren interferir en la vida de otros o no quieren dañar su relación, por esta razón muchas veces esperamos hasta que estamos enojados o cuando surge un problema grande, ¿cómo podemos recibirla con buen ánimo, y motivar a otros que la den?

Consejos para recibir retroalimentación

- Practique la buena comunicación. **Escuche activamente y repita lo que entendió que la persona le ha dicho a usted.** Haga preguntas, si la información es demasiado general, pide un ejemplo, asegúrese que entiende el mensaje.
- **Trate de no reaccionar o defenderse –** "Es que hice esto por esta razón." Esto sólo desanimará a la persona a quien da retroalimentación.
- **No se sienta dolido por la retroalimentación y cállese.** Recuerde que es la opinión de una persona y cada persona ve las cosas de distinta manera, puede compartir lo dicho con otros y luego corregirlo si así lo decide.

Ahora pida a los grupos que vuelvan a los sociodramas, haga que cambien su presentación para demostrar la forma correcta de dar retroalimentación.

Como instructor debe proponer siempre modelar la buena retroalimentación. Si demuestra, que está abierto a aceptar críticas y ser corregido, la gente lo valorará.

Grupos sanos

Como facilitadores y TACs, trabajamos en el cambio de cómo piensan, sienten y actúan los miembros de las comunidades. No queremos que los cambios sean pasajeros, para que sean permanentes los cambios, tanto las personas como su ambiente o contexto social tienen que cambiar. Por esta razón, el trabajo de organizaciones y grupos en el proceso de desarrollo es tan importante. Las organizaciones proveen el ambiente social dentro de lo cual ocurre el cambio, la discusión y los acuerdos dentro de las organizaciones proporcionan un lugar donde un individuo es animado a desarrollar un compromiso por el cambio que, no existe cuando una persona está cambiando sola.

Muchos productores reconocen la importancia de las organizaciones y buscan formar cooperativas y asociaciones, esperan que sus organizaciones les ayuden a lograr créditos, vender sus productos y proveer otros servicios. Cómo negociar beneficios del gobierno u otras instituciones, sin embargo, muchas veces las organizaciones fallan por muchas razones y los sueños de los productores no se cumplen, a continuación, se presenta una historia de una organización que tuvo éxito y que ayudó a sus socios a realizar sus sueños.

En el pueblo de San Pedro en las montañas de Guatemala, un grupo de personas observaron lo que estaba pasando en su comunidad y con su tierra. La erosión y deforestación debido al sobre pastoreo y la producción de cultivos en las laderas habían destruido su tierra y los fuentes de agua se habían secadas. No podían producir suficientes cultivos y productos pecuarios para alimentar a sus familias, no había servicios de salud o escuelas cercanas, la situación fue tan desesperante que sus hijos tenían que mudarse a la ciudad. El mismo grupo de personas asistió a una serie de talleres y decidieron hacer cambios grandes en el manejo de sus fincas y comunidades.

Para ayudarles a implementar estos cambios, ellos formaron una cooperativa, por medio de la cooperativa se organizaron para construir terrazas y sembrar árboles, comenzaron a hacer compost, recibieron préstamos pequeños, pagaron por ayuda técnica, y protegieron a los manantiales de agua, cuando un miembro tuvo dificultades, los demás trabajaron juntos para auxiliar al socio necesitado, una de las cosas más difíciles que hicieron, fue cambiar su manejo animal de un sistema de pastoreo extensivo al confinamiento total en establos. Como grupo definieron que ésto era necesario para cortar el sobrepastoreo y la erosión. Como miembros organizados de una cooperativa, todos ayudaron a ejecutar la nueva ley de confinamiento.

Hoy en día, la zona está transformada, hay bosques de pinos proveyendo madera para sus casas, la tierra ha vuelto a ser muy productiva, los animales están criados en confinamiento completo, la cooperativa por medio de sus miembros, ha construido una escuela, una clínica de salud, una iglesia y una venta comunitaria, muchos de los hijos del grupo original han vuelto a la comunidad con sus hijos, hay un sentido de esperanza por el futuro. Todo esto ocurrió durante 30 años de guerra en Guatemala que afectó seriamente a las vidas de los productores una y otra vez.

¿A qué atribuyen los miembros, el éxito de su cooperativa?

Ellos creen que el éxito se debe al trabajo arduo y perseverancia, pero su organización también recibe mucho del crédito. Los socios de la cooperativa estaban aprendiendo nuevas técnicas durante los años que estaban cambiando la comunidad. Por medio de su organización, se motivaron mutuamente en las decisiones de cambio. Cuando alguno se atrasaba o se desanimaba, los otros le hicían recuerdo de su compromiso, y seguía adelante. La organización no es perfecta; ha tenido muchos problemas. Pero, también ha servido bien a sus miembros.

Los miembros de la cooperativa San Pedro, aprendieron cómo un grupo puede funcionar bien en beneficio de todos. Aplicaron mucho de lo que aprendieron en su organización.

Las siguientes cuatro secciones en este capítulo comparten herramientas e ideas para trabajar bien como grupo. La cooperativa de San Pedro aplicó muchas destrezas similares en el desarrollo de su fuerte organización.

El poder de los grupos pequeños

Las organizaciones con éxito, usualmente han llegado a aprovechar el poder de los grupos pequeños para analizar temas y lograr hacer algo. Muchas veces se llaman comités o grupos de trabajo a estos grupos. En nuestros talleres agropecuarios, también trabajamos con grupos pequeños, por el hecho que, un buen nivel de aprendizaje, intercambio de información y diálogo ocurre en ellos. Por lo tanto, en el transcurso de nuestros talleres podemos ayudar a las organizaciones de base, dándoles herramientas y conocimientos para lograr un buen trabajo en grupos.

Las dos tareas de un grupo: El funcionamiento y el trabajo

¿Qué es el trabajo de un grupo? ¿Lograr cumplir la tarea o el trabajo que se les ha asignado. ¿No es la verdad?

Observe, el grupo en el dibujo al lado.

El trabajo de este grupo es desarrollar un plan para el uso de pesticidas biológicas en su comunidad. Precisarán utilizar sus destrezas de planificación., organización, implementación, seguimiento, y evaluación para cumplir con esta tarea. ¿Cuán bien cree usted que este grupo cumplirá su trabajo? ¿Qué problemas observa usted en este grupo? ¿Cómo podría proceder de forma diferente?

Cualquier grupo que trabaja unido tiene otra meta además de su trabajo. En este caso su trabajo es hacer un plan para el uso de pesticidas. Pero la otra tarea es funcionar como grupo. Si el grupo ignora esta tarea (tal como la están haciendo ahora), no podrán cumplir su trabajo bien.

Dos *dinámicas* para analizar las dos tareas de un grupo:

1. El Caballo

• Piensa en un caballo y su uso para montar o tirar un implemento. Para poder trabajar, necesita que funcionen perfectamente tanto sus piernas delanteras como las traseras. Las dos funciones de un grupo son como las piernas delanteras y traseras del caballo. Puede mostrar un caballo vivo o un dibujo y preguntar cómo trabajaría sólo con sus piernas traseras. ¿Sería útil? ¿Podrá llevar una carga?, ¿Llegará al destino?

• El grupo, como el caballo, precisa de sus piernas traseras y delanteras para poder avanzar y cumplir sus tareas.

• En grupos pequeños pida que la gente comparta sobre lo que está involucrado en cumplir, las dos tareas de un grupo.

- ¿Por qué es importante prestar atención a las dos tareas de un grupo para la organización?
- ¿Por qué tiene importancia este tema en la capacitación participativa?

• Durante los talleres las dos tareas deben cumplirse en el trabajo de grupos. Reflexionar sobre ésto ayudará a los participantes, lograr grupos que funcionan bien.

Modificado de Vella. 1995

PIERNAS DELANTERAS
TAREA 1
El Buen Funcionamiento del Grupo

- Practicar la buena comunicación (pregunte, aclare, escuche)
- Asegúrese que todos participen
- Ayude a la gente a entender cómo trabajar en grupo
- Utilice el humor en forma apropiada
- Trabaje dentro del marco del tiempo establecido

PIERNAS TRASERAS
TAREA 2
Cumplir el trabajo

- Defina claramente el trabajo
- Manténgase enfocado en el trabajo
- Planifique efectivamente
- Tome apuntes
- Saque conclusiones
- Evalúe
- Tome decisiones claras

2. Trabajar sin hablar

• Divida en pequeños grupos. Un grupo será el grupo observador.

• Los otros grupos reciben una bolsa con varios objetos adentro. Los objetos pueden incluir bolsas plásticas, botellas, palitos, hilo, piedras, papel de colores, marcadores, cinta, y cualquier otra cosa que se encuentra alrededor. El contenido no tiene que ser lo mismo en cada bolsa.

• Indique a cada grupo, construir algo útil con el contenido de cada bolsa. Tiene que estar claro que NADIE DEL GRUPO PUEDE HABLAR DURANTE EL TRABAJO. Este ejercicio tomará entre 30 a 45 minutos. Se encarga al grupo observador a fijarse en cómo los grupos están funcionando.

• Cuando todos han terminado, juntos prodrán ver qué ha construido cada grupo. Estos explican su trabajo. Todos votan para escoger el mejor trabajo.

• **Pregunte:**
• ¿Cómo se sintieron al no poder hablar?
• ¿Cómo funcionaban sus grupos? Pregunte al observador compartir lo que el o ella observó.
• ¿Cuán importante es poder hablar para la buena comunicación?
• ¿Fue posible para el grupo trabajar bien juntos sin poder hablar?
• ¿Qué pasó en los grupos que no podían trabajar bien?

• En este momento puede utilizar de nuevo el dibujo del caballo para hablar de las dos tareas de un grupo. ¿Tienen los participantes más elementos para agregar a las listas de las dos tareas? Facilite un diálogo acerca de la importancia de las dos tareas.

¿Cómo nos relacionamos en un grupo?

Si cada persona en el grupo comprende cómo se relacionan con otros, este funcionará mejor. Cada uno de nosotros entra al trabajo de un grupo en forma distinta. Algunos nos comprometemos y participamos fácilmente. Los que participan pueden compartir sus ideas tras que les vengan a la mente o tal vez se sienten y piensen un poco antes de compartirlas. Otras callarán y escucharán sin participar, o puedrían distraer a los demás. Existen otros individuos que tratarán de controlar el proceso y mandar a los otros.

A cada participante se le debe dar la oportunidad para reflexionar sobre la manera que ellos participan. Por medio de este proceso de reflexión, el participante puede decidir si él o ella es un participante activo y comprometido con el grupo en una o más maneras. O el participante puede definir si su forma de trabajar está distrayendo al grupo en vez de cumplir efectivamente su trabajo.

En la siguiente página, se encuentra una *dinámica* que ayudará a los facilitadores, TACs y cualquier participante en organizaciones locales para analizarse. A la vez, provee una buena oportunidad para lograr una retroalimentación saludable.

El animal dentro de usted

Qué queremos lograr:

- Cada persona analiza cómo él o ella participa en un grupo.
- Todos definen la importancia de la retroalimentación honesta.
- Cada persona recibe retroalimentación honesta relacionada con su participación en grupos.

Lo que se necesita:

- Un dibujo grande de diferentes especies de animales participando en un grupo.
- Se coloca el dibujo en la pared donde todos lo pueden ver.

Cada animal representa diferentes características.

- Cada participante define que animal mejor representa a él o ella cuando están participando en un grupo.
- Luego cada uno busca una pareja con quien ha trabajado en algún momento durante el taller. Cada persona indica a su pareja, qué animal más representa su pareja en cuanto a su participación en el grupo. Luego analizan las características. ¿Qué diferencia hay entre el animal escogido por cada uno y como lo percibe su pareja?
- En la plenaria mientras se habla de cada animal, la gente levanta sus manos para indicar si ellos participan como ese animal. Se anota en una lista las características. Generalmente, todos anotan las características positivas de cada animal. O si reconocen que algunos animales representan características negativas, no escogen ser ese animal.

- **Pregunte:**
- ¿Qué es un amigo?
- ¿Qué es un enemigo?

  Hablen juntos sobre amigo vs. enemigo.

  A veces pensamos que un amigo es alguien que sólo nos dice cosas positivas acerca de nosotros, mientras que un enemigo es la persona que dice cosas "malas" sobre uno. Necesitamos retroalimentación negativa de nuestros amigos y no sólo de los enemigos.
- ¿Estos animales también demuestran características negativas? ¿Qué son? Anótelas en una lista al lado de las características positivas.

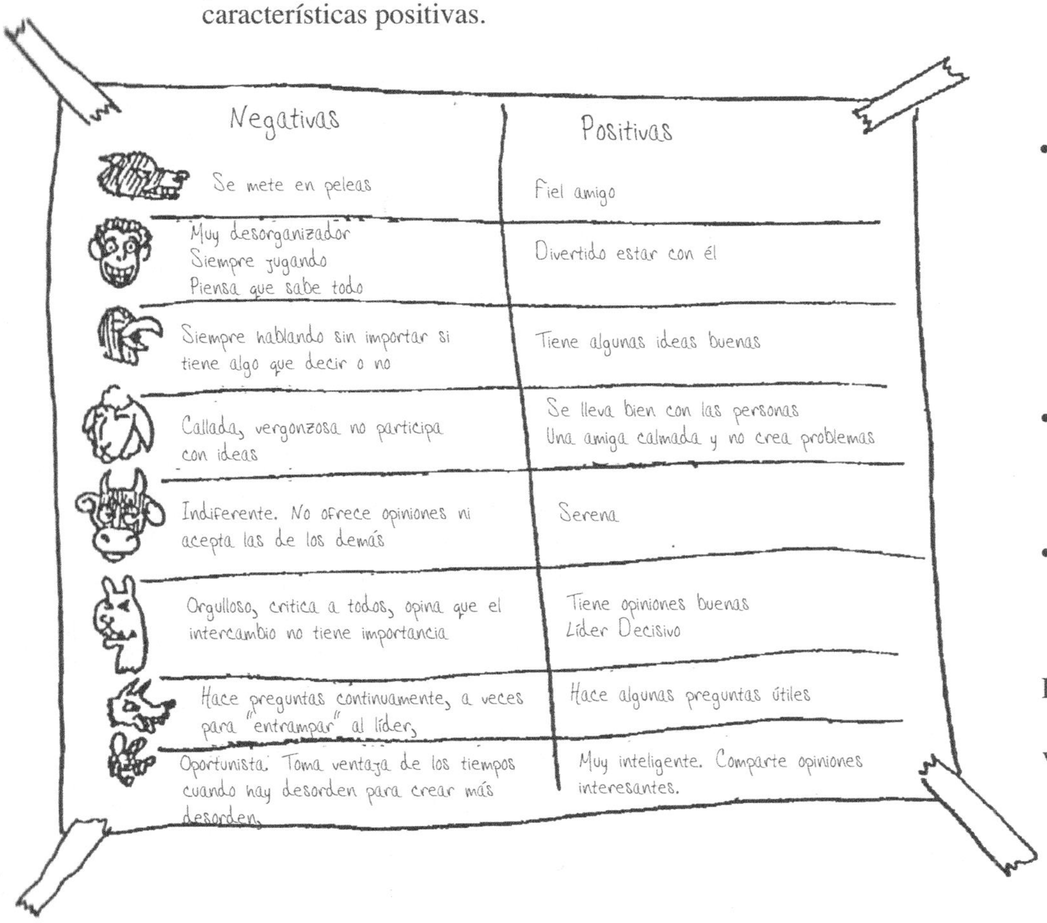

- ¿La gente siempre tiene características positivas y negativas?
- ¿Cómo influyen las características negativas a nuestro trabajo en grupos?
- ¿Cuándo damos retroalimentación? ¿por qué tenemos la tendencia de compartir sólo el lado lo positivo?
- ¿Esto es ser honesto con nuestra pareja o compañero?
- ¿Qué valor tiene la retroalimentación negativa

> Los golpes de un amigo son leales, los besos de un enemigo son engaños.
>
> Proverbios 27:6

- Pida a las parejas que se junten de nuevo para compartir retroalimentación honesta mutuamente. Indique que compartan tanto el lado positivo como lo negativo de cada persona. En la plenaria pregunte a todos cómo se sintieron. ¿Estaba de acuerdo con la valoración de su pareja? ¿Cómo utilizarán esta información en el trabajo de grupos en el futuro?
- Reparta una copia del dibujo a cada uno para llevar a sus comunidades. Anote las características más importantes de cada animal al lado inverso.
- Esta dinámica tomará entre 1 ½ a 2 horas. No la use en un taller corto cuando la gente no tiene tiempo de participar y demostrar a otros cómo trabajan en grupos.

Fuente: Paul Daughtery, Oxfam UK, Nepal

Para más sugerencias para la auto reflexión ver "Facilitadores" página 49.

Erradicando el "Yo primero"

Trabajar bien, juntos también depende de nuestra actitud hacia el grupo. Si siempre tenemos la actitud de "Yo primero" o "Qué hay en esto para mí" el grupo no funcionará. Es necesario desarrollar actitudes de colaboración y negociación en el taller y en nuestras organizaciones. El lugar para comenzar es dando valor al trabajo del grupo y reconocer la importancia de trabajar juntos.

Cuatro *dinámicas* para dar valor al trabajo de grupo:

Cada persona por si mismo

• Ponga tres hombres y tres mujeres en el medio del círculo de participantes apartado el uno del otro.

• Cubra sus ojos con una tela, tape sus bocas con cinta clara (o pañuelos), y ate sus manos. Pero a una de ellas no le ate las manos, a la otra no le tape la boca. Al lado de éste hay uno que tiene las manos atadas muy fuerte. Dos están atadas juntas.

• Déles la instructiva "Tienen un minuto para librarse de sus restricciones. Los que lo hacen, ganan un premio".

• Siempre resulta en que cada persona se preocupa por si mismo.

• Pregúnteles a todos " ¿Qué está pasando aquí?"

• Ayude a los participantes a analizar lo que vieron ocurrir. Uno que tiene sus manos atadas, se desate pero no ayuda a los demás; los otros sólo pensaron en su situación y no en ayudar a los otros. El con la boca destapada no habló para ayudar a lo demás.

• Pregúnteles a los participantes " ¿Cómo se sintieron?"

• Pregúnteles a todos "¿Cómo se parece ésto a nuestra organización? ¿La gente piensa en los demás en su organización? Puede preguntar a uno de los seis si pensó en los demás durante el ejercicio.

• Mientras responden, se escriben las ideas compartidas en un papel grande (papel sábana).

• Pregúnteles a todos "Cuando esto ocurre en nuestra organización ¿qué problemas ocasiona?"

• Sigua la discusión guiando a que las personas piensen en relacionar este comportamiento al comportamiento de su grupo u organización.

• ¿Qué podemos hacer para superar este problema?

• La organización tiene que tener solidaridad para funcionar bien. Tenemos que pensar en otros primeros, no sólo en uno mismo.

Fuente: C-CIMCA

Diferentes componentes trabajan bien estando juntos.

En la Biblia en I Corintios 12: 14-26, hay un relato de cómo el cuerpo humano tiene muchas partes que son diferentes, pero son necesarios para funcionar bien como un solo cuerpo. Los componentes del cuerpo que parecen más débiles son indispensables, y las partes que parecen ser menos honorables tienen que ser tratado con honor. Cada componente tiene que preocuparse por las demás. Si un miembro sufre, sufren todos: si un componente es honrado, todas los demás celebran juntos.

El concepto de que todos los que participan en una organización traen valor al trabajo de la misma y es importante para la organización. Lo mismo se aplica al trabajo en grupos pequeños, en talleres participativos. Hay una tendencia de excluir a algunas personas o a pensar que no van a ayudara l trabajo en un grupo. Cada individuo trae una experiencia y perspectiva nueva, distinta a la resolución de problemas y trabajo en grupo.

Para personas que saben leer y escribir, estos versículos en Corintios son un punto de partida valioso para un intercambio sobre el tema. Para las personas que leen con dificultad, un juego o sociodrama puede ser usado como *dinámica* y luego leer los versículos antes de discutir el tema. Un ejemplo de juego sería la *dinámica* mencionada arriba, desatarse, o una carrera de relevos (a continuación).

Una carrera de relevos:

• Solicite a ochos voluntarios. Forme dos equipos de cuatro.

• En cada equipo, al azar se pone impedimentos a los miembros. uno con un apierna o brazo atado, algunas con sus bocas tapadas.

• Cada persona tiene que correr al otro lado de cuarto con un globo, romperlo, comer una galleta y silbar y luego correr al punto de partida para habilitar al próximo miembro de su equipo. El primer equipo que termina, gana. Normalmente, hacen toda la carrera sin ayudarse. Pero se dan cuenta que es imposible así y comienzan a ayudarse para poder terminar. si no se ayudan, no pueden terminar la carrera.

• ¿Qué ocurre aquí? ¿Ocurre en su grupo o organización? ¿Cuando ocurre, qué problemas ocasiona? ¿Qué fuerza tiene nuestra organización cuando trabajamos juntos y respetando las debilidades, problemas, fortalezas y dones de todos y se ayudan mutuamente?

• ¿Qué podemos hacer para cambiar la forma en que trabajamos?

• Haga una lista de las sugerencias que todos compartieron.

Fuente: Goma K. Schresta, Pokhara, Nepal

El juego de los números

Otra *dinámica* es divertida para abrir un intercambio acerca de trabajar juntos y la buena cooperación.

• Forme dos equipos con todos los participantes. Cada equipo escoge cuatro representantes. Cada uno de las cuatro personas de cada equipo tiene un numero grande (de uno a cuatro) en su pecho.

• Ahora coloque a cada equipo cara a cara en dos líneas.

• El facilitador vocea un número (compuesto de 1,2,3, y 4 por ejemplo 2,143 o 1324) y los equipos tienen que organizarse para formar el número al contar tres. El equipo que lo hace más rápido gana.

• Juega con 5 o 6 números llevando el puntaje.

Fuente: C-CIMCA

• ¿Cómo se sintieron todos? ¿Coordinaron bien? Forme grupos pequeños para preparar listas de los aspectos más importantes para la buena coordinación en grupos. Presente las listas en una plenaria y prepare un cuadro con el resumen acerca de cómo coordinar y trabajar bien en grupos.

La caminata de la confianza

• Forme pares al azar enumerando 1,2.
• Se vendan los ojos de uno de los miembros de cada pareja. La persona con los ojos vendados depende de la persona con vista para guiarle y evitar que se lastime para llegar a su destino.

• Tienen que cruzar el cuarto o por una ruta de obstáculos o subir y bajar gradas. También se les puede enviar afuera para que anden donde quieran por unos 5 a 7 minutos.
• Cambie las vendas y repita el ejercicio.
• En la plenaria, la gente puede compartir cómo se sintieron. Pueden hablar de los elementos involucrados en confiar en otros, de la buena comunicación, y como nos cuidamos los unos a los otros. Impulse que compartan sobre cómo ésto se relaciona con sus familias u organización. ¿Cómo pueden trabajar mejor juntos? Esta es una dinámica poderosa de autodescubrimiento personal. Conforme que cada persona logra este descubrimiento y cambia su comportamiento en el grupo, el grupo o la organización podrán trabajar mejor.

¿Qué tan bien trabaja nuestra organización?

Mientras un grupo u organización trabaja y se desarrolla, pueden aparecer problemas en su funcionamiento. A veces, para iniciar un diálogo sobre estos problemas, es recomendable utilizar una dinámica sobre organizaciones. A continuación, hay una dinámica que funciona bien parta comenzará hablar sobre el funcionamiento de una organización. También es una dinámica excelente para considerar la participación de la mujer (o falta de participación) en la organización comunitaria.

La cruzada del río

• Tres voluntarios vienen al centro del círculo. A uno se le vendan los ojos, a otro se les ate sus manos y al otro se les ate las piernas y se le tapa la boca con cinta o un pañuelo. (solicitar pañuelos a los participantes, es una buena forma para atar al as personas).
• Estas tres personas se paran en tres sillas (asegure que las sillas sean firmes pero livianas).
• En el piso se dibuja las riberas de un río con tiza o se las marca con dos sogas.
• Las tres sillas están en fila en una de las orillas
• **Las instrucciones:**
Cruce el río en las sillas sin mojarse los pies.

• Los otros participantes no deben ayudar. A veces, los voluntarios se darán cuenta como lograrlo. A veces la persona con la boca tapada cruzará el río saltando con su silla dejando a los otros.
• Después de haber probado cruzar por un tiempo y si no han progresado, pida a los demás participantes sugerir tácticas. Si todavía no pueden, susurre al que puede hablar que se coloquen los tres en dos sillas y que pongan la otra silla en medio río. Luego se ayudan mutuamente a pararse en esta silla y una más en medio río, pasando la tercera silla a la otra orilla. De esta manera pueden cruzar el río en las sillas. No se descuide en caso que alguien no se para estable en una de las sillas.

- **Pregúnteles a todos:**
- ¿Qué consideran que pasó aquí?
- ¿Todos en el equipo fueron iguales? ¿Tuvieron las mismas destrezas?
- ¿Hubieran podido cruzar el río solos?
- ¿Nuestra organización, tiene gente que trata de hacer el trabajo solo y sólo para ellos mismos?
- ¿Qué ocurre en nuestros grupos u organizaciones cuando no utilizamos a todos?
- ¿Qué podemos hacer para cambiar esta situación en nuestra organización?

Fuente: C-CIMCA, Oruro, Bolivia

En este capítulo se han discutido dos temas importantes: Comunicación Saludable y Grupos Sanos.

Si este capítulo ha incrementado su interés y deseo de facilitar una mejor comunicación y un trabajo en grupos más efectivo, por favor consulte en la sección Referencias, página 330 y 333 para lugares para encontrar más información.

Capítulo 11
Manejo tradicional y medicina
por B. J. Lindquist

El presente capítulo cubre los siguientes temas:

El presente capítulo, escrito por el **Dr. B.J. Lindquist,** está enfocado sobre la importancia y la aplicación del conocimiento etnoveterinario, a los programas de capacitación en salud animal. Es un ejemplo específico de cómo el conocimiento local o tradicional, puede ser tomado en consideración e incorporado en todos los programas de capacitación técnica, agrícolas y ganaderos. Los mismos principios que se sugieren aquí, pueden utilizarse para las prácticas de manejo animal, así como para las prácticas tradicionales de cultivo de árboles, cultivos de cosecha, suelos o prácticas de preparación de forrajes.

Definiciones de la medicina veterinaria tradicional y su práctica

Algunos términos de uso común:

Medicina Veterinaria Tradicional = Conocimiento Etnoveterinario (CEV)

Etnoveterinario significa el conocimiento cultural veterinario propio de la gente. En él se incluye, -aunque no se limita sólo al mismo - el conocimiento acerca del diagnóstico, causa, prevención y tratamientos de enfermedades.

Conocimiento Técnico Tradicional (CTT):

Es este el amplio conjunto de información técnica que una comunidad o cultura ha desarrollado a través de prolongados períodos de tanteos y errores. El CTT incluye el conocimiento local sobre la reproducción animal y las prácticas de manejo, así como otras formas de conocimiento técnico sobre agricultura, ganadería y muchas otras disciplinas.

Occidental:

En el presente capítulo, la palabra occidental se usa para referirse a toda la medicina y prácticas de manejo que no son tradicionales o nativas. En algunos lugares, a ésto se le llama también "moderno," o "científico." Puesto que el CTT es también moderno y científico, y dado que parte del mismo proviene del occidente, estas palabras pueden llevar a confusión.

¿Por qué es importante incluir el CEV en un programa de capacitación sobre salud animal?

1. Entender el CEV es importante, de manera que todos usemos los mismos términos.

Hemos hablado acerca de quiénes constituyen los mejores facilitadores en la capacitación (véase "Facilitadores", pág. 39) y acerca del por qué es muy importante hablar el mismo lenguaje. El (la) facilitador(a) pudiera provenir de un grupo étnico diferente, pudiera tener una diferente lengua madre o pudiera tener un concepto diferente de la enfermedad, de los que tengan aquellos con quienes esté él o ella trabajando. Aunque una persona facilita en la misma lengua madre que la de los participantes, el facilitador puede haber recibido su propia educación o capacitación en otro idioma. Como resultado de esto, el facilitador pudiera no haber traducido correctamente los nombres de las enfermedades ú otras palabras.

Una historia de vida real

Varios años atrás, se presentó una epidemia muy severa entre los camellos en el norte de Kenia. Los ganaderos de Gabra, estaban familiarizados con esta enfermedad y la llamaban **ganno.** Sabían que no contaban con un remedio local efectivo. Un asistente de salud animal de la gente Gabra, que recibió su capacitación en idiomas inglés y swahili, tradujo **ganno** como **tripanosomiasis.** El departamento veterinario del gobierno, envió medicamentos para ayudar a contener o mitigar esta epidemia ampliamente difundida. Enviaron un medicamento contra la tripanosomiasis bovina, la cual no es efectiva en los camellos en el mejor de los casos y que en el peor viene a ser fatal. Los resultados no fueron buenos y muchos más camellos murieron, por causa de la enfermedad y del medicamento.

La enfermedad **ganno** realmente es **septicimia hemorrágica** que fácilmente responde a un tratamiento con antibióticos. Al nivel más básico entonces, el conocimiento tradicional es importante de manera que cuando los problemas de los animales se estén discutiendo, todos estén hablando cerca del mismo problema. Porque todos hablaban un idioma diferente, ocurrió un desastre para la gente Gabra y sus camellos.

2. El CEV es importante como una base para la capacitación.

Basar el programa de capacitación en aquello que los participantes saben o conocen, hace que sea más fácil responder a sus prioridades de lo que es importante y de lo que no lo es. El programa arranca a partir de las necesidades de aprendizaje de la gente.

En algunas zonas de Kenia, no conocen ni tienen nombre para describir algunos de los signos y síntomas que ven. Un grupo de personas tenía sus animales flacos, pelaje ralo, diarrea y gusanos intestinales. Sin embargo, ellos no relacionaban los síntomas unos con otros o con la presencia de gusanos. De hecho, no se daban cuenta que sus animales estaban enfermos.

En este caso, aunque la gente tenía acceso a medicamentos contra los gusanos, no percibían la necesidad de aplicarlos. Al planificar la capacitación con estas comunidades, se vio claramente que debía de haberse tomado el tiempo necesario para reconocer los síntomas específicos de la mala salud de los animales y vincularlos a enfermedades específicas. Muchos grupos de pastores, son muy sofisticados en su habilidad para reconocer enfermedades específicas. A menudo, son ellos mucho más precisos y concienzudos para hacer la descripción de las enfermedades de lo que lo son los veterinarios occidentales. Con tales grupos, sería una verdadera pérdida del tiempo de todos, dedicarle mucho tiempo a las señales, síntomas e indicadores de mala salud. Cuando se entiende el CEV, la capacitación puede avanzar rápidamente hacia la prevención manejo y tratamiento de la enfermedad.

3 Entender el CEV es importante para afirmar la prevención tradicional efectiva o el tratamiento tradicional de la enfermedad.

Las personas locales, frecuentemente han recibido enseñanza de que los que vienen de fuera tienen "mejores" conocimientos. A veces toma un gran esfuerzo demostrar que un facilitador o un programa le dan valor al conocimiento local. Si el CEV de una zona se incorpora dentro de un programa, el taller de capacitación no debilitará las medidas tradicionales efectivas. Por el contrario, serán reforzadas en el proceso de capacitación.

Una historia de la vida real:
En un programa efectuado en la zona Samburu de Kenia, la capacitación comenzó con los antiparasitarios occidentales. Se comenzó el proceso sin saber que fue lo que la gente Samburu había hecho antes del advenimiento de los medicamentos modernos. En el programa, no se sabía realmente si los animales tenían mucha necesidad de los antiparasitarios

Mucho más tarde, después de que el programa de capacitación se hallaba avanzado, se discutieron algunos tratamientos de CEV. Se descubrió inmediatamente que los Samburu contaban con varias hierbas que ellos creían que eran muy efectivas para controlar a los gusanos. Se supo también que ellos conocían cuáles eran las zonas donde los gusanos constituían un problema. De hecho, cuando se preocupaban por los gusanos, trasladaban sus animales lejos de tales zonas. Percibían claramente cuáles son las zonas más secas, y los lugares dónde las aguas contienen minerales que creen ellos que solucionan el problema de los gusanos.

Los facilitadores podrían haber ahorrado tiempo y dinero, entendiendo y respetando el CEV local, antes de comenzar el programa de capacitación. Alentar a la gente Samburu en su conocimiento, hubiera incrementado su auto-estima y reafirmado el valor de sus conocimientos locales.

4. Entender el CEV permite a los facilitadores y a la comunidad enfocarse sobre las enfermedades para las cuales la comunidad no tiene tratamientos locales confiables.

Con esto se permite que un programa de capacitación se pueda concentrar sobre problemas específicos de enfermedades y manejo. Asimismo, se alienta soluciones apropiadas a la situación local.

5. Entender el CEV ayuda a los facilitadores a entender las diferencias claves entre los Conocimientos locales de hombres y de mujeres y les ayuda a hacer que la capacitación sea apropiada para cada grupo.

Para incorporar plenamente a las mujeres y sus necesidades en el programa de capacitación véase el Capitulo 9, pag. 195.

En gran parte del trabajo que se ha efectuado en Kenia y Bolivia, las mujeres tenían mucho más conocimientos de tratamientos con hierbas que los hombres. Las mujeres también estaban más dispuestas a intentar algún tratamiento en lugar de ver que un animal sufra y muera sin tratar de hacer algo. Las mujeres, en muchas culturas, practican muchos más cuidados de enfermería y pueden reconocer los síntomas de una enfermedad en avance o las señales del retorno a la buena salud. Este hecho puede tener un gran impacto sobre numerosas decisiones que se tomen en la planificación de un programa de capacitación. Dialogue acerca de cuáles son los temas apropiados para los hombres y cuáles lo son para las mujeres. Invite a las mujeres a que compartan su conocimiento con otras personas.

6. Entender el CEV es importante para ayudar a desarrollar una capacitación que vaya a reforzar y diseminar el "cuerpo" del conocimiento local.

A medida que los conceptos tradicionales de las enfermedades y los métodos de diagnóstico, prevención y tratamiento de las enfermedades se discuten y se afirman en las sesiones de capacitación, la gente adquiere confianza en sus propios métodos, comprobados con el tiempo. Los participantes compartirán los métodos que algunos otros pudieran haber ya olvidado. Los unos enseñarán a los otros, los métodos conocidos solamente por algunas familias o grupos. La gente más joven valorará prácticas que, pudieran haber descartado, por considerarlos primitivas o pasadas de moda.

Como facilitadores debemos entender el CEV y relacionarnos con ello. El CEV sólo no es la respuesta. Se necesita más que solo el CEV para enfocar la capacitación en las enfermedades y tratamientos apropiados. Pero el respeto de la gente local para el CEV y el aprecio de la gente de afuera pueden ayudar a formar el cimiento de un programa de capacitación enfocado apropiadamente.

7. El CEV es una ruta económicamente saludable hacia la prevención, buen manejo y tratamiento.

Muchos de los tratamientos y métodos locales resultan ser considerablemente más apropiados y económicamente saludables que un tratamiento occidental administrado en las mismas condiciones, En consecuencia, la expansión del conjunto de conocimientos locales contribuye a obtener soluciones para la salud animal que son económicamente favorables. Un programa de capacitación que se enfoque solamente en soluciones occidentales, puede contribuir a la pérdida del CEV, porque la gente devalúa su propio conocimiento.

Entendiendo el CEV: un proceso efectuado en Kenia.

Este es el ejemplo de un proceso utilizado para ayudar a la gente a estudiar sus propios conocimientos tradicionales en medicina veterinaria. Es un proceso que se ha modificado y refinado por parte de numerosos y diferentes facilitadores provenientes de distintas organizaciones. Este enfoque puede cambiarse para trabajar con distintos grupos de gente y zonas de distintos conocimientos técnicos. Puede usted cambiar el proceso o las *dinámicas* (véase la sección de "Herramientas," en valoración, pág. 253). Puede también usted cambiar el contenido para examinar las prácticas tradicionales en áreas técnicas diferentes a la de la salud animal (cultivos, forestería, nutrición, etc.).

Para mayor información sobre Análisis véase el capitulo 4, “definiendo la Situación” pag. 57.

Usted reconocerá este proceso como algo similar a un análisis en cuanto a las herramientas y enfoque que utiliza.

Cuando utilizamos este proceso, los siguientes aspectos son los supuestos:

- La comunidad ya se halla planificando su propio desarrollo, activa y participativamente.
- Ya se han dado cuenta y han aceptado la importancia de sus propios conocimientos.
- Se han involucrado en solicitar y planificar su propia capacitación.
- Entienden y respaldan las razones para estudiar sus propios conocimientos.

Los seis pasos son los siguientes:

1. Lluvia de ideas
2. Ordenamiento de las enfermedades
3. Entrevistas semi-estructuradas con una lista de preguntas de CEV
4. Retroalimentación de la comunidad y discusión
5. Examen de las enfermedades que son tratadas con confianza, usando métodos locales
6. Escribir una descripción de la enfermedad

PASO UNO: Lluvia de ideas

- Divida a los participantes en grupos, separando a las mujeres de los hombres.
- Efectúe una lluvia de ideas de los nombres de las enfermedades o problemas de los animales.
- Separe la lista por especies: todas las enfermedades del ganado bovino, las ovejas, camellos, etc.
- Haga que la gente diga gritando los nombres de todas las enfermedades que puedan recordar.
- Cuando la enfermedad es mencionada, se la repite y escribe cada enfermedad en una tarjeta diferente.
- Revise la lista cuidadosamente, para asegurarse que ya no haya discusión o desacuerdo acerca de si es realmente una enfermedad o no. Esta discusión deberá ser alentada hasta que se haya logrado algún consenso.

Para mayor información sobre Lluvias de Ideas, véase el capítulo 4, 'Herramientas, pág. 238

El resultado final es una lista maestra por especies, de todas las enfermedades que percibe o de las que tiene conocimiento la comunidad. Está basado en la representación por grupos de hombres y mujeres. Cada enfermedad se registra en una tarjeta, indicando la especie a la que ataca.

PASO DOS: Ordenamiento de ideas

Si a los grupos que efectuaron la lluvia de ideas aún les queda energía e interés, resulta muy útil que hagan ellos mismos el ordenamiento de las enfermedades. Las ordenarán desde la más común o la más importante, hasta la menos común o importante.

Para obtener mayor información sobre ordenamiento, véase "Herramientas," pág. 255. Véase también "Planificación," pág. 90 y "Valorando a las mujeres," pág. 186.

PASO TRES: Entrevistas semi-estructuradas con una lista de preguntas de CEV

Durante un período de tiempo, se hacen preguntas a individuos de ambos sexos y de todas las edades, sobre su entendimiento de las enfermedades específicas. Se utiliza una lista de preguntas de CEV (véase a la derecha), en una entrevista semi-estructurada.

- Haga preguntas a cada persona, acerca de no más de tres enfermedades. La mayor parte de la gente se siente cómoda con el tiempo que toma hablar acerca de dos enfermedades.
- Aquellos que formulen las preguntas, necesitan tener en cuenta que ellos son los que aprenden.

Para obtener mayor información sobre como efectuar una entrevista semi-estructurada. véase "Herramientas," pág. 261.

Las personas que estén contestando las preguntas, serán los expertos a quienes se está pidiendo que compartan sus conocimientos y experiencia en bien del resto de la comunidad.

- Los "escribas de la información sobre enfermedades" escriben toda la información que la gente les va dando. Ellos no interrumpen las digresiones pertinentes que sean importantes. Las Preguntas son de final abierto. Hemos determinado que resulta mejor escribir las respuestas en un cuaderno de apuntes. Esto proporciona abundante espacio para escribir.
- Formule las preguntas por lo menos a tres (aunque preferiblemente cuatro) personas acerca de cada enfermedad. Resulta adecuado interrogar igual número de hombres que de mujeres. Enseguida se compilan las respuestas y se comparan unas con otras.

Lista de preguntas Etnoveterinarias

(Muestra para una entrevista semi-estructurada)

Se necesita ajustar estas preguntas para su zona. No las utilice como un cuestionario. Úselas como un recordatorio de los temas sobre los cuales se debe preguntar.

1. ¿Cuáles a) especies b) edades c) sexos de animales son afectados?
2. ¿En cuál (época) y dónde (localidad) se presenta la enfermedad?
3. ¿Afecta usualmente a un animal o a un grupo de animales a la vez? ¿Se contagia de un animal a otro?
4. ¿Qué es lo que causa la enfermedad?
5. ¿Existen formas de prevenir/evitar la enfermedad?
6. Describa los síntomas en el orden de su presentación o sucesión en el tiempo: a) ¿Cuál es el primer síntoma que se observa. B) ¿Cuál es el segundo síntoma que se observa? etc.
7. ¿Existen tratamientos tradicionales disponibles? ¿Cuáles son éstos? ¿Dónde pueden hallarse ú obtenerse? ¿Cuan efectivos resultan? (Siempre, a menudo, algunas veces, no muy a menudo).
8. ¿Existen tratamientos modernos disponibles? ¿Cuáles son éstos? ¿Dónde pueden hallarse ú obtenerse? ¿Cuan efectivos resultan? (Siempre, a menudo, algunas veces, no muy a menudo).
9. ¿Qué es lo que usualmente ocurre si un animal no recibe tratamiento?
10. ¿Cuándo fue la última vez que se tuvo un animal con ésta enfermedad?
11. ¿Qué es lo que le pasó? (murió, se recuperó, hubo que sacrificarlo, sigue enfermo).
12. ¿Existen otras enfermedades similares a ésta? ¿Cómo se distingue entre ellas?
13. Con relación al ganado y la enfermedad: ¿Qué cosas saben hacer mejor las mujeres que los hombres? ¿Qué cosas saben hacer mejor los hombres que las mujeres?
14. ¿Qué es lo que las mujeres no hacen nunca? ¿Qué es lo que los hombres no hacen nunca?

PASO CUATRO: Retroalimentación de la comunidad y discusión

Sostenga varias reuniones informales con las personas que contribuyeron y con el resto de la comunidad para repasar los detalles de las enfermedades y para verificar la precisión y la minuciosidad. Todo nuevo dato menor o un fuerte desacuerdo pueden entonces notarse e incorporarse al conjunto de la información. En los casos de enfermedades sobre las cuales se tiene bajo grado de acuerdo y numerosas informaciones altamente variables, se requiere mayor atención e investigación. Esto resulta cierto especialmente si es que la comunidad considera las enfermedades como importantes.

Una historia de la vida real:
Durante un proceso de CEV en las tierras altas de Bolivia, el grupo de escribas y facilitadores revisaron su información con la comunidad. Presentaron la información como un cuadro. La figura representaba el concepto de la facilitadora acerca del calendario de manejo para las alpacas y llamas. Cuando todos los integrantes de la comunidad comenzaron a discutir las figuras, se generó un debate acalorado. El facilitador había representado el calendario utilizando las estaciones de primavera, verano, otoño e invierno. ¡La gente no tenía tal concepto de su año agrícola! A través del debate, se ajustó el calendario para reflejar las épocas lluviosas y de sequía. Los rituales anuales de manejo fueron corregidos.

Debido a que los facilitadores pudieron componer un cuadro de su concepto del CEV local, la gente pudo ver que era lo que los facilitadores entendían. A medida que los participantes se dieron cuenta de aquello que los facilitadores no entendieron correctamente, hacían sugerencias y correcciones. El nuevo dibujo se presentó a los grupos en una reunión posterior, para su aprobación.
¡Es muy importante aplicar un buen proceso de revisión con la comunidad!

PASO CINCO: Revise todas las enfermedades que se tratan con toda confianza utilizando métodos locales.

Esta es una *dinámica* de ordenamiento para definir las enfermedades que se tratan con confianza. Esto probablemente sea más entretenido si se hace en grupos, aunque también puede ser efectuado por personas individuales.

Algunas enfermedades tienen tratamientos locales, pero el consenso es que no funcionan muy bien. Otras enfermedades no tienen ningún tratamiento local. Otras aún, tienen tratamientos que la mayor parte de la gente piensa que son de confiar y efectivos. Esta *dinámica* puede ser usada para definir cuáles enfermedades necesitan intervenciones si no existen tratamientos locales efectivos. También puede utilizarse para evitar el debilitamiento de los tratamientos locales. En la capacitación, los medicamentos utilizados con confianza, pueden ser afirmados y discutidos, y pueden prepararse y aplicarse los tratamientos durante el taller.

- Es mejor dividir a la gente en grupos que tenga solamente hombres o solamente mujeres. Esto es debido a que los hombres y las mujeres tendrán conocimientos significativamente diferentes de los tratamientos. En un grupo mixto, una mujer podría no compartir sus conocimientos tradicionales.
- Ponga tres categorías en el piso: Muy buen tratamiento, moderadamente bueno y no hay tratamiento local.
- Use las tarjetas de enfermedades de la lista maestra de enfermedades. Si las personas no leen o escriben, pueden adoptar un símbolo para cada enfermedad (por ejemplo un hueso seco para una enfermedad que es siempre fatal).
- Se levanta la primera tarjeta o símbolo, se la lee (o se define el símbolo) y se la entrega al grupo.
- Pregunte al grupo si la enfermedad tiene un tratamiento local muy bueno, uno moderadamente efectivo (más o menos bueno), o no hay ningún tratamiento. A menudo los participantes sostendrán una argumentación significativa o discusión. Los participantes ponen la tarjeta en una de las categorías en el suelo, sobre la base del consenso del grupo.
- Lea la siguiente enfermedad y entregue la tarjeta a los participantes. Ellos pondrán la tarjeta en su categoría
- Se hace lo mismo hasta que se hayan cubierto todas las enfermedades. Durante la realización del ejercicio, algunas de las enfermedades cambian de categoría.
- Al final del ejercicio, nombre en voz alta las enfermedades que están en cada categoría. Bríndese una oportunidad final para discutir y cambiar.

Una vez que cada categoría esté completa, los participantes podrán examinar con mayor detalle las enfermedades de cada categoría. Los participantes contarán con una larga lista de enfermedades tratadas con confianza utilizando tratamientos locales. Los participantes toman las tarjetas de la lista y las evalúan dándoles un orden. Dentro de la categoría de enfermedades tratadas con toda confianza, ellos establecerán el orden de las enfermedades, desde las más confiadamente tratadas a las de menor confianza. Esto se hace así porque la medicina es un arte. El nivel de confianza no será el mismo para todas las enfermedades que se tratan de manera efectiva.

PASO SEIS: Escriba una descripción de la enfermedad

Escriba un resumen de la información sobre cada enfermedad. Esta es una compilación de toda la información recolectada. Es una forma compacta de reunir toda la información acerca de cada enfermedad para los miembros de la comunidad y a la vez para las personas de fuera que estén interesadas o que participen de alguna manera.

En cada paso, haga una nueva revisión con la gente, para confirmar la información. Al final, presente la descripción de la enfermedad para verificación.

Estos pasos son parte de un proceso dinámico y fluido: así como los pasos señalados líneas arriba alimentan a la capacitación, así alimenta la capacitación a los pasos descritos arriba.

Combinando el CEV con la medicina occidental

Sobre la base de los seis pasos descritos anteriormente y con toda la información aportada por la comunidad, pueden prepararse un bosquejo de los materiales de capacitación. Estos deben enfocarse en las enfermedades de mayor prioridad, para las cuáles todos estén de acuerdo que no se tiene tratamientos locales efectivos. Las sesiones de capacitación pueden también programarse sobre enfermedades con remedios locales efectivos o medidas preventivas que no sean ampliamente conocidas. Un experto local, puede capacitar a los demás en estos tópicos.

Use un estudio de CEV para escoger los temas y materiales de capacitación:

De esta manera, **el conocimiento contribuido por la comunidad se usa para escoger los tópicos de capacitación.** Se utiliza también para escribir los materiales de capacitación. Estarán así sólidamente basados sobre los conocimientos locales acerca de las enfermedades. Utilizan las propias palabras y conceptos de la gente local sobre las causas de las enfermedades, de dónde provienen las enfermedades, qué apariencia ofrecen los animales, etc.

Use el estudio de CEV para capacitar acerca de los tratamientos locales que son dañinos.

Resulta muy importante conocer la medicina local y las prácticas de manejo que no son beneficiosas. Esta información deberá incorporarse en la capacitación.

Por ejemplo: En el caso de heridas muy seriamente infectadas, tales como las mordeduras de hiena, la gente de Gabra cree que debe de dejar de dársele agua de beber al animal herido. Tal práctica se basa en la creencia de que la herida está ya por sí húmeda y "blanda". De manera que si se priva de agua al animal, la herida tendrá una mejor oportunidad de secarse.
Este tema se discutió en sesiones de capacitación.

Dos de los aspectos de su propio concepto de la enfermedad, les ayudaron a entender la importancia del agua:

1. Hablamos acerca de cómo el medicamento necesita de agua para viajar por dentro del cuerpo. Si es que se inyectan antibióticos para tratar la herida, el medicamento no viajará hacia el sitio de la herida muy rápidamente si no hay suficiente agua para ayudarle a desplazarse.
2. Hablamos acerca de que el agua brinda fuerza para combatir y cerrar la herida. Ambos conceptos tenían sentido en su propia visión del mundo. Ha habido historias de participantes que se fueron a casa y les dieron agua a beber a las personas y animales que tenían heridas y que se produjeron recuperaciones totales.

Use el estudio de CEV para elegir el énfasis a dar en el taller de capacitación (prevención, manejo, señales, tratamiento, etc.)

Cuando se tienen tanto el conocimiento tradicional como el conocimiento occidental en uso, un estudio de CEV ayudará a definir el énfasis a darle a un taller de capacitación.

Por ejemplo:

El estudio de CEV de Gabra, ayudó a las facilitadoras a conocer exactamente cual era el nombre en inglés de una enfermedad en particular. El nombre local era gormo ree, literalmente "fiebre del ganado menor." La gente dijo que solamente afecta a los animales de las tierras altas, siempre proviene de las dirandess (garrapatas ambliomma), no tiene un tratamiento local efectivo y es tratable con antibióticos. Estos datos, junto con las señales, apuntaban directamente a la enfermedad de Heartwater.

Todos los pastores de Gabra, saben que puede prevenirse la enfermedad evitando las tierras altas donde se hallan las garrapatas. Conocen también sobre del uso de acaricidas para matar las garrapatas en caso de que tengan que llevar sus animales a tierras altas nuevamente.

De manera que lo que quedaba por hacer en las sesiones del taller de trabajo era:

1. Reafirmar sus métodos preventivos
2. Enseñar el uso seguro de acaricidas
3. Enseñar a la gente a dosificar antibióticos correctamente.

En consecuencia, se unen el conocimiento tradicional y el conocimiento moderno de una manera útil y práctica.

Conclusiones

Este capítulo está basado en el concepto de que las personas que participan en un programa de capacitación agrícola y ganadera, deben conocer y respetar el conocimiento local antes de diseñar un programa de capacitación. El hecho de definir el conocimiento local, es una parte integral de la definición de la situación local. Las ideas contenidas en este capítulo son aplicables al resto del mundo, no solamente a los pastores de Kenia. Los mismos conceptos se han utilizado ampliamente en Asia, así como en América Latina.

El proceso que se presenta en este capítulo, es un ejemplo. El proceso puede modificarse planificando dinámicas adecuadas y una secuencia lógica para la gente y los temas a cubrir. El contenido puede cambiarse fácilmente para aplicarse a suelos, cultivos, árboles, salud humana, y muchas otras áreas del conocimiento técnico.

Precaución al compartir el CEV

Compartir el CEV puede ser beneficioso

✔ Cuando se valora el conocimiento local, el pueblo sigue construyendo su cuerpo de conocimientos de bajo costo. Su CEV les será de utilidad

✔ A medida que el conocimiento de un grupo es compartido con otros, ayuda a proveer tratamientos apropiados de bajo costo para otra gente

✔ La combinación y entremezclado de conocimientos de diferentes grupos, produce más experiencia. Se desarrollan nuevas técnicas y tratamientos.

Compartir el CEV puede ser perjudicial

✗ Las empresas y corporaciones pueden "robar" el conocimiento local para obtener ganancias corporativas. Ellos dicen que son los dueños de los "derechos intelectuales" de la tecnología local. Esto significa que la corporación dice que ella inventó la idea del tratamiento y nadie puede usarla sin pagar por ello a la corporación. Muchas veces las corporaciones no dan ningún beneficio a la gente que descubrió el conocimiento tradicional. A veces crea dificultades para la gente que descubrieron las ideas. Ellos deben pagar por las medicinas y semillas que ellos mismos desarrollaron.

Como facilitadores y administradores responsables de programas agrícolas y ganaderos, debemos preguntarnos a nosotros mismos, ¿cuál es nuestra responsabilidad en ésta situación? Es apropiado dialogar sobre este asunto en el proceso comunitario y en capacitación de nuevos capacitadores y puede formular estas preguntas y otras:

- ¿Cómo pueden los facilitadores y los administradores de programa ser responsables en la facilitación de la descripción y uso del conocimiento tradicional?
- ¿Cómo puede usarse y protegerse el conocimiento tradicional?
- ¿Cómo pueden ser asegurados los derechos intelectuales de la gente local?

En algunos países, el conocimiento local para el tratamiento de per- sonas y animales, es paralelo y a veces integrado a los tratamientos occidentales. Algunos países, como India y China, reconocen oficialmente y respetan el conocimiento local así como el conocimiento occidental. A medida que el conocimiento tradicional esté más ampliamente aceptado y utilizado, va a incrementar el mandato de comercializarlo. Esto puede traer beneficios a toda la sociedad, aunque los programas y personas externas involucradas en procesos participativos con comunarios, deben considerar el rol que les toca desempeñar para asegurar que este uso del conocimiento tradicional, realmente brinde beneficios a la gente que lo compartió.

Sección 4
Recursos, herramientas y referencias

Cada uno de estos temas afectará la calidad de su programa de capacitación en el sector agropecuario. Un balance de género y la participación familiar son necesarios para una capacitación efectiva. Si las personas no se comunican bien, no participarán. Si estamos capacitando en un área donde existen prácticas tradicionales, deben ser incorporadas a cualquier programa de capacitación.

Capítulo 12
Herramientas para ayudar a la gente a comenzar a pensar y actuar

El presente capítulo cubre los siguientes temas:

Este capítulo describe numerosas herramientas para usarlas en un enfoque participativo de la capacitación. Cada herramienta se describe de la siguiente manera:

- **Definición**
- **Cómo funciona**
- **Pros, contras y otros usos**
- **Ejemplo de cómo usarlo**

Herramientas esenciales para la capacitación

Grupos pequeños

Definición

Esta es ***una de las técnicas más poderosas de las que se tienen disponibles*** para el facilitador ú organización. Se forman grupos pequeños, dentro de la sesión de capacitación, para enfocar alguna tarea específica y para fomentar una atmósfera de confianza y ganas de compartir a través de la participación. Un grupo pequeño es un foro donde los participantes reflexionan sobre su experiencia y se brindan enseñanza unos a otros, a medida que descubren nuevas verdades.

Cómo funciona

- Disponga a los participantes del taller de trabajo en grupos pequeños de dos, tres, cuatro o cinco personas. Un grupo de más de seis personas, tiende a excluir a algunos de la discusión.
- Déle una tarea a cada grupo. Las instrucciones que se dan a grupos pequeños, deben ser muy claras y deben entenderlas todos. Es de ayuda para los facilitadores, visitar a cada grupo, para asegurarse de que entiende las instrucciones y para contestar sus preguntas. El tiempo concedido para completar la tarea, dependerá de la complejidad de la misma.
- Algunas veces, resulta útil que los capacitadores se unan a alguno de los grupos pequeños, para escuchar. Esto ayudará al capacitador a entender los procesos del grupo. Aunque los capacitadores pueden ayudar a clarificar la tarea, no deben proveer respuestas ni liderizar el grupo. A menudo el mejor rol de la capacitadora es el de sentarse en silencio, lejos de los grupos, quedando disponible como un recurso de consulta.
- Cada grupo informa sobre su trabajo a todos los participantes en una sesión plenaria. Si la tarea de un grupo es de auto-aprendizaje, se reportará solamente una muestra del trabajo del grupo. Reflexiones y conclusiones se derivan de todos los informes.

Maneras de formar pequeños grupos: Véase ""Juegos para la formación," pg. 266.

Pros, contras y otros usos

Forme grupos homogéneos - ¡celebremos nuestras diferencias!

Hay ocasiones en que dividiendo al azar a las personas en grupos pequeños, no se provee suficiente seguridad para que todos se sientas libres de poder expresar sus opiniones. Esto es particularmente cierto con una mezcla de hombres y mujeres, personas jóvenes y personas maduras, individuos con diferente niveles culturales y gente de diferentes clases o castas. En ocasiones como éstas, quizá sea aconsejable formar grupos homogéneos para dialogar acerca de las tareas, (mujeres con mujeres, personas maduras con personas maduras, etc.) Este procedimiento, brinda la ventaja adicional de que los individuos que normalmente no hablan, expresen sus opiniones y sean escuchados.

Por ejemplo, en una reunión donde la población esté considerando el criterio de selección de su Técnico Comunal de Ganadería, divida a los hombres y a las mujeres en grupos separados (véase pág. 38). Debido a que los hombres y las mujeres tienen a menudo roles muy diferentes en sus fincas, sus puntos de vista de cómo debe ser un buen TCG y qué tareas debería efectuar éste, podrían ser bastante diferentes.

También resulta provechoso dividir a la gente en grupos homogéneos cuando algunas de las personas de un taller de capacitación han recibido mayor capacitación en el programa, que otras. Esto se debe a que cuando quienes han recibido mayor capacitación están mezclados aleatoriamente con aquellos que no tienen capacitación, quienes asisten a una capacitación por primera vez, pudieran no compartir sus opiniones, y ellos esperarán que la persona con mayor capacitación provea todas las respuestas. Sin embargo, ésto es cierto solamente para algunas tareas y actividades de los grupos pequeños.

También resulta adecuado separar aquellos que tienen mayor capacitación si es que tienen diferentes percepciones acerca de la realidad de la comunidad. Por ejemplo: Un grupo mixto de profesionales y gente de la comunidad, podría proveer una respuesta muy diferente a la pregunta, ¿"Cuál es la estructura organizativa de la comunidad?", que daría un grupo de gente de la comunidad o la de un grupo de profesionales. Son estas diferencias de comprensión las que proveen la base para el diálogo en una sesión plenaria. Los grupos homogéneos, pueden estimular el proceso de aprender unos de otros.

En el análisis comunitario de su situación, los grupos homogéneos resultan a menudo útiles. Diferentes experiencias de vida, proveerán perspectivas diferentes sobre el mismo asunto. La división en pequeños grupos homogéneos para iniciar el diálogo, nos permite **celebrar las diferencias y aprender unos de otros.** Por ejemplo, las mujeres que están a cargo de la atención de los animales, contestarán la pregunta, "¿Cuáles son las enfermedades más serias de los animales?," de una manera diferente a la contestación que den los varones que trabajan principalmente con los cultivos. De una manera similar, las mujeres más maduras, a menudo brindarán mucha más información acerca de los tratamientos locales, que la que den las mujeres más jóvenes, o la que den los varones. La gente más rica, pudiera tener una percepción diferente de la categorización de la riqueza de una comunidad, de la que tengan las personas más pobres.

Ejemplos de cómo se usan los grupos pequeños

Aquí se dan algunos de los tipos de tareas que puede dársele a un grupo pequeño

a. **Lluvia de ideas** para confeccionar una lista (tratamientos de curación, enfermedades, pasturas, técnicas de administración, etc.)

b. **Sugerir un curso de acción.** (Ejemplo: la forma apropiada de organizar una campaña de vacunación, o de desparasitación en una comunidad.)

c. **Compartir experiencias.** (Ejemplo: La mejor pastura para una situación especial de manejo. Haga que el grupo dé prioridades a tres elementos.)

d. **Ensaye una nueva técnica o habilidad y evalúela.** (Ejemplo, cómo inyectar a un animal o cómo extraer sangre de la cola de una res.)

e. **Determine los problemas más comunes.** (Ejemplo: trace un mapa de la comunidad o efectúe un ordenamiento por importancia para determinar los problemas más comunes en el uso de tierras.)

f. **Reflexión sobre el contenido del taller de trabajo.** Los grupos de dos personas o grupos pequeños pueden reflexionar sobre un principio o idea de su experiencia o evaluar el trabajo del día.

g. **Analice un problema o situación.** (Ejemplo: a cada grupo se le dá un dibujo o un juego de dibujos que plantean un problema. Se pide al grupo que organicen los dibujos, discuta el caso y llegue a conclusiones. Usamos este método con el tema de la participación comunitaria. Cada dibujo está relacionado con alguna situación donde la comunidad debería participar para lograr el éxito, tales como una campaña de vacunación, reuniones de la comunidad, respaldo al Técnico Comunal de Ganadería, etc.)

h. **Práctica.** (Ejemplo: examine y dé tratamiento a un animal. El grupo puede discutir el diagnóstico y tratamiento e vinformar después al grupo completo.)

i. **Forjando una visión del futuro.** (Ejemplo: visualización del panorama. El pequeño grupo construye un panorama sobre el suelo, usando ramas, pasto, trozos de cartón, papel o plástico. Crean ellos su finca modelo del futuro.)

Lluvia de ideas

Definición

En una sesión de lluvia de ideas, todos y cada uno, comparte rápidamente tantas ideas relacionadas al tema o pregunta, como sea posible. Se alienta a dar ideas nuevas, fuera de lo común o diferentes. Ninguna idea se juzga o critica. Esto forma una base para futura discusión o la fase inicial de otra actividad, tal como la determinación de prioridades o la selección.

Cómo funcionan las lluvias de ideas

• Pídale a una persona que sea el registrador del grupo.

• Plantee una pregunta al grupo. Es importante que la pregunta sea entendida claramente por todos. Pudiera preguntar a alguien que dé un ejemplo, para verificar si la pregunta ha sido entendida claramente. Si no lo ha sido, haga que alguno del grupo la exprese de nuevo. El

grupo genera todas las respuestas que pueda, contestando la pregunta. Se alienta a todos a contribuir, no importa cuan descabelladas piensen que sean sus ideas.

• Hay varias maneras de registrar las respuestas, aquí se dan dos de ellas:

1. Registre una lista de todas las respuestas en un pliego grande de papel.
2. Cada persona escribe o dibuja una respuesta en una hoja de papel o tarjeta, poniendo una respuesta por tarjeta. Cada persona lleva su tarjeta al frente y la pega sobre la pared. Una ventaja que tienen las lluvias de ideas cuando se utilizan tarjetas, es que después de que se han compartido todas las ideas, las tarjetas pueden disponerse en otro orden o puede ordenárselas por categorías.

Consejo: ¡La tentación de evaluar cada respuesta, ¡es fuerte! Sin embargo, al efectuar una evaluación, a menudo se corta el flujo de ideas. Cuando se esté haciendo una lluvia de ideas, el facilitador debe alentar a la gente a compartir un amplio rango de ideas, sin juzgar ninguna de ellas.

• Una vez que la lista se ha formado, la lista puede organizarse en categorías. Es mejor no poner letras o números a las categorías, puesto que esto ya podría implicar un ordenamiento por rango. Es mejor utilizar figuras simples o símbolos. El grupo le dá nombre a las categorías una vez que ya estén organizadas.

Pros, contras y otros usos

Las lluvias de ideas son muy útiles para:

- Introducir un nuevo tema en un taller de capacitación.
- Formar una lista de enfermedades, roles, posesiones, etc., par analizar la situación de una comunidad para una evaluación de capacitación, análisis de género, o estudio de conocimientos etnoveterinarios.
- Formar una lista de áreas a ser evaluadas, lista de fortalezas y debilidades, criterio de lista para escoger un Técnico Comunal de Ganadería.

Ejemplos de cómo se usan las lluvias de ideas

Para ver ejemplos de lluvias de ideas, por favor véase "Definiendo la Situación", pág. 68* y "Entendiendo el CEV" (Conocimiento EtnoVeterinario), pág. 226

¡Práctica!

Definición

La práctica es la oportunidad de desempeñar una habilidad dentro de un taller de trabajo. La habilidad de un capacitador, pudiera ser el diseño y la planificación, y después presentar un tópico en un taller de trabajo. La habilidad de un propietario de ganado pudiera ser el saber castrar animales. La habilidad de un agricultor de las colinas, pudiera ser la de confeccionar un caballete en forma de "A" y usarlo para marcar los lugares donde se deben plantar las barreras vivas para construir terrazas.

Cómo funciona

Para trabajar examinando un animal:

- Divida a las personas en pequeños grupos. Asegúrese que cada grupo tenga una persona con experiencia que desempeñe la habilidad bien.
- Explique la tarea completamente, o haga una demostración.
- Asegúrese que cada una de las personas tenga la oportunidad de practicar la habilidad, preferentemente en un animal diferente.
- Si se necesita ayuda o animales para la capacitación, deje que los participantes lo hagan, o lo organicen; pero no haga usted todo el trabajo para ellos.
- Asegúrese de tener un lugar apropiado y tiempo suficiente para practicar la habilidad. Por ejemplo, ¿se tiene un trecho con pasto limpio, donde castrar a los animales? ¿Hay una parcela o tierra preparada donde sembrar árboles?
- Algunos puntos en los cuales pensar, al decidir efectuar una sesión de práctica:
  - ¿Es peligroso o seguro para los participantes, otras personas o para los animales?, ¿la hay para otras personas o para los animales? Incluya un diálogo acerca de las precauciones de seguridad y no aliente los "métodos abreviados" que impliquen riesgo.
  - ¿Puede usted decir cuán lejos o cuánto, en una forma sencilla para dar a la gente un concepto fácil de medida? Por ejemplo, un dedo de profundidad, un litro).
  - ¿Se necesita cálculo mental para efectuar la habilidad? ¿Cómo puede compartirse este conocimiento?
  - ¿Cuáles son los errores comunes efectuados por gente con experiencia en la habilidad?
- Si se trata de una habilidad compleja, divídala en pasos (véase "Análisis de Tareas," págs. 104-105).
- Deje que los participantes sepan cómo lo están haciendo y pida retroalimentación en la sesión para que le sirva de ayuda en el futuro.
- Haga que cada grupo pequeño reflexione sobre su propia práctica. ¿Qué tal les fue? ¿Qué problemas se presentaron? ¿Servirá esta habilidad en su comunidad? ¿Cómo la aplicará en el futuro?

Pros, contras y otros usos

Alguna persona puede aprender cómo practicar una habilidad tal como vacunar, pero no lo hará si considera que no es necesario hacerlo. **La práctica debe ser combinada con la reflexión para alentar un cambio de actitud.**

LA PRACTICA ES PARA DOMINAR LAS HABILIDADES

La práctica puede **enseñar habilidades pecuarias o agrícolas,** tales como la forma de medir una dosis de medicina, recortar las pezuñas de un animal, o plantar y mantener un rompe-vientos. Puede también **enseñar habilidades organizativas y de comunicación,** tales como la escucha activa, dirigir una reunión, ú organizar una campaña de vacunación

LA PRACTICA ES PARA OBTENER CONOCIMIENTO

A través de la práctica, aprendemos acerca de cómo hacer algo, y podríamos aprender sobre las ventajas y desventajas de desempeñar tal habilidad. Sin embargo, es durante la reflexión que se efectúa después de la práctica, cuando aprendemos más, de nuestra propia experiencia y de la de los demás

LA PRACTICA GENERALMENTE NO CAMBIA LA ACTITUD

Aunque practiquemos una habilidad, pudiéramos no estar convencidos de la importancia de aplicar dicha habilidad en nuestra organización o con nuestros animales. El enfoque de planteamiento de problemas, ayuda a cambiar actitudes. Su propósito es que reflexionemos en lo que estamos haciendo ahora y el por qué pudiera ser bueno adoptar un enfoque diferente. De la misma forma, Solamente con el diálogo acerca de una situación, sin una oportunidad de practicar una nueva habilidad, generalmente no se llegará al cambio. Este es el motivo de por qué es tan importante analizar y dialogar, para determinar la acción apropiada, y recién practicar las habilidades necesarias para tal acción

Recuerde:

Problema + Análisis + Acción + Práctica de habilidades + Reflexión = Cambio

Una historia verdadera:

Los Técnicos Comunales de Ganadería (TCG) de San Julián y Berlín, Bolivia, observaron el deterioro gradual de los animales de su comunidad durante varias generaciones sucesivas. Los técnicos vieron que si podían controlar la calidad de los animales, podrían controlar la producción de leche, carne y lana. Determinaron que como TCG, ellos deberían contar con la habilidad de castrar a los animales, para ayudar a sus comunidades a seleccionar los mejores ejemplares para la reproducción. También determinaron que ellos deberían incluir discusiones Acerca del problema y las soluciones en sesiones de capacitación con sus comunidades. Debido a que vieron la necesidad de aprender a castrar, solicitaron que el programa de capacitación les enseña cómo hacer la castración. Los nuevos líderes del programa, demostraron estar de acuerdo, con gran entusiasmo. Se planificó efectuar una sesión de capacitación y una demostración, y los TCG se dividieron en dos grupos para supervisar las castraciones. Decidieron efectuar demostraciones, porque no habían animales ni capacitadores suficientes para que cada uno pudiera practicar la habilidad. Después que Don Gregorio regresó a su casa, estuvo muy entusiasmado acerca de castrar a sus propios animales y se puso a ello inmediatamente. Mientras pensaba un poco más acerca del proceso de castrado que había aprendido, se dio cuenta que no sabía realmente como hacerlo bien, y que podía provocar la muerte de sus animales si se equivocaba, de manera que decidió no castrar a sus animales por sí mismo.

¿Debió de haberse enseñado la castración en este taller de capacitación?

En este caso, el objetivo era que los TCG pudieran castrar a los animales al final del taller. Tal objetivo no se alcanzó, de manera que no debió de haberse enseñado cómo castrar.

¿Qué es lo que los planifícadores del taller pudieron haber hecho de manera diferente?

Después de reflexionar sobre el dilema de Don Gregorio una vez pasado el taller, los planifícadores del taller, hicieron ajustes para el próximo taller. Organizaron a los participantes en grupos pequeños y asociados. En cada taller, un grupo pequeño castraba todos los animales disponibles en la comunidad. Al final de la capacitación, todos los TCG tuvieron la oportunidad de castrar por lo menos un animal.

A menudo la decisión de incluir un tema técnico en un taller, debiera basarse en el hecho de si puede ponérselo a la práctica o no.

En el caso de habilidades complejas, la gente debe tener la oportunidad de practicar para poder usar la habilidad en el futuro.

Pregúntese a usted mismo: Si enseñamos este tema, ¿habrá tiempo suficiente para que todos lo practiquen? Si no es así, ¿puede esta habilidad efectuarse sin haber practicado?

Si la respuesta a ambas preguntas es no, no pierda el tiempo de los agricultores hablándoles sobre la habilidad en cuestión

Herramientas que alientan el diálogo

Sesión de murmullos o susurros

Definición

Un murmullo es una discusión corta y rápida entre dos, tres o más personas de un grupo pequeño, sobre un tema o pregunta específica.

Cómo trabaja

- Forme pareja rápidamente girando hacia la persona que esté a su lado.
- En 2 a 3 minutos discuta un pensamiento o idea generado por el tema bajo discusión. El facilitador formula la pregunta.
- Informe al grupo mayor sobre los resultados de su discusión.

Pros, contras y otros usos

Un murmullo es una buena manera de iniciar una discusión acerca de un tópico nuevo. Más personas compartirán sus ideas de las que lo harían en una sesión plenaria.

Puede usarse un murmullo para generar nuevas ideas sobre un tópico que ya se halle en discusión. Si una sesión se empantana, a menudo con un murmullo, se generarán nuevas ideas para poder continuar.

Puede usarse una sesión de murmullos para reflexionar de manera personal sobre el tema que los participantes acaban de aprender.

Durante una sesión plenaria, el informe o la retroalimentación de todos los grupos pueden tomar bastante tiempo. El facilitador puede solicitar resultados típicos, o una enunciación en voz alta de las ideas generadas.

Para ver un ejemplo del uso de grupos de murmullos, por favor véase la pág. 167*.

Ejemplo de cómo se usa la práctica

En Uganda, cada tema técnico que se discute en una sesión de capacitación, es seguida por una sesión de práctica. Por ejemplo, los participantes dialogan acerca de la erosión de la tierra y la construcción de terrazas y discuten el uso de estructuras a nivel "A" para formar terrazas en las tierras de pastura que tienen declive. Después, construyen las estructuras de madera en A, y practican marcando las líneas de nivel apropiadas en el campo de alguno de los participantes. A la práctica le sigue un diálogo acerca de lo que han logrado y la forma en que les será de utilidad

Historias con final abierto

Definición

Las historias con final abierto se llaman a veces, un caso de estudio o análisis crítico de caso. Incluye la presentación y análisis de un evento o incidente. Alguna porción de la historia no está completa. La historia de final abierto, siempre plantea un problema o pregunta. Los participantes discuten acerca de qué podría pasar en la parte de la historia que no se contó.

Cómo funciona

• Generalmente, la historia tiene tres partes:

1. **Comienzo:** Cuenta acerca del problema.
2. **Medio:** Cuenta sobre una solución.
3. **Final:** Cuenta acerca de un resultado.

Una historia de final abierto, puede quedarse en el comienzo, el medio o el final. La mayor parte de los casos de estudio dejan fuera el final. La parte de la historia que no se cuenta, plantea una pregunta a los participantes.

• La historia o caso, deberá tomarse de una situación de la vida **real,** una experiencia que podría suceder en la población de los participantes. Con la historia, debe transmitirse al participante, un **sentido de urgencia** o de crisis.

• Esta herramienta puede utilizarse de varias maneras. Puede relatarse como lo haría un contador de cuentos, o bajo la forma de un drama, o un espectáculo de títeres, o con dibujos sobre un franelógrafo. Los participantes discuten la parte faltante de la historia, la relacionan con su propia situación y sugieren las soluciones que pueden darse al problema.

• Podría resultar conveniente, que una persona cuente la historia y que sea otra la que haga la facilitación de la discusión.

• Generalmente, la gente local puede ayudar a los facilitadores a desarrollar una historia basada en la vida real, en la fase de planificación de los talleres.

• **Asegúrese que la historia plantee una pregunta** en su final abierto. Hay a lo largo del presente libro, numerosas sugerencias de historias que pueden utilizarse (para obtener ejemplos, véanse las págs. viii, 42, 125, 184, 189). La mejor historia, sin embargo, es una surgida de la propia realidad de la comunidad.

Ejemplos de cómo se usan las historias de final abierto

Cuando se omite o quita el MEDIO de una historia, se convierte en una historia de antes y después. Los participantes discuten:

1. ¿Cuáles son los problemas del comienzo?
2. ¿Cuáles fueron los resultados finales (¿cómo ha mejorado específicamente la situación)?
3. ¿Qué pasos posibles ha tomado la comunidad para lograr estos resultados?

Puede usarse este tipo de historia **para discutir los pasos para llegar a una visión.** Una vez que un grupo o comunidad haya discutido su visión del futuro, se cuenta la historia. El „antes" de la historia es la situación de cómo están las cosas ahora en la comunidad. El final es la visión que la gente ha definido. Deben ellos discutir el medio. Este constituirá el plan que tengan para llegar al logro de su visión.

En forma alternativa, pueden usarse las historias de final abierto para **discutir un problema actual y de urgencia** que aqueje a la comunidad. El grupo entonces, visualiza los posibles pasos para resolver el problema.

¿Cómo es que la comunidad que se muestra en estos dos dibujos, logró estos resultados?

También puede omitirse el MEDIO de una historia con un FINAL NEGATIVO O TRISTE. Esto estimula la discusión de que podría haberse hecho de una manera diferente.

Un ejemplo: Una comunidad envió a una persona fuera, para que recibiera capacitación como técnico comunal de ganadería; la perona trabajó muy bien en los talleres y gustó mucho de la capacitación. Cuando ella regresó a su casa y a su comunidad, trabajó para esta última durante cuatro meses. Ahora vive en la comunidad, aunque ya no ayuda con los problemas de los animales.

¿Qué podría haber pasado?

¿Qué pudiera haber hecho la comunidad para evitar que esto suceda?

¿Qué es lo que ellos pueden hacer ahora?

Cuando el FINAL DE LA HISTORIA se omite o elimina, la gente discute el impacto de las opciones que se tomaron. Discute también las posibles opciones de una solución alternativa. Esto resulta de utilidad cuando se está discutiendo un problema actual de la comunidad. Ejemplo: El primer día de un taller de capacitación acudió mucha gente, al siguiente día, unas cuantas personas menos, y al siguiente, aún menos.

¿Por qué ocurrió así?

¿Qué podría haberse hecho de manera diferente?

Ejemplo: Otra historia es la de una persona que trata de cruzar un río, donde hay solamente unas cuantas piedras disponibles para ayudarse. La persona decidió cruzar sola, cayó en el río y se ahogó

¿Por qué la persona decidió cruzar sola?

¿Qué podría haberse hecho de manera diferente?

¿Qué hace que las personas no tomen esas opciones?

Cuando se eliminan el MEDIO Y EL FINAL, se presenta una situación problemática, sin sugerencias para darle solución. La gente determina si el problema es pertinente para ellos y qué soluciones desean aplicar. También definen, el resultado que desean obtener de la situación. Es esta una herramienta poderosa para la discusión de los problemas sociales relacionados a la agricultura.

Los sociodramas, el teatro de títeres y los franelógrafos, se usan comúnmente cuando se eliminan el medio y el final de una historia. En los tres casos, los participantes pueden tomar una decisión acerca de las acciones deseadas y el resultado. Pueden ellos usar el sociodrama, títeres, o el franelógrafo para presentar sus decisiones a los demás. Un tablero franelógrafo puede también utilizarse para que el grupo mayor discuta soluciones. Los participantes cambian de lugar las figuras, hasta que el tablero muestre una situación de consenso.

Sociodrama

Definición

Un sociodrama, presenta un caso específico de algo que causa un problema en la comunidad. Los participantes visualizan situaciones y relaciones que son muy complicadas de explicar. El sociodrama generalmente es de final abierto, muestra contradicciones, y plantea una pregunta para que los participantes la analicen.

Esta herramienta es muy versátil aunque algunas veces se utiliza con exceso. Puede aplicarse para la capacitación en talleres, que definen una situación y para evaluaciones.

Cómo funciona

- Existen varias aplicaciones diferentes para los sociodramas.

1. El facilitador y/o los participantes actúan una situación que causa problema. Todos los participantes discuten después la situación, sus posibles soluciones y las acciones a tomar en el futuro.
2. Los participantes en grupos pequeños definen un problema o situación existente en su comunidad, y hacen una representación de la situación. Los restantes participantes, discuten después las soluciones sugeridas para resolver el problema.
3. Los participantes que han trabajado en grupos pequeños, presentan los resultados del trabajo de cada grupo, mediante un sociodrama.
4. Los participantes del taller, presentan una representación de roles a una audiencia mayor de la comunidad, para informar a la comunidad y para abrir o crear el diálogo.
5. Los participantes practican nuevas habilidades sociales, y reciben retroalimentación de los demás participantes. Se da a cada persona que se haga cargo de una situación. En un sociodrama, un participante muestra cómo él o ella respondería ante la situación.

• Los sociodramas, a menudo son muy efectivos para abrir el diálogo. El representar el caso de una historia, da a los participantes alguna distancia, permitiéndoles la oportunidad de discutir la situación en relativa seguridad, sin identificar ni culpar a la gente que ha causado el problema. Pueden establecer conexiones a su situación de la vida real, en el curso de la definición de su plan de acción.

• Las siguientes cuatro preguntas abiertas se utilizan para ayudar a analizar esta situación con un grupo mayor, y para permitirles llegar a conclusiones.

- ¿Qué es lo que vio usted que sucedió acá?
- ¿Porqué piensa Ud. que esto sucede?
- ¿Cuándo ocurre esto en su comunidad, ¿qué problemas causa?
- ¿Qué podemos hacer acerca de esto?

• Es importante que la historia o probleman en el sociodrama sea un problema actual para los participantes. Debe surgir de su propia realidad para que pueda generar interés.

• Los sociodramas, frecuentemente muestran que aprender resulta entretenido. A menudo habrán muchas risas, pero el valor del entretenimiento del sociodrama, no debe echarle sombra a su valor de enseñanza.

Pros, contras y otros usos

Consejo: En los cursos de capacitación de salud animal, se presenta la gran tentación de usar los sociodramas para proveer respuestas, como una alternativa a una presentación o charla. Por ejemplo, un sociodrama donde un agricultor -cliente lleva un animal enfermo ante el trabajador comunal para que le dé tratamiento, y el técnico atiende al animal y le da consejos al propietario. Cuando usted esté planificando un sociodrama, pregúntese a usted mismo, **"Este sociodrama, ¿plantea una pregunta?"** Un sociodrama, que provee la respuesta, no deja lugar a la discusión.

Los sociodramas, son herramientas efectivas para:

- Definir una situación
- Evaluar un programa
- Darle entusiasmo a una discusión
- Consolidar lo que se ha aprendido en grupos pequeños
- Practicar las habilidades tales como la toma de la historia de una enfermedad o como entrevistar.

El sociodrama, puede generar opiniones o sentimientos fuertes sobre un tema. Es importante que todos las representaciones de roles, sean seguidos por un período de reflexión y discusión. El facilitador debe esforzarse por crear una atmósfera de confianza, donde la gente pueda compartir sus pensamientos y sus sentimientos de una manera constructiva. Cuando se producen sentimientos fuertes, pueden alcanzarse conclusiones vigorosas y pasos de acción fuertes.

El sociodrama usado en pequeños grupos para presentar su trabajo ante una sesión plenaria, puede tomar demasiado tiempo. El beneficio al grupo de reforzar la nueva acción a través de un sociodrama, debe sopesarse contra el tiempo que toma.

Existen numerosas otras variaciones de sociodramas que pueden utilizarse. Entre otros, pueden citarse los siguientes:

- **La pantomima:** el sociodrama, se hace en silencio, con gestos y emociones exagerados.
- **Estatuas:** En lugar de actuar un sociodrama, el grupo pequeño presenta sus resultados como una estatua viviente. Los otros participantes observan y discuten acerca de la estatua. El grupo de la estatua, puede también compartir sus pensamientos.
- **Historia dramatizada:** Numerosas historias de final abierto, pueden contarse bajo la forma de un drama, en lugar de un relato como el que hace un contador de cuentos. Ambas son sumamente efectivas.

Véase "Ayudando a que sus sociodramas cobren vida" págs. 314 - 317.

Ejemplos de maneras en que se han usado los sociodramas

1. En un sociodrama para mostrar los dilemas ocasionados por las enfermedades de los animales, la rabia había causado la muerte de un niño y una mujer de dos diferentes familias. Contrajeron la enfermedad de una vaca con rabia que mostraba dificultad al tragar alimentos. Los participantes, divididos en pequeños grupos, discuten lo que vieron en el sociodrama. El facilitador pregunta si alguien ha tenido una experiencia similar en su comunidad, y qué problemas causó. Discuten después, qué podría haberse hecho para prevenir que ocurra lo mismo en el futuro. Cada grupo pequeño, presenta su análisis a la sesión plenaria. De esta manera, el sociodrama, ayuda a la gente a analizar cómo piensan y sienten acerca de la rabia y los posibles efectos sobre su familia y qué es lo que harán acerca de este problema en el futuro.

2. A cada grupo pequeño se le da un caso específico de retroalimentación que fue dado en una manera mala. Cada grupo pequeño, presenta su caso bajo la forma de un sociodrama. Después, ellos discuten el caso y lo que podría haberse hecho para mostrar la retroalimentación de una mejor manera. Presentan un sociodrama en forma positiva. Véase "Retroalimentación," pág. 208*.

Fuente: Vella 1995.

Títeres

Definición

Los títeres son muñecos ú objetos hechos para representar personas, animales o cosas. Pueden ser utilizados para presentar una historia o drama a un grupo grande, representando en la actuación, asuntos de importancia para la comunidad. Como en el caso del sociodrama, un teatro de títeres, debe dejar a la audiencia, con una pregunta sin responder, para que ellos la ponderan. Con esto se da entusiasmo al grupo y se genera el diálogo. Resulta de una manera efectiva el hacer que la comunidad se ponga a hablar acerca de algún tema o asunto. (Véase "historias de final abierto," pág 243.*)

Cómo funciona

- Los títeres confeccionados a mano son más efectivos que los que se pueden comprar en el comercio. Pueden dárseles los rasgos, el color de la piel, el peinado y la vestimenta de la gente local. Esto ayuda a que las personas se vean a sí mismas y a la situación de su comunidad en el teatro de títeres. Los títeres pueden hacerse de papel maché, material plástico, ropa vieja, hortalizas o simplemente de cualquier objeto que se halle a mano. (Véase "Fabricando nuestro propio material de capacitación," Pág. 311.)
- Un sociodrama con títeres se presenta con los títeres tomando el lugar de las personas, y animales involucrados en la situación. (Véase "Sociodrama". pág. 244.) La gente que presenta el teatro de títeres, necesita proyectar su voz con bastante potencia. Siempre son muy apreciados y festejados los chistes y los personajes jocosos.

• El problema presentado en el teatro de títeres, se discute en pequeños grupos, o en una sesión plenaria. Los participantes discuten lo que han visto, si es que el caso ocurre en su comunidad, qué problemas les causa y qué es lo que quisieran hacer respecto de los mismos.

• Como sucede en el sociodrama, el teatro de títeres debe formular una pregunta o presentar un problema, sin dar la solución. Los teatros de títeres que plantean un problema, generarán el diálogo.

Pros, contras y otros usos

Los títeres se utilizan para los mismos propósitos que se usan los sociodramas en la educación popular de adultos. Debido a que los títeres no se perciben como personas reales, pueden encararse con ellos, asuntos más delicados o sensibles, como el abigeato, la quema de los árboles o cultivos del vecino, o los animales que destruyen los sembrados o terrazas de un vecino. La gente puede reír por las travesuras de los títeres, pero después comienza una discusión seria, sin señalar con el dedo a los culpables. De esta manera los participantes pueden comenzar a resolver una serie de problemas, sin establecer culpabilidad y sin ponerse muy emocionales. Como ocurre con el caso de numerosos problemas serios, si puede separarse del problema la parte emocional que el mismo causa, pudiendo así discutirlo con mayor claridad. Una vez que el problema se ha definido y se ha discutido, los participantes pueden sugerir soluciones para poder pasar a la acción.

Si el teatro de títeres 'se utiliza para iniciar una discusión seria, es mejor usarlo en una situación de taller, con la asistencia de un número limitado de personas.

Los teatros de títeres pueden también utilizarse para:

- Motivar a una comunidad acerca de un programa o reunión organizativa.
- Generar una discusión entre los niños de la escuela sobre un problema en el cual ellos puedan tomar acción
- Para dar sugerencias. Algunas veces el personaje del títere "sabio", puede ofrecer sugerencias para que sean discutidas entre las personas del grupo.
- Para darles entusiasmo o energía a los participantes.
- Apreciación, análisis de género y evaluación.

Consejo: Si se usa el teatro de títeres ante una reunión numerosa de personas, a menudo resulta difícil que todos escuchen el diálogo. Un teatro de títeres probablemente no generará el diálogo entre las per-¬ sonas en una reunión grande, sin embargo, atraerá la atención y llevará a la gente a asistir a la reunión.

Ejemplo de cómo se usan los títeres

1. En una presentación de títeres en Bolivia, un títere con forma de vaca, tenía señales de verrugas. Dos agricultores discuten juntos los síntomas que veían, usando términos sencillos. La propietaria dice que ella va a ir en procura del Técnico Comunal de Ganadería para buscar su ayuda. El títere (la propietaria), se dirige entonces a los TCG y les formula preguntas acerca de la vaca, las verrugas y qué es lo que debiera hacer ella. Le responden desde el público. Un facilitador (a) puede alentar la discusión entre el títere y los TCG. Uno de los participantes escribe los síntomas y los tratamientos para las verrugas, en un pliego grande de papel.

2. En el proceso de selección de TCG, se utiliza un teatro de títeres para ilustrar los problemas que el o la TCG pueden encontrar una vez que comience a trabajar en la comunidad. Discuten algunas de las causas por las cuales los TCG se desalientan o dejan de trabajar. El teatro de títeres, sirve para cumplir dos funciones:
- atraer a toda la comunidad a una discusión acerca de la selección de sus TCG;
- poner sobre el tapete, uno de los problemas más comunes que ocurren con los TCG - el desgaste debido al desaliento que sienten.

Franelógrafos

Definición

Un tablero franelógrafo se hacía tradicionalmente de tela de franela con pedazos de la misma tela que se adhieren al tablero. Hoy en día el término se refiere a cualquier tablero grande al cual puedan pegarse objetos pequeños. Los objetos pueden ser manipulados por los participantes, para expresar el concepto o la historia y las soluciones que desean darle.

Se usa un franelógafo para la capacitación, para definir situaciones y para la evaluación.

Como funciona

- Introduzca la *dinámica* y su propósito, a un grupo que no tenga más de diez personas.
- Los objetos se confeccionan en papel, cartón, plástico, tela o madera, se pegan con cinta adhesiva o se pegan a un tablero de madera, un pizarrón, un tablero de plástico o aún sobre una pared o el costado de un vehículo. Cualquiera de estos tableros o muros, pueden ser cubiertos primero con una pieza de tela como material de soporte.
- Los participantes deben controlar físicamente los objetos a ser adheridos. Por ejemplo, puede dársele a la gente dibujos pequeños de antibióticos y enfermedades, o puede ir sacándoselos de un sombrero. Las personas forman parejas con el antibiótico adecuado y la enfermedad que éste puede curar,
-Si los objetos son ovejas, árboles, agua, los participantes ponen los objetos sobre el tablero para mostrar el sistema de manejo de una finca. Si se trata de dibujos de personas efectuando diferentes tareas, haga que los participantes los organicen. Si los participantes son dibujos flexibles, déles las figuras para que ellos mismos los cambien de lugar y definan la historia. A medida que la gente coloca los objetos sobre el tablero, definen sus decisiones de colocarlos donde lo están haciendo. Explicar por qué tales objetos pertenecen donde los colocan.
- Los participantes, deberían estar involucrados en la reorganización y reordenamiento de los objetos, una vez que todos ellos se hallan sobre el tablero. Deberá alcanzarse el consenso de grupo en cuanto a la disposición más adecuada.

Pros, contras y otros usos

Los franelógrafos resultan muy útiles para generar discusión, si se usan apropiadamente. Los participantes deberían controlar siempre el resultado. Puesto que los tableros franelógrafos generalmente usan un juego de dibujos u objetos preparados con anticipación, puede limitarse la espontaneidad. Resulta buena idea, tener tarjetas en blanco, dibujos adicionales ú hojas de papel, de manera que los participantes puedan añadir una idea o un dibujo adicional.

Un grupo de personas puede también utilizar los franelógrafos, para contar una historia, identificar un problema de su comunidad o explorar soluciones alternativas de algún problema. Se les da a los participantes un juego de personas y objetos para que los coloquen en distintos lugares del tablero. Las figuras de personas se confeccionan con papel grueso o cartón delgado, para que se parezcan a la gente local. También se deben tener disponibles otros objetos, tales como casas, animales, cultivos y posesiones. Los objetos y las personas se esparcen sobre el suelo. Pida a los participantes que tracen un cuadro que muestre un problema actual de la comunidad. De forma alternativa, pida a los participantes que sugieran una solución a un problema actual de la comunidad. La historia creada por el grupo, puede utilizarse para iniciar un análisis a fondo del problema o de su solución.

Un ejemplo de cómo se utilizan los franelógafos

Se dieron a un pequeño grupo dibujos pequeños de ovejas, árboles, canales de agua, etc. Los dibujos representaban ovejas y carneros de todas las edades, algunos saludables y algunos con deformidades físicas. Se le dijo al grupo que este era su rebaño de ovejas. Necesitaban tomar una decisión sobre cuáles animales criar y qué tipo de manejo se necesitaba aplicar.

Se produjo una discusión muy animada sobre cómo escoger a los animales, la selección de animales para cría, la castración y la separación de los machos de las hembras. Cada grupo pequeño, presentó su rebaño resultante, mostrándolo al grupo mayor. Luego cada uno explicó las razones de su decisión acerca de cuál era la mejor forma de mantener el rebaño.

Dibujado y discusión

Definición

Los dibujos se trazan en forma conjunta estando las personas divididas en grupos o individualmente, mientras discuten un asunto. Cuando un grupo dibuja y discute, pueden encarar cualquier tema añadido por cuales quiera de ellos. Cuando las personas dibujan, las figuras pueden compararse, contrastarse y ponerse en categorías para ayudar a arribar a conclusiones.

El trazado de dibujos y la discusión, a menudo se usan para definir la situación, para enfocar algún asunto o tema para la capacitación y para hacer comparaciones durante una evaluación.

Cómo funciona

- Divida a la gente en grupos pequeños, no más de 3 a 4 personas por grupo.
- Cada grupo recibe material de dibujo - pliegos de papel, lapiceros marcadores, crayones o lápices pastel.
- Explique a los grupos, el propósito o el enfoque de trazar dibujos. Necesita dárseles a entender que no se les está pidiendo que produzcan obras de arte. Explíqueles que la importancia radica en la discusión.
- A medida que los grupos discuten, pueden hablar acerca del sitio de colocación en el pliego o el tamaño del objeto que están dibujando. Esto podría indicar su importancia relativa. Los grupos homogéneos, probablemente son los mejores, puesto que las personas discutirán libremente. Algunos grupos se sientan en un círculo y hacen dibujos individuales alrededor de toda la hoja. Otros hacen un dibujo consolidado.
- Una vez que se ha terminado el trazado de dibujos, el grupo los analiza. ¿Qué es lo que les dice el dibujo acerca del punto que se está discutiendo? ¿Qué cosas nueva aprendió cada uno de los demás?
- Cada grupo interpreta sus dibujos en la sesión plenaria. A esto le siguen la discusión y las conclusiones.

Pros, contras y otros usos

Esta herramienta es de gran utilidad principalmente en una cultura con fuerte tradición visual. Al principio, pueda que la gente no se sienta a gusto trazando dibujos. Ayúdeles a entender que el propósito es lograr el diálogo y el aprendizaje, no la creación de obras de arte. Si resulta muy desconcertante para la gente que se le pida trazar dibujos, y no se relajan y discuten el asunto, quizá esta técnica sea inapropiada para la situación o cultura local.

Consejo: En algunos grupos cuando se toma la decisión de trazar un solo dibujo, el grupo pudiera encargar a una persona para que efectúe la tarea como artista principal. En este caso es más fácil que el grupo se distraiga o se aburra y no todos participen en el resultado. Enfatice la importancia de la discusión y de la participación de todos.

Un ejemplo de cómo se usa el dibujado y discusión

En un estudio de los conocimientos locales, se pidió a un grupo de mujeres maduras, que dibujaran el calendario de manejo para sus rebaños de alpacas y llamas. Ellas incluyeron todos los aspectos rituales del manejo, de acuerdo a las festividades locales. Definieron el manejo local, como parte integral de sus rituales espirituales. Cuando terminaron su dibujo, discutieron la manera en la cual estas prácticas de manejo habían cambiado con el transcurso de los años. Definieron áreas donde ya no se mantenía la misma calidad de manejo debido a los cambios sociales. Destacaron dichas áreas, como zonas importantes para efectuar un taller de capacitación, para descubrir cómo podrían seguir aplicando buenas prácticas de manejo, dadas las condiciones sociales y económicas cambiantes.

Estas mujeres eran mujeres maduras, quienes generalmente no expresaban sus opiniones en la comunidad. Usualmente no participaban en las discusiones de grupos grandes. Se entusiasmaron bastante en su discusión y en el hecho de compartir sus ideas.

Cuadros y carteles

Definición

Un cuadro o cartel, tal como se los utiliza en la capacitación participativa, a menudo se llama también un código. El dibujo ilustra una situación real de la comunidad. Codifica un problema. El cuadro deja una pregunta en la mente del espectador, que a su vez lleva al dialogo o a la acción.

Los cuadros o carteles, pueden también ser el resultado de un trabajo de grupo. El grupo sostiene una discusión acerca de un tema y decide presentar sus resultados al grupo mayor en forma pictórica. Como un resultado de un taller, un grupo puede decidir crear un cartel para enseñanza o inspiración de su comunidad.

Como funcionan los cuadros y carteles

Como una dinámica de arranque de una discusión:

- En una sesión plenaria, o en grupos pequeños, los participantes analizan el contenido del cuadro. Deciden si representa una situación real o no. Determinan cual sería la mejor acción a tomar para resolver el problema.

Como un resultado del trabajo de grupo:

- Esta es una técnica similar a la del dibujado y discusión, en el hecho de que el grupo define el contenido a través del diálogo. Sin embargo, en lugar de utilizar el dibujo para estimular la discusión, el grupo dibuja un cartel para presentar sus resultados.
- Si un cuadro va a exhibirse en la comunidad, la gente debe decidir sobre su contenido, presentación y ubicación. Si existe una persona local con talento, ella o él debería ser reclutado para dibujar el cartel sobre la base del diseño de la comunidad. Si se contrata un artista externo, él o ella pueden responder a las instrucciones de la comunidad. Un artista externo a menudo creará interés y expectativa en el proceso y la discusión del contenido del cartel.

Resulta útil al diseñar un cuadro, preguntarse a sí mismo, "Esta figura, ¿formula una pregunta o plantea un problema para discusión?"

Pros, contras y otros usos

En numerosas ocasiones, un código pictórico desarrollado por capacitadores locales, es más efectivo que un código desarrollado por un artista. Aunque el dibujo local parezca casero al principio, generalmente resulta ser una excelente representación de la situación real. Los capacitadores pueden desarrollar sus habilidades de dibujado a través del tiempo. (Véase Fabricando nuestros materiales de capacitación," pág. 289.*)

Cuando los capacitadores locales crean sus propios códigos pictóricos, sienten o perciben que son capaces de hacerlo en cualquier ocasión y ya no dependen de un artista extemo para crear su material. Algunas veces cuando se usan los servicios de un artista externo para crear cuadros, los capacitadores locales sienten o creen que no pueden preparar sus propios código* pictóricos para usarlos en otras sesiones de capacitación.

Consejo: Es fácil al efectuar capacitación técnica relativa a cultivos o ganadería, dibujar figuras de las respuestas. Todas estas ya se han visto: Síntomas de enfermedades, de cultivos o animales, dibujos de tratamientos, productos químicos o instrumentos para aplicarlos, un animal enfermo y un animal sano con el tratamiento apropiado, ciclos de vida de los parásitos, anatomía, el espaciamiento apropiado de plantas o árboles en sistemas de finca, formas apropiadas de construir terrazas, etc. Aunque en algunos casos estas podrían resultar apropiadas, usualmente son inapropiadas para una capacitación participativa.

Un ejemplo de cómo se usa

Un código diseñado por los capacitadores locales en Bolivia, provocó discusiones prologas Mostraba un problema común. La mujer responsable de cuidar las ovejas se durmió debajo de un árbol. Las ovejas se metieron al sembradío de maíz del vecino y lo destruyeron. El vecino descubrió las ovejas y las persiguió blandiendo un machete, mientras la pastora dormía.

Esta situación generó una discusión muy animada acerca de las técnicas apropiadas de manejo animal y un plan de acción para el futuro.

Refranes o dichos populares

Definición

Un refrán o dicho popular se usa para generar una discusión acerca de una situación específica.

Cómo funciona

Mientras el grupo está discutiendo un asunto o una situación, el facilitador inserta el refrán, para profundizar la discusión. Se utilizan los refranes para crear un diálogo acerca de los aspectos humanos de una situación. Es una manera rápida de enfocar la atención de las personas sobre un tema en particular, darle entusiasmo al grupo e introducir un contexto local en la discusión. También pueden utilizarse para introducir la reflexión sobre verdades universales y principios amplios.

Ejemplos de cómo se usan los refranes y dichos populares.

El siguiente refrán, ha sido usado en Kenya para discutir los recursos cambiantes de la población, los celos con respecto a los recursos y la planificación para el futuro:
"Aquel que nada tiene, nada teme."

Estos proverbios de Kenya, se usan en diferentes situaciones de planificación:
"Es mejor pisotear el fuego, antes de que se acerque mucho."
"No vale la pena poner la vara de apoyo, después que se cayó el bananero."

Este refrán o proverbio haitiano, a menudo se utiliza en discusiones de grupo o trabajo organizativo:
"Muchas manos hacen que el trabajo sea liviano."

Este refrán boliviano, se usa para discutir la participación de todos: "Niño que no llora, no mama."
Aquí se da un refrán para reflexionar sobre la creación y la ecología: "Ojala que encuentres el tesoro; pero déjalo en el campo."

Fuente: Josephat Ngaira, La Misión que Mueve Montañas, Kenya.

Rompecabezas

Definición

Un rompecabezas es un dibujo de un objeto que ha sido cortado en numerosas piezas. En la capacitación participativa, la figura ú objeto, cuando queda armada, plantea un problema o una pregunta y genera la discusión sobre tal problema o pregunta.

Cómo funciona

- Los participantes se dividen en grupos pequeños.
- Cada grupo recibe un juego completo de las piezas de un rompecabezas que se hallan sueltas.
- El pequeño grupo debe armar el rompecabezas y discutir la pregunta .planteada por la figura u objeto.
- Cuando ha terminado la discusión, todos los participantes miran cada uno de los rompecabezas. Cada grupo explica sobre su rompecabezas y comparte los resultados de su discusión.
- La discusión en sesión plenaria, formula las conclusiones del trabajo de los grupos pequeños.

Ejemplos de cómo se utilizan los rompecabezas

1. Cada pequeño grupo recibe el mismo rompecabezas para discutirlo. En la plenaria, cada uno describe lo que ha descubierto y sugiere soluciones.
2. Cada pequeño grupo recibe un rompecabezas diferente. Las figuras de los mismos, muestran diferentes problemas relacionados a un tópico similar. Por ejemplo: Los intermediarios y su efecto en la comercialización. En la plenaria, cada grupo comparte su análisis de los diferentes aspectos del problema. El grupo entero, arriba a un consenso sobre el tema.
3. Cada grupo recibe un rompecabezas diferente en un sobre. Uno de los grupos descubre piezas faltantes en su sobre y no puede armar su rompecabezas. Otro grupo tiene piezas adicionales, que le vienen al grupo al que le faltan piezas. Un tercer grupo, recibe el sobre vacío. Los participantes, deben buscar las piezas faltantes y negociar con los otros grupos para obtenerlas.

En la plenaria, cada grupo comparte lo que ha pasado en su grupo. Esta dinámica con rompecabezas, puede utilizarse para discutir diferentes aspectos de la formación de equipos, tales como recursos compartidos, la importancia de la colaboración, la dificultad de completar una tarea si no se tienen disponibles todos los recursos necesarios, la frustración que causa la falta de recursos y la importancia de la participación de todos para completar una tarea.
Fuente: Tom y Dee Yaccino, (MCC. 1993).

4. Pueden usarse los rompecabezas para formar pequeños grupos. Si van a tener cuatro grupos pequeños, se tendrán cuatro rompecabezas. Cada participante recibe al azar, una pieza de rompecabezas. Las personas deben encontrar a las otras personas que tiene en su poder piezas de su rompecabezas, armar este último y discutir la figura que se ha formado. Los grupos resultantes, se convierten en nuevos grupos de trabajo.

Herramientas para la investigación y evaluación

Todas las herramientas para la investigación, son también excelentes herramientas para generar diálogo. Cada una de ellas puede usarse en talleres de capacitación.

Confección de mapas

Definición

Dibujar un mapa en un grupo pequeño, alienta una discusión a fondo de la zona que se esté mapeando. Los mapas pueden ser de una finca, la comunidad o una zona aún mayor. Pueden representar cómo las cosas estuvieron en el pasado, como la gente las ven ahora y qué les gustaría ver en el futuro. Por lo tanto pueden utilizarse para definir la situación, establecer una visión de futuro o para evaluación y comparación.

Cómo funciona la confección de mapas

- Divida a las personas en grupos pequeños.
- Explique el mapa que cada grupo tendrá que crear. El mapa puede representar una finca o la comunidad. Puede estar enfocado en algunos aspectos de la vida de la finca o de la comunidad, tales como infraestructura, cultivos, árboles, etc.
- Los mapas pueden delinearse o trazarse en el suelo, con palitos o piedras, o dibujarse sobre tierra y arena. Pueden también dibujarse los mapas sobre pliegos de papel usando lapiceros marcadores. En una zona ventosa con personas que no estén familiarizadas con los mapas escritos, puede colocarse pliegos de papel en el suelo y usarse objetos pesados, tales como piedras, para delinear la tierra.
- La gente se hace muy ingeniosa para trazar un mapa, utilizando materiales disponibles para que cobre más vida, si es que se lo traza en el suelo. Por ejemplo, ellos podrían poner pasto y ramas para ilustrar las pasturas y el bosque, construir casas de palitos, mostrar los pozos u otros recursos de agua, con envases con agua o mojando el mapa, etc.

Consejo: Cuando se esté dibujando mapas con lapiceros marcadores, el grupo nombrará un artista. No obstante, hay la tendencia de que una sola persona se haga cargo de todo.

- Déle al grupo un determinado plazo de tiempo para completar su mapa.
- Una vez que los mapas estén terminados (lo cual podría tomar unos 45 minutos), déle a los participantes la oportunidad de visitar y ver cada uno de los demás mapas.
- Cada grupo presenta y explica su mapa a los demás. En la sesión plenaria, se llega a conclusiones acerca de la situación actual de la comunidad y las cosas que la gente desearía ver que cambien.
- Cada grupo hace una copia de su mapa en un pliego grande de papel, para dejarlo en la comunidad.

Pros, contras y otros usos

Algunas veces la actividad de confeccionar el mapa, distrae a los participantes de la discusión y el diálogo. Es importante que la gente se dé cuenta que no se trata de una competencia, sino de una reflexión de sus pensamientos y sus sentimientos.

Un mapa comunal podría utilizarse como una parte dentro del análisis de la situación actual de la comunidad. Una vez que el mapa está terminado, el grupo discute qué es lo que les gusta y qué no les gusta de su comunidad, cómo es ahora, e identifica las áreas problemáticas que quisieran ver cambiadas.

A ésto le puede seguir un mapa donde el grupo trace una visión de su futuro. Ellos comparten la forma en que les gustaría que se vea la comunidad dentro de cinco o diez años. Una vez que el mapa de la visión del futuro esté terminado, discuten los pasos para lograr alcanzar dicha visión.

Un mapa también puede utilizarse para enfocar un área específica de la vida de la comunidad. Por ejemplo, el mapa podría describir la situación actual de la ganadería en la comunidad; cuáles familias poseen ganado, donde pasta éste y cómo se maneja ese ganado, cuál es la estrategia de comercialización, etc. El mapa pudiera enfocar la situación actual de la organización en la comunidad. ¿Qué organizaciones/infraestructura existen y cuáles son los problemas que hay? Si el mapa se utiliza para enfocar un área en particular, ese área puede ser cubierta con mayor detalles o más a fondo.

Los mapas de uso de tierras comunales, son una herramienta poderosa. Constituyen una ayuda para el manejo y control de las áreas forestales y las cuencas de agua de la comunidad. Por ejemplo, una comunidad pudiera confeccionar un mapa de las tierras de cultivo y darse cuenta que hay mayor producción en las zonas bajas, comparada con la de las zonas de colinas. Esto puede generar una discusión con respecto a lo que podría hacerse acerca de la erosión. El volver periódicamente al mapa y registrar cualquier cambio que se haya visto resulta útil para efectuar el control y seguimiento.

Pueden usarse los mapas para demostrar y discutir la diferente forma en que tanto los hombres como las mujeres, perciben los recursos y la infraestructura de sus fincas o las de su comunidad. Cuando se trabaja por grupos separados de mujeres y varones y luego se hace la discusión conjunta, ellos señalan a quién controla los recursos y cuáles recursos se consideran más importantes por los varones y las mujeres.

Los mapas son herramientas muy efectivas para que la gente establezca la visión del futuro que desea. La gente puede preparar un plan para el uso de su tierra y la producción en el futuro. Un mapa puede incluir los cambios de infraestructura que se desean para la comunidad. Pueden usarse mapas para considerar la reforestación futura y la planificación del uso de tierras por parte de la comunidad. Una vez que el plan está terminado, se discuten los pasos que se necesitan dar, para lograr la meta. El mapa puede llevar hacia una buena discusión sobre la colaboración necesaria para lograr culminar las metas comunes.

Consejo para el facilitador:

Por favor, ¡deje que la gente confeccione el mapa! Numerosas veces el facilitador se impacienta y toma la lapicera de las manos de la gente, para hacer el mapa como él o ella lo percibe. Pregúntese repetidamente a sí mismo, "¿Quién tiene el lapicero?" Si lo tiene usted, ¡entréguelo a otra persona! Esto mismo se aplica cuando un modelo de mapa se está transfiriendo al papel para el uso del facilitador. Por favor asegúrese de que se incluya toda la información colocada en el mapa por los participantes.

Ejemplos de cómo se usa la confección de mapas

Este es un ejemplo de cómo la técnica de confección de mapas se usó, **para enfocar y dirigir todo un taller sobre planificación de fincas:**

Los participantes traen consigo muestras de todos los tipos de suelos de sus fincas. Nombran cada tipo de suelo(usando los nombres locales) y colocan una porción de suelo en el mapa de su finca, en la posición correcta. Completan ellos otros detalles de su finca tal cual es en la actualidad. Se incluyen aquí las áreas cultivadas, las pasturas, las áreas en descanso y la infraestructura, (vivienda, pozo de agua, establo para los animales, etc.)

Los participantes discuten acerca de cada tipo de suelo, cuáles cultivos crecerán o no crecerán en los mismos, tales como los forrajes y otros cultivos. Esta discusión surge de la propia experiencia de los agricultores, el facilitador podría sugerir algunos cultivos alternativos. Los participantes discuten la protección de ciertas áreas, tales como el agua, los humedales, bosques y cómo éstos se ajustan dentro de la finca ideal.

Los participantes deciden sobre sus metas para el futuro, ¿qué es lo que desean para su familia, para sí mismos, y para su finca dentro de diez años?

Preparan un mapa de su finca futura, sobre la base de un entendimiento del uso de cada tipo de suelo, sus metas para el futuro y la protección de zonas frágiles. Para ver un ejemplo del uso de mapas en el proceso de forjar una visión, véase la pág.76.*

En algunos talleres en la comunidad, la construcción de mapas se utiliza **como una herramienta de evaluación** para resumir el taller:

En las etapas tempranas del taller, los participantes se dividen en pequeños grupos. Se le dice a cada grupo que ha formado una cooperativa que ha comprado una cantidad dada de tierra. Usamos la misma cantidad de tierra, como la que posee la mayor parte de los agricultores en sus pequeñas fincas.

Se le pide a cada grupo que dibuje un mapa de la finca, como quisieran que sea desarrollada por su cooperativa. Ellos dibujan el primer mapa sobre pliegos de papel con lapiceros, marcadores. La mayor parte de los grupos confeccionará el mapa sobre la base de las metas actuales de manejo. Se comparten estos mapas y se los discute brevemente, pero no se los discute a fondo. Se usan los mapas para identificar las áreas problemáticas, para preparar una lista de las expectativas del taller y servirán de ayuda como una guía para los facilitadores del taller.

En el último día del taller, los participantes forman nuevamente sus cooperativas. Esta vez se les pide que hagan un mapa modelo, para diseñar cómo quisieran que sean sus tierras en el futuro. El grupo reflexionará sobre todos los aspectos que discutieron en el curso del taller. Sus nuevos mapas reflejarán el proceso de reflexión y los cambios de actitud que haya provocado el taller. Verán por sí mismos las cosas que han aprendido y su valor para el futuro. Esta es una actividad de síntesis, en la cual los participantes toman mayor confianza acerca de sus conocimientos y un compromiso para aplicarlos en sus propias fincas.

Ordenación, clasificación y priorización

Definición

Son actividades en las cuáles los participantes pueden dar prioridades a un grupo de ítems. Pueden también evaluar los ítems comparándolos unos con otros, o dar calificación a un ítem, conforme a una lista de criterios. El crear estos esquemas simples, puede también provocar o generar diálogo sobre:

Por qué la gente escoge ciertas opciones no

Cuánta gente en la comunidad elige una determinada opción

Cuáles son las alternativas específicas

Las razones que dan las personas para escoger una opción, se registran y se comparan.

Esta herramienta ayuda a recoger información para evaluar las necesidades de capacitación o para definir la situación actual de la comunidad. Puede ser usada en la investigación de los conocimientos locales, o para el análisis de una comunidad sobre los roles basados en el género de las personas. También puede utilizarse como una herramienta de evaluación. Esta herramienta resulta también muy útil en las situaciones de capacitación, para analizar los pensamientos y sentimientos acerca de algún asunto.

Ordenación

Cómo funciona

- El grupo o la comunidad efectúa una lluvia de ideas sobre la base de una lista sobre un tema específico; por ejemplo las enfermedades comunes del ganado bovino, los deberes de los encargados del cuidado de los animales, el uso de los árboles.
- Se escribe la lista en el lado izquierdo de la gráfica o cuadro. En algunos casos la gente trazará un dibujo, usará un símbolo para cada ítem en vez de escribir el nombre. Asegúrese que se entienda claramente cada símbolo.
- En un grupo pequeño, la gente ordena los ítems de acuerdo a una pregunta específica, por ejemplo: "¿Qué enfermedad es la más grave?" "¿Cuál es la menos grave? O "¿Qué persona cumple cada uno de los roles en el cuidado de los animales?" o "¿Cuál especie de árbol es la más importante?"

Para tener un ejemplo, véase "Valorando a las mujeres", pág. 186 y "Enfermedades que se tratan con confianza", pág. 229.

- Cada persona categorizará cada ítem, con piedritas, hojas de árbol o pilas de arena coloreada. Un mayor numero de piedritas señalará al más común, ninguna piedrita será el menos común.
- El diálogo está relacionado al tema que se está discutiendo. Si se trata de las enfermedades más graves del ganado bovino local, podría producirse una disputa en cuanto a cuál es la más grave. El grupo puede preparar una lista del porqué una enfermedad se considera más grave que otra. De esta forma, definen su criterio para juzgar la enfermedad. Diferentes personas usarán distintos criterios.
- Este tipo de ordenación puede usarse para determinar la importancia relativa de temas en un taller de trabajo de capacitación. (Véase "Planificación", pág. 90.)

Un ejemplo de cómo se utiliza el ordenamiento

Una comunidad en Paraguay había invitado a un veterinario y su equipo, para discutir los problemas más serios de manejo animal. El equipo del veterinario, dividió a la comunidad en grupos homogéneos (mujeres maduras, hombres maduros, mujeres jóvenes, hombres jóvenes y adolescentes sin tierra).

Cada grupo definió o escogió los cinco problemas más comunes y más serios que experimentaban con sus animales. Cada grupo eligió un símbolo para representar cada uno de los problemas o enfermedades (por ejemplo, un hueso seco significaba los animales moribundos).

El grupo presentó sus símbolos a toda la comunidad. Pusieron ellos los símbolos en una línea sobre el suelo, en el centro de un círculo. A medida que cada grupo terminaba de presentar sus símbolos, alguna persona del grupo mayor tenía que decir lo que cada símbolo significaba.

Al final se tenía una línea de 20 - 30 símbolos, todos los cuales habían sido repetidos varias veces.

Se le pidió a cada persona que recoja 6 hojas pequeñas de árbol y que vote por los tres problemas más comunes y más graves de ganadería que ellos hubieran experimentado. Tenían que poner tres hojas en el más común, dos hojas en el siguiente y una en el tercero más común.

Los miembros más antiguos de la población, contaron las hojas que habían al lado de cada símbolo y escribieron sobre el suelo el resultado del conteo, al lado de cada símbolo. Los resultados fueron confirmados por la discusión en la reunión plenaria. La comunidad eligió luego, solicitar capacitación sobre cada uno de los cinco problemas de más alta prioridad que se tenía con el ganado en dicha comunidad.

Fuente: Dave Bremner.

Clasificación

Cómo funciona

La comunidad tiene un número de ítems que deben ordenarse por categorías. En un pequeño grupo pueden ordenarse los ítems y discutir por qué piensan que el arreglo que han efectuado es el correcto. Toman una decisión como grupo y lo presentan a la plenaria. Cuando el ordenamiento se hace de manera privada, es también una manera en la cual los individuos añaden o corrigen la información de un estudio tradicional de manejo. La diferencia entre los pensamientos de cada individuo y la respuesta de la comunidad, pueden entonces discutirse.

Pros, contras y otros usos

Puede usted ver, cómo estas herramientas podrían constituirse en *dinámicas* muy útiles en las etapas iniciales de un taller de capacitación, para ayudar a enfocar las enfermedades más importantes o los problemas con los animales que posee la gente. Recuerde, los participantes hacen la lluvia de ideas, ¡no el facilitador!

Al efectuar una investigación participativa, un (a) facilitador (a) a menudo será quien escriba la lista de ideas generadas para el futuro. Asegúrese de incluir todas las ideas que la gente ha generado, no solamente aquellas que ustedes como facilitadores, piensen que son importantes.

Algunas veces, con las dinámicas de ordenamiento y clasificación, resulta mejor dividir a la gente en grupos pequeños para efectuar la actividad. Asimismo, todos deben poner sus piedrecillas al mismo tiempo. Esto se hace así para evitar que una persona de influencia, vaya a controlar todo el ejercicio, como ocurrió en China:

A partir de esta dinámica, no se conoció nada más que la opinión de la Técnico Comunal de Ganadería. Su opinión era importante, pero las otras personas no contribuyeron con sus respuestas.

P.S.: La facilitadora cambió su estrategia, haciendo que los participantes pusieran primero sus piedrecillas. Después que todos los demás hubieron votado, votó el Técnico Comunal de Ganadería. Seguidamente el grupo analizó los resultados.

Un ejemplo de ordenamiento

En la evaluación de un programa de capacitación, que se efectuó dos años después de un taller de una semana de duración, la gente deseaba conocer qué temas habían sido los más beneficiosos dentro del taller.

Cada uno de los temas se escribió en una tarjeta individual de cartulina.

Tenían establecidas tres categorías en el piso (también podían haber usado canastas): los más usados, los que se usan algunas veces y los que no se usan.

A medida que discutían los temas más valiosos, descubrieron que todos los temas de prevención y manejo, se habían usado más frecuentemente. La mayor parte de los temas sobre reconocimiento y tratamiento de enfermedades no habían sido necesarios. Discutieron lo saludables que estaban sus animales, debido a que estaban aplicando las técnicas de buen manejo aprendidas durante el taller de trabajo. El ordenamiento estimuló una discusión muy valiosa para la comunidad y para efectuar la evaluación.

Valoración

Cómo funciona

- El juego de ítems a ser valorados, se dispone en el costado izquierdo del pliego de papel. Los ítems pueden ser dibujados para facilitar la discusión. Por ejemplo, pudiera haber una tarjeta con la figura de cada especie animal que se cría en la comunidad. Se coloca una serie de criterios en forma transversal, en la parte alta del papel. Puede también plantearse cada pregunta individualmente y anotarla a medida que el grupo las responde.
- Los animales pueden estar representados por dibujos en las tarjetas. Usted puede preparar un esquema sobre el suelo y los participantes pueden calificar a los animales colocando de 0 - 5 piedras bajo cada uno de los criterios para cada animal.

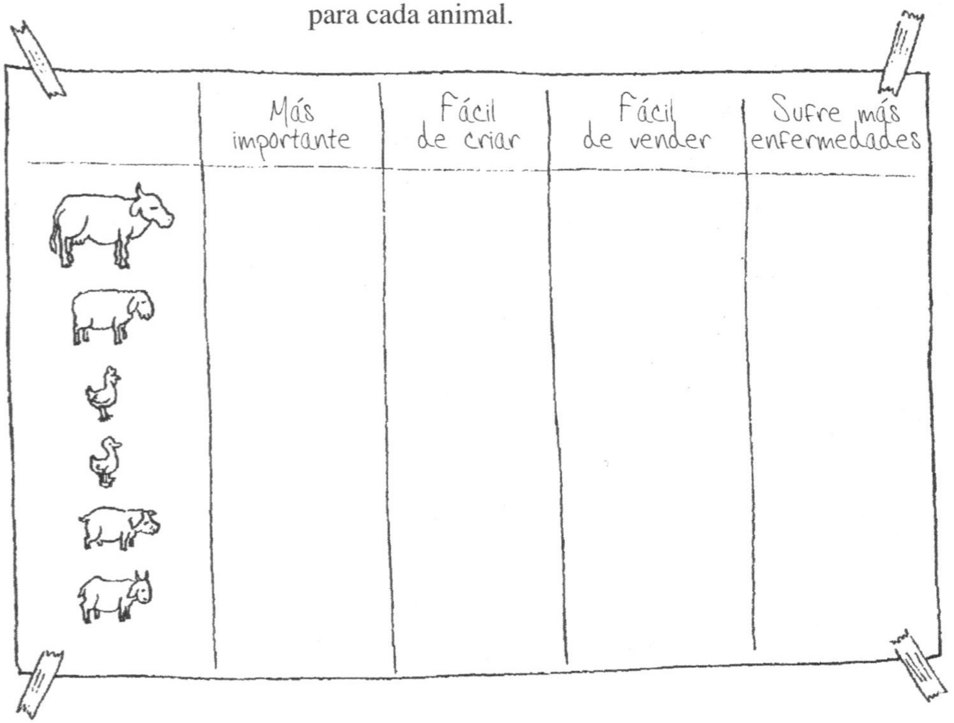

Pros, contras y otros usos

Resulta importante que la gente entienda que la discusión creada por el esquema, es más importante que la gráfica del esquema en sí mismo, aunque la información gráfica del esquema, ayudará a la comunidad en su análisis, la discusión generada para crear el cuadro, a. menudo señalará las diferencias en los criterios que las personas aplican para juzgar las cosas.

El ordenamiento, la clasificación y la valoración, son herramientas valiosas para la evaluación. Son también una forma vivaz y animada de iniciar un diálogo en un taller de capacitación. Por ejemplo, en una discusión de los principios del manejo de ganado ovino, los participantes prepararon una lista de todas las tareas de manejo (vale decir castrado, separación, selección, recorte de pezuñas, etc.) y luego definieron quién efectuaba cada tarea, cuán frecuentemente lo hacía y la importancia relativa. Esto llevó a un interesante diálogo acerca de la importancia del manejo permanente del rebaño para obtener una mejor producción.

Si se utilizan materiales pre-diseñados para una actividad de ordenamiento o valoración (tales como figuras o símbolos o cuadros) es importante probar previamente estos materiales. Así se asegura que todos y cada uno entienden los materiales y que estarán seleccionando sobre la misma base. Es también aconsejable tener disponibles tarjetas en blanco para figuras adicionales o símbolos que los participantes definan como importantes para su esquema de ordenamiento.

La valoración puede también utilizarse para ayudar a la gente a explorar sus sentimientos sobre algún tema. Por ejemplo, las mujeres y los hombres evalúan su participación en la organización local:

Se colocan tres figuras representando tres categorías en el tablero. Una de las figuras muestra una mujer que es muy tímida para ingresar a una reunión de grupo. La segunda muestra una mujer que ingresa a la reunión, pero es muy tímida como para hablar. La tercera figura muestra a la mujer participando activamente y compartiendo su opinión en la reunión.

Coloque un frasco de plástico o un sobre grande bajo cada figura. Todos califican su propia participación dentro del grupo, colocando una hoja o una piedrecilla dentro del frasco que se halla debajo de la figura que representa su situación.

El proceso de tomar la decisión de votar, motiva a la gente a analizar su participación. Esta dinámica abre un diálogo adecuado sobre las razones por qué la gente participa o no lo hace. Resulta esto especialmente útil* para las mujeres que discuten las barreras que sienten ante la participación en la organización local. Puede prepararse una lista de estas barreras y pueden diseñarse estrategias por parte de los mismos participantes, para superar dichas barreras.

Calendarios estaciónales

Definición

Un calendario estacional se dibuja sobre el suelo o en un pliego de papel. Se usa el patrón normal de las lluvias para definir las estaciones. De esta manera, se superan las diferentes maneras de nombrar las épocas del año. Por ejemplo, dentro de un mismo país, pueden haber diferentes nombres para las estaciones o meses); así se logra un acuerdo común a través de la definición de las lluvias.

Se utilizan materiales locales variados, tales como hojas de árbol, piedras, semillas, palitos o arena coloreada para añadir detalles al calendario. Cualquier cosa que varíe durante el curso del año, puede discutirse usando este calendario. Este tipo de calendarios se usa para discutir la presencia de enfermedades en los cultivos o en los animales, las épocas del año cuando hay forraje abundante o cuando escasea, la parte del año en que la gente se halla más ocupada o menos ocupada, con el propósito de efectuar planificación, distribuir la carga relativa de trabajo de los hombres y las mujeres.

El calendario estacional resulta ser una herramienta útil de investigación participativa para la comunidad, para las necesidades de capacitación, para los análisis de género, para investigar los conocimientos locales y para la evaluación.

Cómo funciona

- Divida a los participantes en grupos pequeños.
  A menudo resulta útil disponer un (a) facilitador (a) en cada grupo pequeño, para entender la discusión que se genere. Cada grupo pequeño confeccionará su propio calendario.
- Los participantes comienzan a fabricar el calendario representando la lluvia sobre el suelo en una línea recta a través de la parte alta. El grupo usa palitos quebrados de diferentes longitudes, o piedrecillas alineadas (mayor número para las épocas de lluvia más intensa). Ponga el palito más largo en el mes que tenga más lluvias y construya el resto de los meses del calendario por su cantidad de lluvia respectiva.
- Una vez que se han descrito las lluvias a lo largo de la parte superior del calendario, la lista de asuntos por discutir se dispone verticalmente en el costado izquierdo del calendario.

Las siguientes u otras áreas pueden discutirse al preparar un calendario estacional:

- Disponibilidad y uso de forraje: A la izquierda del calendario puede usted enlistar, o los participantes pueden dibujar una figura de cada uno de los tipos de forraje disponibles. Los participantes colocan piedrecillas, palitos o polvo de colores en la estación en la cual hay disponibilidad de forraje. Mayor cantidad de objetos, significa que hay más pastura en aquel mes. Si se tienen hojas o muestras de las diferentes pasturas y árboles de forraje que se usan, se colocan en el calendario.
- La estacionalidad de las enfermedades animales: Para cada enfermedad de la lista, los participantes colocan un objeto en el espacio que representa la época del año en que ocurre con más frecuencia. Si usan piedrecillas, pudieran colocar cinco piedrecillas en la época en que la enfermedad ataca más, y una piedrecilla cuando la enfermedad ocurre menos.
- El uso del tiempo de los hombres y las mujeres en su trabajo (analizado en grupos separados).
- La comercialización de animales y productos animales: compra, venta y precios.
- La estacionalidad de la producción de cultivos y tareas relacionadas con los cultivos.
- Los roles del trabajo de las mujeres y de los hombres y las cargas de trabajo.
- Los ingresos y gastos estacionales.

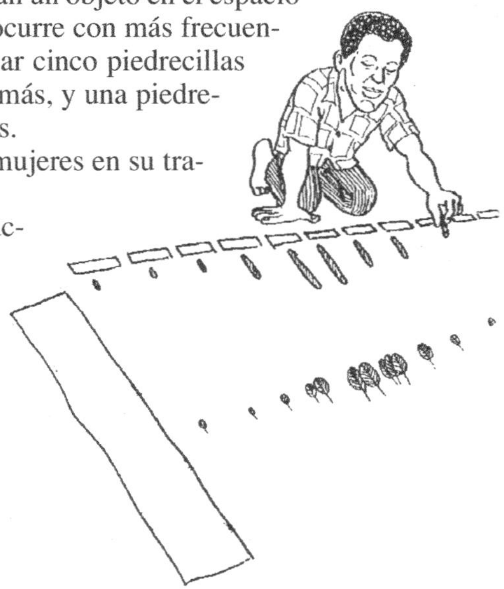

- Un calendario estacional puede ayudar a la gente a establecer prioridades sobre cuáles áreas cubrir y en cuánto tiempo, en un programa de capacitación. El análisis del calendario viene a ser el aspecto más importante. Los pobladores pueden derivar muchas conclusiones de la presentación visual del calendario estacional.
- Es importante que alguien - ya sea un(a) facilitador (a) o un participante - reproduzca el calendario en un dibujo. Esto dará a los participantes y a los(as) facilitadores (as), un punto de referencia para discusiones posteriores y planificación. Trate de no simplificar, si es que la simplificación cambia el significado.

Pros, contras y otros usos

Consejos para la facilitadora: Limite el numero de ítems que contenga un calendario. No ponga demasiadas cosas en un calendario porque la gente pudiera perder interés en confeccionarlo o resultará dificultoso de analizar. En tal caso es mejor hacer dos calendarios separados y compararlos uno con otro para tener más información.

Consejos:

Mantenga los grupos pequeños. Se necesita que un grupo sea pequeño, de manera que una persona no llegue a dominar la actividad. Asegúrese que la actividad sea suficientemente breve, de manera que las perso¬nas tengan el tiempo necesario para analizarla.

Escriba los comentarios. El (la) facilitador (a) o un participante elegido, puede anotar los comentarios y las discusiones en un pliego grande de papel durante el desarrollo del calendario. A medida que cada grupo presenta y explica su calendario en la sesión plenaria, se inicia un análisis muy fructífero.

Un ejemplo de cómo se usa un calendario estacional

Un calendario estacional usado para un programa de apicultura:

- Los participantes traen hojas de todas las plantas que crecen y florecen en los alrededores de sus viviendas.
- Los participantes ponen las hojas sobre el calendario estacional, en los meses en que cada tipo de planta florece.

Esto muestra en que épocas no hay néctar para las abejas. Pueden entonces discutir cuales cultivos y árboles son convenientes de plantar y durante cuáles meses para tener mayor cantidad de néctar para las abejas.

Esto puede llevar a una excelente discusión a partir de la cual los agricultores tomen decisiones acerca de qué especies plantar y cuando hacerlo para obtener una buena nutrición de las abejas y una máxima producción de miel.

Los calendarios estaciónales pueden también usarse con otras constantes en lugar de solamente la precipitación pluvial. Por ejemplo, la producción de cultivos y los precios de los mismos, pueden analizarse para ayudar a los agricultores en las decisiones de planificación y en la posible diversificación de sus cultivos. Las tareas efectuadas en diferente roles agrícolas por hombres y mujeres, o per -sonas maduras y personas jóvenes, pueden ser las constantes. Estos calendarios son muy útiles para efectuar análisis del género de las personas. Pueden discutirse como una herramienta de evaluación para el análisis de las actividades diarias, antes de un proyecto y después del mismo. Los niveles de actividad pueden compararse con los ingresos diarios y mensuales.

Para obtener mayores sugerencias sobre el uso de un calendario estacional, por favor véase "Una nota sobre los roles de género," pág. 71.

Entrevistas semi-estructuradas

Definición

Una entrevista semi - estructurada es un diálogo guiado. La entrevista puede ser de personas o pequeños grupos. No se trata de una entrevista con un cuestionario rígido. Un entrevistador utiliza una lista de verificación mental o escrita de los puntos iniciales a discutir. La lista de verificación se utiliza para iniciar la entrevista y para revisar las respuestas de diferentes personas. Durante la entrevistas, surgen nuevas series de preguntas, haciendo un seguimiento sobre las respuestas o los comentarios acerca de preguntas previas.

La entrevista semi - estructurada se utiliza para definir la situación, investigar los conocimientos tradicionales y en evaluaciones.

Cómo funciona

- Los facilitadores, los TCG, administradores o cualesquiera con algún deseo de entender la situación local, puede aprender a ser un buen entrevistador. Se trata de hacer una entrevista informal. Aunque puede usarse una lista breve de preguntas, no es un cuestionario. La entrevista viene a ser un diálogo acerca de un área de interés tanto del facilitador como del participante.
- **Qué es lo que el participante necesita saber:**
  - El propósito de la entrevista:
  - Deberá estar relacionado a las metas y valores del participante.
  - Las formas en las cuales se utilizará la información.
  - Qué el entrevistado esté capacitado para responder las preguntas
  - La duración de la entrevista (no tome más de una hora)
- **Qué es lo que necesita hacer el entrevistador:**
  - Comunicar respeto, confianza y un deseo de aprender tanto en actitud como en acciones.
  - Disponer de un lugar y del tiempo adecuado en que el participante se sienta cómodo.
  - Comenzar con una pregunta de algo que puede ser tocado u observado directamente.
  - No realice preguntas retóricas o que guíen a una respuesta,
  - Sea sincero, no halague innecesariamente.
  - Nunca sugiera las respuestas.
  - Agradezca al entrevistado por su participación.
- Una breve lista de verificación de preguntas, puede usarse para iniciar la entrevista. Asimismo pueden utilizarse numerosas herramientas de evaluación. Un entrevistado puede confeccionar un calendario estacional, ordenar, clasificar y valorar ítems o dibujar un mapa. Todas estas herramientas ayudan a los participantes a visualizar la situación sobre la cual están compartiendo la información.

Pros, contras y otros usos

Si se utiliza una lista larga y específica de preguntas para iniciar la entrevista, muy a menudo se convertirá en una sesión de preguntas y respuestas. Cuanto más rígidas sean las preguntas, menos espontáneas serán las respuestas y el diálogo que generen.

Ocurre a veces, que alguna pregunta no será adecuadamente formulada o no será bien entendida. Existe la gran tentación de reorganizar la frase, poniendo un ejemplo. A menudo el ejemplo conducirá hacia una respuesta específica y la información obtenida podría no ser precisa. Las preguntas que son abiertas y concretas, generarán diálogo. (Para obtener más información de cómo formular preguntas abiertas, véase "Implementación", pag.132.*)

Algunas de las herramientas para las entrevistas semi - estructuradas descritas en ERR y ERP, resultan bastante formales. Una técnica llamada la recapitulación del dueño del hato, hace un inventario de toda la historia del hato durante el ultimo año pasado. Esto se hace para examinar la productividad del hato y los problemas surgidos en el mismo. Con ésto se clasifican los animales por edad, sexo, clase, preñez o lactancia. Se discuten los nacimientos, muertes y compras. Algunas veces la información resultante es bastante compleja. Más parece que fuera información recogida para usos científicos, que para usarla como una herramienta para el análisis de comunidades.

Lo mismo es cierto para una técnica llamada historia de la progenie. En esta técnica, se recoge la historia de la descendencia de todas las hembras adultas del hato. La información se dispone en forma cronológica. Se usa para calcular la productividad en términos tales como la fertilidad, mortalidad e intervalos de parición. Estos son términos que usan los científicos. La mayor parte de la información recogida de esta manera, no es realmente útil para su uso en la comunidad que efectúa un análisis de su producción ganadera. Quizá en el futuro puedan desarrollarse algunas herramientas visuales para que este tipo de información sea útil para el uso de la comunidad.

Algunos usos para las entrevistas semi- estructuradas:

- *Entrevistas en cadena:* Son estas una serie de entrevistas de grupo a grupo o de persona a persona. Cada persona o grupo es un experto en una distinta etapa del proceso. Por ejemplo, en la comercialización de leche, entreviste a las personas que ordeñan a los animales, a las mujeres que procesan y venden la leche, a los intermediarios que compran y venden los productos lácteos y a los consumidores de dichos productos.
- *Incidente crítico:* Se utiliza la entrevista para explorar las causas y efectos de un acontecimiento, tal como una inundación, incendio, sequías o conflictos por tierras entre personas. La entrevista explora la manera en que la familia o el grupo se las arregló, o no pudo enfrentar la situación o como se resolvió el conflicto. Diferentes versiones de un incidente crítico, pueden discutirse en pequeños grupos o con personas individualmente. Esto dará un cuadro general más claro de una situación para discutirla en el grupo mayor y para planificar cómo superar las dificultades y resolver los conflictos.
- *Historias familiares o del rebaño:* Esta entrevista constituye una manera de revisar los casos de personas o familias, comparada con la información provista por el grupo mayor. Es útil usarla para los análisis que las mujeres y los hombres hagan de sus tareas y el uso de su tiempo. Esta información puede ayudar a ampliar el diálogo, en un proceso de análisis de género dentro de una comunidad. La historia de la descendencia de un hato o rebaño, se usa para definir la productividad del hato a lo largo del tiempo y los problemas principales que existen en la producción. Generalmente se hace esto, preguntando acerca de la historia de la descendencia de las hembras adultas del hato.

Un ejemplo de cómo se utiliza una entrevista semi- estructurada.

Para ver un ejemplo del uso de una lista de Preguntas Etnoveterinarias, por favor véase "Medicina tradicional y manejo," pág. 227.

Ejercicios de calentamiento: Creando una atmósfera para la participación

Formando parejas para entrevistas

Definición

Hay muchas maneras entretenidas de formar parejas y hacer que la gente comience a moverse, hablar y a conocerse en la etapa temprana del taller. Una vez que se forman las parejas, se explica la tarea de la entrevista. Esta tarea de la entrevista está relacionada de alguna manera al contenido del taller o a las expectativas que tienen los participantes para el desarrollo del mismo.

Cómo funciona

- Se juega con todos los participantes, uno de los juegos descritos en la página siguiente. El resultado final es que se forman parejas al azar.
- Cada persona entrevista a su socio, con preguntas tales como:
  - ¿Cuál es su nombre?
  - ¿De dónde es usted?

  Si el enfoque está dado sobre las expectativas, puede preguntarse:
  - ¿Cuáles son sus expectativas para este taller?

  Si el enfoque está dado sobre un aspecto del taller, podría preguntarse:
  - ¿Cuál es su experiencia sobre los animales?, (o cultivos o árboles, etc.)
  - ¿Qué es aquello que usted desearía lograr con sus animales en el transcurso del próximo año?
- Después de cinco minutos de entrevistarse el uno al otro, los asociados se sientan todos juntos en un círculo. Haga que cada persona presente a su asociado ante el grupo plenario. Cada persona, comparte también las respuestas de su socio en las preguntas de la entrevista. Es necesario que resuman la información en el lapso de un minuto por persona.
- Si el propósito es el de recoger expectativas, cada expectativa compartida, se escribe en un pliego grande de papel, a medida que cada persona es presentada al grupo. Si el enfoque está dado sobre problemas con animales, pueden registrarse éstos. La lista de expectativas o problemas con animales puede utilizarse para informar al taller.
- Después de que cada persona ha sido presentada, él o ella recibe una tarjeta identificatoria con su primer nombre escrito en letras grandes.

Pros, contras y otros usos

Un aspecto importante de esta dinámica, es que una persona presenta a su asociada. Debido a que no se están presentando a sí mismos, hay menos tensión, las personas estarán pensando acerca de la otra persona y no en lo que ellas tengan que decir.
Consejo: La mayor dificultad de este método es limitar el tiempo de cada respuesta. Si cada persona toma un período más largo, la gente se aburre. Dé a conocer a las personas el límite de tiempo. El facilitador puede servir de modelo, presentando a un asociado y dando un ejemplo de una presentación resumida.
La lista de expectativas puede utilizarse al final del taller como una forma de evaluación, para ver y comprobar si las expectativas fueron cumplidas.

Ejemplos de juegos para formar parejas:

Ejemplo 1: La otra cara de la moneda

Apenas llega, cada persona recibe una moneda hecha de papel o cartón delgado. En un lado está la cara de una moneda corriente, de la moneda de mayor denominación que exista. En la otra cara están escritos dos nombres, (nótese que cada par de nombres aparecerá en dos monedas). El nombre de la persona que recibe la moneda y un otro nombre. Una vez que todas las personas hayan llegado, deben encontrar a su asociado revisando las monedas de las demás personas.

Ejemplo 2: Pares de animales 1

Tenga suficientes figuras de diferentes animales listas, de manera que cada persona pueda recibir la mitad de la figura de un animal. Mezcle estas mitades. Cada persona saca una mitad de un sombreo u otro recipiente. También pudieran ponerse cara abajo sobre el piso y cada persona toma una. Todos tienen que encontrar la otra mitad del animal y presentarse a sí mismos a sus asociados, como en el anterior ejemplo.

Ejemplo 3: Pares de animales 2

Se coloca un juego de tarjetas, con figuras de animales cara abajo, en el centro de un círculo. Cada animal aparece en dos tarjetas. Cada persona elige una tarjeta y luego tiene que hacer un sonido o actuar como el animal que representa su tarjeta, y al hacerlo así hallar a su asociado y presentarse, como se hizo en el ejemplo anterior.

Ejemplo 4: Girando el ruedo

- Haga un conteo de las personas por pares (uno, dos, uno dos).
- Los "unos" forman un círculo y los "dos" forman otro círculo alrededor de los "unos".

- Ponga algo de música (radio-receptor, grabación en cinta o una canción cantada) y cada círculo se mueve en dirección opuesta al otro.
- Cuando se detiene la música, cada persona conversa con la persona que se halla frente a él o ella. Comparten sus nombres, de donde vienen, y algo que les inquieta sobre la cría de ganado.
- Después de un par de minutos, la música comienza de nuevo y los círculos giran de nuevo. Cuando la música se detiene, cada persona se presenta a un nuevo asociado. Siga haciéndose lo mismo unas 4-5 veces. Cuando se presentan las últimas parejas, todos se sientan, cada uno con su pareja. Comparten sus expectativas sobre el taller. Luego cada uno presenta a su pareja al grupo.

Fuente: Técnicas Participativas para la Educación Popular

El Animal imaginario

Definición

Es este un juego para aprender el nombre de cada miembro de un grupo de participantes que estén tensos y sean desconocidos entre sí.

Cómo funciona

- Todos se ponen de pié, formando un círculo.
- El facilitador comienza y explica que él o ella tiene en las manos un pollo. El facilitador muestra el tamaño y el peso de su pollo imaginario y permite que el animal aletee un poco. Luego él o ella pregunta a los participantes, "¿Ven ustedes el pollo?"
- El facilitador explica la dinámica: Ustedes deben pasar o lanzar el animal a otra persona del círculo, pero primero deben decir el nombre de la otra persona. Si no saben ustedes el nombre de alguna persona, pregúntenle primero su nombre.
- Después de jugar un poco, el facilitador puede decir, por ejemplo, "No es ya un pollo, es ahora un cerdo." Los gestos y ademanes para recibir y pasar el objeto, deben estar de acuerdo al peso, tamaño y carácter del objeto. La persona que recibe el animal, puede también hacer un cambio, quizá a un león, y así sucesivamente. Este juego es una buena oportunidad para aflojar la tensión en un grupo en que no se conocen unos a otros, combinando la presentación de los nombres con la creatividad y el teatralismo.

Pros, contras y otros usos

Este juego puede aplicarse a cualquier cosa que el taller tenga por tema. Por ejemplo, si trata de forestería, los objetos que se pasen de mano en mano pueden ser semillas de árbol, herramientas, un contrato con la comunidad, etc. Fuente: ¿Qué tal si jugamos?

La telaraña de nombres

Definición

Este juego tiene el propósito de presentar a todos y relajar al grupo.

Cómo funciona

- Todas las personas se paran en un círculo. La persona que comienza el juego tiene en la mano un ovillo de hilo o lana. Ella lo sostiene por una de sus puntas, dice su nombre y las expectativas que tiene del taller. Enseguida lanza el ovillo a otra persona, esa persona recibe el ovillo, dice el nombre de la persona que le lanzó la madeja y su propio nombre.
- Esta persona sostiene con la mano la porción de hilo que le separa de la primera persona y lanza el ovillo a alguna otra a través del círculo, continuándose de la misma manera hasta que todos haya dicho sus propios nombres y se haya formado una gran telaraña. Para deshacer la telaraña, cada uno debe decir el nombre de la persona que le lanzó el ovillo, su propio nombre y el nombre de la persona a quién están lanzándola de regreso. Continúan deshaciendo la telaraña de esta manera.

Fuente: Técnicas Participativas para la Educación Popular.

Un objeto encontrado

Definición

Este es un ejercicio de calentamiento usando materiales que se encuentren, el mismo que ayuda a la gente a comenzar a pensar a nivel simbólico. Las personas relatan sus sentimientos acerca de sí mismos a su grupo.

Cómo funciona

- Divida al grupo mayor en grupos de trabajo de 3 a 4 personas. Pida a los participantes que hallen un objeto dentro o fuera que represente simbólicamente su trabajo en el mundo, quienes son ellos.
- Un ejemplo podría ser una taza de agua de lluvia para mostrar que la persona brinda aliento para que otros crezcan. Pudiera ser una piedra que provee un lugar sólido y cimientos para la familia.
- Después de unos 10 minutos regresan a sus grupos y se presentan a sí mismos a cada uno de los demás. Comparta algunos de los símbolos en la plenaria.

Pros, contras y otros usos

Si se trata de una capacitación de capacitadores o de TCG, haga que ellos discutan el propósito de un ejercicio de calentamiento, la necesidad de materiales externos en las dinámicas, y los niveles de capacitación. Es fácil compartir con otras personas lo que hacemos. Es un poquito más difícil compartir con otros lo que pensamos, y más difícil compartir lo que sentimos con otras personas. Esta dinámica alcanza el nivel de qué es lo que sentimos acerca de nosotros mismos.

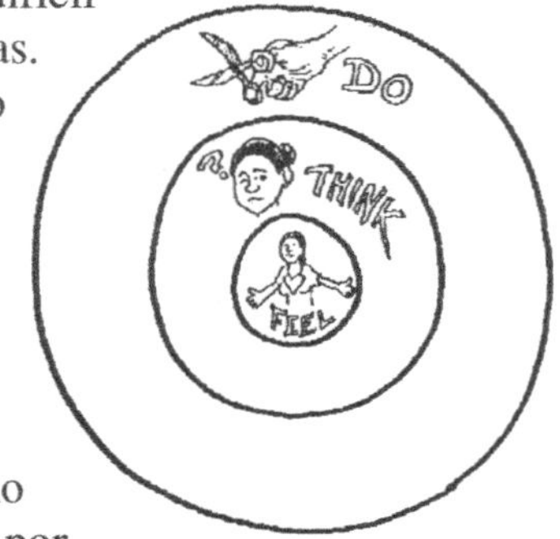

Una variación: Provea tarjetas que sean adhesivas para identificar el nombre y lapiceras de colores, lápices y papeles adhesivos de colores y unas tijeras. Cada persona puede crear un marbete de su nombre, con un símbolo que representa que es lo que siente cada uno acerca de sí mismo. - por ejemplo el dibujo de un ave para mostrar la libertad que buscan con su visión personal.

Fuente Vella 1995

Los juegos como energizadores y como maestros

Juegos para la formación de grupos

Definición

Esta es una serie de juegos simples para ayudar a la formación de grupos al azar. Puesto que trabajo con grupos pequeños es integralmente importante para la enseñanza participativa de adultos, tal como lo son la risa y el entretenimiento; estos juegos son ayudas para crear una buena atmósfera de aprendizaje.

Cómo funciona

Cada juego hará que el grupo mayor empiece a moverse o a pensar, mientras forman nuevos pequeños grupos.

Conteo

- Todas las personas estarán de pie o se sentarán formando un círculo. Los participantes contarán del uno al siete. A medida que cada persona dice su numero, da la vuelta hacia la derecha, mirando a la persona que está a su lado. Deben contar en voz alta.
- La persona que tiene el numero siete, no dice "siete". Él o ella simplemente gira la cabeza hacia la derecha rápidamente y en silencio. La siguiente persona comienza nuevamente con uno.
- Tratamos de hacer que el juego siga lo más rápido y con la voz más fuerte que sea posible. Cualquiera que diga un número incorrectamente o diga siete, pierde y más tarde tendrá que pagar una pena, cantando una canción o contando un chiste.
- Después de que se ha hecho esto varias veces, el grupo puede contar nuevamente para formar nuevos grupos, contando del 1 al 4 o al 5 o al 6, dependiendo del número de grupos menores que se desee tener.
- Una vez que la gente ha jugado este juego con vigor, tendrán la tendencia a que en el futuro hagan sus conteos con vigor.

Escoja uno de estos

- En cada variación, los participantes toman un objeto, generalmente una figura o una palabra, sacándola de un sombrero, una caja pequeña o tomándola del suelo. Se tendrán tantos objetos idénticos como el numero de personas necesarias para formar cada grupo menor.

- Este juego puede usarse para formar grupos de trabajo permanente, durante todo el tiempo que dure el taller de trabajo. Estos grupos retienen la identidad del objeto que han elegido.
  - **Números:** La forma más simple es la de escoger hojas de papel con números (por ejemplo, 1-4, sacándolos de un sombrero para formar cuatro grupos),
  - **Figuras:** Las figuras de cuatro diferentes especies de animales o insectos, herramientas, plantas medicinales, árboles forrajeros, cultivos o algo que tenga significado cultural. Se colocan éstas en una caja, bolsa o sombrero, y cada persona saca una.

    Las figuras elegidas deben estar relacionadas de alguna manera con el contenido del taller. Pueden usarse varias veces durante el curso del taller para las tareas de grupo. Luego puede usted hacer referencia a los grupos por el nombre de su objeto: "¿Pudieran venir las abejas meleras a esta esquina, para hacer esta tarea, por favor?".
  - **Palabras:** Se escriben las palabras en una hoja pequeña de papel. Las palabras se relacionan con algún aspecto del taller.
- Una de las tareas que se le dan a los grupos, es la de explicar el significado del objeto o palabra elegida, a una sesión plenaria. Por ejemplo, en un taller que trataba sobre la organización de grupos, se utilizaron cuatro palabras tradicionales del idioma local. Cada palabra representaba una forma diferente de trabajar en conjunto. Una de ellas era aine, una palabra quechua que describe el trabajo en colaboración que hace la gente cuando cosechan juntos para ayudarse unos a otros. Cada grupo tenía entonces, una forma de trabajar en colaboración. Tenían que descubrir el significado de la palabra y explicarla al grupo mayor. Esta dinámica, sirvió como una forma de enfocar la importancia de la cultura, los significados de las palabras y el idioma local.

- Vaya a pescar: Se colocan sobre el piso, en una "laguna" dibujos pequeños de cuatro clases de peces. Los participantes reciben una caña de pescar (una varilla), línea de pescar (hilo) y un anzuelo (clip para papel doblado). Cada persona pesca un pez de la laguna. Todos los peces de la misma especie forman un grupo pequeño. Este juego puede formar una parte de la dinámica precedente, que implica las respuestas de los participantes a determinadas preguntas. Cada pez tendrá una pregunta escrita en la parte de atrás. A medida que la gente va pescando, leen la pregunta y la contestan para todo el grupo. Las preguntas están enfocadas alrededor de un tema específico que se halle en discusión y sólo serán preguntas abiertas. Por ejemplo, preguntas acerca del manejo de plantines de árboles recién plantados o preguntas acerca de cómo preparar un almácigo para una huerta de hortalizas. Estas preguntas abiertas inician el diálogo entre los participantes. Después que la dinámica relacionada a las preguntas haya terminado, todos los peces de una clase, pueden reunirse juntos para formar un nuevo grupo pequeño.

El arca de Noé

- Se les dice a todos que son diferentes animales en el Arca de Noé. Se presenta una gran tormenta y el arca está por hundirse. El líder es Noé.
- Noé le dirá a gritos al grupo, cuántos botes salvavidas se tiene. El grupo debe luego formar grupos en igual numero, para llenar los botes salvavidas. Deben las personas estar muy cerca unas de otras en los botes salvavidas.
- Por ejemplo, Noé dice que hay tres botes. Todos se dividen en tres grupos. Luego Noé dice que hay dos botes. La gente se divide en dos grupos. Puede jugarse este juego varias veces, cambiando cada vez el numero de botes salvavidas.
- La ultima vez, Noé dice que hay X botes salvavidas. Dice el número de grupos pequeños que desea formar para la tarea. Estos grupos finales son los pequeños grupos que trabajarán juntos en la nueva tarea

Fuente: Roxana Vega.

¡Quítate de mi espalda!

- Haga figuras de cuatro diferentes animales, para formar cuatro grupos. Cada persona tiene la figura de un animal pegada con cinta adhesiva sobre sus espaldas.
- Cada persona tiene que tratar de adivinar que animal leva a la espalda. Todos pueden usar la pantomima para ayudar a otras personas a darse cuenta del animal que llevan pegado a las espaldas.
- A medida que la gente vá descubriendo que animal lleva, forman un grupo de ese animal.
- Esto puede también usarse para abrir una discusión acerca de la importancia de la comunicación verbal y no verbal.

Juegos para evaluar y compartir

Definición

Cada uno de estos juegos, es una forma entretenida para que un grupo de personas inicie una discusión sobre un tema serio. Pueden también usarse para discutir una serie de preguntas o algún tema relacionado. Estas herramientas funcionan bien en situaciones de capacitación, valoración o evaluación

Cómo funciona

- Para cada juego existe una lista de preguntas abiertas preparada con anticipación.
- El juego se hace generalmente con todo el grupo de participantes presente en un taller de trabajo o reunión, hasta con 25 personas.
- Dependiendo del propósito del juego y del tema, puede haber una discusión de las respuestas o simplemente compartir la experiencia de una persona, sin discutirla.

Ejemplos de estos juegos:

Girar la botella

- Si el grupo tiene más de diez personas, pueden dividirse en dos equipos y los equipos juegan uno contra el otro. La gente se sienta formando un círculo.
- Se coloca una botella sobre el piso, en el centro del círculo. Una persona la impulsa, haciéndola girar. Cuando la botella se detiene, la persona a quién apunta el pico, contesta una pregunta.
- Usamos este juego para hacer que los Técnicos Comunales de Ganadería compartan los casos interesantes o difíciles que hayan visto en su experiencia, Una persona describe el caso y qué es lo que él o ella hicieron y luego todos discuten acerca del tema.
- También puede usarse en una situación donde hay varias preguntas, tales como las que se hacen acerca de las pasturas, o el manejo de enfermedades, o el uso de suelos o un bosque comunitario. Las preguntas escritas, se ponen dentro de un sombrero y la persona a quién apunte la botella, saca una pregunta y la contesta. La pregunta es discutida por todos. Asegúrese de incluir algunas tarjetas divertidas, como: "Cante una canción," o "cuente un chiste."

Vente a mi lado

Este es un juego para alentar a los Técnicos Comunales de Ganadería en su trabajo.

- Los participantes se forman en una fila a un lado de la habitación. El facilitador tiene una canasta con preguntas. El facilitador se pone de frente al TCG y saca una pregunta y la formula. El TCG contesta la pregunta y se coloca al lado del faciltador.
- Luego el TCG de al lado del facilitador, se para enfrente de otra TCG y le hace una pregunta. Ella contesta, se traslada a la línea de los facilitadores y formula la próxima pregunta.
- Otro facilitador (a) o participante escribirá las respuestas de los TCG en un pliego grande de papel. Las respuestas pueden organizarse en éxitos y problemas.
- Después de que se ha jugado, se discuten los resultados. Discuta el alto valor del trabajo que se está haciendo. Déle tiempo al grupo para resolver los problemas y aliento a los otros en sus áreas problemáticas.

Se dan aquí algunas de las preguntas que se han utilizado:

- ¿Qué trabajo ha hecho usted con su organización comunitaria?
- ¿Qué dificultades, con su trabajo ha encontrado en la comunidad?
- ¿Cuántos animales ha tratado usted y cuántos se pusieron bien?
- ¿Tuvo algún problema con un animal, el último mes? Compártalo.
- Dicen que han llegado medicinas a la venta local, de las cuáles no conocemos nada. ¿Cómo podemos saber acerca de las mismas?
- Traiga una chancleta azul con usted
- Déle una frotación de espaldas a otro TCG.
- Cuando un propietario viene con un animal enfermo y usted no tiene tiempo para poderlo atender, ¿qué es lo que hace?
- Si alguna persona de otra comunidad viene a pedirle que vaya usted a curar a su animal, ¿irá? ¿Porqué?
- ¿Cómo ha compartido con su familia lo que ha aprendido en estos talleres de trabajo?

Ruleta

- Se prepara un círculo que será la base de la ruleta con diferentes secciones de colores (Véase "Fabricando nuestros materiales de capacitación," pág. 319). Se prepararán preguntas con anticipación, escritas sobre papel de colores o en papel blanco con un lado pintado para coincidir con los colores de la rueda base.

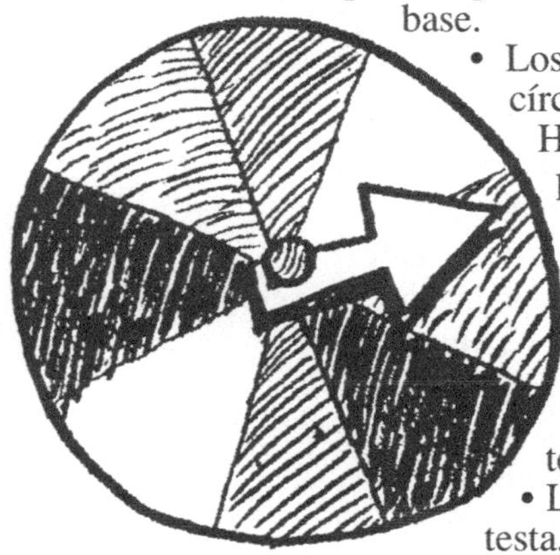

- Los participantes se sientan en un círculo, o se pueden sentar por equipos. Haga girar la flecha de la ruleta. Las personas tomarán turnos para girar la flecha, o puede ser que cada equipo mande un voluntario para hacer girar la flecha.
- Cuando la flecha se detiene en un color, la persona que impulsó la flecha, escoge una pregunta que tenga el mismo color.
- La persona lee la pregunta y la contesta, basándose en su propia experiencia. Si el juego es por equipos y la persona no sabe la respuesta, el equipo puede discutir la pregunta y contestarla.

El pozo del "Dicen que"

- En esta dinámica se utiliza una caja que contiene declaraciones las cuales comienzan todas por "Dicen que"
- Divida a las personas en equipos. Cada equipo envía por turnos un voluntario para que vaya al pozo del "dicen que" y saque una tarjeta.
- La persona saca una declaración del pozo y el equipo decide si es verdadera o falsa y por qué.
- El otro equipo debe decidir si la respuesta dada es correcta o no, dentro del contexto de la población.
- Si el otro equipo está de acuerdo en que la respuesta es correcta, el equipo que contestó la pregunta recibe un punto.

Ejemplos de declaraciones que se pueden usar:

  - Dicen que hay aquí un Técnico Comunal de Ganadería, pero él no colabora para sanar a los animales enfermos.
  - Dicen que aquí no se les permite a las mujeres asistir a las reuniones de la comunidad.
  - Dicen que hay aquí un Técnico Comunal de Ganadería, que es una mujer y que es muy buena para hacer que las vacas enfermas se recuperen.

- Asegúrese de incluir algunas declaraciones divertidas, como "Cante una canción" o "Cuente un chiste."

Esta dinámica debe usarse con cautela. Las declaraciones se sacan de un proceso evaluativo que comprenda a la comunidad y represente situaciones que la gente de la misma ha delineado como dificultades y logros. Sin embargo, las declaraciones pueden tener una naturaleza de respuesta guiada, y no permitir el libre diálogo. La gente debe entender que la discusión creada, es la parte importante de esta dinámica, no los puntos dados a cada equipo por una respuesta correcta.

Fuente: C-CIMCA.

Bola de música

Ponga música y pásele una pelota a alguien al mismo tiempo. Cuando la música se detiene, la persona que recibió la pelota, explica algunos aspectos del material que se ha visto durante el día.

Lanzar la cinta

Láncele a una persona, un rollo de cinta o un palito o cualquier cosa que tenga a mano. La persona cuenta entonces algo que él o ella aprendió hoy. Él o ella lanza la cinta a otra persona, quién hace lo mismo y así sucesivamente.

Preguntas

Cada uno toma una tira de papel acerca de los temas del día anterior. Algunas tiras dicen: conteste la pregunta, otras: pregúntele a alguna otra persona. Si la persona no sabe la respuesta, puede preguntar a alguien más. Algunas tiras dicen, gane un premio (usted puede tener algún bocadillo o alguna golosina, como premio), o cumpla una penalidad. Hágalo divertido. La persona va al frente de la habitación y sigue las instrucciones correctamente, pero entre medio de muchas bromas y risas.

Fuente: RDC, Nepal.

Juegos para hacer revisiones

Definición

Cuando la gente está aprendiendo información técnica nueva, a menudo resulta útil revisar juntos la nueva información adquirida. Los cinco juegos que se dan aquí, provienen del Centro de Desarrollo Rural de la Misión Unida de Nepal, para su programa de capacitación de TCG.

Enfermedades y animales

- Ponga figuras de todos los animales estudiados, sobre la pared en el frente de la habitación. Puede añadir también uno o dos que no se hayan estudiado.
- Tenga listo un juego con los nombres de las diferentes enfermedades estudiadas en el taller - algunas duplicadas si es que ataca a varias especies.
- Distribuya las tarjetas entre los Técnicos Comunales de Ganadería.
- Cada uno, por turno coloca la enfermedad sobre el animal que la contrae. En la discusión, todos deciden si las tarjetas se han colocado correctamente.

Fuente: RDC. Nepal.

Intercambio de fiebre

- Camine alrededor del círculo, contando a las personas. En vez de decir 1,2 3, diga los nombres de los tres medicamentos usados contra la fiebre: Penicilina, Terramicina, Penadur (Penicilina Benzaténica).
- Los primeros participantes del círculo, dicen los nombres de los medicamentos. Luego los mismos nombres de los tres medicamentos, se repiten alrededor del círculo.
- El líder se pone en el centro del círculo. Existe una silla menos que el número de participantes. Cuando el líder dice penicilina, todas las penicilinas tienen que cambiar de lugar. Si ella dice terramicina, todas las terramicinas tienen que cambiar de lugar. Cuando la líder dice FIEBRE, todos cambian de lugar.
- La líder corre para tomar un asiento. Cada vez hay un nuevo líder.
- Puede usted cambiar este juego para ajustarlo a la situación y el tema que se esté aprendiendo.

Fuente: RDC, Nepal.

Concentración

- Se prepara un juego de tarjetas (usualmente 18 - 20). La mitad de las tarjetas llevan escritos nombres de enfermedades. La otra mitad tienen tratamientos para estas enfermedades. Cada tarjeta con una enfermedad tiene su tratamiento que le hace pareja. Ponga las tarjetas en el piso, cara abajo, en el centro de un círculo.
- Camine alrededor del círculo, o participe en uno de los grupos pequeños. Cada persona, da la vuelta a dos tarjetas, procurando emparejar una enfermedad con su tratamiento. Si no acierta, vuelven a dar la vuelta a las tarjetas, dejándolas cara abajo. A medida que vá recordando donde están las tarjetas, la gente dará vuelta a tarjetas que se emparejen. Cuando dan la vuelta a una pareja que ajuste, pueden guardárselas.
- Se continúa jugando alrededor del círculo, hasta que todos los pares hayan sido encontrados y retirados. Cada persona que obtenga un par, puede dar una breve descripción de la enfermedad y la razón por la cuál se usa el tratamiento.

Concurso del saber

- Forme tres equipos con la gente. Cada equipo puede tener un nombre como lombriz del hígado, pulmonía, gusanos redondos.
- Los tres equipos estarán en un lado de la habitación. El facilitador estará en el otro lado.
- Cada grupo selecciona un líder y es él quien contesta.
- El líder del primer equipo, saca una pregunta de una canasta pequeña y el facilitador formula la pregunta al primer equipo. El equipo tiene un determinado plazo de tiempo para contestar. Los miembros del equipo consultan entre ellos la respuesta. Cada respuesta correcta, da un punto al equipo. Este juego es solamente para temas y preguntas para las cuales la repuesta es correcta o equivocada.

- Si el primer equipo no puede contestar, el segundo equipo tiene menos tiempo para contestar, 40 segundos, 30 segundos, 20 segundos, etc.
- Una vez que la primera pregunta se ha contestado, el segundo equipo saca una pregunta y así sucesivamente, hasta que todas las preguntas se hayan contestado.

Fuente: RDC, Nepal.

Clave la jeringa en el sitio de inyección

- Se cubren los ojos de una persona voluntaria con una venda. La persona tiene en las manos una jeringa de cartón y se tiene un tablero con el dibujo de un animal en el frente de la habitación.
- La persona con los ojos vendados, prende la jeringa en la figura del animal.
- Después de que varias personas hayan colocado con alfileres sus jeringas, el grupo discutirá acerca de los sitios correctos donde colocar una inyección a este tipo de animal.
- Los participantes cambian de lugar las jeringas para demostrar los sitios apropiados y retiran las jeringas inadecuadamente colocadas.

Fuente: RDC, Nepal.

La pelota en la canasta

- Se coloca una canasta grande en medio de la habitación, que tiene pequeñas pelotas, con los nombres de los medicamentos anti- inflamatorios escritos sobre las mismas. Alrededor de la habitación, hay entre 5 -7 canastas más pequeñas, con los nombres de diferentes enfermedades en ellas. El objetivo del juego es el de tomar una pelota de la canasta grande y lanzarla dentro de una canasta pequeña, correspondiente a la enfermedad que se use apropiadamente la medicina.

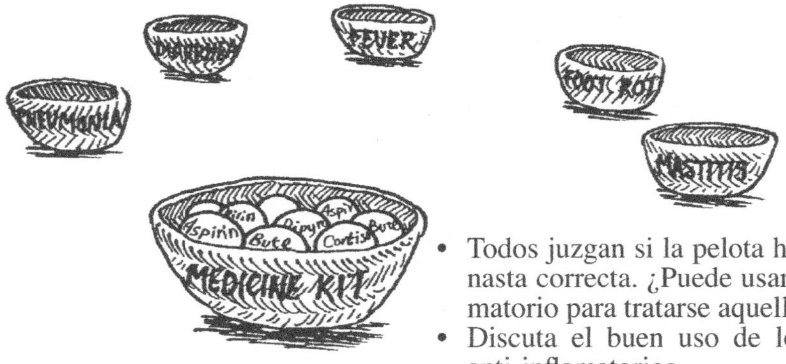

- Todos juzgan si la pelota ha entrado a la canasta correcta. ¿Puede usarse este anti-inflamatorio para tratarse aquella enfermedad?
- Discuta el buen uso de los medicamentos anti-inflamatorios.
- Este juego también puede usarse con antibióticos y enfermedades.

Fuente: Mark Bounds

Otros juegos para aprender el uso de los medicamentos

Aprendiendo a promover la salud, es el título de un manual con excelentes juegos y dinámicas para aprender el uso de los antibióticos. Hemos adaptado varias de sus dinámicas para usarlas con las enfermedades y medicamentos para el ganado.

Es importante usar solamente medicinas disponibles localmente, cuando se está enseñando sobre antibióticos u otros usos de medicamentos. Si se enseña sobre medicamentos que después no pueden comprar los participantes, no podrán aplicar su capacitación.

Para enseñar la concentración de los medicamentos

Definición

Esta *dinámica* muestra a la gente, cómo un medicamento tal como la tetraciclina, puede utilizarse en diferentes concentraciones.

Ayuda a la gente a comenzar a calcular la concentración de un medicamento, para poder administrar la dosis apropiada a cada animal.

Cómo funciona

- Sobre una mesa donde todos puedan ver, disponga tres vasos vacíos; tenga tres cucharas de las de sopa con azúcar, una próxima a cada vaso.
- Ponga la cucharada de azúcar dentro de cada vaso. Enseguida vierta té o jugo de limón con agua, en cada uno. El primer vaso recibe una cantidad pequeña de líquido. El segundo, se llena más o menos a la mitad. El tercero se llena por completo.
- Revuelva el líquido dentro de los tres vasos.

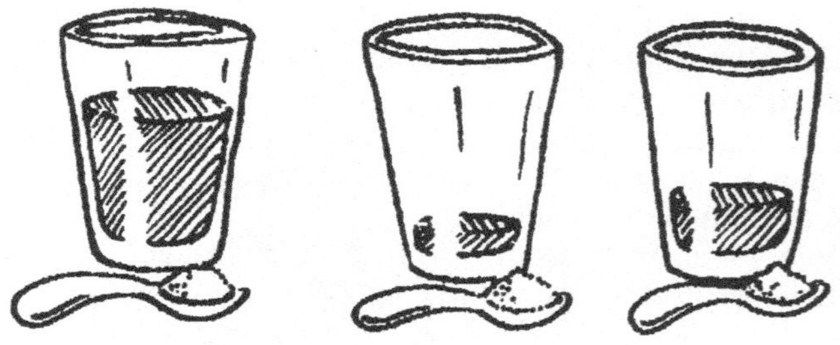

- Tres voluntarios beben los tres vasos de líquido.
- Pregunte a la gente, "¿Quién bebió más azúcar?" Pregúnteles primero a las personas que bebieron los líquidos, y después pregunte a los demás. Haga que todos discutan entre sí. Casi siempre la gente dice que la persona que bebió el té más dulce, bebió más azúcar.
- Este es un buen lugar para comenzar a discutir sobre la concentración de los medicamentos. Puede usted repetir esta actividad de nuevo y las personas se darán cuenta que todos los vasos tienen la misma cantidad de azúcar. Una vez que estén de acuerdo con esto, usted puede usar tres frascos del mismo medicamento en tres concentraciones distintas, para discutir la concentración de los productos que se compran.
- En nuestros mercados locales hay fuentes de medicamentos que varían constantemente. Una semana la tetraciclina puede venderse en una concentración y en otra semana puede ser una diferente. Es importante que la gente entienda la concentración de la tetraciclina, para comprar y usar la droga juiciosamente.

Juegos de entretenimiento y juegos energizantes

Definición

Un energizante, es una manera rápida y entretenida de hacer que la gente se ponga en actividad y movimiento después que han estado sentados por un lapso prologado, y empiecen a participar activamente. Estos juegos son una ayuda útil cuando la gente está cansada, inmediatamente después de almuerzo o como un descanso en mitad de una larga sesión donde se necesita tener mucha concentración. Estos juegos no deben usarse en demasía. Los mejores energizantes son aquellos que de alguna manera también se relacionan al tema que se está discutiendo.

Ejemplos de cómo se utilizan

Aquí van varios ejemplos de energizantes diferentes

Diferentes formas de caminar

- Teniendo a los participantes formando un círculo, pídale a cada uno, que camine hacia el otro lado del círculo, uno por vez. Cada persona tiene que caminar de una forma diferente para llegar allí. Alguno puede caminar como un elefante, como un gato, o saltar, o cojear, etc.
- Este energizador, puede iniciar una discusión acerca de las muchas maneras que existen para llegar al mismo destino. Distintas personas pueden hacer el mismo trabajo de formas diferentes, pero los resultados finales son los mismos.

Fuente: Goma Shrestha, Nepal

Átese el aguayo

Un aguayo es la prenda de tela fuerte en que las mujeres del occidente boliviano llevan a la espalda envueltos a sus bebés u otras cargas y que se atan por delante. En numerosos países existe una prenda equivalente y alguna manera de amarrarla (también puede usted usar una soga o cinturón).

- Los participantes estarán de pie, formando un círculo.
- Déles a dos personas, ubicadas en diferentes lugares del círculo, un aguayo a cada una.
- La persona que recibe el primer aguayo, tiene que amarrar un nudo en él, desatarlo y enseguida pasar el aguayo a la persona que está a su derecha.
- La persona que recibe el segundo aguayo, tiene que atar un nudo doble en el aguayo, desatarlos y pasar el aguayo a la persona de su derecha. Los dos aguayos se desplazarán a diferentes velocidades alrededor del círculo.
- Se debe amarrar y desamarrar tan rápido como se pueda hacerlo, y continuar pasando los aguayos alrededor del círculo.
- La persona que llega a quedarse con los dos aguayos, al mismo tiempo, pierde. Este juego puede jugarse dos o tres veces.
- La gente se apurará o demorará más para afectar a quién reciba los dos juntos.

Fuente: Lina María Nivia Obando, Colombia.

La Gente dice

Esta es una variación del juego Simón dice.

- El líder dice: "La gente dice, dense una palmadita en la cabeza," y todos se dan una palmadita en la cabeza.
- El líder dice: "La gente dice saltar en un pié," y todos saltan en un pié.
- Cuando el líder dice, "Levantar la mano derecha," las personas que levante la mano derecha pierde, porque la gente no dijo que levantara la mano derecha.
- Haga una vuelta del juego lentamente al principio, de manera que los participantes se acostumbren al juego. Después continúa dando las instrucciones más rápidamente. Elimine gradualmente a todas las personas que fallan, excepto al ganador. También puede jugarse una ronda y hacer que todos los jugadores que perdieron, paguen una pena.
- Esta es una manera entretenida de hablar acerca de trabajar juntos. Es fácil actuar sin pensar acerca de qué es lo que ha decidido hacer la comunidad

Fuente: C-CMCA, Bolivia

Paso las tijeras cruzadas

- Pida dos voluntarios. Dígales a los voluntarios el secreto del juego.
- Todas las personas se sientan formando un círculo, los voluntarios estarán mezclados entre los otros participantes.
- Use un par de tijeras. La líder comienza y pasa las tijeras a la persona que está a su izquierda. Ella dice a la persona, cómo está pasando las tijeras: por ejemplo, Yo paso las tijeras cruzadas," o "Yo paso las tijeras abiertas."
- La persona que esté a la izquierda de la líder, dice cómo está recibiendo las tijeras y cómo las está pasando a la persona de su izquierda. Continúan pasando las tijeras alrededor del círculo.
- El secreto del juego, es que se supone que los jugadores describen la forma en que sus piernas están situadas cuando reciben y cuando pasan las tijeras. Las piernas de un jugador pueden estar cruzadas, abiertas o cerradas.
- Inicialmente los líderes y los voluntarios, pasarán las tijeras en la misma posición que la de sus piernas, abiertas, cerradas o cruzadas. Las demás personas en el círculo pensarán qué están hablando acerca de las tijeras. Gradualmente, los voluntarios empezarán a pasar las tijeras en una posición diferente a la de sus piernas y la gente notará la diferencia.
- A medida que cada persona pasa las tijeras y dice cómo las han recibido y como las están pasando, el líder dirá si el pase es correcto o no lo es.
- Este juego es simplemente para relajarse y entretenerse.

Fuente: Carlos Tello.

Mi lado derecho está esperando a...

- Todas las personas se sientan en un círculo. Cada uno, por turno escoge ser una distinta especie de animal. Cada persona dice el nombre del animal y se propone recordarlo.
- Se tendrá una silla vacía o espacio libre en el círculo, a la derecha del líder.
- El líder empieza diciendo, "Mi lado derecho está esperando al elefante." El elefante debe correr a sentarse en la silla.
- Quienquiera que esté a la izquierda de la nueva silla vacía, dice: "Mi lado derecho está esperando a (un nombre de animal)."
- El líder cuenta hasta cinco cada vez. Si la persona que se sienta al lado de la silla vacía no responde rápidamente, él o ella pierde. Asimismo, si el animal nombrado no responde rápidamente, esa persona pierde.

Fuente: Víctor Álvarez

La canasta de frutas se volcó

Este es un juego energizante, así como una manera de hacer que las personas se mezclen con las demás. Todos terminan el juego sentándose en un lugar diferente al original.

- Forme un círculo con todos los participantes de pié.
- Un líder camina alrededor del círculo, y le asigna a cada persona el nombre de una fruta. Pueden haber varias manzanas y varias papayas. Cada persona debe recordar el nombre de su fruta.
- El líder dice, "Voy al mercado a comprar manzanas." Todas las manzanas cambian de lugar. El líder dice, "Voy al mercado a comprar peras." Todas las peras cambian de lugar. El líder continua haciendo esto con varias otras frutas. Entonces el líder dice: "La canasta de frutas se volcó." Todas las frutas cambian de lugar.

Una forma alternativa de jugar:

- Todas las frutas están de pié en un círculo, de frente a sus sillas. Se retira una silla. La líder comienza a caminar alrededor de la habitación y dice: "Voy al mercado a comprar papayas." Todas las papayas comienzan a seguir a la líder alrededor del mercado. Seguidamente la líder nombra cada una de las otras frutas. Finalmente, todas las personas estarán siguiendo a la líder.
- La líder dice: "¡Se volcó la canasta!" Todos se mezclan tratando de llegar a una silla. La persona que no tiene silla, pierde.

Juegos de tablero

Los juegos de tablero son juegos que juega un grupo pequeño de personas, usando un tablero preparado de antemano. A menudo también se usa un dado para determinar hasta dónde se mueven las piezas, una ficha (piedra, palito o un juguete de plástico) para que cada persona la mueva alrededor del tablero, y tarjetas con preguntas para generar discusión.

Los juegos de tablero, pueden ser de gran ayuda para iniciar una discusión o revisar un tema. Se utilizan para investigaciones participativas, capacitación y evaluación. Los tableros de juegos más tradicionales pueden modificarse para jugar dentro de un contexto de capacitación.

Algunos juegos de tablero que se usan comúnmente son los siguientes:

El camino a nuestra visión

Definición

Este es un juego para ayudar a que los grupos pequeños analicen su visión del futuro. En el juego la gente avanza hacia la visión del futuro. A lo largo del camino dan pasos positivos y encuentran dificultadas al tratar de avanzar hacia una visión común.

Cómo funciona

- Esta dinámica es para usarla con pequeños grupos de 4-6 personas.
- Cada espacio del camino es de un color diferente. Se usan tres o cuatro colores. Para cada color hay un grupo de tarjetas con preguntas y un lugar en el tablero donde ponerlas
- Cada jugador escoge una ficha. Si se proveen las fichas, deberían ser diferentes (resultan adecuados los juguetes de plástico o con formas de animales). Si la gente consigue sus propias fichas dentro de la habitación o fuera de la misma, deberían ser todas diferentes (un palito de fósforo, una piedrecilla, semilla, moneda, etc.)
- Los jugadores lanzan el dado y el número mayor o menor sale primero. El primer jugador lanza el dado y él o ella avanza su ficha hacia adelante en el camino, un número correspondiente de espacio al valor del dado.
- Cuando la ficha llega a un espacio, la persona saca la tarjeta de encima de la pila del color correspondiente. El jugador lee la tarjeta y hace lo que indica la misma. Si es una pregunta, el jugador da la respuesta. Esta respuesta es el inicio de una discusión del tema por parte de todo el grupo.
- Cuando ya se ha discutido el tema, la siguiente persona toma su turno y lanza el dado.
- Si es que no hay dados en la zona, véase "Fabricando nuestros propios materiales de capacitación," donde se indica cómo hacerlo, pág. 319.*
- Recuerde a los jugadores que las preguntas tienen la finalidad de iniciar la discusión. El propósito del juego, ¡no es llegar primeros al final!

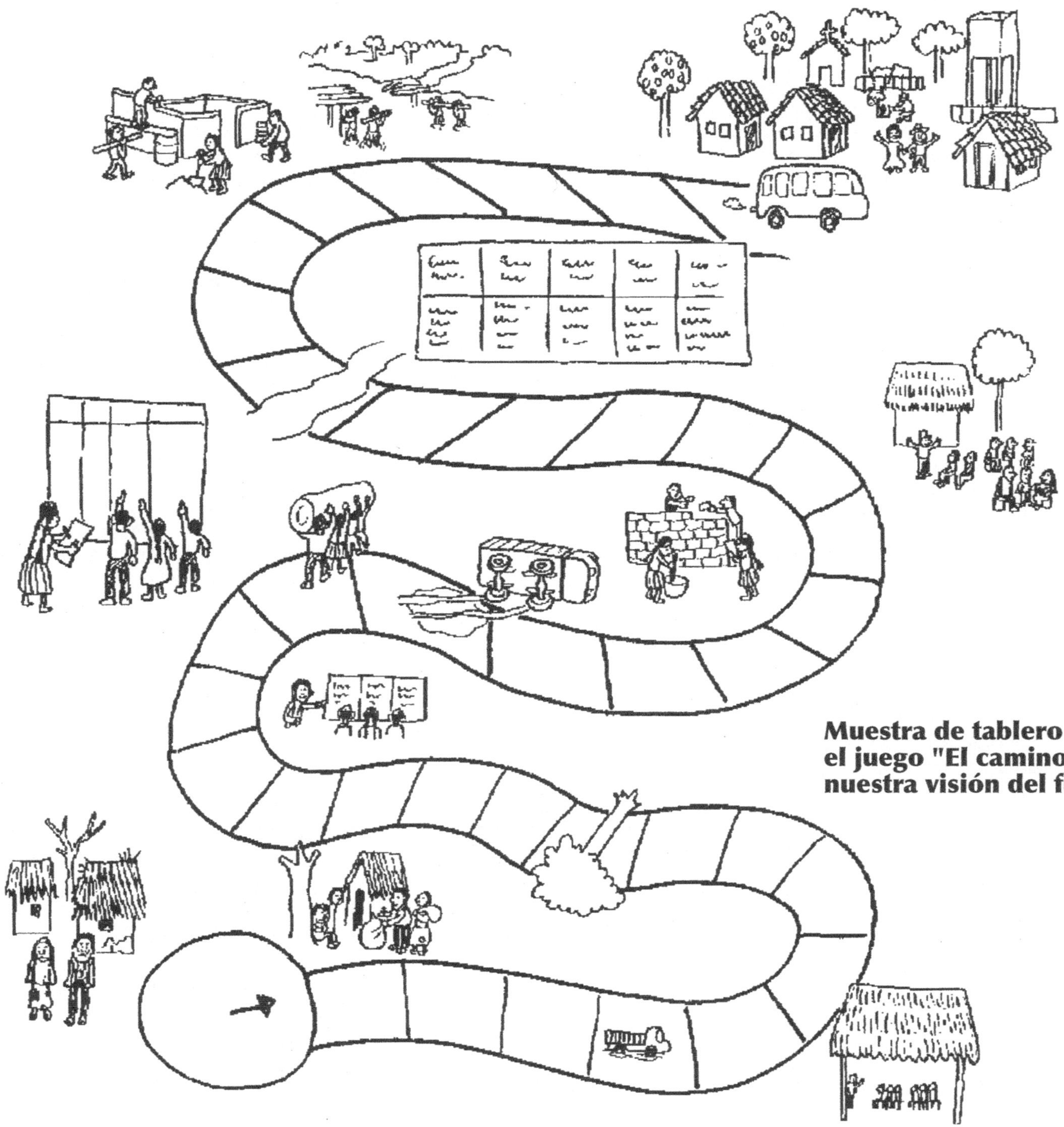

Muestra de tablero para el juego "El camino hacia nuestra visión del futuro."

- Las preguntas deben estar relacionadas a la realidad de la situación local y la visión de la que la gente ha estado hablando para su organización. Pueden ser de todas las categorías: económicas, sociales, políticas, espirituales o culturales.
  Algunos ejemplos:
  - ¿Cuál debería ser la labor de nuestra organización en la producción de cabras?
  - ¿Cómo debería ayudar nuestra organización a los miembros para la venta de sus animales o sus productos animales?
  - ¿Cómo desearía usted que se vea su comunidad dentro de diez años?
  - ¿Cómo quisiera que se vea su finca dentro de diez años?
  - ¿Cómo puede nuestra organización ayudarle a lograr sus metas para dentro de diez años?
  - ¿Cómo debería involucrarse nuestra organización en el cuidado de la salud de la comunidad?
  - ¿Qué debería hacer nuestra organización sobre la escuela en nuestra comunidad?

  Estas son algunas ideas. El equipo de facilitadores ayudará a formular más preguntas apropiadas.
- Algunas de las tarjetas, deben también contener dificultades en ellas.
  Algunas sugerencias:
  - Su organización ha tenido una pelea acerca de quién debe ser el próximo presidente. Todos están enojados ¿Qué puede hacerse al respecto?
  - Su vecino no controló la quema que hacía y se quemaron todos los nuevos árboles que usted plantó. ¿Qué puede hacerse?
  - El río inundó sus mejores tierras de pastura. ¿Cómo le afectará a usted en el trabajo que realiza para lograr su visión?
- En el tablero, también hay varias dificultades, peligros o trampas. La primera es, "Camión enfangado en el lodo, pierde un turno." La segunda es, "Árbol caído en el camino, pierde un turno." El tercero es. "Accidente de camión, pierde un turno."
- Algunas de las tarjetas utilizadas, deberán también contener cosas divertidas en ellas. Una podría decir, "Cuente un chiste." Otra podría decir, "Usted está feliz de poder avanzar hacia su visión. Silbe una canción y adelante dos espacios." Sea creativo a medida que inventa su versión propia del juego.
- Una vez que se han jugado los juegos, una sesión plenaria puede arribar a conclusiones acerca de la definición de la visión. Luego cada grupo pequeño, puede comenzar a definir la visión de la organización.

Pros, contras y otros usos

Una de las desventajas de este tipo de dinámicas, es la tendencia que hay de que los participantes se enfrasquen en discusiones superficiales para poder llegar primero a la meta. Es importante que los participantes entiendan que la discusión es la razón del juego. El tiempo que se toma después para discutir en pequeños grupos, es también esencial. Una vez que se les ha despertado la creatividad al grupo, se les ocurrirán a los participantes numerosas ideas para establecer la visión de su organización.

Un juego como éste, es bueno para usarlo en una "noche de juegos" con los participantes. Pueden divertirse jugando el juego, mientras discuten un asunto serio. Esto pudiera preparar a la gente para el trabajo del día siguiente. De manera que se entretienen, se relajan y aprenden al mismo tiempo.

Estos juegos deberían siempre ser probados en el campo, antes de que se los utilice en un taller. Debe comprobarse que hay claridad en las preguntas y en el propósito del juego. Si una pregunta no es clara, ¡deshágase de la tarjeta y comience de nuevo!

El desarrollar este tipo de juegos, puede constituir un desafío y una ayuda para los TCG. Una vez que lo hayan jugado, podrán ellos escribir preguntas más efectivas para usarlas en la comunidad. Debe usted crear un espacio de tiempo en un taller para que los TCG puedan construir sus propios juegos.

Este tipo de juegos de tablero, puede también utilizarse en una evaluación. Un pequeño grupo puede analizar hasta donde han avanzado en el camino, desde que comenzaron su proyecto. También se han utilizado para generar discusión acerca de los conocimientos tradicionales y la historia oral.

Nosotros usamos el juego de tablero descrito líneas arriba, para generar una discusión entre los TCG, acerca del trabajo en las comunidades. Las preguntas se centraron sobre aquello que habían logrado hasta la fecha y lo que les quedaba aún por hacer. Fue un buen inicio para una discusión que termino con un listado de problemas del trabajo de los TCG en sus comunidades. Los TCG lograron ganar en amor propio, cuando otras personas reconocieron la bondad de su trabajo en sus comunidades. Estableció también una serie de recomendaciones de cómo sobreponerse a los problemas que iban encontrando.

Chanchos en el chiquero

Definición

Este es un juego de tablero usado para enfocar la discusión en un área técnica específica. El mismo tablero y las fichas, pueden usarse para diferentes juegos, cambiando las preguntas que se hacen. Los jugadores avanzan alrededor del tablero y tratan de poner sus fichas en la zona de base o llegada.

Cómo funciona

- Este juego pueden jugarlo hasta cuatro personas o cuatro equipos.
- Cada jugador tiene una ficha, la cual coloca en el tablero, en uno de los cuatro sitios que levan el nombre de "Partida". Cada cuadro de partida es de diferente color.
- El primer jugador lanza los dados y mueve su ficha hacia la derecha, alrededor del tablero, sobre la base del número obtenido en los dados.
- Hay cuatro pilas de tarjetas, basadas en cuatro diferentes áreas del tema. En este ejemplo el tópico era el manejo de los cerdos. Las cuatro áreas eran nutrición, alojamiento, genética y enfermedades.
- Después que el jugador ha movido su ficha, él o ella toma una tarjeta de cualquiera de las pilas. El jugador contesta la pregunta de la tarjeta. El grupo discute luego la respuesta y llega a un consenso sobre la respuesta a la pregunta.
- Una vez que se ha logrado consenso, un nuevo jugador lanza los dados, mueve su ficha y escoge una pregunta. Se continúa de esta manera alrededor del círculo, hasta que todos los jugadores hayan jugado su turno.
- Cada jugador, debe recorrer con su ficha toda la vuelta alrededor del tablero y regresar a la casilla de partida. Desde su partida, hay una fila de seis cuadros que llevan a la llegada o meta. Los jugadores deben avanzar a la llegada con un número exacto en la tirada de los dados.
- La llegada o base se halla en el centro del tablero. Para este juego, nuestra llegada tenía el dibujo de un cerdo bien cuidado, en una situación de buen alojamiento.
- Después de que la primera persona llega a la base, el grupo debe discutir los resultados del juego. Ellos pueden hacer una presentación resumida de su trabajo a la sesión plenaria. Pueden hacer un sumario por cada categoría de preguntas.

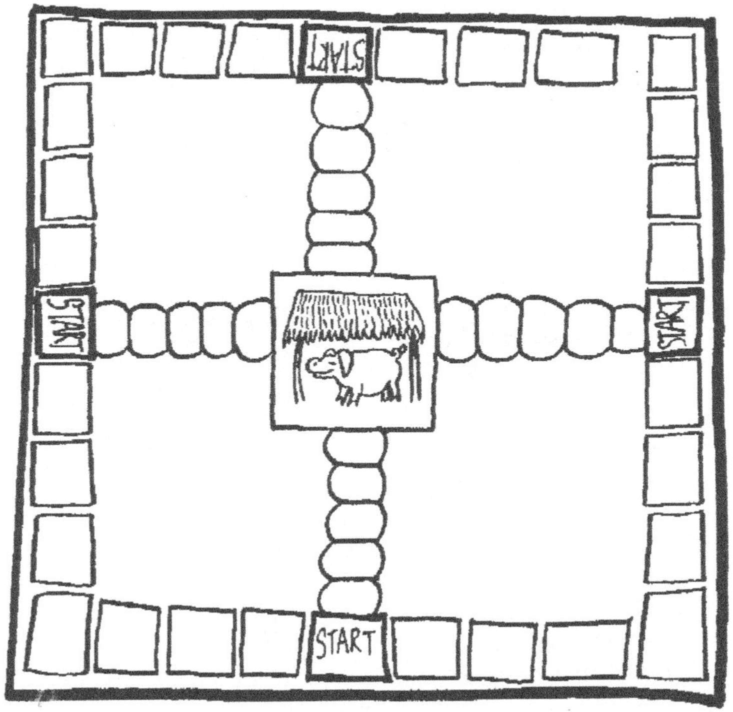

- Deberá hacerse un sumario general para cada una de las áreas. Si hay vacíos o preguntas, pueden discutirse en una reunión posterior que se enfoque sobre aquellas áreas.

Pros, contras y otros usos

Como con todos los juegos con preguntas, las que se formulen aquí deben probarse en el campo antes de que se utilicen en un taller. No trate de estandarizar las preguntas. Las preguntas para cada juego, deben estar hechas a medida para ajustarse a cada situación. Este juego es muy versátil, puede utilizarse para generar discusión acerca de un asunto social tan fácilmente como para un tema técnico. Su mayor valor reside en la discusión creada. El juego puede usarse para una investigación participativa, capacitación o evaluaciones.

Nuestra tierra

Definición

Esta es un tipo de dinámica, con confección de mapas en forma de juego de tablero. Lo usa una comunidad en el proceso de tomar decisiones acerca del uso de la tierra. La gente tiene la oportunidad de experimentar con diferentes escenarios el uso de tierras y de discutir los problemas y temores que sienten con respecto a los cambios.

Cómo funciona

- Si usted prepara el tablero con anticipación, el fondo deberá verse como se vé normalmente el entorno en el campo de la comunidad. El mapa compuesto que la gente fabricó mostrando las tierras que rodean a su comunidad, constituye aun un mejor tablero. Esta sería una copia del modelo de tierras, dibujado en un pliego grande de papel, mostrando los usos actuales de la tierra, habiéndose retirado las mejoras.
- En un tablero preparado con anticipación, se dejan espacios en blanco para las tarjetas de juego. El juego tiene una serie de tarjetas, con las figuras de los diferentes tipos de uso de suelos que hay en la zona, incluyendo (con figuras):

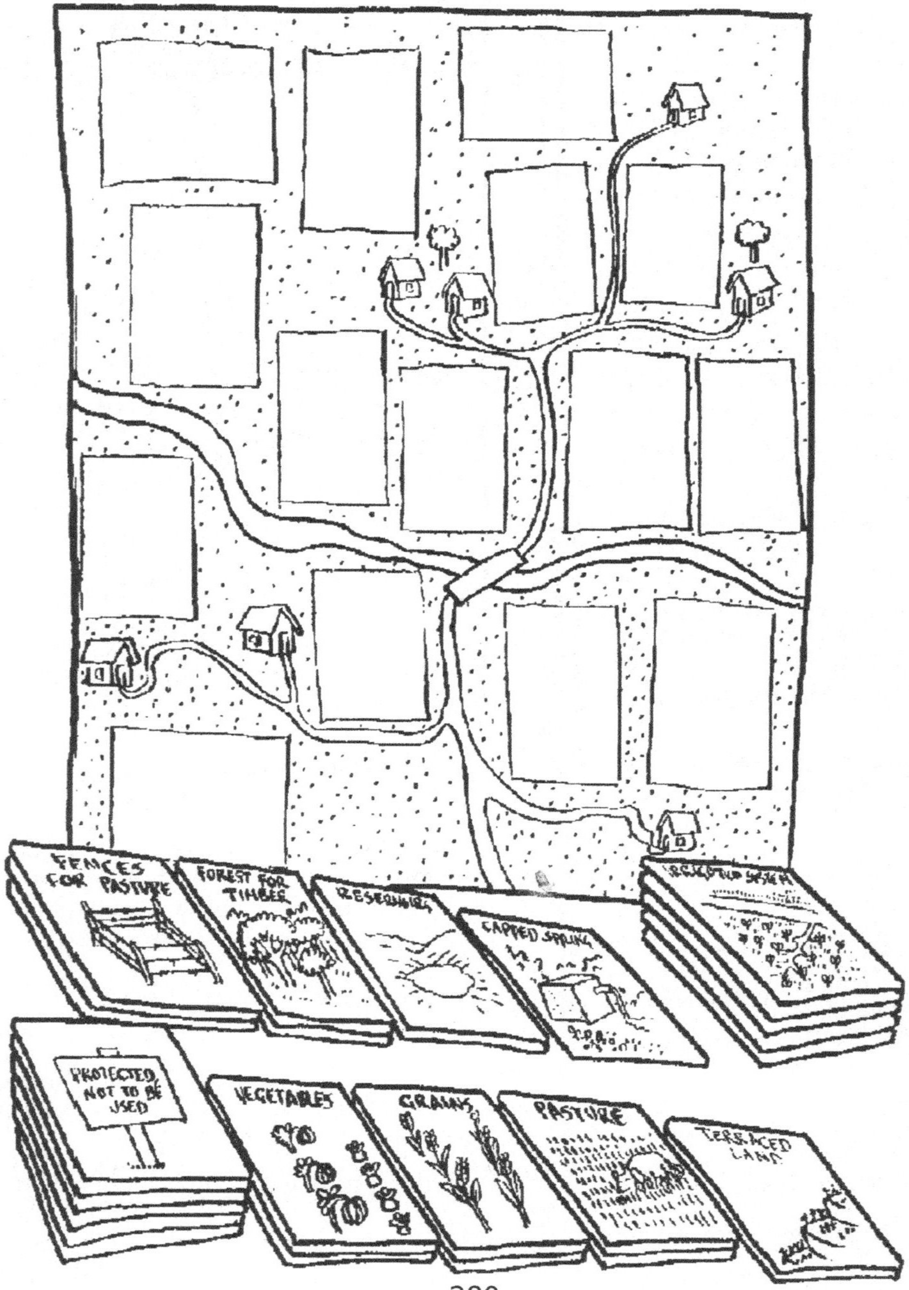

  un letrero que diga: "protegida, no debe usarse"
  3 terrenos para el cultivo de hortalizas
  3 cultivos anuales, tales como los granos
  3 tierras de pastura
  2 de terrenos de terrazas
  3 cercas para pastura
  3 zonas de bosque para madera
  2 reservorios de agua
  1 manantial de agua protegido
  5 sistemas de riego
  ó las tarjetas adecuadas para su zona
- Se tiene también una tarjeta de la comunidad, para que se la coloque en el mapa, donde esté localizado el centro comunitario (si es que se tiene uno).
- Este juego es para 4-6 jugadores. La idea es diseñar el mejor plan posible de uso de las tierras para su comunidad. Los jugadores primero ponen la tarjeta de la comunidad sobre el mapa, en el sitio que ocupa en la realidad.
- Los jugadores deciden conjuntamente quién comenzará. La primera persona comienza colocando un letrero de área protegida, donde él o ella considere apropiado.
- Cada persona continúa jugando, colocando los letreros de áreas protegidas en los lugares apropiados (tales como cuencas de agua, colinas muy escarpadas, áreas con bosques para madera, arroyos o ríos, etc.)
- Después que se hayan colocado todas las tarjetas de áreas protegidas, la gente toma turnos colocando las tarjetas de uso de tierra, donde piensen que sea adecuado, una por una.

- Después de que todas las tarjetas se hayan colocado en el mapa, cada persona por turno, tiene la oportunidad de cambiar de lugar un letrero de área protegida.
- Luego, cada persona por turno, tiene la oportunidad de cambiar una tarjeta de uso de tierras.
- Enseguida se discute el mapa que se ha creado. Como grupo, se puede decidir si el mapa es acertado o si hay una lógica para hacer cambios que lleven a una situación mejor, o cambiar algunas de las tarjetas. Se debe alcanzar consenso como grupo.
- En la sesión plenaria, cada grupo presenta su mapa ideal del uso de tierras. Discuten los problemas que implica y sus posibles soluciones. Resulta posible pasar desde el juego, al desarrollo de un plano de uso de tierras real, para las zonas de la comunidad.

Pros, contras y otros usos

Esta dinámica es un iniciador para una discusión de la planificación del uso de tierras. Cuando se utiliza un tablero de juego preparado con anterioridad, los participantes pueden discutir los diferentes aspectos de la planificación del uso de tierras, saliéndose un poco de su propio contexto. Si se utiliza un tablero preparado con antelación, es importante que el grupo discuta las relaciones de su propia situación, después que terminen el juego. Algunas veces, si los asuntos de uso de tierras son difíciles de discutir, con el juego se abrirá la puerta. Después de terminar el juego, resultará apropiado que el pequeño grupo fabrique un mapa modelo del mejor plan de uso de tierras para su propia zona. (Véase, "Fabricando mapas", pag.253*)

Fuente: Modificado de CISTAC.

Criterios educativos

(O discutiendo nuestro trabajo)

Definición

Este juego utiliza un tablero con seis categorías de declaraciones. Cada participante, lanza un dado y escoge una declaración de la categoría correspondiente que obtiene con los dados. La persona decide si la declaración es verdadera o falsa y el grupo registra la respuesta. Este es un juego para la capacitación de capacitadores. Los capacitadores pueden discutir los diferentes aspectos de la educación y de los educadores.

Cómo funciona

- Un grupo de hasta ocho personas juega este juego sentándose alrededor de una mesa. El tablero se coloca encima de la mesa y las tarjetas de las seis categorías se colocan en sus respectivos lugares.
- Se tienen también tres espacios en el tablero, que comienzan vacíos; estos espacios son: De acuerdo, En desacuerdo y En duda.

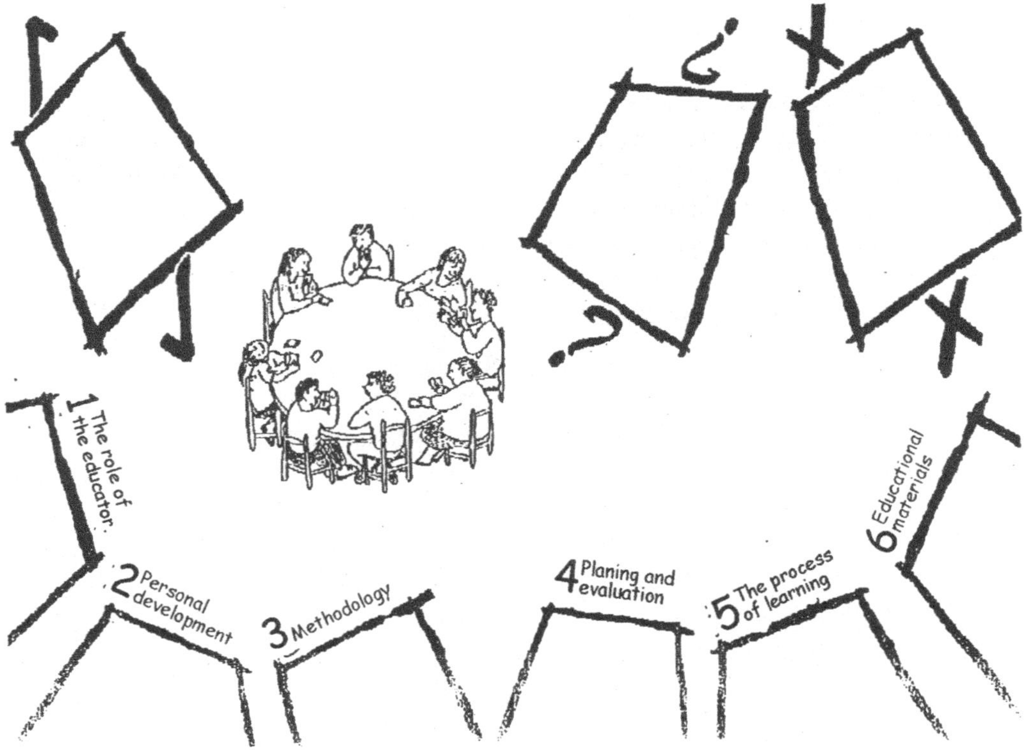

- Los participantes lanzan los dados para determinar quién comienza. El número mayor sale primero. El primer jugador lanza el dado. Si sale un 3, él o ella saca una tarjeta de la categoría 3, Metodología. El jugador lee la declaración de la tarjeta.
- El jugador decide si él o ella está de acuerdo, está en desacuerdo o si no está seguro y luego coloca la tarjeta donde piensa que le corresponde. El grupo entonces discute que es lo que piensa acerca de la tarjeta. Si el grupo llega a un consenso, colocan la tarjeta en dicha pila. Si no pueden llegar a un acuerdo, la tarjeta vá a la pila de duda, que lleva un signo de interrogación.
- Se continúa jugando alrededor del círculo, haciendo que cada jugador lance los dados y responda a cada declaración. Este juego puede jugarse durante un plazo específico, o hasta que todos los jugadores hayan alcanzado un determinado numero de turnos, o hasta que todas las tarjetas hayan sido leídas.
- Después que el grupo termina, debe hacer un resumen de los resultados en la sesión plenaria. Los temas en duda, pueden ser discutidos por el grupo entero.

Ejemplo de las declaraciones usadas en este juego

Hay 60 declaraciones en este juego, 10 para cada una de las seis categorías. Cada categoría tiene algunas declaraciones que son claramente verdaderas y otras que son claramente falsas. Hay algunas que son claramente ambiguas y que se usan para generar el diálogo. Además de ésto, cada categoría tiene una cosa divertida, que la per¬sona que saque dicha tarjeta deberá cumplir.

Incluya algo divertido en cada categoría, como por ejemplo:

- Súbase encima de una silla y grite como Tarzán. La mona Chita le aplaudirá.
- Haga una pantomima de cómo se despierta usted por la mañana.
- Cuente un chiste. Si nadie se ríe, cuente otro.
- Recite un poema, dedicándoselo a alguna persona del grupo.
- Usted es un famoso director de orquesta, dirija una pieza musical. Todo el resto del grupo le dará su cooperación.

Pros, contras y otros usos

Debido a que este juego de tablero no es competitivo y no hay ganador, tiene la ventaja de ser un buen generador de discusión. Sin embargo, debido a que no es competitivo, la gente puede perder el interés en jugar el juego, si es que toma mucho tiempo. Debe alcanzarse un buen equilibrio probando el juego en el campo y haciendo que lo dirija un facilitador perspicaz. Es muy importante poner a prueba en el campo las declaraciones que se vayan a usar. Estas deben ser claramente entendibles, y expresadas con palabras simples.

Fuente: Cecilia Yánez y Osvaldo Almanza, Centro de Investigación y Desarrollo de la Educación (CIDE); Erasmo Escala 1825, Santiago, Chile.

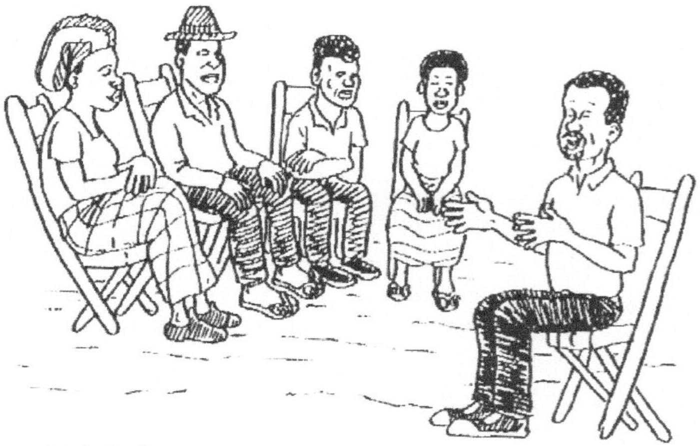

Juegos con tarjetas

Definición

Para estos juegos se utilizan un mazo de 20 - 25 tarjetas que se han desarrollado para iniciar la discusión sobre un tema determinado. Las mismas tarjetas pueden usarse para jugar diferentes juegos. Su aplicación es usualmente apta para personas que saben leer y escribir, pero pueden ser muy efectivas.

Cómo funciona

Tarjetas para el juego de Sistemas Sostenibles de Fincas - véase las tarjetas en la página siguiente.

Tres maneras de jugar este juego con un grupo pequeño (hasta ocho personas):

1. **Ponga sobre la mesa, todas las tarjetas mezcladas y con la cara hacia abajo.**

- Una persona comienza eligiendo una tarjeta y diciéndole a todos lo que piensa acerca de la declaración que contiene la tarjeta. ¿Es verdadera o falsa? ¿Qué puede pasar si se hace ésto? ¿Si es que no se hace? ¿Qué podría hacerse en esta situación?
- Déle a cada persona la oportunidad de expresar su opinión acerca de la tarjeta. Discuta el tema y lléguese a una conclusión.
- Haga que cada persona tome por turno una tarjeta y responda, después discuta la respuesta.
- Pueden incluirse tarjetas en blanco para colocar cosas que han ocurrido o que la gente sabe acerca del tema y que no están tomadas en cuenta en las otras tarjetas. Las tarjetas en blanco pueden entremezclarse con las demás.

2. **Ponga sobre la mesa, todas las tarjetas con la cara hacia arriba,** y déle a los participantes tiempo para escoger aquella que piensan que es la más importante o que pueden identificar con su propia experiencia.

- Una vez que cada uno ha seleccionado una tarjeta, toman turnos alrededor del círculo. Cada persona comparte su experiencia y el grupo la discute, formulando preguntas para aclarar lo que ha ocurrido. El grupo expresa sus sugerencias para cada persona.
- Después de que todos han discutido su experiencia, el grupo toma una decisión acerca de las tres cosas que quisieran sugerir a los demás referentes a los sistemas sostenibles de fincas.
- En la sesión plenaria, cada grupo propone las sugerencias y se las discute. La plenaria llega a recomendaciones para el establecimiento de sistemas sostenibles de fincas.

3. **Ponga todas las tarjetas con la cara hacia arriba frente a todos los participantes.** Déles tiempo para que puedan leer todas las tarjetas.

- Como grupo, ellos leen la tarjeta más importantes y con la que pueden identificarse mejor. Sobre la base de esta tarjeta, el grupo decide qué circunstancias del pasado fueron las que originaron esta situación y cómo debiera ser el futuro (o una posible solución).
- Una vez que la historia –pasada y futura– se ha decidido, el grupo prepara una actuación (drama) para representarla ante los demás grupos.
- En la plenaria, cada grupo presenta su drama y discute los problemas y sus soluciones. El grupo en conjunto toma decisiones acerca de lo que puede hacerse para evitar aquellos problemas o para resolverlos.

Pros, contra y otros usos

Puede usted ver cómo la versión 1, podría usarse con diferentes tarjetas en una discusión de manejo de cerdos, o quizá enfermedades comunes del ganado ovino o para pasturas apropiadas. Cualquiera de los juegos de tarjetas, puede también utilizarse para otros aspectos sociales, tales como las situaciones que surgen en un programa de comercialización (por ejemplo para comercializar el queso o los huevos de aves), o los buenos y malos líderes, o como organizar la unidad de cuidado de la salud animal de la comunidad. Pueden también ser muy buenos para iniciar discusiones. A cada pequeño grupo debe dársele una tarea relacionada a este juego, de manera que en la sesión plenaria, los resultados sean conclusiones útiles para todos.

Juegos con cartas

Se dan aquí algunas tarjetas de muestra para usarlas en el juego de sistemas sostenibles de fincas.
Haga sus propias tarjetas adecuadas para su zona.

Añada algunas más. Necesitará usted de 20 - 25 tarjetas.

La búsqueda del tesoro

Definición

En este juego, grupos pequeños hacen una búsqueda del tesoro. El grupo ganador gana el tesoro. Sin embargo, el mayor tesoro proviene del trabajo del grupo pequeño, el de organizar un mazo de tarjetas que han obtenido a través de la búsqueda del tesoro.

Este juego puede utilizarse con cualquier tópico que tenga una serie de acciones por completar. Brinda energía a los grupos para que dialoguen acerca de la serie de acciones y el orden en el cual deben tomar lugar.

Cómo funciona

Aquí se da un ejemplo utilizado para discutir cómo organizar una campaña comunitaria de vacunación o de desparasitación de gusanos.

- Divida a la gente en grupos pequeños. Cada grupo recibe un color (grupo verde, grupo rojo, grupo amarillo, etc.) Existe para cada grupo, un juego de hojas de papel con el color correspondiente, escondidos en la habitación o en la zona de capacitación.
- Cuando el líder dice, "SALGAN", todos buscan su juego de piezas de papel. El primer grupo que encuentre todas sus hojas, gana.
- Deberá establecerse un premio para el grupo que gane. Algo que puedan todos disfrutar o compartir con los otros (como una bolsa de caramelos, o fruta o galletas).
- Cada grupo toma enseguida sus hojas de papel y las organiza en el orden que crean que deba seguirse al organizar una campaña de vacunación o desparasitación de gusanos.

- Hemos utilizado esta lista:
  - Hable con el presidente de la comunidad.
  - Discuta la campaña en una reunión de la comunidad.
  - Hable a la gente de gobierno.
  - Hacer visitas casa por casa.
  - Haga capacitación comunitaria sobre la enfermedad a ser prevenida y la importancia de la vacunación.
  - Reunión de la comunidad para organizar la campaña.
  - Comprar los medicamentos.
  - Efectuar la campaña.

  Añadir unas cuántas hojas extra, como:
  - Cace una mosca.
  - Póngase una gorra de la institución.
  - Consulte con la ONG local.
- Incluya también una tarjeta en blanco, de manera que el grupo pueda añadir algún paso que piensen o crean que se ha dejado fuera.
- Cada grupo tiene que terminar la tarea en un lapso determinado.
- Cada grupo presenta ante la sesión plenaria sus hojas o tarjetas en el orden acordado por ellos. Todos juntos discuten el orden apropiado de las hojas de papel. Juntos, los participantes establecen el orden que piensan que es el mejor para su trabajo futuro. Cada paso debe estar claro para todos los presentes.

Pros, contras y otros usos

Es usual que la mayor parte de los grupos traten de trabajar con todas las hojas de papel como pasos, aun aquellos que son irrelevantes para la campaña. Cuando esta situación se hace aparente en el orden, es una buena oportunidad para hablar acerca de la toma de decisiones en grupo y la creatividad al pensar y planificar, opuesta a una aceptación directa de lo que un capacitador u organización dicen. Esto crea la oportunidad de alentar a aquellas personas que pensaron críticamente y eliminaron las hojas de papel inapropiadas.

Esto también puede utilizarse para discutir si es que las necesidades de vacunación en una comunidad debiera esperar hasta que una ONG venga a ayudarles o hacerlo por sí mismos. La idea de este juego, es que la comunidad piense acerca de su propia planificación independiente, para una campaña de vacunación. Esto se hace así, para que no se hagan dependientes de la ONG o el gobierno para vacunaciones futuras. Usamos este método en zonas donde los servicios de las ONG y del gobierno son muy esporádicos. De esta manera la comunidad se asegurará de efectuar una prevención periódica de enfermedades de sus animales.

Asimismo, puede preguntarse a los grupos que cazaron la mosca, acerca de la manipulación y la forma en que algunas actividades nos distraen de nuestro propósito o meta (que es la de organizar la campaña), si es que no pensamos acerca de ellas, antes de actuar.

La secuencia variará de país a país, de acuerdo a las leyes. Si el país requiere que solamente sea un vacunador certificado quién vacune, deben coordinar los pasos para la llegada de un vacunador. En esta discusión puede también usted dialogar acerca de los problemas que se presentan en una campaña y las soluciones para tales problemas.

La búsqueda del tesoro puede utilizarse para cualquier actividad que tenga pasos para poderla desarrollar. El mismo juego puede utilizarse para discutir las etapas de la planificación y la implementación de algún proyecto de capacitación u organización comunitaria, tales como el perforado de pozos de agua.

Para hacer el juego menos dirigido, haga que todos los participantes formulen una lluvia de ideas de todos los pasos para completar una actividad. Haga las tarjetas para cada grupo sobre la base de los pasos originados en la lluvia de ideas y añada unas cuántas adicionales. Vaya a la búsqueda del tesoro. Los grupos definen el orden apropiado de los pasos, como se indicó anteriormente.

Fuente: adaptado de Alforja.

Capítulo 13
Preparando nuestros propios materiales de capacitación

En este capítulo se cubren los siguientes temas:

Algunos consejos en la preparación de materiales de capacitación

En la planificación de sus talleres y las *dinámicas* se deben tomar en cuenta también los siguientes factores:

- ✔ **Prepare sus propios materiales de capacitación,** o mejor todavía, fabríquelos con los participantes.
- ✔ Trate de utilizar **objetos reales**, animales o plantas en vez de dibujarlos.
- ✔ Diseñe los materiales de capacitación en una manera que **construya sobre el conocimiento que la gente ya tiene.**
- ✔ Utilice **materiales que no den las respuestas** pero que ayuden a los participantes a descubrirlas por si mismo.
- ✔ Desarrolle materiales que reflejan la realidad local.
- ✔ Asigne tiempo en el taller para la preparación de nuevas ayudas didácticas y para la aplicación de creatividad e imaginación. En futuros talleres utilice los materiales que los alumnos han desarrollado .
- ✔ Utilice **materiales muy sencillos** que permitan a los participantes usarlos en sus comunidades.
- ✔ Cuando sea posible, haga validaciones "de campo", especialmente para materiales escritos, antes de utilizarlos.

Aprendiendo a preparar y utilizar dibujos

Dibujos y otras ilustraciones pueden ser efectivos, baratos y fáciles de reproducir.
Pueden ser una ayuda de mucho valor para comunicarse efectivamente.
¡Es importante que sus dibujos comuniquen lo que usted desea que comuniquen!

Tipos de Dibujos

Dibujo de línea

Generalmente lo más apropiado
Los dibujos de línea sencillos, claramente expresan una idea, y tienen suficientes detalles. Son más fáciles para que la gente los puedan replicar y hacer sus propios materiales para llevar a casa.

Dibujo estilizado

Los dibujos estilizados, normalmente son menos apropiados.
Son demasiado sencillos y no hacen percibir las emociones de las personas. La gente tal vez no pueda identificarse con estos dibujos. No son tan buenos para estimular el intercambio de opiniones.

Dibujo sombreado

Los dibujos sombreados, normalmente son menos apropiados.
Las sombras tienden a confundir. El fondo puede distraer el dibujo mismo y la gente puede concentrarse más en el fondo. No son fáciles de replicar.

En este libro y en nuestras capacitaciones usamos solo dibujos de línea. Muchas veces utilizamos paneles sencillos de color para darles más vida a los dibujos.
Se puede hacer copias de todos los dibujos en este libro para ser utilizados en capacitaciones.

Comunicando respeto y preocupación

Por la manera que dibujamos, comunicamos lo que pensamos y sentimos acerca de la gente representada en los dibujos

MENOS APROPIADO

MÁS APROPIADO

Haga que sus dibujos luzcan humanos, amigables y reales

¿Quién está en el dibujo?

Muchas veces, dado que los hombres normalmente capacitan a hombres en capacitaciones agropecuarias, los dibujos que utilizan representan a varones haciendo todas las tareas.

¿Qué comunica esto a las mujeres?

- Si es una nueva tarea, sugiere que una mujer no puede hacer el trabajo
- Si es una tarea tradicionalmente realizada por las mujeres, hace que su papel en la producción agropecuaria sea invisible.
- Si se muestra a las mujeres haciendo sólo los trabajos más serviles, esto refuerza el concepto que las mujeres sólo hacen este tipo de trabajo.

QUE EL DIBUJO
SEA APROPIADO EN CUANTO AL GENERO

No haga el dibujo de un hombre haciendo el trabajo que una mujer hace en la vida real.
En el desarrollo de materiales de capacitación - sean afiches, folletos, manuales – deben estar presentes mujeres haciendo tareas altamente respetadas en la comunidad.

El género no es el único tema para el cual los dibujos deben ser apropiados

Cuando hace un dibujo asegúrese de que las personas se vean:

1. Vestidas como la población local
2. Tengan las mismas casas, bancos, establos etc. como es en la vida de las personas.

3. Mostrando el medio ambiente, la realidad local (árboles, arena, agua, cultivos, tierra).

La expresión facial de las personas comunica lo que están sintiendo

Al demostrar la expresión facial de la gente en los dibujos, su dibujo está comunicando mucho más. La expresión muestra el mensaje más claramente que las palabras.

LAS CARAS DEMUESTRAN SENTIMIENTOS

ASEGURESE QUE LA EXPRESIÓN FACIAL COMUNIQUE EL MENSAJE

Asegúrese que sus dibujos incluyan las expresiones faciales de la gente. No dibuje a las personas sólo de espalda o con caras sin emociones.

Cuándo utilizar caricaturas

Existe la tendencia en los folletos y manuales de capacitación, el de dibujar a todas las personas como caricaturas. Generalmente, hablando, las caricaturas son apropiadas sólo cuando se está haciendo alguna crítica o comentario social. Las figuras de caricatura cambian la forma y la proporción de los cuerpos y las cabezas de una persona. Es una especie de burla para causar risa. Si las actividades comunes son demostradas como caricaturas, demuestran una falta de respeto para la gente local.

Si quiere expresar algo de la realidad de la gente, o precisa expresar detalles en un tema técnico, las figuras de caricaturas no son apropiadas.

UNA CARICATURA APROPIADA

Un dibujo con menos detalle es apropiado cuando el detalle no es necesario

UN DIBUJO DETALLADO PARA ASEGURAR PRECISIÓN

UN ESBOZO PRECISO PERO CON MENOS DETALLE

Tome nota que las proporciones del cuerpo son reales. Esto hace que el dibujo sea real para los participantes.

Muestre a la gente efectuando cosas activamente

Un dibujo que muestra a las personas activamente involucradas en una actividad, generará discusión.

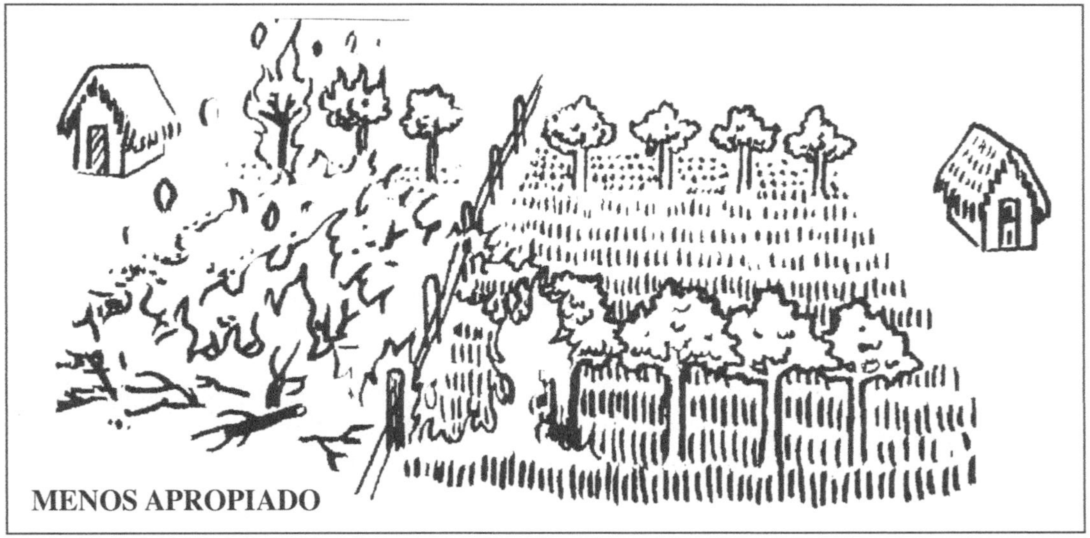

MENOS APROPIADO

MÁS APROPIADO

Cuando las personas en el dibujo están haciendo algo, ayuda a los participantes a identificarse con situaciones similares y genera un intercambio de opiniones vivaz.

Demuestre cómo el animal se enferma

Los dibujos que demuestran síntomas de una enfermedad, no generan la misma discusión que un dibujo que demuestra el proceso de contagio del animal y que incluye al factor humano.

MENOS APROPIADO

MÁS APROPIADO

Comunicando lo que usted quiere que la gente vea

MENOS APROPIADO

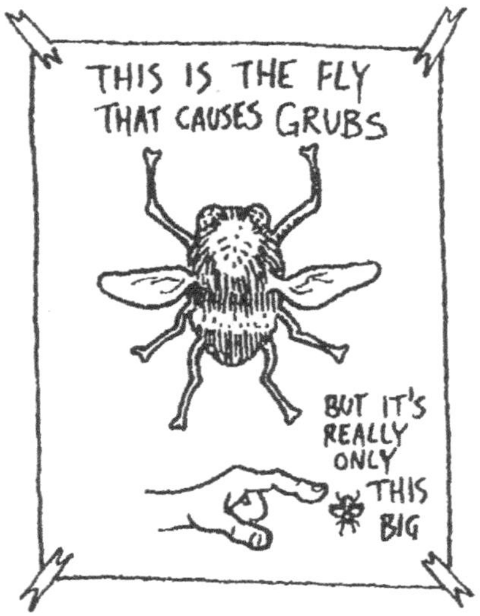

MÁS APROPIADO

LO MEJOR

A veces cambiamos la forma y el detalle o minimizamos las partes externas del cuerpo para ilustrar un aspecto técnico. Se debe probar o validar este tipo de dibujo en el campo antes de utilizarlo. Si es necesario explicar un dibujo a las personas para que ellos lo entiendan, probablemente no es apropiado.

Los participantes no reconocerán estos insectos debido a su gran tamaño en el afiche. Es mejor tener un dibujo grande y uno de tamaño real en el afiche.

Mejor todavía presente el dibujo grande y chico y tener una mosca verdadera en un frasco de vidrio para que la gente pueda ver qué mosca es la causante. Mejor si la mosca está viva.

Asegure que hay suficiente del cuerpo del animal o la parte de la planta o árbol para permitir que los participantes reconozcan la planta, animal o área.

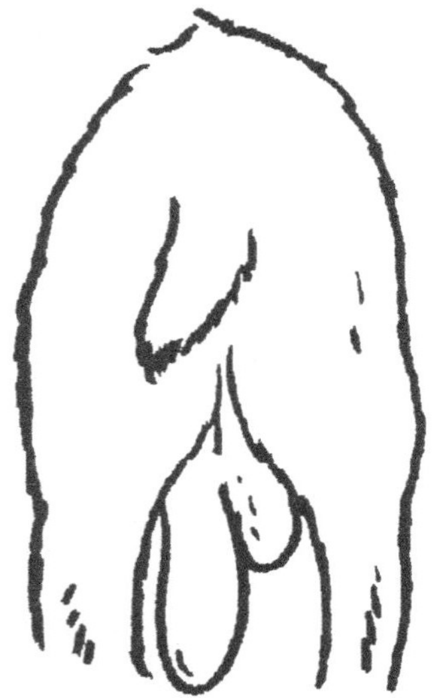

MENOS APROPIADO

En este caso tenemos que leer el encabezamiento para saber de qué trata el dibujo.

MÁS APROPIADO

En este caso el dibujo se explica por si mismo.

Cuando utilize dibujos para ilustrar destrezas asegúrese de que se está incluyendo suficientes detalles de referencia del cuerpo para que el dibujo sea claramente entendido

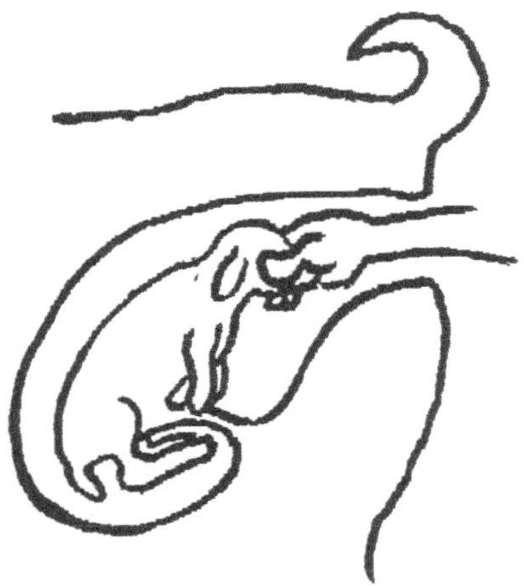

MENOS APROPIADO

MÁS APROPIADO

El uso de símbolos en los dibujos

A veces los símbolos en los dibujos pueden causar confusión. Esto es especialmente cierto si el símbolo representa una cosa para el dibujante y otro para los lectores. Sin embargo, por otro lado, en otras situaciones los símbolos pueden ser poderosos para comunicar una idea o pensamiento.

MENOS APROPIADO

MÁS APROPIADO

Esto es menos apropiado por el hecho que diferentes personas pueden no captar el mismo sentido del símbolo.

En este caso el símbolo puede expresar un concepto claro que la gente recordará. Utilice los símbolos cuidadosamente y generalmente en ambientes como talleres donde la gente pueda compartir sus ideas. A menos que el símbolo sea muy claro puede ser más apropiado utilizarlo en manuales, folletos o afiches.

Aprendiendo a dibujar

Casi todo el mundo puede aprender a dibujar. Es una destreza muy útil para todo instructor o técnico agropecuario. Aprender a dibujar requiere de práctica, cuidado y buenas capacidades de observación.

La mayoría de los artistas pasan una parte de su tiempo de aprendizaje copiando el trabajo de otros artistas. Trazar y copiar dibujos es una buena manera de iniciar el aprendizaje. Trazando el trabajo de otros le permite ver como los tamaños y perspectivas se ajustan en un dibujo. Cuando se hacen afiches y folletos no se duda en copiar de otros materiales y manuales. La mayoría de los manuales existen para ser copiados y así maximizar su uso. Muchas veces es más fácil copiar de una foto o dibujo que dibujar algo de la vida real.

Cuando se copia algo de otros dibujos tal vez tenga que trazar, copiar, ampliar y buscar otras maneras de hacer el dibujo más apropiado.

El trazo

Una de las formas más fáciles para trazar otro dibujo, especialmente si es grande, es sobre una ventana durante el día. Una ventana de vidrio sirve mejor si está disponible, pero una malla también puede servir si uno no aprieta con demasiada fuerza el lápiz.

Párese al lado interior del edificio durante el día, con la luz del sol dando al reverso del dibujo. Fije el dibujo al marco de la ventana con cinta y pegue otra hoja limpia encima del dibujo. En la noche se puede ubicar afuera si es que hay suficiente luz adentro.

Si no hay ventanas disponibles, puede utilizar un panel de cristal apoyado en una pared. Si usted continuará trazando seguido, puede hacer un marco con un vidrio encima y un foco eléctrico dentro, si es que hay corriente eléctrica.

Copiando y ampliando

Al copiar es importante asegurarse que todas las proporciones son correctas. Todas las cabezas y manos tienen que ser del mismo tamaño.

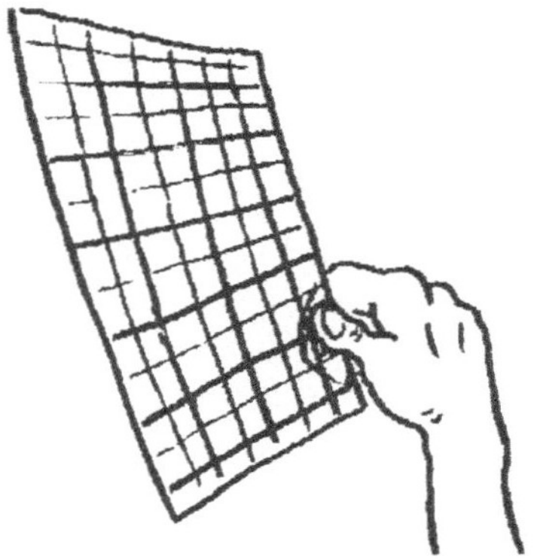

Utilice un pedazo de plástico transparente y dibuje una malla de líneas sobre él con un lapicero o marcador indeleble. Ayuda si cada línea por medio es más oscura.

Coloque el plástico transparente con la malla encima del dibujo. Ahora haga líneas suaves en su hoja de papel sábana. Haga el mismo numero de cuadros (cada cuadro será más grande).

Comience a copiar, cuadro por cuadro

Existen buenos dibujos en manuales, revistas, afiches, libros y en muchos otros lugares. Pero a veces cuando se los quiere utilizar, son difíciles encontrar. Es recomendable **mantener un archivo o cuaderno de buenos dibujos** los que estarán disponibles cuando los necesite. Tenemos dibujos archivados de regiones del cuerpo, actividades, gente, plantas, y animales. También se usan libros para colorear. Ver referencia para encontrar lugares donde conseguir dibujos.

Materiales para dibujar

Siempre es mejor buscar materiales que son fáciles de encontrar localmente, para utilizar en sus dibujos y afiches. Esto es para que los TACs se sientan libres de utilizar materiales en sus propias comunidades. Los dibujos deben hacerse en papel. Deben ser actuales y apropiados para cada taller.

Pliegos de papel sábana

El papel sábana o papel periódico en pliegos es el papel más comúnmente disponible a bajo costo en muchas zonas del mundo. En áreas donde se fabrica el papel, utilice el papel local, cuando sea posible para apoyar la industria local. Trate de no usar los blocs de papel para artistas ya que los mismos son de precio elevado. Si el papel por pliegos es difícil de encontrar, trate de usar otro papel relativamente barato para los dibujos. El papel periódico normalmente se encuentra en forma económica en las imprentas de los restos de las bobinas de la elaboración de los diarios. Busque en las agencias de diarios locales y pregúnteles cuánto cobran por estos desechos.

Lápices marcadores

Usamos marcadores para hacer más claros los dibujos. Ayuda mucho a las líneas principales en un dibujo de líneas con un trazado más grueso que el resto del dibujo. Esto hace que resalten los caracteres principales y hace que sea más fácil de copiarlos después. Marcadores negros, azules o verde oscuros son los mejores para afiches. Otros colores son más difíciles de ver y distinguir en un grupo.

Lápices Pasteles

Los pasteles son muy útiles para resaltar los dibujos, afiches, y rompecabezas. Normalmente son de bajo costo y son ideales por el hecho que pueden combinarse colores en distintos tonos (por ejemplo, color de piel) y así lograr dibujos más interesantes.

Para lograr dibujos relucientes y vibrantes:

Comience su dibujo de líneas trazando los contornos con un lápiz marcador negro. Delinear el dibujo con los colores oscuros deseados – por ejemplo, un café oscuro para la piel de las personas y para los troncos de los árboles y animales; un verde oscuro, para los contornos de los árboles etc. Rellenar con los colores más claros según los tonos deseados. Utilice las orillas de los pasteles para llenar áreas grandes y poder cubrirlas con tonos uniformes. Cualquier área que se quiera resaltar se hace con colores más oscuros.

Ahora, usando pequeños trozos de papel roto, frote el dibujo para mezclar colores y reducir el manchado. Cambie los pedazos de papel las veces que cambie de objeto dibujado y colores en el dibujo.

Asegure que no frote afuera de las líneas dado que el papel utilizado para frotar pintará igual que un lápiz pastel.

Una vez frotado todo el dibujo, los colores de pastel no mancharán y los dibujos pueden ser amontonados y enrollados para guardar y transportar.

Cómo Proteger Dibujos

En casos especiales, un dibujo o un afiche pueden utilizarse varias veces. En estos casos la gente ha sido muy innovadora para desarrollar formas de proteger los dibujos.

En Nepal, los facilitadores hicieron sus dibujos permanentes sobre plástico transparente con marcadores de color. Cuando llegaron a las comunidades para realizar las capacitaciones colocan un pliego de papel periódico atrás del plástico durante la capacitación. Con los dibujos sobre plástico, pueden transportarlos en la lluvia sobre terrenos muy accidentados.

Otros programas han hecho sus dibujos sobre telas para facilitar su transporte.

Tenga cuidado! La gran desventaja de dibujos permanentes es que los instructores tienden a depender de su almacén de dibujos y que no siempre podrán ser apropiados para todas la situaciones. También, pueden llegar a desarrollar sus talleres basado sólo en sus materiales permanentes, en vez de las necesidades de los participantes como base del taller.

Tubos de plástico

Por el hecho que los capacitadores en Bolivia preparan sus dibujos en papel sábana (periódico) y que llueve mucho, **utilizan pedazos de tubería plástico (cañería PVC) utilizados en sistema de agua potable como un portador de dibujos.** En esta forma pueden atar sus dibujos en una motocicleta o en su espalda y no preocuparse de llegar al taller con dibujos malogrados.

Métodos para sujetar y presentar cuadros y afiches

Sujetando el papelógrafo (rotafolio) y afiches

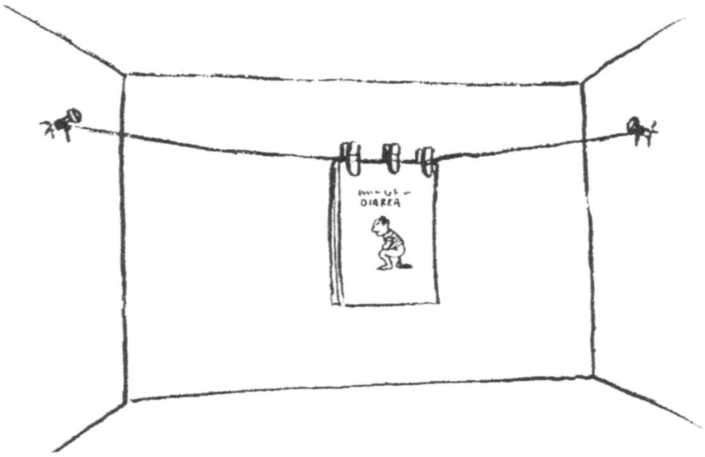

Se puede colgar un papelógrafo o rotafolio en esta manera. Coloque la parte superior entre dos maderos o pedazos de bambú. Clave o una los dos maderos firmemente con alguna ligadura. Sujete dos cuerdas a dos clavos en la pared. Coloque los dos puntos de los maderos en presillas en los puntos de los cordones. En esta forma puede dar la vuelta a cada hoja del papelógrafo.

Mucha gente usa un caballete cuando está disponible para colgar el papelógrafo.

También puede sujetar un rotafolio de una cuerda colgante. Utilice agarradores de ropa para fijarlo.

Si hay escritura al fondo del papelógrafo y quiere que los participantes analicen el dibujo por separado, use otros agarradores para doblar la hoja y cubrir las palabras.

Modelos para la capacitación

La práctica es importante en la metodología participativa de capacitación, dado que permite a los participantes descubrir por si mismo cómo aplicar una destreza. Además la práctica les permite comprender problemas potenciales y escollos.

¡El mejor modelo para practicar es un objeto real! Si es posible siempre es mejor usar un animal vivo o una planta. Pero hay circunstancias cuando la población animal o vegetal no provee el animal o planta que padece de la enfermedad bajo estudio o por ejemplo un animal con problemas en el parto para usarlo como práctica. Algunas veces, existe un animal enfermo, pero no los suficientes como para permitir que todos practiquen.

En esos casos, se pueden desarrollar modelos para dar la oportunidad a practicar.

Los modelos deben ser:

- Lo más sencillo posible.
- Hechos de materiales comunes y preferible localmente disponibles
- Fáciles de transportar

Presentamos algunos ejemplos de modelos sencillos que han sido desarrollados para diferentes programas.

Para enseñar sobre el tratamiento de heridas:

Se dividió a los participantes en grupos pequeños. A cada grupo se asignó un tipo de herida distinta para curar. Hablaron en cada grupo sobre el tratamiento, hicieron una decisión y aplicaron el tratamiento. Luego cada grupo pequeño enseñó a la plenaria acerca de su herida y como ellos manejaron la situación.

- Una fue una herida fresca con suciedad y piedritas
- Otra fue una herida antigua supurando pus (usamos leche condensada)
- Una herida tuvo un pequeño tubo plástico conectado a una jeringa, y una persona atrás del dibujo estaba inyectando un líquido rojo al tubo. Esto fue para permitir que el grupo hable acerca de cómo controlar la hemorragia.
- Otra era una herida simple, nueva pero grande.

Estos mismos modelos sencillos, fueron usados para enseñar cómo tratar abscesos. En uno, se colocó un globo lleno de leche condensada cubierto con una esponja. Los grupos pequeños tuvieron la oportunidad de curar a cada absceso y discutir sobre los posibles problemas que podrían surgir.

Reconocimiento de mastitis y su tratamiento

En una zona donde la mastitis es un problema serio en vacas y ovejas, nuestro programa de capacitación vio que era importante dar prácticas reales acerca de los diferentes tipos de mastitis. Cada vez que hubo un animal con síntomas sospechosos de esta, los participantes hacían un examen y tratamiento del animal. Pero los facilitadores opinaron que no todos los participantes tuvieron suficiente oportunidad para practicar. Por lo tanto, desarrollaron unos modelos de la ubre.

Modelo de ubre

Los primeros modelos fueron utilizados en un taller de ovejas. Se los diseñaron utilizando gorras de niños forradas y con telas que se encuentran fácilmente en los mercados locales a un costo bajo.

Se cortó la visera y se aflojó el forro para que cuelgue hacia abajo y se hicieron dos huecos en el forro. Dos dedos de un guante de goma fueron introducidos en los orificios y fijados con pegamento. Cada dedo tuvo un orificio en la punta.

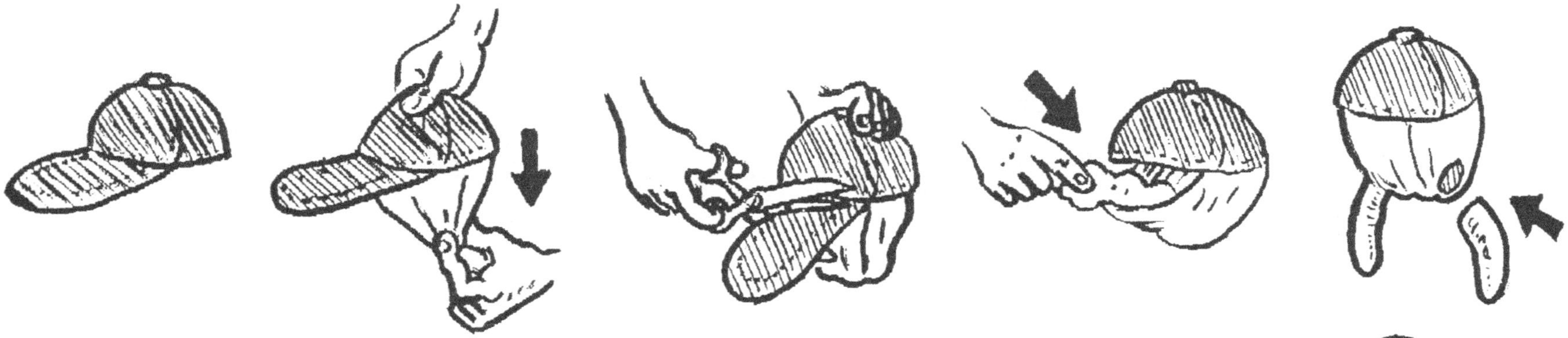

Se llenaron las ubres con cualquier material de relleno disponible para darle forma (la fibra del árbol de kapok sirve bien – el kapok es parecido a la ceiba que tiene una lana vegetal en la cápsula de la semilla).

Cada ubre tuvo una forma distinta de mastitis. Se utilizó diferentes tipos de relleno. Papel para representar una mastitis gangrenosa, un calcetín para mastitis crónica, "gel" de silicona para cerrar el conducto del pezón, etc. También se presento una Ubre normal.

Los grupos pequeños utilizaron las ubres para practicar y discutir la palpación de esta enfermedad. Los grupos también usaron los modelos para practicar y hablar del tratamiento de la misma.

Estas sesiones fueron acompañadas con prácticas en higiene del ordeño y discusiones sobre prevención de mastitis.

Dos modelos para representar un útero

Los problemas de partos complicados, placenta retenida, y prolapso de la vagina requieren de un modelo que permita a los participantes practicar sus capacidades de realizar tratamientos. Ningún modelo será tan bueno como estar realmente ayudando a un animal que presenta un parto dificultoso, pero aquí se presentan dos modelos que han sido utilizados.

1. Útero soldado con animal relleno

El marco de hierro se cubre con una frazada u otra tela y se introduce un feto de un tamaño apropiado en diferentes posiciones para practicar el parto. Hicimos el feto ovino con maderos en las coyunturas que solo se doblaron en las direcciones correctas.
Fuente: RDC Nepal

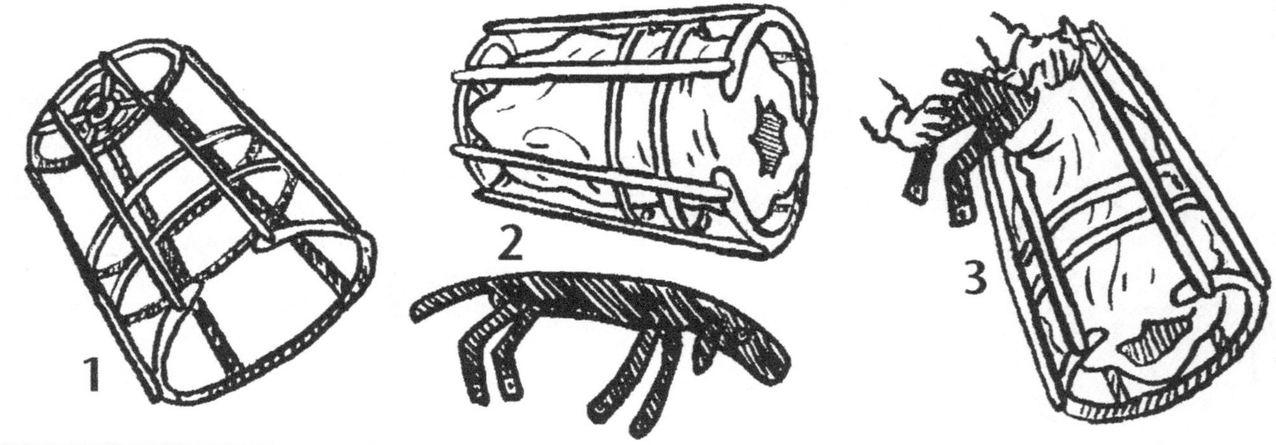

2. Útero de neumático

Dos pedazos de neumáticos viejos fueron unidos con parches de calor, uno dentro de otro, con la válvula de aire al lado de afuera. Con un inflador de bicicleta, se llena el espacio entre los dos neumáticos con aire. Esto provee el sentido de presión sobre el ternero o cordero.

Se eleva el útero en una mesa o se ata a una silla y se la cubre con una frazada. Se usa un animal relleno con piernas móviles en diferentes posiciones.

Se pueden utilizar los mismos modelos con bolsas pláticas, trapos o globos inflados para practicar la diagnosis y tratamiento de placenta retenida y prolapso de la vagina.

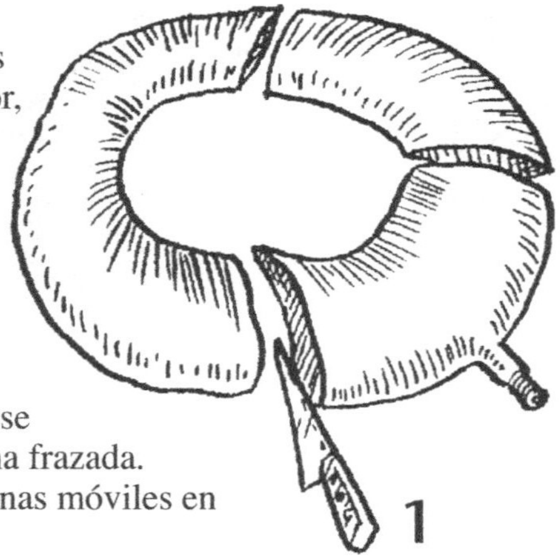

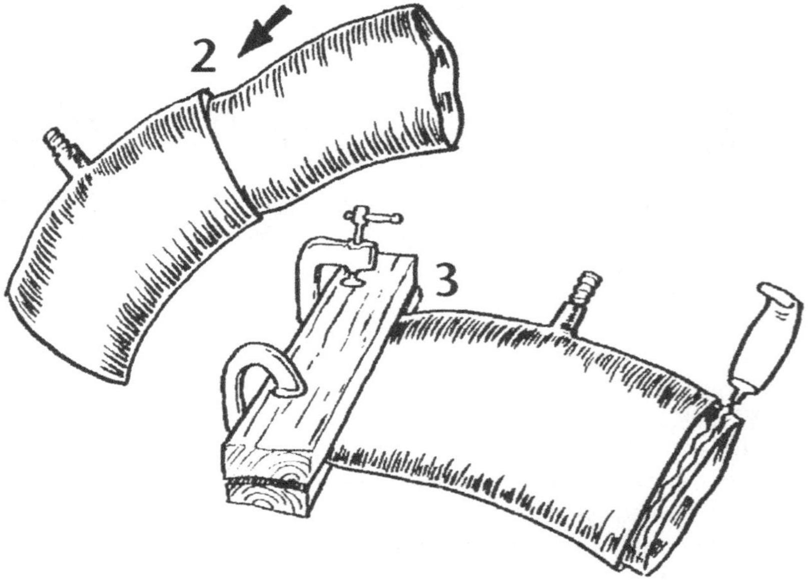

Para hablar de anatomía:

1. Dibujar la anatomía al costado de un animal.

Esto funciona muy bien para bovinos y ovejas de pelo. Se puede utilizar un marcador soluble en agua o un lápiz marcador de ganado.

Cuando se está discutiendo la neumonía u otros problemas pulmonares, dibuje los pulmones en una vaca y hable de cómo son afectados.
Asegúrese de utilizar un animal manso, uno que cooperará y no estará demasiado estresado por la actividad.

2. Cuando sea posible, haga una necropsia del animal para hablar de la anatomía.

Si se va a sacrificar un animal para la carne, use esta oportunidad para hablar de los órganos.
Asegúrese que todos usan los mimos nombres para los órganos.

Un modelo para erosión de suelo

Muchas veces la tierra misma puede ser usada para hablar de la erosión.
El grupo puede salir afuera y mirar una ladera sembrada y ver por ellos mismos
que las plantas crecen mejor en ubicaciones bajas.
Los participantes pueden discutir y decidir por qué se da este fenómeno, y qué se puede hacer para prevenir la erosión.

A veces un modelo ayuda a estimular una discusión acerca de la erosión.

Un modelo sencillo de una ladera puede ser construído de una caja de cartón. Se hace la caja con una inclinación en el lado superior.

Se coloca tierra sobre el lado inclinado.

Se rocía el área con agua para representar la lluvia.

Los participantes opinan si en la realidad ocurre lo que observan en el modelo y qué aspectos pueden apreciar para darse cuenta de lo que sucede.

Luego se puede poner una barrera de piedras sobre la caja y rociar de nuevo para ver el efecto de poner terrazas.

Fuente: Irene Christiansen, Nepal

Cómo hacer sus propios títeres

Se pueden hacer títeres de casi cualquier material

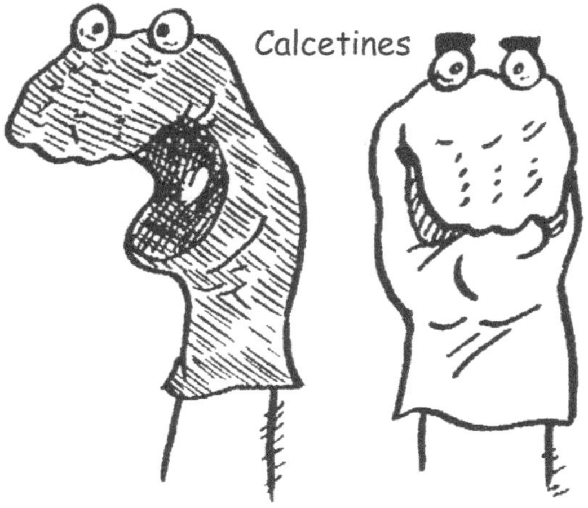

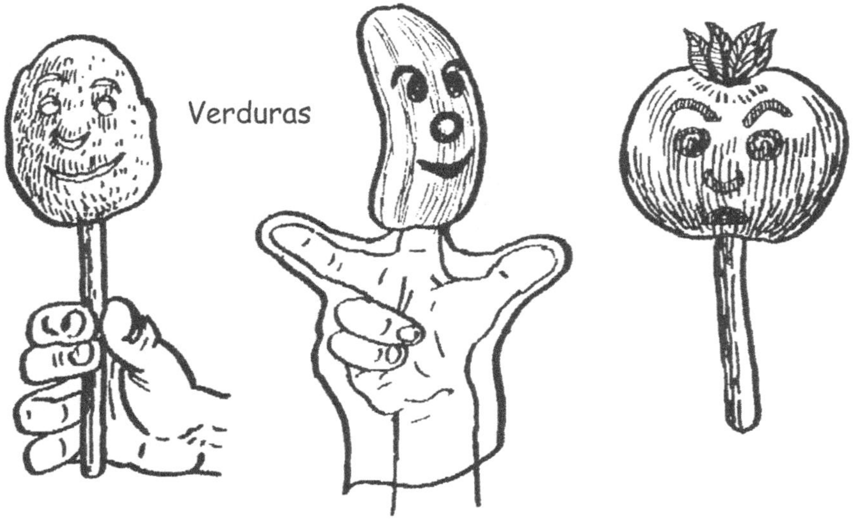

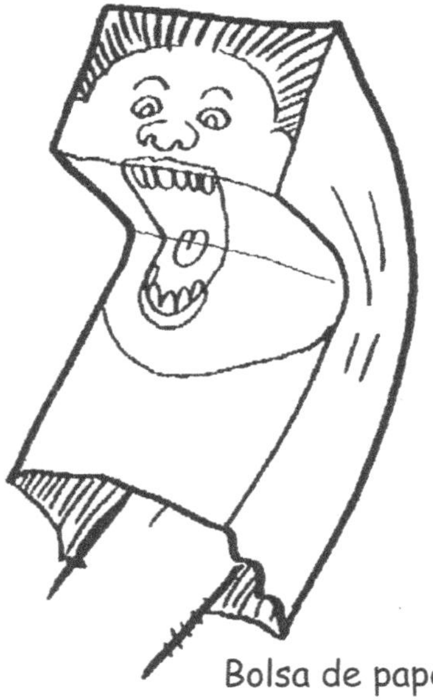

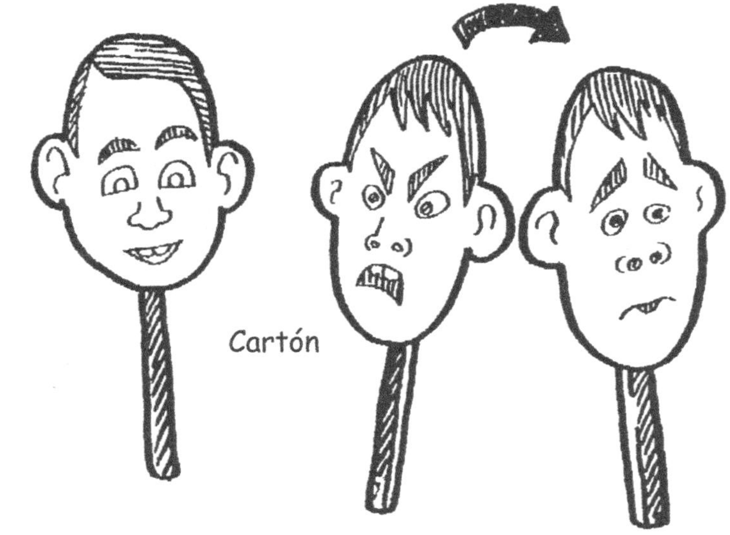

Pero muchas veces para los adultos, los mejores títeres para generar intercambios de opiniones son los que se parecen más a los participantes. Estos se hace con cabezas de esponjas o papel maché.

Ver títeres página 246.

Títeres de papel maché

Una cabeza de títere buena que demuestre características apropiadas
como color de piel y cabello se hace de papel maché.
La cabeza base se hace en la siguiente forma.

1. Infle un globo del tamaño de cabeza que desee.

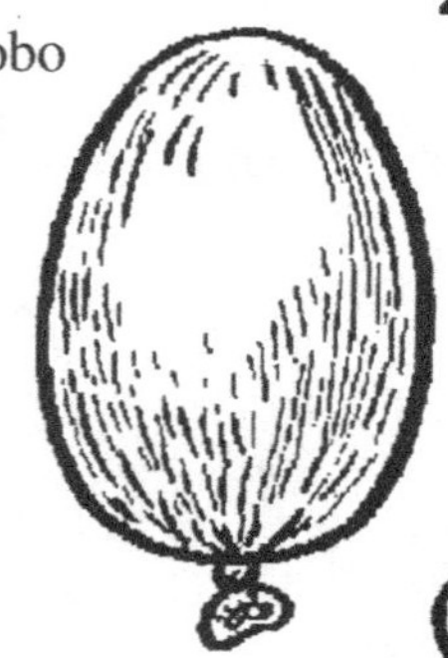

2. Sumerga tiras de periódico en un engrudo de harina y agua hasta que se mojan las tiras.

3. Coloque todas las tiras mojadas sobre el globo.

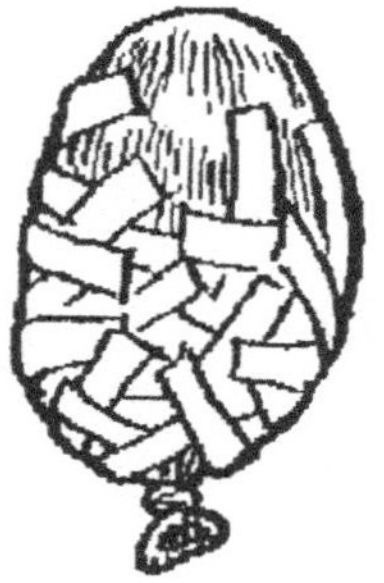

4. Agregue varias capas de las tiras.

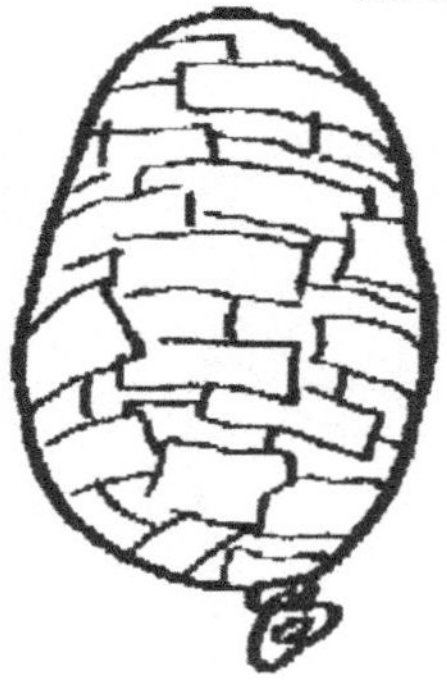

5. Deje que la cabeza se seque.

6. Reviente el globo y retírelo.

7. De un cartón liviano corte una tira y enróllela para hacer el cuello. Coloque el rollo dentro del hueco para simular el cuello.

Nota: Enrolle un pedazo de cartón y asegúrela con cinta para hacer el cuello.

La anchura del cuello debe ser suficiente para que entren dos dedos

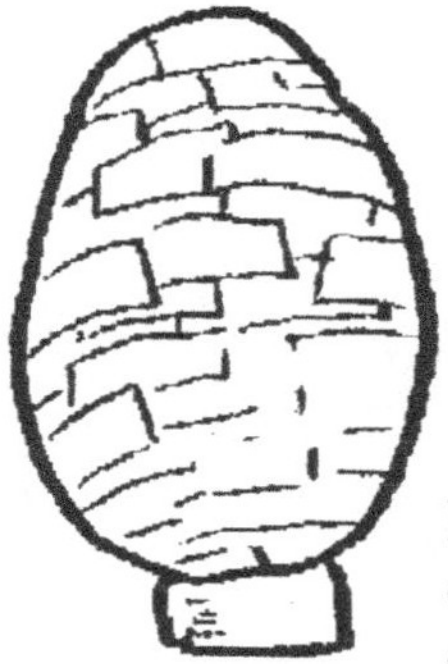

Nota: Sujete el cuello aquí adentro de la cabeza.

8. Fije el cuello a la base de la cabeza.

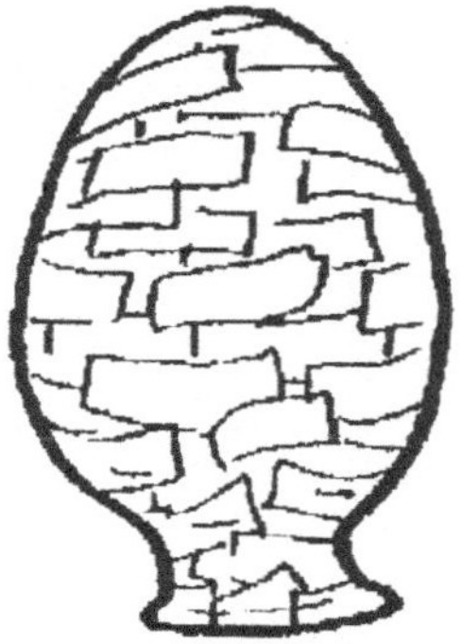

9. Continúe aumentando las tiras de papel para cubrir el cuello. Haga un borde en el extremo inferior para poder sujetar la ropa.

Nota: Agregue papel al cuello para sujetarlo.

Para agregar rasgos realistas (prepare ésto el día anterior)

Rompa un periódico en tiras pequeñas. Remójelos en agua durante la noche y amase el papel hasta que se disgregue. Exprima el agua de la masa de papel. Mezcle el papel disuelto con un engrudo cocido de harina y agua. Amase la mezcla como para hacer pan, hasta que no se puedan reconocer los tiras de papel. El resultado es una masa blanda.

10. Desmenuce el periódico, remoje en agua una noche, y amáselo para disolverlo en agua.

11. Mezcle el papel disuelto con harina y agua para formar una pasta.

12. Trabaje la masa para crear los rasgos que desea para el títere.

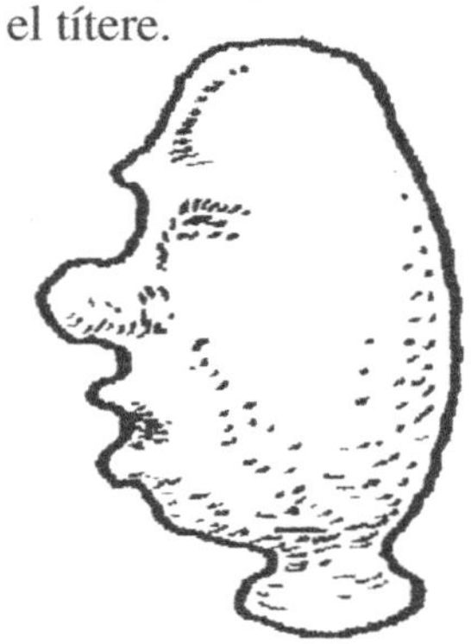

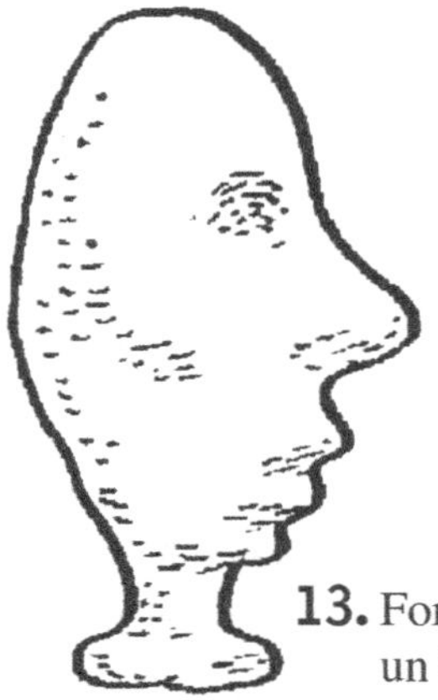

13. Forme un borde pronunciado alrededor del cuello.

14. Permita que seque el títere. Pinte la cara del títere con pintura acrílica. Asegurese que la cara es del mismo color de la gente de la zona.

15. Haga un patrón o modelo para la ropa de un cartón liviano.

Abajo del dibujo: Utilice retazos de tela para hacer la ropa como la que usa la gente local para los títeres. Las cabezas y la ropa son cambiables.

16. Utilice hilo o lana para hacer que el cabello, esté trenzado o suelto.

Equipos de bajo costo hechos en casa
Para ayudar a que los socio-dramas tengan vida

Materiales de apoyo para un socio-drama muchas veces ayuda a ilustrar lo que está ocurriendo o permiten que la gente practique.
Ver socio - dramas página 244.

Animales y plantas

Dado que la salud animal y vegetal es tan importante en los problemas de producción, muchos socio- dramas incluirán animales y plantas. **Pueden haber animales o plantas reales disponibles para utilizarlos. Muchas veces esto es lo mejor.**

Sin embargo, a veces puede ser una distracción usar un animal vivo, si uno suficientemente manso está disponible. A veces, sucede que una planta o árbol específico requerido no puede ser trasladado al aula, en estos casos pueden hacer las siguientes cosas.

Utilizar animales o plantas hechos de cartón o de relleno.

Los participantes pueden hacer los animales. Estos pueden ser flacos, normales o gordos según el requerimiento de la presentación que se va a hacer.

Manchas de color pueden ser agregados al animal, con cinta y quitado después.

Plantas de cartón pueden demostrar todas las etapas en el desarrollo de una planta o pueden representar una planta con o sin frutas para una presentación.

Animales rellenos

Animales rellenos (peluches) también puede ser utilizados si se encuentran modelos bastante reales o si a alguien le gusta costurar. Gallinas rellenas fueron usadas durante un taller de aves. En una actividad de grupos pequeños, uno de los grupos definió las razones por las cuales preferían los huevos.

Corderos o terneros rellenos son buenos para practicar partos difíciles.

Sera de mucha ayuda, cuanto más parecidos a un animal vivo sean los animales rellenos y de cartón.

Use a personas para representar a los animales en socio dramas.

Las personas actuando como animales enfermos o heridos también pueden ser efectivos en los socio - dramas. Muchas veces provocan risa en el grupo. Hay que tener cuidado que en la presentación el grupo no se distraiga demasiado por las acciones del animal humano.

Caretas para representar animales

Se pueden hacer caretas de animales, cortando y dando forma a cajas de cartón. Una vez lograda la forma deseada se puede colar con pegamento, fijado con cinta o con granpas. Las rasgos como las orejas, pueden ser añadidas con cartón, o los ojos con marcadores y el pelaje, cabello o bigotes con hilado (lana), plumas o fibras vegetales.

Se pueden usar también disfraces sencillos. Tal como animales de cartón, se pueden agregar manchas, heridas, mordeduras y costras, pegándolas con cinta en la ropa de la persona que está actuando.

Modelos de Termómetros

Se puede fabricar un termómetro sencillo, y más grande que los reales.

Se pueden hacer diferentes termómetros marcando distintas temperaturas para representar diferentes enfermedades o la presencia de fiebre.

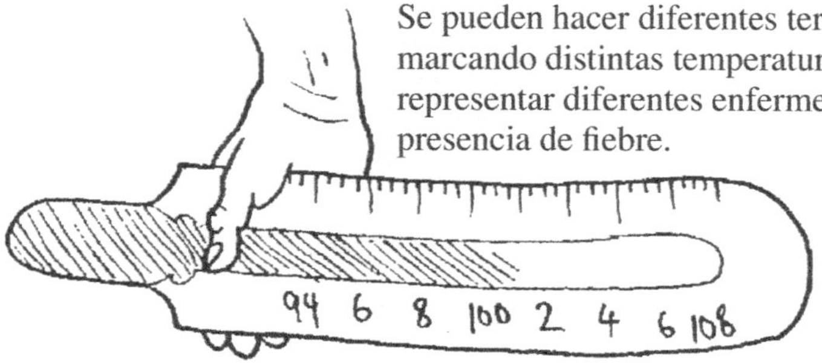

En Nepal, se hizo este termómetro regulable con dos papeles gruesos de diferentes colores.

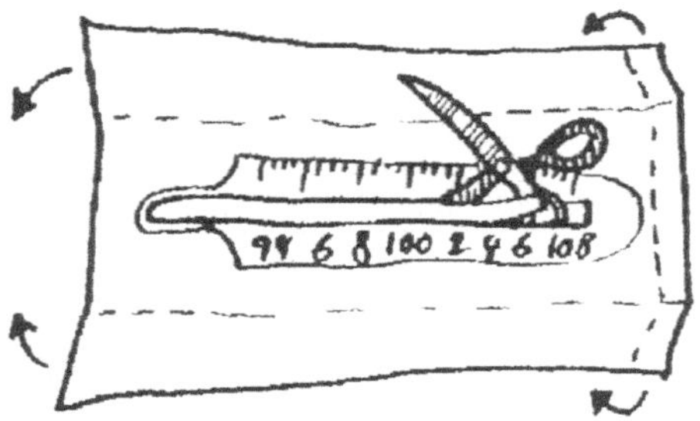

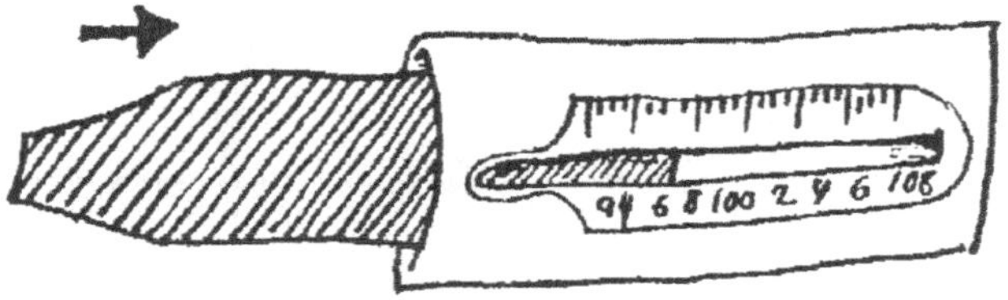

Pequeños dramas con termómetros representando diferentes temperaturas, pueden ayudar a los participantes a practicar cómo enfrentar la fiebre u otras emergencias.

Consejos prácticos para los juegos

Ruleta de cartón

Muchos juegos utilizan una "rueda de ruleta" para ayudar a las personas a escoger una pregunta o indicarle dónde mover en un juego de mesa.

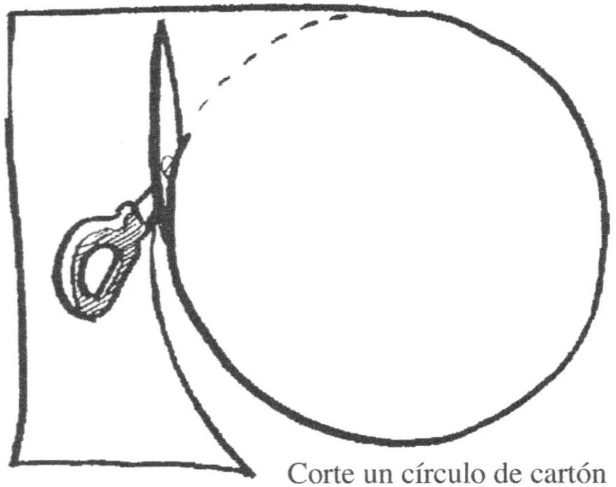

Corte un círculo de cartón

Corte una flecha de cartón que sea más corta que la distancia del centro del círculo a la orilla.

Corte tres cuadritos chicos de cartón.

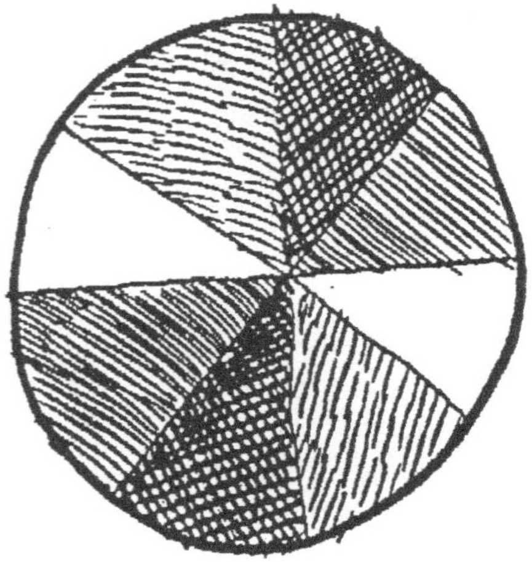

Divida la perinola en 8 secciones y pinte cada sección. Use cuatro colores y distribúyalos en forma igual en la ruleta.

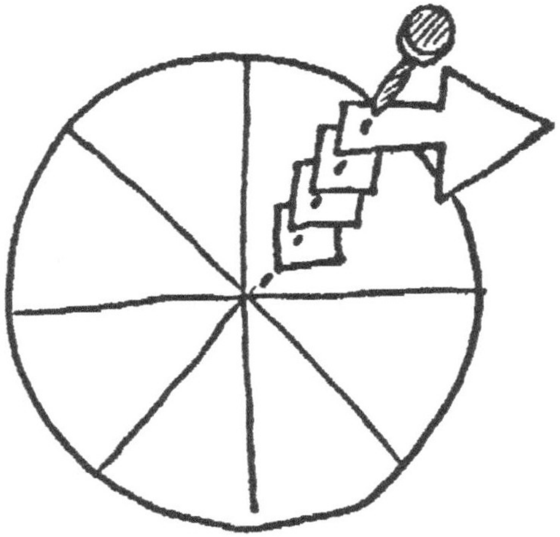

Pegue los tres cuadritos al centro del inverso del círculo.
Asegure la flecha con un clavito o tachuela.

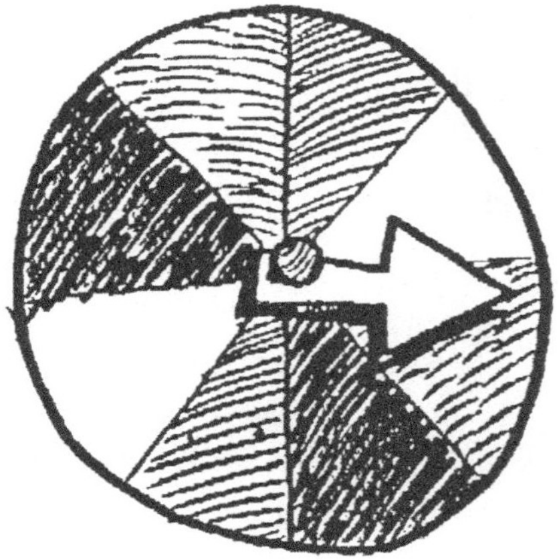

Cuando gira la perinola, sujete la rueda de ruleta en la mesa.

Dados de cartón

Puede utilizar este modelo para elaborar dados de cartón

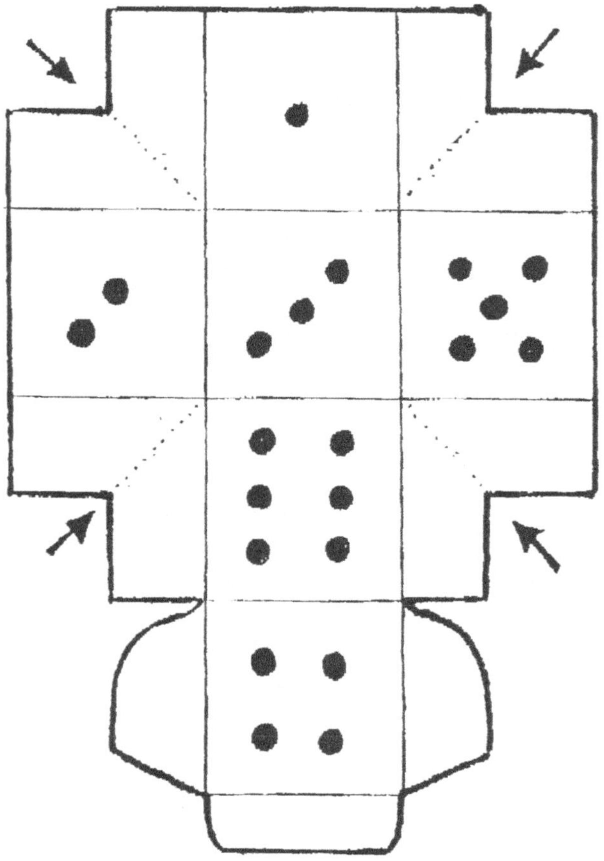

CIDE en Chile ha inventado esta herramienta útil.
Usan una pieza de venesta (madera laminada) sencilla y liviana cortada en círculo. El grupo pequeño pone la madera encima de sus rodillas y se ha formado una mesa.

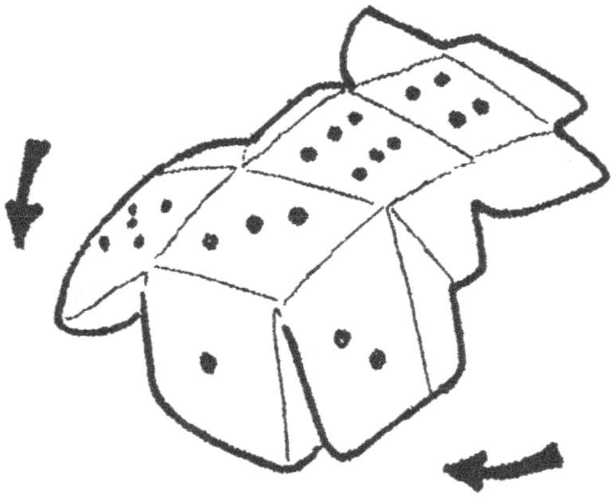

También se puede cortar un pedazo de madera laminada en forma rectangular utilizando cualquier material disponible para apoyarlo y así formar una mesa.

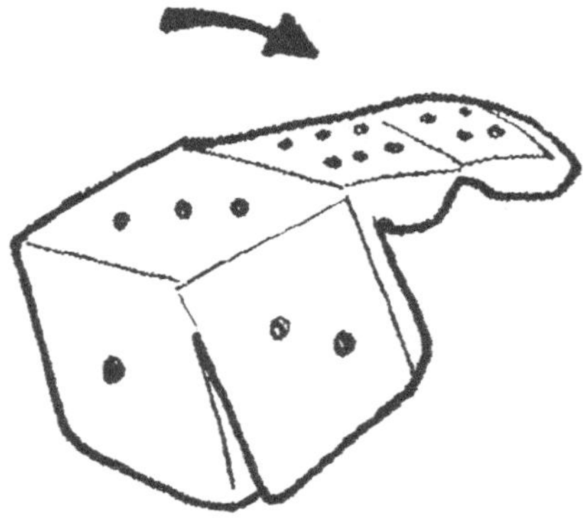

Otros Equipos

Mesas de regazo

A veces, para el trabajo en grupos pequeños, para los juegos de mesa, o para escribir, puede existir la necesidad de mesas en el taller. Muchas veces en comunidades rurales es difícil encontrar suficientes mesas.

CIDE en Chile ha inventado esta herramienta útil. Usan una pieza de venesta (madera laminada) sencilla y liviana cortada en círculo. El grupo pequeño pone la madera encima de sus rodillas y se ha formado una mesa!

También se puede cortar un pedazo de madera laminada en forma rectangular utilizando cualquier material disponible para apoyarlo y así formar una mesa.

Pesos y medidas

Contar con una herramienta barata y fácil para estimar el peso de un animal, es esencial.

- Permite a los dueños y a los TACs saber cuál es el peso correcto **para dosificar medicinas** como antibióticos y productos para el control de parásitos.
- Los dueños pueden conocer la ganancia real de peso de sus animales para **comparar diferencias de manejo y alimentación.**
- Cuando una persona vende su animal para carne, el o ella **no serán engañados** por los intermediarios quienes dicen que el animal pesó menos.

Cintas de pesos

Una cinta inextensible se utiliza para medir el tórax del animal estimando así el peso total del animal. No es tan exacto como una balanza pero provee una estimación cercana del peso.

Las cintas comerciales tienen la escala métrica impresa en la misma cinta. Se compara la medida del torax en pulgadas o centímetros con el peso. En bovinos, la raza afecta la relación. Por lo tanto, existen diferentes escalas para las diferentes razas. En ovinos, el grosor de la lana puede afectar las medidas.

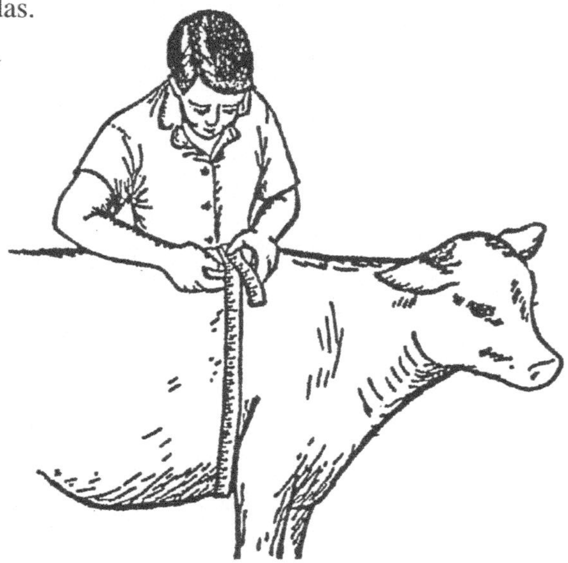

Una manera sencilla de tener la cinta de pesos a disposición de las comunidades rurales, es usar la escala métrica de una cinta y transferirla a una hoja de papel. De esta manera cualquier cinta de medidas de construcción o de costura puede ser utilizada para tomar las medidas del tórax. En las próximas hojas presentamos las escalas para bovinos, ovejas, cabras y cerdos juntamente con un dibujo que muestra el lugar corporal para tomar las medidas.

EL PESO ESTIMADO EN BOVINOS DE RAZAS LECHERAS BASADO EN LAS MEDIDAS DEL TORAX

Medida del tórax en centímetros	Holandés		Jersey o Mestizos	
	Libras	Kilos	Libras	Kilos
69	71	38	65	30
71	78	41	72	33
74	86	44	80	37
76	95	46	88	40
79	104	49	97	44
81	113	54	106	47
84	123	58	115	52
86	134	63	125	47
89	145	67	136	62
91	156	72	147	67
94	169	77	159	72
96	181	82	172	78
99	195	87	185	84
102	209	95	199	91
104	224	102	213	97
107	237	106	228	103
109	255	117	244	110
112	272	125	260	118
114	289	134	277	125
117	307	143	295	134
119	326	152	314	143
122	345	161	333	152
124	365	170	353	160
127	386	179	373	170
130	408	189	395	179
132	430	197	417	189

Medida del tórax en centímetros	Holandés		Jersey o Mestizos	
	Libras	Kilos	Libras	Kilos
135	453	207	440	200
137	477	217	464	210
140	502	227	489	222
142	527	239	515	234
145	553	251	541	246
147	580	263	568	258
150	608	276	597	271
152	637	289	626	284
155	667	303	655	298
157	697	318	686	312
160	728	332	718	327
163	761	348	751	341
165	794	363	784	357
168	828	379	819	372
170	863	395	855	389
173	899	412	891	405
175	935	430	929	421
178	973	448	967	440
180	1012	466	1007	457
183	1052	485	1048	476
185	1092	504	1089	496
188	1134	523	1132	515
191	1177	543	1176	535
193	1220	563	1221	555
196	1265	583	1267	576

¡Tenga cuidado! Esta tabla no provee una buena estimación del peso en animales flacos. En animales flacos el peso estimado será demasiado alto.

¡Tenga cuidado! En ovejas con demasiada lana la tabla no dará pesos muy acertados. La tabla puede dar un peso demasiado elevado. Cuando se mide el animal, coloque la cinta directamente sobre la piel haciendo a un lado la lana.

EL PESO ESTIMADO DE OVINOS BASADOS EN MEDIDAS DEL TORAX

Medida del tórax en centímetros	Libras	Kilos
25	4	2
28	5	2.5
30	6	3
33	8	4
36	10	5
38	12	6
41	15	7
43	19	9
46	23	10
48	27	12
51	31	14
53	35	16
56	39	18
58	45	20
61	50	23
63	57	26
66	63	28
68	69	31
771	75	34
73	81	37
76	87	39
79	93	42
81	101	46
84	110	50
86	120	55
89	130	59
91	140	64
94	150	68
96	160	73
99	170	77
102	180	82
104	190	86
107	200	91

EL PESO ESTIMADO DE UN CERDO MIDIENDO EL LARGO Y EL DIAMETRO

Utilice las medidas de largo y de diámetro en centímetros para esta tabla										
Largo	**80**	**90**	**100**	**110**	**120**	**130**	**140**	**150**	**160**	**170**
Diámetro 80	36	42	50	58	69	80	93	107	121	137
Diámetro 90	40	47	54	65	74	86	98	111	126	143
Diámetros 100	48	55	63	72	82	94	106	120	135	151
Diámetros 110	60	67	75	84	94	105	118	132	146	162
Diámetros 120	75	82	90	99	109	120	133	147	161	177
Diámetros 130	94	101	108	117	120	139	161	165	180	196
Diámetros 140	118	123	130	139	150	161	173	187	202	218
Diámetros 150	141	148	156	165	175	186	189	212	227	243
Diámetros 160	170	177	184	193	203	215	227	241	256	272
Peso estimado en kilos										

Use una cinta para medir el largo del cerdo en esta forma:

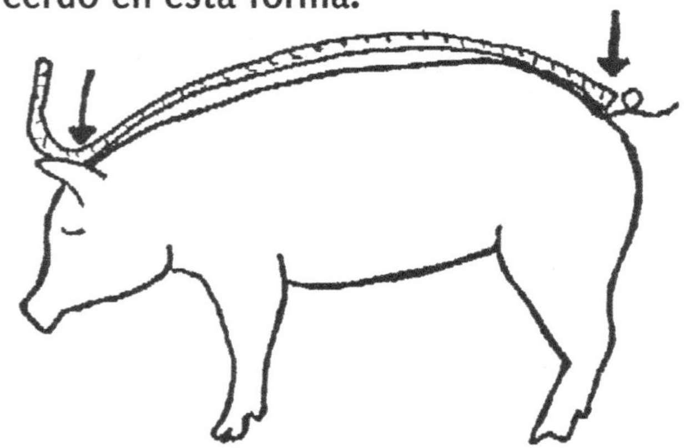

Mida el diámetro del cerdo así:

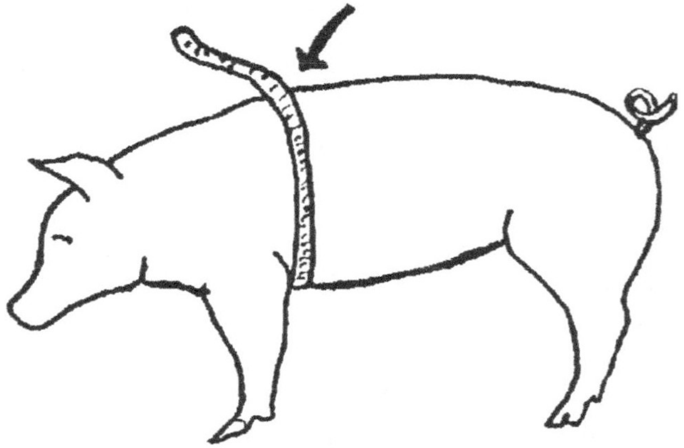

Otras herramientas para tomar medidas

Para medir cantidades de alimento:

Cuando se está enseñando sobre criar animales bajo sistemas de cero pastoreo, la gente tiene que saber cuánto de alimento debe dar a sus animales. Busque la forma con que las personas miden localmente, y cómo miden y pesan alimentos. Adapte la manera de medir el alimento al sistema local.

Tres maneras para medir un metro

Con el brazo extendido, desde el punto de los dedos hasta su nariz es aproximadamente un metro en una persona.

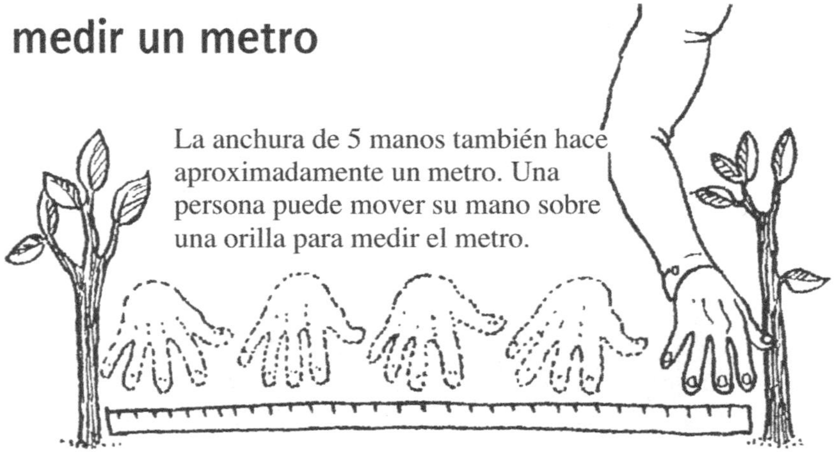

La anchura de 5 manos también hace aproximadamente un metro. Una persona puede mover su mano sobre una orilla para medir el metro.

Haciendo un puño con los pulgares extendidos hace más o menos un pie; tres de ellos hace un metro.

La gente puede utilizar estas medidas para diseñar un silo, medir la cantidad de alimento, cortar o medir una división en un establo para sus animales.

Bretes y cepo para animales:

En algunas zonas, y para algunos tratamientos, tener un cepo para controlar los animales es necesario.
A continuación, demostramos un brete construido en Nepal durante cada taller de capacitación de TACs. Los técnicos construyen el brete temprano en el taller. Lo usan todos los días para examinar y tratar a los animales que son traídos de los alrededores.

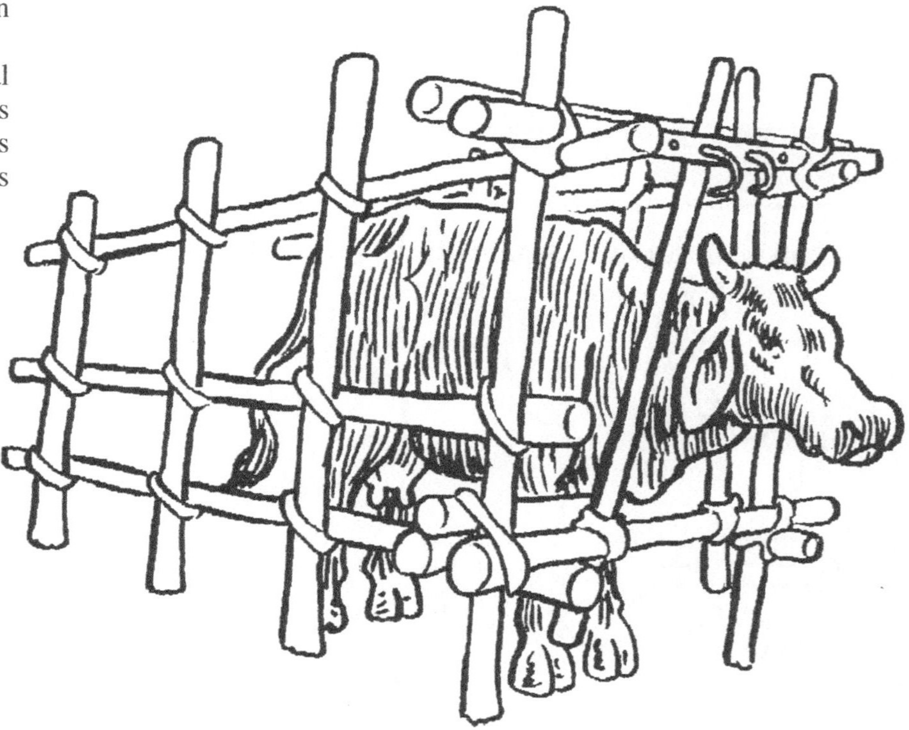

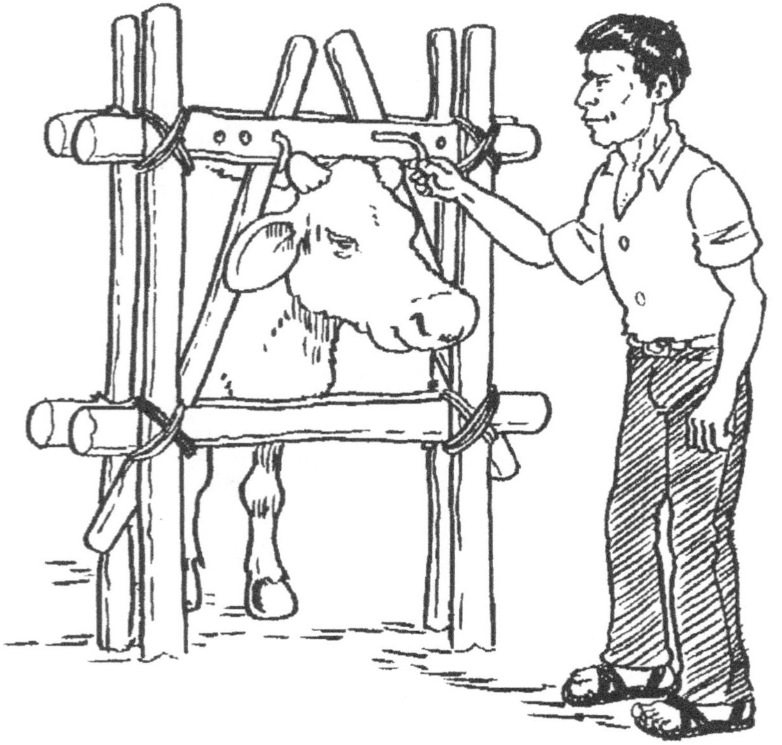

Este brete es fabricado de bambú y requiere solo un medio día de trabajo para armarlo. Cavar hoyos en el suelo para plantar los postes afirmando el brete. Se ligan los bambús con pita o lianas locales.

El único material traído de afuera hasta el taller son dos varillas de hierro para sujetar y graduar el cepo. Estos bretes son fácilmente construidos en la comunidad de cada TAC. Fuente: RDC Nepal

Para dosificar remedios

Un “dosificador” práctico puede fabricarse de bambú maduro para aplicar pastillas o líquidos a los animales.

Utilice un pedazo de bambú que tiene una punta cerrada

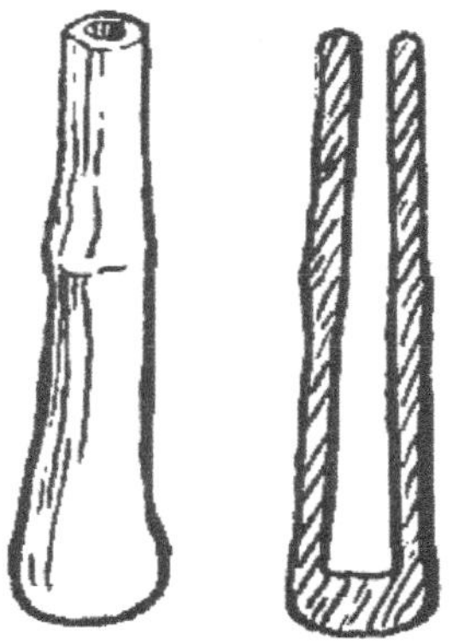

Para aplicar píldoras:

- Moler las píldoras primero y mezclar con agua
- Vaciar el liquido en el tubo de bambú
- Inserte el bambú en la boca de la vaca y levante la cabeza para permitir que el liquido fluya hacia abajo en la boca.

Se puede enjuagar el tubo de bambú con más agua para que todo el remedio entre a la boca del animal.

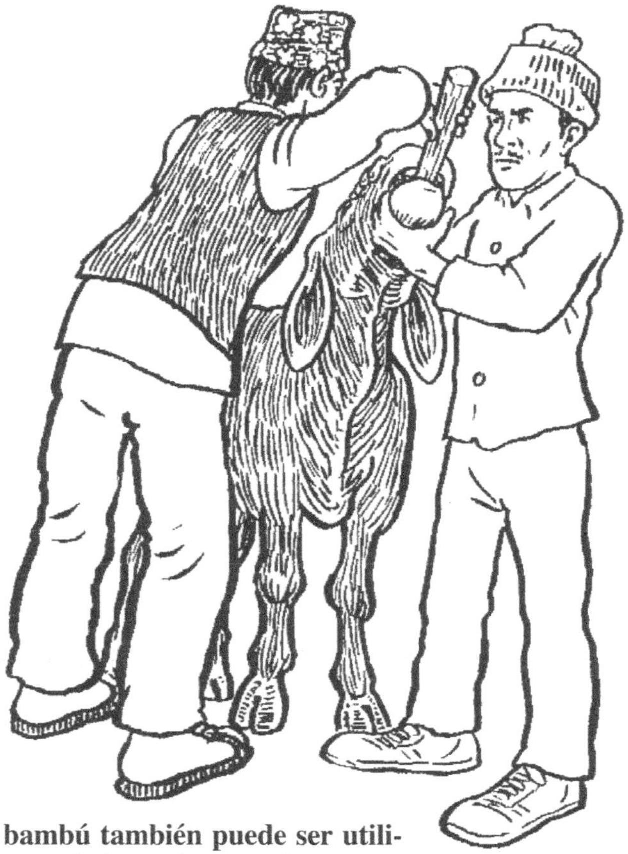

Un pedazo de bambú también puede ser utilizado para mantener la boca de una cabra o una oveja abierta para introducir un tubo. El tubo puede pasar por el orificio del bambú. Esto se usa en el tratamiento para timpanismo.

Capítulo 14
Recursos

El presente capítulo es un listado de recursos que son de gran ayuda

En las siguientes páginas se presenta un listado de recursos muy útiles para que los facilitadores los usen en el aprendizaje participativo de adultos en situaciones de agricultura Todos estos recursos y aún otros más, fueron consultados para el desarrollo del presente Libro-fuente.

Libros y Manuales sobre Métodos Participativos

Para la capacitación de facilitadores:

Case, D'Arcy Davis. *The Community Toolbox for Participatory Assessment, Monitoring and Evaluation in Community Forestry.*
Community forestry field manual 2. Fao, 1990. Director Publications Division, Food and Agriculture Organization of the United Nations, Via delle Terme di Caracalla, 00100 Rome, Italy. Título en español: Herramientas para la Comunidad.

CEDPA. *Training Trainers for Development: Conducting a Workshop on Participatory Training Techniques,* 1994. Puede pedirse a: PACT 777, UN Plaza, New York NY 10017, USA Telef.: 212-697-6222.

Haaland, Ave. *Pretesting Communication Materials: With a Special Emphasis on Child Health and Nutrition Education.* The PSC Section. UNICEF. P.O. Box 1435, Rangoon, Myanmar (sin costo). 1984.

Haciendo Camino al Andar: Guía Metodologica para la Acción Comunitaria. OEF Intl. 1815 H. St. 11 Floor, Washington, DC 20016 USA, 1991.

Hope, A., S. Timmel. *Training for Transformation, A Handbook for Community Workers,* Vols. 1, 2 & 3. Mambo Press, P.O. Box 779, Gweru, Zimbabwe, 1994. Puede pedirse a : PACT 777, UN Plaza, New York NY 10017, USA Telef.: 212-697-6222. Revisado en 1996. La edición revisada puede pedirse a Women Inc. En los EUA y a Intermediate Technology Publications en el Reino Unido.

Narayan, Deepa & Lira Srinivasan. Participatory Development Tool Kit: Training Materials for Agencies and Communities. World Bank, 1994. Disponible a través de UNIPUB 4611-F Assembly
Drive, Landham, MD 20706-4391. Solicitar como pedido # WB2687 del Banco Mundial.

Pretty, Jules N. et al. *Participatory Learning and Action. A Trainer's Guide.* Sustainable Agriculture Programme. International Institute for Environment and Development (IIED), 3 Endsleigh St., London, WC1H ODD, UK, 1995.

Srinivasan, Lyra. *Tools for Community Participation: A Manual for Training Trainers in Participatory Techniques.* New York: Prowess/UNPD. 1990. Puede pedirse a : PACT 777, UN Plaza, New York NY 10017, USA Telef.: 212-697-6222.

Training Manual for Change Agent Training. Published by Uganda Change Agents Association, P.O. Box 2922, Kampala, Uganda, 1994.

Van Veldhuizen, Laurens, Ann Waters-Bayer, & Henk deZeeuw. *Developing Technology With Farmers: A Trainer's Guide for Participatory Learning.* ZED Books, 7 Cynthia St., London N19JF, Reino Unido. Aún en prensa (en 1997).

Vella, Jane. *Learning to Teach. Training for Trainers for Community Development.* OEF International, 1815 H. St., NW, 11th Floor, Washington, DC 20006, USA y Save the Children Federation, P.O. Box 950, Westport, CT 06881. 1989.

Vella, Jane. *Training Through Dialogue: Promoting Effective Learning and Change With Adults.* Jossey-Bass Publishers, 350 Sansome St. San Francisco, CA 94104 USA, 1982.

Werner, David and Bill Bower. *Helping Health Workers Learn.* Hesparian Foundation, P.O. Box 1692, Palo Alto, CA 94302, USA, 1982.

Metodología Participativa

Arnold, Rick et al. *Educating for a Change.* Co-Published: Between the Lines, 394 Euclid Ave., Toronto, Ontario M6G 2S9 and Dorsi Marshall Institute for Education and Action. 818 College St., Nº 3, Toronto, Ontario M6G 1C8. 1991.

Bergdall, Terry D., *Methods for Active Participation, Experiences in Rural Development from East and Central Africa.* Oxford University Press, 1993.

Crone, C.D. and C. Hunter. *From the Field: Tested Participatory Activities for Trainers.* World Education, 210 Lincoln St., Boston, MA 02111, Telef. 617-482-9485. Fax: 617-482-01617, US$ 15.50. 1980.

Freire Paulo, *Pedagogy of the Oppressed.* The Continuum Publishing Company. 370 Lexington Ave., New York, NY 10017, USA. 1973.

Lansdale, Bruce M. *Master Farmer. 1986. Información sobre pedidos directos:* American Farm School, Box 23, GR55102, Kalamaria, Greece, or 1122 Broadway, New York, NY 10010, USA.

Srinivasan, Lyra. *Options for Educators.* PACT/CDS, Inc. 777 UN Plaza, New York, NY 10017 USA. Telef.: 212/697-6222, Fax 212-692-9748. 1992.

Relativos a Ganadería

Peña-Olvera, Benjamín. *Investigación: Acción Participativa con Grupos de Mujeres Campesinas: Manual Para Capacitación y Operación.* Colegio de Postgrado, CILCA, CEICADAR. Aptdo. Postal 1247, Puebla, Puebla, México. 1988.
Este es un manual sucinto, para un programa que trabaje con grupos de mujeres en proyectos de negocios, incluyendo la crianza de ganado. Describe claramente las técnicas y herramientas usadas en el programa.

Ruwa, Rachel and Margaret Belewa, *Extension for Livestock Groups: A Guide to the Participatory Method.* Ministry of Agriculture, Livestock Development and Marketing, Kenya and Heifer Project Intl., P.O. Box 808, Little Rock, AR 72202. Telef.: 501/-376-6836, Fax: 501/376-8906. I994.

Investigación y Planificación Participativa

Aaker, Jerry and Jennifer Shumaker, *The Cornerstones Model: Values Based Planning and Management.* Heifer Project International. P.O.Box 808, Little Rock, AR 72203, USA. Telef.:1-800-422-0474. I996.

Havercort, Bertus (Ed.) *Joining Farmer's Experiments. Experiences in Participatory Technology Development.* Intermediate Technology. 1031105 Southampton Row, London WC1B 4HH, UK. 1991.

PLA Notes. *Notes on Participatory Learning and Action.* International Institute for Environment and Development, 3 Endsleigh St., London WC1H ODD, UK. Telef +44 171/388 2117. Fax: +44 171/388 2826. email: iiedagri@ gn.apc.org
Una excelente serie de documentos sobre diferentes usos y herramientas para Aprendizaje Participativo y Acción. La edición de abril de 1994, es una edición sobre ganadería. En ella se incluyen estudios de casos, discusiones de la teoría, y presentaciones de métodos usados para compartir ideas. Pueden solicitarse ediciones pasadas. Sin costo para la gente del hemisferio sur.

Waters-Bayer, Ann and Wolfgang Bayer. *Planning with Pastoralists: PRA and more.* Una revisión de métodos, enfocada en Africa. GTZ GmbH Division 422, Postfach 5180, D-65726 Eschborn, Germany. 19994.
Este trabajo tiene una muy completa bibliografía anotada de materiales de recurso para PRA (Aprendizaje y Acción Participativa) en inglés, alemán y francés. Los comentarios son muy útiles para escoger recursos adicionales. Tiene también da una visión panorámica de PRA y descripciones de numerosas herramientas.

Valarezo, Galo Ramón. *Manual de Planeamiento Andino Comunitario. El PAC en la Región Andina.* COMUNIDEC, Apartado 554, Suc. 12 de Ocubre, Quito, Ecuador. 1993.
Un manual descriptivo de la Planificación de la Comunidad Andina.

Evaluación

Aaker, Jerry and Jennifer Shumaker. *Looking Back and Looking Forward: A Participatory Approach to Evaluation.* Little Rock, AR; Heifer Project Intl. 1994. Un manual múy útil, práctico de enseñanza paso a paso.

De Voogd, Stanley and Jodi-Beth McCain. *Técnicas de la Evaluación Participativa.* Habitat for Humanity, Bolivia. Mimeografiado, 1994.

Feuerstein, Marie-Therese. *Partners in Evaluation: Evaluating Development and Community Programs with Participants.* MacMillan Education Ltd., London. Puede solicitarse a T.A.L.C., Box 49, St. Albans, Herts, AL1 4AX, UK. 1990.

Marsden, David and Peter Oakley. *Evaluating Social Development Projects.* Oxfam 274 Banbury Rd., Oxford OX2 7DZ, UK. 1990.

Patton, Michael Quinn. *How to Use Qualitative Methods in Evaluation.* Sage Publications 2455 Teller Rd., Newbury Park, CA 91320, USA. 1987.

Pfohl, Jake. *Participatory Evaluation: A User's Guide.* New York: PACT Publications, 777 United Nations Plaza, New York, NY 10017, USA. 1989.

Rugh, J. *Self-Evaluation: Ideas for Participatory Evaluation of Rural Community Development Projects.* Oklahoma City: World Neighbors, 1986.

Weaver. Jane. *How Much Did I Change the World Today? Evaluating Development Education –a Handbook.* Password Publishing Services, 38—40 Exchange Street, Norwich NR2 1AX, UK. Telef.: (0603)761507. Fax: (0603) 761645. 1993.

Woodhill, Jim and Lisa Robbins. *Participatory Evaluation for Landcare and Catchment Groups. A Guide for Facilitators.* Greening Australia Limited. P.O. Box 74, Yaralumla ACT 2600. Telef.: 0262818585; Fax: 0262818590. email: general@greeningaustrala.com 1998.

Trabajando con Organizaciones

Gonzales, Rafael Solorzano and Rafael Morales Vela. *Organización y Participación Comunitaria en el Marco de la Educación No Formal.* Altertec. Avenida 5-27, Zona 1, Ciudad de Guatemala. Mimeografiado 1993.

Kindersvatter, Suzanne. *Women Working Together for Personal, Economic, and Community Development.* OEF Intl., 1991. Puede obtenerse de Women Inc., 777 UN Plaza, New York, NY 10017, USA.

Magnani, Nanette Bray. *Building Organizational Effectiveness Through Participation and Teamwork.* World Education, PACT 777 UN Plaza, New York, NY10017, USA. Telef.: 212/697-6222.

Mutua, Elvina. SAIDIKA Tototo Trainer's Manual for Trainers of Women's Groups. Tototo Home Industries. P.O. Box 1636, Mombasa, Kenya. Telef.: 220490.

Dinámicas y Juegos

Book of Starters for the Training of Community Health Workers. Kampala, Uganda: Uganda Community Based Health Care Assn. & the Government of Uganda, UNICEF, World Neighbors, 1992.

Brown, Guillermo. *¿Qué tal si Jugamos?* CESAP, Apartado 4240, Caracas 1010-A, Venezuela. Telef.: 81-38-85.

Eitington, Julius E. *The Winning Trainer.* Gulf Publishing Co., Book Division, P.O. Box 2608, Houston, TX 77252-2608 USA. Segunda Edición, 1989.

Junes, Ken. *Imaginative Events for Training: A Trainer's Sourcebook of Games, Simulations and Role – Play Exercises.* McGraw-Hill, 1993. Puede obtenerse de Women Inc., 777 UN Plaza, 3rd Floor, New York, NY 10017, USA.

Nilson, Carolyn. *Team Games for Trainers.* McGraw-Hill, 1993. Puede obtenerse de Women Inc., 777 UN Plaza, 3rd Floor, New York, NY 10017, USA.

Vargas Vargas, Layra and Graciela Bustillos de Núñez. *Técnicas Participativas para la Educación Popular.* Vols. 1 y 2. ALFORJA, Tarea, Asociación de Publicaciones Educativas. Horacio Urtega 970, Lima 11, Perú. Telef.: 230935.

Recursos para Dibujos y Figuras

The Copy Book Copyright-free Illustrations for Development. Intermediate Technology Publications Ltd., 103-105 Southampton Row, London, WC1B 4HH, UK. Reimpresión de 1991.

Woman: The Password is Action. Clip Art for Women. International Women's Tribune Center, 777 United Nations Plaza, New York, NY 10017, USA. 1988.

Fussel, Diana and Ane Haaland. *Communicating With Pictures in Nepal.* UNICEF, Lazimpath, P.O. Box 1187. Kathmandu, Nepal. 1976.

Rohr-Rouendal, Petra. *Where There is no Artist – Development Drawings and How to Use Them.* Intermediate Technology Publications, 103-105 Southampton Row, London, WC1B 4HH, UK. Telef.: 44 171 436 9761 email: itpubs@itpubs.org.uk 1996.

Rural Women in Action. A Clip Art Book. International Women's Tribune Center, 777 United Nations Plaza, New York, NY 10017, USA. 1991.

Desarrollo de Pequeñas Empresas

Buzzard, Shirley and Eliane Edgcomb (Eds.) *A Step by Step Guide to Monitoring and Evaluating of Small Business Projects for Development Organizations.* SEEP, PACT, 777 United Nations Plaza, New York, NY 10017, USA. 1987.

Commonwealth Secretariat. *Entrepreneurial Skills for Young Women: A Manual for Trainers.* London: Women and Development Programmer, Human Resource Development Group. Commonwealth Secretariat, Marlborough House, Pall Mall, London SW1Y 5HX, UK. 1992.

Edgcomb, Elaine and James Cawley (Eds.) *An Institutional Guide for Enterprise Development Organizations.* Includes a comprehensive Tool Section. SEEP Network. PACT Publications, 777 United Nations Plaza, New York, NY 10017, USA. 1993.

Kobak, Sue Ellen and Nina McCormack, *Workshop on Developing Feasibility Studies for Community Based Business Ventures.* The Highlander Center, Rt. 3, Box 370, New Market, Tennessee 37820, USA. 615/933-3443. I988.

Luttrell, Wendy. *Claiming What is Ours: An Economics Experience Workbook.* Highlander Center, 1959 Highlander Way, New Market, TN 37820, USA.

Svendsen, D.S. & Wijetetilleke. *Navamaga: Training Activities for Group Building, Health and Income Generation.* OEF Intl. 1983. Puede solicitrse a Women Inc., 777 United Nations Plaza, 3rd Floor, New York, NY 10017, USA. Inglés, español y frances.

Análisis de género

Antwi-Saiah, C. *Register of Gender Training Materials.* Puede solicitarse a: Office of Women International Development, Univ. Of Illinois, 320 International Studies Bldg., 910 S. Fifth St., Champaign, IL 61810, USA. 1991.

Balarezo, Susana. *Guía Metodológica para Incorporar la Dimensión de Género en el Ciclo de Proyectos Forestales Participativos.* FTPP – FAO, 10 de Agosto 5470 y Villalengua, POB 17-21-0190, Quito, Ecuador. Fax 593-2441 348. 1994.

CEDPA. *Volume 3: Gender and Development. Volume three of the CEDPA Training Manual Series,* 1996. Puede solicitarse a Women Inc.

CIDA. *A Handbook for Social General Analysis.* Ottawa, Canada Coady Intl. Inst.: Antigonish and Social and Human Resources Devel. Div. Of CIDA. 1989.

Feldstein, H.S. & S.V. Poats, (Eds.) *Working Together: Gender Analysis in Agriculture, Vol. I, Case Studies, Vol. II, Teaching Notes.* West Hartford & Kumarian Press. 1990.

Parker, A. Rani. *Another Point of View: A Manual on Gender Analysis Training for Grassroots Workers.* UNIFEM, 1989. 304 45th St., New York, NY 10017, USA.

Parker, A. Rani, Itziar Lozano, Lyn A. Messner. *Gender Relations Analysis: A Guide for Trainers.* Save the Children, 54 Wilton Rd. Westport, Ct 06880, USA. Telef.: 203-221-4000. 1995. Disponible a través de Women Inc.

Rao, A., M.B. Anderson & C.A. Overholt (Eds.) *Gender Analysis in Development Planning.* West Hartford & Kumarian Press, 1991. Also Teaching Notes. Disponible a través de Women Inc.

Williams, Suzanne with Janet Seed and Adelina Mwau. *The Oxfam Gender Training Manual.* Oxfam, 1994. Disponible a través de Women Inc.

Conocimientos Tradicionales

Blunt, Peter, and D. Michael Warren. *Indigenous Organizations and Development.* IntermediateTechnology Publications. 1996.

Gamser, Matthew S., ED with Helen Appleton and Nicola Carter. *Tinker, Tiller, Technical Change.* . IntermediateTechnology Publications. 1990.

McCorkle, Constance, Evelyn Mathias-Mundy, Tw Schillhorn van Veen (Eds.) *Ethnoveterinary Research and Development.* . IntermediateTechnology Publications. 103-105 Southampton Row, London, WC1B 4HH, UK. 1996. También disponible a través de Women Inc.

McCorkle, Constance, (Ed.) *Plants, Animals, and People. Agropastoral Systems Research.* Westview Press, 5500 Central Ave., Boulder, CO 80310-2847. 1992.

Warren D. Michael, L. Jan Slikkerveer and David Brokensha. *The Cultural Dimension of Development – Indigenous Knowledge Systems.* Intermediate Technology Publications. 1995.

Reijntjes, Coen; Bertus Haverkort, and Ann Waters-Bayer. *Farming for the Future: An introduction to Low-External- Input and Sustainable Agriculture. Macmillan,* 1992. Disponible de ILEIA, P.O. Box 64, NL- 3830 AB, Leusden, Netherlands. También se halla disponible en español.

Fuentes Capacitación y Materiales Técnicos

Christian Veterinary Mission
Series on Raising Animals
www.cvm.org

Dinah-Might Activities, Inc.
P.O.Box 39657
San Antonio, TX 78218 Telef.: 210/657-5951

Educational Resources Information Clearing House
Document Reproduction Service
EDR/CBIS Federal, 7420 Fullerton Rd., Suite 110
Springfield, VA 22153-2852, USA

Heifer Project International
Participatory Training Resources for the Fieldworker.
A listing of Manuals, Books, & Training Tools for
Agricultural and Rural Development
P.O. Box 808
Little Rock, AR 72203

Highlander Research and Education Center
1959 Highlander Way
New Market, TN 37820

Intermediate Technology Publications
103-105 Southampton Row
London WC1B 4HH, UK
Telef.: 44 171 436 9761 Fax: 44 171 435 2013
email: itpubs@itpubs.org.uk
Sitio Web: http//ww.oneworld.org/itdg/publiccations.html

International Institute for Environment and Development
(IIED)
Sitio Web: http:\\www.one world.org/iied/resource/
email: resource.centre@iied.org

International Institute for Rural Reconstruction
475 Riverside Drive, Room 1270
New York, NY 10115 USA.

PACT Publications
777 United Nations Plaza
New York, NY 10017 Telef.: 212/697-6222
email: books@pactpub.org
Sitio Web: www.pactpub.com

Peace Corps
A Catalogue of Manuals, Reprints, and Training
Materials, 1995
Information Collection and Exchange
1990 K. St. NW
Washington, DC 20526 USA.

Teaching Aids at Low Cost (TALC)
P.O. Box 49
St. Albans,
Hertfordshire, AL1 4AX, UK

Women Inc.
777 United Nations Plaza, 3rd Floor
New York, NY 10017
email: wink@igc.apc.org

Institute of Development Studies
University of Sussex, Brighton BN1 9RE
Telef.: +44 1273 606261 Fax: +44 1273 621202
email: ids.books@sussex.ac.uk
Sitio Web: http//: www.ids.ac.uk/ids

Referencias Citadas en el Texto

Ariyaratne, A.T. *Transformation of Vision Into Reality – Planning for Development (Awakening).* Manilla, Philippines: Asian Institute of Management, 1990.

Bergdall, Terry D. *Methods for Active Participation – Experiences in Rural Development from East and Central Africa.* Oxfam Univ. Press, 1993.

Covey, Stephen R. *The Seven Habits of Highly Effective People.* New York: Fireside, 1989.

DeVries, James. *Development or Transformation? Reflections on a Wholistc Approach to People-Centered Change.* Heifer Project International Paper, 1992.

Freire, Paulo. *Pedagogy of the Oppressed.* The Continuum Publishing Co., 1973.

Kiamba, Suzanne & Gilbert Namwonja. *Notes on Participatory Development Workshop for CARE, Uganda.* PREMESE, April, 1994.

Nyerere, Julius K. *Freedom and Development.* Oxford University Press, 1973.

Orito, Charles. *ITDG's Decentralized Animal Health care, an Overview.* From Proceedings from 5th Annual Vet's Workshop, Intermediate Technology, Kenya. October, 1995.

Uganda Change Agents Association and Quaker Service, Norway. *Training Manual for Change Agents Training.* 1994.

Vella, Jane. *Training Through Dialogue.* Jossey-Bass Inc., 1995.

Werner, David & Bill Bower. *Helping Health Workers Learn.* Hesperian Foundation, 1982.

Young, John. *Kamujne Farmer's Center, Wasaidizi Wa Mifugo Instruction Plan.* Intermediate Technology Development Group.

Young, John (Ed.) *A Report on a Village Animal Health Care Workshop.* Kenya: Rugby, Intermediate Technology Development Group, 1992.

Young, John, Karen Stoufer, Narayan Ojha, & Henk Peter Dijkema. *Animal Health Care Training. Nepal's Animal Health Improvement Training Programme.* Intermediate Technology Publications, 1994.

INDICE

Se terminó de imprimir en mayo de 2009
en los Talleres de Industrias Gráficas SIRENA
Calle Manuel Ignacio Salvatierra No. 240
Teléfono 3366030 - Fax: 3347774
E-mail: imprentasirena@cotas.com.bo
Santa Cruz de la Sierra
República de Bolivia

Made in United States
Cleveland, OH
05 November 2026

47668598R00198